污水处理技术问答

蒋克彬　彭　松　高方述　刘　鑫　赵　挺　编

中国石化出版社

内 容 提 要

本书分 12 个章节，共列出有关问答 710 多个。其中第 1 章介绍了与污水有关的基本知识；第 2 章介绍了与污水处理有关的法律法规、标准；第 3 章至第 7 章从不同的角度介绍了与污水处理技术有关的基本知识；第 8 章介绍了污泥的处理与处置知识；第 9 章介绍了污水处理设备；第 10 章介绍了污水处理用药剂；第 11 章介绍了污水处理厂的运行与安全管理要求等；第 12 章介绍了污染物监测方面的相关知识。书中也兼顾了近几年开发与应用的一些新技术和新设备。

本书主要为提高污水处理操作工职业技能和实际操作能力而编写，可供从事污水处理的操作工学习、培训使用。

图书在版编目（CIP）数据

污水处理技术问答 / 蒋克彬等编.
—北京：中国石化出版社，2012.12(2017.8 重印)
ISBN 978-7-5114-1809-8

Ⅰ.①污… Ⅱ.①蒋… Ⅲ.①污水处理-问题解答
Ⅳ.①X703-44

中国版本图书馆 CIP 数据核字(2012)第 251337 号

中国石化出版社出版发行
地址：北京市朝阳区吉市口路 9 号
邮编：100020　电话：(010)59964500
发行部电话：(010)59964526
http://www.sinopec-press.com
E-mail:press@sinopec.com
北京柏力行彩印有限公司印刷
全国各地新华书店经销
*
787×1092 毫米 16 开本 22.25 印张 539 千字
2017 年 8 月第 1 版第 3 次印刷
定价：50.00 元

前　言

国家已出台《职业资格证书制度》和《就业准入制度》，其中污染治理设施操作工是就业准入的技术工种之一，实行职业资格证书上岗制度。实施《职业资格证书制度》和《就业准入制度》，目的是让从事污水处理操作岗位的工人掌握污水处理工艺和设备运转等常识，了解污染治理设施运营管理的基本知识，使其适应自身所从事的工作。

截至 2011 年底，除企事业单位的分散式污水处理设施外，全国累计建成污水处理厂近 1800 多座，形成污水处理能力 1.12 亿 m^3/d，污水处理厂的运行培养出了大量有实践经验的污水处理技术人员和操作人员。随着经济的进一步发展，污水处理设施还将不断地建设和发展，据估计，目前全国正在建设中的城镇污水处理项目达 1300 多个，因此对污水处理操作工的需求量也将不断增加。而且随着处理标准的提高，处理难度和深度也会增加，对污水处理工的素养和技能的要求也越来越高，该类岗位的作用也将越来越重要，其价值趋向也将日显突出。

污水处理操作工应适应于各类污水处理，而不能仅仅局限于城市污水处理或污水的好氧生物处理。实际上，污水处理厂的操作工一般肩负着很多的工作，不仅需要熟练、安全地操作设备，还需要处理日常运行过程中出现的各种实际问题，有的还需要从事日常的监测任务，因此这就需要操作工比较全面地了解和掌握污水处理的基本知识。鉴于此，本书以国家行业规范及标准为指导，结合各类污水生产运行经验和已有的各种成果，采用问答的形式介绍与污水有关的基本知识、与污水处理有关的法律法规、污水处理技术、污水处理设备、处理药剂、监测、污水处理厂的运行管理等知识，同时兼顾了近年发展与应用的新技术、新方法和新设备，基本上回答了污水处理工作人员在实际工作中遇到的各类问题，使污水处理操作工在实践过程中，能学习一些污水处理基础理论知识，能够操作和管理各类污废水处理设施(设备)，最终达到掌握一定专业综合技能的目的。

　　本书由蒋克彬、彭松、高方述、刘鑫、赵挺编写。彭松编写第 1、2 章；高方述编写第 3、4、7 章；蒋克彬编写第 5、6、9 章；赵挺编写第 8、10 章；刘鑫编写第 11、12 章。本书的编写得到宿迁市清源环境科学研究有限公司的支持；编写过程中，参照引用了同行业技术人员公开发表的有关文献与技术资料，在此向作者们表示衷心的感谢！

　　由于水平和条件有限，书中有许多的错误或不准确的方面，敬请读者以及行业专家给予斧正！

目　　录

第1章　污水处理基础知识

1.1　什么是pH？

pH 是水溶液中酸碱度的一种表示方法，当溶液中氢离子浓度 $c(H^+)$ 很小时，直接用物质的量浓度表示溶液的酸碱性强弱不方便，通常采用 $c(H^+)$ 的负对数来表示，称为溶液的 pH，其表达式为 $pH = -\lg c(H^+)$。pH 的范围在 0～14 之间，当 pH = 7 时溶液呈中性；pH < 7 时溶液呈酸性，pH 愈小，表示溶液的酸性愈大；当 pH > 7 时水呈碱性，pH 愈大，表示溶液的碱性愈大。

1.2　用试纸测定溶液 pH 值的正确方法是什么？

用玻璃棒蘸取被测溶液滴在试纸上，然后用标准比色卡与试纸所显示的颜色对照。

1.3　化学沉淀法处理污水的原理是什么？

向污水中投加某种化学药剂，使其与水中某些溶解物质产生反应，生成难溶于水的盐类沉淀下来，从而降低水中这些溶解物质的含量，这种方法称为水处理化学沉淀法。

化学沉淀法的原理是：在一定温度下，在含有难溶盐的饱和溶液中，各种离子浓度的乘积为一常数，也就是溶度积常数。为去除污水中的某种离子，可以向水中投加能生成难溶解盐类的另一种离子，并使两种离子的乘积大于该难溶解盐的溶度积，形成沉淀，从而降低污水中这种离子的含量。污水中某种离子能否采用化学沉淀法与污水分离，首先决定于能否找到合适的沉淀剂。一般来说，污水中的汞、铅、铜、锌、六价铬、硫、氰(如转化为亚铁氰络离子)、氟等离子都有可能用化学沉淀法从污水中分离出来。

1.4　污水处理常用的化学沉淀方法有哪些？

(1) 氢氧化物沉淀法

氢氧化物沉淀法是在一定的 pH 条件下，重金属离子生成难溶于水的氢氧化物沉淀而得到分离。

(2) 硫化物沉淀法

向污水中加入硫化氢、硫化钠或硫化钾等沉淀剂，与待处理物质反应生成难溶硫化物而沉淀。根据溶度积大小，硫化物沉淀析出的顺序是：$As^{5+} > Hg^{2+} > Ag^+ > As^{3+} > Bi^{3+} > Cu^{2+} > Pb^{2+} > Cd^{2+} > Sn^{2+} > Co^{2+} > Zn^{2+} > Ni^{2+} > Fe^{2+} > Mn^{2+}$。

常用的沉淀剂有 Na_2S、$NaHS$、K_2S、H_2S 等。其缺点是：生成的难溶盐的颗粒粒径很小，分离困难，可投加混凝剂进行共沉。用硫化物沉淀法处理含汞污水时，S^{2-} 量不能过量太多，因过量 S^{2-} 与 HgS 生成 HgS_2^{2-} 络离子而溶解，影响汞的去除。

(3) 碳酸盐沉淀法

金属离子碳酸盐的溶度积很小，对于高浓度的重金属污水，可投加碳酸盐进行回收。

(4) 卤化物沉淀法

(5) 还原沉淀法

还原沉淀法用于处理高价态金属离子，如制革行业含铬污水的处理，六价铬须先还原成三价铬，然后再用石灰沉淀。

1

（6）钡盐沉淀法

电镀含铬污水常用钡盐沉淀法处理。沉淀剂用碳酸钡、氯化钡等。钡盐沉淀法可以将电镀含铬有毒污水净化到能回用的程度，但沉淀量多且有毒，处理困难。

（7）其他沉淀过程

① 有机试剂沉淀。

有机试剂沉淀主要利用有机试剂和污水中的无机或有机污染物发生反应，形成沉淀从而分离。如含酚的有机污水，可用甲醛将苯酚缩合成酚醛树脂沉淀析出。该过程去除污染物的效果好，但试剂往往价格昂贵，同时为避免二次污染，试剂的用量必须较为准确。

② 磷酸铵镁沉淀（鸟粪石沉淀）。

磷酸铵镁化学沉淀过程去除污水中的氨氮具有处理效果好、工艺简单等优点；可用于无法应用生物法处理的强毒性污水中氨氮的去除。

$$Mg^{2+} + NH_4^+ + PO_4^{3-} + 6H_2O \rightarrow MgNH_4PO_4 \cdot 6H_2O \downarrow$$

1.5　化学沉淀法运行管理应注意哪些事项？

（1）增加沉淀剂的使用量，可以提高污水中离子的去除率，但沉淀剂的用量也不宜加得过多，否则会导致相反的作用，一般不要超过理论用量的 20% ~ 50%。

（2）采用化学沉淀法处理工业污水时，产生的沉淀物一般不会形成带电荷的胶体，因此沉淀过程会变得简单，采用普通的平流式沉淀或竖流式沉淀即可，而且停留时间比生活污水或有机污水处理中的沉淀时间要短，一般要通过小试确定。

（3）当用于不同的处理目标时，所需的投药和反应装置也不相同。有些药剂可以干式投加，而另一些则需要先将药剂溶解并稀释成一定浓度，然后按比例投加。

（4）有些污水或药剂有腐蚀性，采用的投药和反应装置要充分考虑满足防腐要求。

1.6　什么是中和反应？

中和反应是由酸和碱作用生成盐和水的反应。中和反应的实质是：H^+ 与 OH^- 结合生成水（H_2O）。只要酸碱发生了反应就叫中和，不管进行到何种程度，判断是否完全中和是以酸碱是否恰好完全反应作为标准的。

1.7　什么是氧化还原反应？常用的氧化剂和还原剂有哪些？

在反应过程中有元素化合价变化的化学反应叫做氧化还原反应。在氧化还原反应里，氧化与还原必然以等量同时进行。有机化学中也存在氧化还原反应。

常用的氧化剂有 Cl_2、O_2、S、Fe^{3+}、Cu^{2+}、MnO_2、$KMnO_4$、$K_2Cr_2O_7$、H_2SO_4、HNO_3 等。

常用的还原剂有 Mg、Fe、Fe^{2+}、Cl^-、S^{2-}、C、H_2、SO_2 等。

1.8　什么是氧化还原电位？

（1）电位定义为一粒子得失电子的相对大小称为电位。对于污水来说，电位为正表示溶液可显示出一定的氧化性，正电位越高，表示水中的污染越少，水中有较多的分子被氧化，有适当的氧气，水质越好；为负则说明溶液显示出还原性，表示水质较差，水中污染较多。

（2）氧化电位即失去电子的相对大小，还原电位即得到电子的相对大小。

（3）所谓的氧化还原电位就是用来反映水溶液中所有物质表现出来的宏观氧化 - 还原性。氧化还原电位越高，氧化性越强；电位越低，氧化性越弱。氧化还原是同时存在的现象，两者不会单独存在。

1.9　细菌活动与氧化还原电位的关系是怎样的？

水中的各种微生物对氧化还原电位的要求不同，专性好氧微生物要求的氧化还原电位环

境为 +300 ~ +400mV；一般的专性厌氧微生物要求的氧化还原电位为 -250 ~ -200mV，专性厌氧产甲烷菌要求的氧化还原电位为 -400 ~ -300mV，最适宜的氧化还原电位为 -330mV；兼性微生物氧化还原电位在 +100mV 以上时，进行好氧呼吸，而在 +100mV 以下时进行无氧呼吸。因此，好氧活性污泥法曝气池中的正常氧化还原电位为 +200 ~ +600mV，而二沉池出水的氧化还原电位有时会降到 0 以下。

1.10 氧化还原法处理污水的原理是什么？影响氧化还原反应进行的因素有哪些？

氧化还原法处理污水的原理是：利用某些溶解于污水中的有毒有害物质在氧化还原反应中能被氧化或还原的性质，通过投加氧化剂或还原剂将其转化为无毒无害的新物质，或者转化成容易从水中分离排除的气体或固体形态，从而达到处理这些有毒有害物质的目的，这种方法就是污水处理中的氧化还原法。

影响氧化还原反应进行的因素有：pH 值、温度、氧化剂和还原剂的浓度等。其中 pH 值是重要的因素之一，pH 值决定着溶质的电离强度和存在的形态，因此 pH 值是影响氧化还原反应速度快慢的重要因素，必须严格控制。如利用高锰酸钾把氰化物氧化为氰酸盐时，在 pH 值为 9 左右反应速度最快，而在酸性范围内，特别是 pH 值 <6 时，氰化物主要以 HCN 形态存在，氧化反应基本上停止；另外 H^+ 和 OH^- 在氧化还原反应中还能起催化剂的作用。

1.11 何谓流量？何谓流速？流量与流速间的关系如何？

流量为单位时间内流体流过管道任一截面上的流体数量。若数量以体积计，称为体积流量，以 V_s 表示，单位为 m^3/s。若数量以质量计，称为质量流量，以 W_s 表示，单位为 kg/s。二者间的关系如式(1-1)所示。

$$W_s = \rho V_s \tag{1-1}$$

流速为单位时间内流体在流动方向上流过的距离，以 u 表示，单位为 m/s。实际上流体在管内任意截面径向各点上的速度不同，管中心速度最大，越近管壁速度越小，在管壁处速度为零。工程上采用的是管道中的平均速度 u，它为体积流量除以管道截面积 A 的值，如式(1-2)所示。

$$u = V_s/A \tag{1-2}$$

1.12 流量、流速与圆形输送管道直径 d 间有什么关系？

污水处理一般以采用圆形管道为主，因此流量 $V_s(m^3/s)$、流速 $u(m/s)$ 与圆形输送管道直径 $d(m)$ 间的关系可用式(1-3)、式(1-4)表示。

$$u = 4V_s/(\pi d^2) \tag{1-3}$$

或

$$d = \sqrt{\frac{4V_s}{\pi u}} \tag{1-4}$$

式(1-3)、式(1-4)是设计管道最基本公式，V_s 由处理规模规定，流体在管道中的适宜速度可根据有关资料确定。

1.13 离心泵叶轮有哪些类型？

叶轮是离心泵的关键部件，是供能装置，作用是将原动机的机械能直接传给液体，以提高液体的静压能和动压能(主要提高静压能)。

叶轮由若干弯曲叶片构成。按叶轮机械结构可分为闭式、半闭式和开式叶轮三种。闭式叶轮宜用于输送清洁液体，因其效率较高，故一般离心泵多采用此类；半闭式叶轮适用于输送易沉淀或稍含颗粒的物料，其效率较闭式叶轮为低；开式叶轮适用于输送含有较多悬浮物的物料，其效率较低，且输送液体的压强也不高。叶轮形状见图1-1、图1-2。

开式   半闭式

图1-1　开式、半闭式叶轮

图1-2　闭式叶轮

按泵吸液方式可分为单吸式和双吸式。单吸式结构简单，液体仅从一侧吸入；双吸式结构较为复杂，液体从两侧吸入，具有较大的吸液能力。

按叶片形状分为后弯叶片、径向叶片和前弯叶片，因后弯叶片可获得较高的静压能，故离心泵多采用后弯叶片。

1.14　影响离心泵性能的因素有哪些?

影响离心泵性能的因素包括流体的物性、泵的结构和尺寸、泵的转速等。

（1）**液体密度的影响**

离心泵的流量(Q)、压头(H)均与液体密度无关，效率基本上不随液体密度而改变，因而当被输送液体的密度发生变化时，$H-Q$、$\eta-Q$曲线基本不变，但泵的轴功率与液体密度成正比。

（2）**黏度的影响**

当被输送液体的黏度大于常温水的黏度时，则液体通过叶轮和泵壳的流动阻力增大，导致泵的流量、压头都要减小，效率下降，而轴功率增大，泵的特性曲线均发生变化。

（3）**叶轮机械结构**

闭式、半闭式和开式叶轮离心泵的效率各不相同。

（4）**离心泵叶轮直径的影响**

当离心泵的转速一定时，其流量(Q)、压头(H)与叶轮直径(D)有关。泵的流量、压头、功率与叶轮直径之间的关系分别如式(1-5)、式(1-6)、式(1-7)所示。

$$\frac{Q_1}{Q_2} = \frac{D_1}{D_2} \tag{1-5}$$

$$\frac{H_1}{H_2} = \left(\frac{D_1}{D_2}\right)^2 \tag{1-6}$$

$$\frac{N_1}{N_2} = \left(\frac{D_1}{D_2}\right)^3 \qquad (1-7)$$

（5）转速的影响

由离心泵基本方程式可知，当泵的转速改变时，泵的流量、压头随之发生变化，并引起功率和效率相应改变。当液体的黏度不大，且设泵的效率基本上不变时，泵的流量(Q)、压头(H)、功率(N)与转速(n)的近似关系如式(1-8)、式(1-9)、式(1-10)所示。

$$\frac{Q_1}{Q_2} = \frac{n_1}{n_2} \qquad (1-8)$$

$$\frac{H_1}{H_2} = \left(\frac{n_1}{n_2}\right)^2 \qquad (1-9)$$

$$\frac{N_1}{N_2} = \left(\frac{n_1}{n_2}\right)^3 \qquad (1-10)$$

1.15 泵的主要工作参数有哪些？

泵的性能参数主要有流量、扬程、功率，此外还有转速、必需汽蚀余量、吸程、效率等。泵的主要性能指标也用这些主要工作参数来表示。

（1）流量

流量为单位时间通过水泵出口截面的液体量，一般采用体积流量，计量单位 m³/h 或 m³/s。泵的流量取决于泵的结构尺寸（主要为叶轮的直径与叶片的宽度）和转速等。实际上，水泵的转动部件叶轮和固定部件之间总是有空隙的，在叶轮四周的液体由高压侧沿间隙漏向低压侧面而未经泵出口截面流出，不产生效益，所以实际产生效益的流量小于通过叶轮输送的理论流量。

（2）扬程

单位质量液体通过泵获得的有效能量就是泵的扬程。污水处理泵的扬程一般为10~100m。

（3）轴功率

泵在一定流量和扬程下，电机单位时间内给予泵轴的功称为轴功率，即轴将电机功率传给做功部件叶轮的功率。轴功率跟联轴器有很大的关系，电机通过联轴器连接泵内叶轮，当电机转动时，带动联轴器，进而带动叶轮旋转。因为有联轴器这个部件，所以电机功率就不能完全转化为叶轮转动的实际效率，轴功率小于电机功率（额定功率）。

（4）泵的效率

泵的效率不是一个独立性能参数，它可以由其他的性能参数例如流量、扬程和轴功率按公式计算求得；反之，已知流量、扬程和效率，也可求出轴功率。

（5）汽蚀余量

汽蚀余量是指在泵吸入口处单位重量液体所具有的超过汽化压力的富余能量，单位为 m，用$(NPSH)_r$表示。

（6）吸程

吸程即泵允许吸上液体的真空度，也就是泵允许的安装高度。

吸程=标准大气压-汽蚀余量-安全量，如某泵必需汽蚀余量为4.0m，安全量为0.5m，则吸程 $\Delta h = 10.33 - 4.0 - 0.5 = 5.83$m。

（7）转速

泵的转动部分包括叶轮和轴，单位时间叶轮旋转的次数称为转速，以 n 表示，其单位是 r/min。泵由电动机直接带动时，与电动机转速相同；当经过传动装置驱动轴时，可按泵的最优运行工况选定转速。

1.16　什么是离心泵汽蚀现象？有何危害？如何防止发生汽蚀？

汽蚀是离心泵特有的一种现象。当叶轮入口附近液体的静压强等于或低于输送温度下液体饱和蒸气压时，液体将在此部分汽化，产生气泡。含气泡的液体进入叶轮高压区后，气泡就急剧凝结或破裂。因气泡的消失产生局部真空，周围的液体以极高的流速流向原气泡占据的空间，产生了极大的局部冲击压力。在这种巨大冲击力的反复作用下，导致泵壳和叶轮被损坏，这种现象称为汽蚀。

汽蚀具有以下危害：

① 会导致离心泵的性能下降，泵的流量、压头和效率均降低；若生成大量气泡，则可能出现气缚现象，迫使离心泵停止工作。

② 会导致噪声和振动的产生，影响泵的正常工作环境。

③ 泵壳和叶轮的材料遭受损坏，降低泵的使用寿命。

汽蚀发生的原因是叶轮吸入口附近静压强低于输送温度下液体的饱和蒸气压所致，而造成该处静压强过低的原因诸多，如泵的安装高度超过允许值、泵送液体温度过高、吸入管路局部阻力过大等。为避免发生汽蚀，就应该设法使叶轮入口附近的压强高于输送温度下液体的饱和蒸气压。通常，根据泵的抗汽蚀性能，合理地确定泵的安装高度，是防止发生汽蚀的有效措施。

1.17　什么是微生物？其特点有哪些？

微生物是形体微小、结构简单、肉眼看不见，必须在电子显微镜或光学显微镜下才能看见的所有微小生物的总称。

特点有：个体极小，分布广，种类繁多，繁殖快，易变异。

1.18　什么是细菌？细菌由哪些结构组成？

狭义的细菌为原核微生物的一类，是一类形状细短、结构简单、多以二分裂方式进行繁殖的原核生物，是在自然界分布最广、个体数量最多的有机体，是大自然物质循环的主要参与者。绝大多数细菌的直径大小在 $0.5 \sim 5 \mu m$ 之间。

细菌主要由细胞膜、细胞质、核质体等部分构成，有的细菌还有荚膜、鞭毛等特殊结构。

1.19　细菌有哪些分类方式和种类？

（1）按形状分为三类，有球菌、杆菌和螺旋菌（包括弧菌、螺菌、螺杆菌和丝状菌）。

（2）按细菌的生活方式来分，分为自养菌和异养菌两大类，其中异养菌包括腐生菌和寄生菌。

（3）按细菌对氧气的需求来分，可分为需氧（完全需氧和微需氧）和厌氧（不完全厌氧、有氧耐受和完全厌氧）细菌。

（4）按细菌生存温度分，可分为喜冷、常温和喜高温三类。

1.20　什么是原生动物？

原生动物是动物中最原始、最低等、结构最简单的单细胞动物，没有细胞壁，有细胞质膜、细胞质，有分化的细胞器，其细胞核有核膜。原生动物有独立生活的生命特征和生理功能，如摄食、营养、呼吸、排泄、生长、繁殖、运动及对刺激的反应等。

1.21 原生动物的营养类型有哪些？

（1）全动性营养。以吞食其他生物和有机颗粒为食。

（2）植物性营养。与植物一样含有色素体，能利用光、二氧化碳和水合成有机物供自身利用。

（3）腐生性营养。某些无色鞭毛虫及寄生性原生动物，借助体表的原生质膜，依靠吸收环境或寄主中的可溶性有机物为生。

1.22 活性污泥中的原生动物的类群有哪些？

（1）肉足类

其细胞质可伸缩变动而形成伪足，作为运动和摄食的胞器，运动速度达 $3\mu m/s$，典型的肉足类原生动物有变形虫、表壳虫、太阳虫等。

（2）鞭毛类

具有一根或一根以上的鞭毛。鞭毛长度与其体长大致相等或更长些，是运动器官，用于运动和感觉。鞭毛虫又可分为植物性鞭毛虫和动物性鞭毛虫。

（3）纤毛类

纤毛类原生动物周身表面或部分表面具有纤毛，作为行动或摄食的工具，具有胞口、口围、口前庭和胞咽等吞食和消化的细胞器官，分为游泳型、匍匐型、固着型三种。

① 游泳型纤毛虫四周长有纤毛，能自由游动，有尾丝虫、漫游虫、草履虫、肾形虫、斜管虫、卑怯管叶虫等。

② 匍匐型纤毛虫纤毛粘合成棘毛，排于虫体腹面，以此在污泥絮体上爬行或游动。常见的有楯纤虫、尖毛虫、棘尾虫、游仆虫、板壳虫。

③ 固着型纤毛虫具有尾柄固着，以"沉渣取食"方式进食。常见的有钟虫、累枝虫、盖虫、聚缩虫和壳吸管虫等，纤毛类运动速度较快，可达 $200\sim1000\mu m/s$。

1.23 原生动物在污水处理中的作用有哪些？

（1）指示活性污泥性质

① 污泥恶化

出现原生动物：豆形虫、肾形虫、草履虫、波豆虫、尾滴虫、滴虫等，这些都属于快速游泳型的种属。污泥严重恶化时，微型动物几乎不出现，细菌大量分散，活性污泥的凝聚、沉降能力下降，处理能力差。

② 污泥解体

絮凝体细小，有些似针状分散，一般会出现原生动物如变形虫等肉足类。

③ 污泥膨胀

活性污泥沉降性能差，SVI 值高。由于丝状菌的大量生长，出现能摄食丝状菌的原生动物及轮虫等。

④ 污泥从恶化到恢复正常

通过反应参数和环境的改变，活性污泥从恶化状态恢复到正常的过渡期常常有下列原生动物出现：漫游虫、卑怯管叶虫等。

⑤ 指示污泥良好

污泥易成絮体，活性高，沉降性能好。出现的优势原生动物为钟虫、累枝虫、盖虫等，这些均属于固着性种属或者匍匐性种属。

7

（2）指示反应操作环境

① 优势种属

高负荷、曝气量相对不足时，小鞭毛虫占优势；过短的水力停留时间，造成小的游泳型纤毛虫占优势；非常高的负荷或存在难降解的物质时，出现小的裸变形虫和鞭毛虫；大量出现匍匐性和固着性纤毛虫或有壳变形虫时，表明运行环境良好，处理效果好。

② 形态变化

当曝气池中溶解氧降低到 1mg/L 以下时，钟虫生活不正常，体内伸缩泡会胀得很大，顶端突进一个气泡，虫体很快会死亡；当 pH 值突然发生变化超过正常范围，钟虫表现为不活跃，纤毛环停止摆动，虫体收缩成团。所以虽然观察到钟虫数量较大，但虫体委靡或变形时，则反映出细菌的活力在衰退，污水处理效果有变差的趋势。

③ 生殖方式

原生动物的生殖方式有无性生殖和有性生殖。无性生殖即简单的细胞分裂，细胞核和原生质一分为二。在营养、温度、氧等环境条件良好的场合，原生动物就进行连续的无性生殖。当出现有性生殖（接合生殖）时，往往预示环境条件变差或种群已处于衰老期。

（3）估计有机负荷

城市活性污泥污水厂有机负荷的变化会导致原生动物的结构和数量变化，尤其是纤毛虫属。

（4）预测出水水质

1.24　与污水处理有关的主要后生动物有哪些？

后生动物为原生动物以外的多细胞无脊椎动物。与污水处理有关的类型有轮虫、甲壳类动物和线虫等。

（1）轮虫

喜欢在较干净的水体中生长，以死的腐殖质为食。在活性污泥中，出现适当数量轮虫对水质处理较好，但数量太多会使污泥松散上浮，影响水质。

（2）线虫

线虫属于线形动物门的线虫纲，在水体有机污泥和生物黏膜上生长。线虫分为腐生性与肉食性，好氧和兼性厌氧型两类。兼性厌氧线虫在缺氧下大量繁殖，是水体净化状况差的指示生物。

（3）甲壳类动物

细胞表皮有一层硬壳。这些蚤类以细菌和藻类为食，而它们本身又是鱼虾的饵料。氧化塘中过多藻类可用甲壳类蚤类净化。

1.25　如何通过观测混合液中微生物来判断曝气池运行状况？

（1）混合液溶解氧含量正常，活性污泥性能较好、净化功能强时，出现的原生动物主要是固着型的纤毛虫，如钟虫属、累枝虫属、盖虫属、聚缩虫属等，一般以钟虫属居多。这类纤毛虫以体柄分泌的黏液固着在污泥絮体上，它们的出现说明污泥凝聚沉淀。此时镜检还能发现轮虫等以细菌为食的后生动物；

（2）在曝气池启动阶段，即活性污泥培养的初期，活性污泥的菌胶团性能和状态尚未形成的时候，有机负荷率相对较高而 DO 含量较低，此时混合液中存在大量游离细菌，也就会出现大量的游泳型纤毛虫类原生动物，比如豆形虫、肾形虫、草履虫等；

（3）混合液溶解氧不足时，可能出现的原生动物较少，主要是适应缺氧环境的扭头虫。

这是一种体形较大的纤毛虫，体长 $40 \sim 300\mu m$，主要以细菌为食，适应中等污染程度的水域。因此镜检时一旦发现原生动物以扭头虫居多，说明曝气池内已出现厌氧反应，需要及时降低进水负荷和加大曝气量等有效措施；

（4）混合液曝气过度或采用延时曝气工艺时，活性污泥因氧化过度使其凝聚沉降性能变差，呈细分散状，各种变形虫和轮虫会成为优势菌种；

（5）活性污泥分散解体时，出水变得很浑浊，这时候出现的原生动物主要是小变形虫，如辐射变形虫等。这些原生动物体形微小、构造简单，以细菌为食、行动迟缓。如果发现有大量这样的原生动物出现，就应当立即减少回流污泥量和曝气量；

（6）进水浓度极低时，会出现大量的游仆虫属、轮虫属等原生动物；

（7）原生动物对外界环境的变化影响的敏感性高于细菌，冲击负荷和有毒物质进入时，作为活性污泥中敏感性最高的原生动物——盾纤虫的数量就会急剧减少；

（8）活性污泥性能不好时，会出现鞭毛虫类原生动物，一般只有波豆虫属和屋滴虫属出现，当活性污泥状态极端恶化时，原生动物和后生动物都会消失；

（9）在活性污泥状况逐渐恢复时，会出现漫游虫属、斜管虫属、尖毛虫属等缓慢游动或匍匐前进的原生动物，和曝气池启动阶段的原生动物种类相似。

1.26 微生物的生存因子有哪些？

微生物的生存因子有温度(嗜冷菌、嗜中温菌、嗜热菌、嗜超热菌)、pH、氧化还原电位、溶解氧、太阳辐射、活度与渗透压、表面张力。

对微生物不利的环境因子有极端温度、极端 pH、重金属、卤素、电离辐射、超声波、表面活性剂等。

1.27 细菌生长繁殖有哪四个时期？

停滞期、对数期、静止期、衰亡期。

1.28 原生动物群落在活性污泥培养、驯化过程中有什么变化？

（1）培养初期。最初出现的必须能直接利用有机物的初级消费者，如异养菌和原生动物中的肉足虫和鞭毛虫；

（2）培养中期。这时细菌的繁殖力增强，主要是分散、游离的细菌。鞭毛虫因竞争不过细菌而消亡，肉足虫出现了以细菌为食的种类。同时开始出现吃细菌的自由游泳的纤毛虫，如片状漫游虫、板壳虫、草履虫等，间或亦有既能游泳、又能着生的喇叭虫。当分散游离的细菌大量繁殖并开始形成絮状物时，开始出现爬行的纤毛虫，如楯纤虫、游仆虫等，因为絮状物提供了爬行的条件。随着细菌成絮作用的加大，这时细菌中出现了大量自养性细菌，如硝化菌、硫细菌、铁细菌和氢细菌。自养性的真核生物多细胞鞍甲轮虫、腔轮虫也会在絮状物上爬行；

（3）完成期。随着细菌絮状物的增多，为有柄的种类提供了着生条件，纤毛虫占领了优势的位置，如单体的小口钟虫、沟钟虫、八钟虫，群体的累枝虫，有时还能见到线虫。当驯化好的活性污泥进入正常运转处理时，生物种类会变得比较单纯些，以有柄纤毛虫占优势。

第2章 与污水处理有关的法律、法规以及标准、规范

2.1 《水污染防治法》对水污染、污染物、有毒污染物是如何定义的?

水污染是指水体因某种物质的介入,而导致其化学、物理、生物或者放射性等方面的改变,从而影响水的有效利用,危害人体健康或者破坏生态环境,造成水质恶化的现象。即受人类或自然因素的影响,水体的感观性状、物理性质、化学性质、生物组成及底质等发生了恶化,由此引起水污染。

污染物是指能导致水污染的物质,即造成水体的水质、底质、生物质等恶化或形成水污染的各种物质或能量。

有毒污染物是指直接或者间接为生物摄入体内后,有可能会导致该生物或者其后代发病、行为反常、遗传异变、生理机能失常、机体变形或者死亡的污染物,如多氯联苯、有机氯杀虫剂等持久性有机物,镉、铅、铬等重金属。

2.2 《水污染防治法》对污染物排放标准的制定有哪些规定?

《中华人民共和国水污染防治法》第三十四条到第三十七条对排入地表水体的污水进行了具体规定。

(1)禁止向水体排放或者倾倒放射性固体废弃物或者含有高放射性和中放射性物质的污水。向水体排放含低放射性物质的污水,必须符合国家有关放射防护的规定和标准;

(2)向水体排放含热污水,应当采取措施,保证水体的水温符合水环境质量标准,防止热污染危害;

(3)排放含病原体的污水,必须经过消毒处理,符合国家有关标准后,方准排放;

(4)向农田灌溉渠道排放工业污水和城市污水,应当保证其下游最近的灌溉取水点的水质符合农田灌溉水质标准。利用工业污水和城市污水进行灌溉,应当防止污染土壤、地下水和农产品。

2.3 什么是国家环境质量标准?

以保护人群健康促进生态良性循环为目标而规定的各类环境中有害物质在一定时间和空间范围内的允许浓度(或其他污染因素的允许水平)叫做环境质量标准。它是环境保护及有关部门进行环境管理和制订污染物排放标准的依据。环境质量标准分国家标准和地方标准两种,按环境要素或污染因素分成大气、水质、土壤、噪声、放射性等类型。

(1)国家环境质量标准

国家环境质量标准是由国家制订的环境质量标准,它对环境质量提出了分级、分区和分期实现的目标值,是国家环境保护政策目标的体现,适用于全国。

(2)地方环境质量标准

地方环境质量标准是地区根据国家环境质量标准的要求,结合当地的环境地理特点、气象条件、经济技术、工业布局、人口密度、政治文化要求等因素,进行全面规划、综合平衡,按照当地经济技术条件,明确规定环境区域和质量等级,补充或增订国家质量标准中不包含的其他污染项目和允许水平,作为本地区环境政策目标,实行环境质量标准的分级管

理。同时，它又是计算地区环境容量、制订地区污染物排放标准的依据。

2.4 什么是污染物排放控制标准？

污染物排放标准是指为了实现环境质量标准目标，结合技术、经济条件和环境特点，对排入环境的污染物或有害因素的控制所做出的规定。

污染物排放标准分国家标准和地方标准两级。国家污染物排放标准由国务院环境保护行政主管部门根据国家环境质量标准和国家经济技术条件制定，适用于全国范围。省、自治区、直辖市人民政府对国家污染的排放标准中未做规定的项目，可以制定地方污染物排放标准，对国家污染物排放标准中已做规定的项目，可以制定严于国家污染物排放标准的地方污染物排放标准。地方污染物排放标准须报国务院环境保护行政主管部门备案。凡颁布地方污染物排放标准的地区，执行地方污染物排放标准；地方污染物排放标准未作出规定的，仍执行国家标准。

2.5 什么是国家环境监测方法标准？

为监测环境质量和污染物排放，规范采样、样品处理、分析测试、数据处理等所作的统一规定（是指分析方法、测定方法、采样方法、实验方法、检验方法等所作的统一规定。环境监测中最常见的有分析方法、测定方法、采样方法）。

2.6 国家水环境质量标准有哪些？

国家水环境质量标准如表 2 - 1 所示。

表 2 - 1　国家的水环境质量标准

标准名称	标准编号	发布时间
地表水环境质量标准	GB 3838—2002	2002 - 4 - 28
海水水质标准	GB 3097—1997	1997 - 12 - 3
地下水质量标准	GB/T 14848—93	1993 - 12 - 30
农田灌溉水质标准	GB 5084—92	1992 - 1 - 4
渔业水质标准	GB 11607—89	1989 - 8 - 12

2.7 《地表水环境质量标准》将地表水分为几类？

《地表水环境质量标准》（GB 3838—2002）中依据地表水水域环境功能和保护目标，按功能高低依次划分为五类。Ⅰ类主要适用于源头水、国家自然保护区；Ⅱ类主要适用于集中式生活饮用水地表水源地一级保护区、珍稀水生生物栖息地、鱼虾类产卵场、仔稚幼鱼的索饵场等；Ⅲ类主要适用于集中式生活饮用水地表水源地二级保护区、鱼虾类越冬场、洄游通道、水产养殖区等渔业水域及游泳区；Ⅳ类主要适用于一般工业用水区及人体非直接接触的娱乐用水区；Ⅴ类主要适用于农业用水区及一般景观要求水域。

对应地表水上述五类水域功能，将地表水环境质量标准基本项目标准值分为五类，不同功能类别分别执行相应类别的标准值。水域功能类别高的标准值严于水域功能类别低的标准值。同一水域兼有多类使用功能的，执行最高功能类别对应的标准值。实现水域功能与达标功能类别标准为同一含义。

2.8 地方排放标准与行业排放标准同时存在时优先执行哪个？

（1）有行业性排放标准的执行行业排放标准，没有行业排放标准的执行综合排放标准。

（2）根据《地方环境质量标准和污染物排放标准备案管理办法》（环境保护部令 第 9 号），地方污染物排放标准不仅仅是综合型污染物排放标准，也可以是行业型污染物排放标准。地方污染物排放标准中如果有行业污染物排放标准的，其制定时，其具体的标准应严于或等于行业排放标准，因此，应优先执行地方污染物排放标准。如广东省某城镇污水处理厂建于 2005 年，尾水排入Ⅳ类地表水域，其执行标准应是《城镇污水处理厂污染物排放标准》（GB 18918—2002）二级标准。广东省《水污染物排放标准》（DB44/26—2001）中也有城镇污水处理厂的排放标准，经比较，《水污染物排放标准》（DB44/26—2001）中的 COD 第二时段二级标准(60mg/L)，严于 GB 18918—2002 所要求的 100mg/L，其余指标相同，因此该污水处理厂实际出水水质 COD 执行《水污染物排放限值》（DB44/26—2001）第二时段二级标准，其余指标执行《城镇污水处理厂污染物排放标准》（GB 18918—2002）二级标准。

2.9 有关污水排放的国家标准有哪些?

污水排放的国家标准 57 类，见表 2 - 2。

表 2 - 2　污水排放的国家标准

序号	标准名称	标号
1	污水综合排放标准	GB 8978—1996
2	制糖工业水污染物排放标准	GB 21909—2008
3	生物工程类制药工业水污染物排放标准	GB 21907—2008
4	中药类制药工业水污染物排放标准	GB 21906—2008
5	提取类制药工业水污染物排放标准	GB 21905—2008
6	化学合成类制药工业水污染物排放标准	GB 21904—2008
7	发酵类制药工业水污染物排放标准	GB 21903—2008
8	羽绒工业水污染物排放标准	GB 21901—2008
9	制浆造纸工业水污染物排放标准	GB 3544—2008
10	杂环类农药工业水污染物排放标准	GB 21523—2008
11	混装制剂类制药工业水污染物排放标准	GB 21908—2008
12	皂素工业水污染物排放标准	GB 20425—2006
13	弹药装药行业水污染物排放标准	GB 14470. 3—2011
14	兵器工业水污染物排放标准　火工药剂	GB 14470. 2—2002
15	兵器工业水污染物排放标准　火炸药	GB 14470. 1—2002
16	合成氨工业水污染物排放标准	GB 13458—2001
17	纺织染整工业水污染物排放标准	GB 4287—92
18	烧碱、聚氯乙烯工业水污染物排放标准	GB 15581—1995
19	航天推进剂水污染物排放标准	GB 14374—93
20	肉类加工工业水污染物排放标准	GB 13457—92
21	钢铁工业水污染物排放标准	GB 13456—92
22	天然橡胶加工污水污染物排放标准	NY 687—2003（农业部标准）
23	医疗机构水污染物排放标准	GB 18466—2005
24	钢铁工业水污染物排放标准	GB 13456—1992
25	叠氮化铅、三硝基间苯二酚铅、D. S 共晶工业水污染物排放标准	GB 4279—1984
26	二硝基重氮酚工业水污染物排放标准	GB 4278—1984
27	黑索金工业水污染物排放标准	GB 4275—1984
28	梯恩梯工业水污染物排放标准	GB 4274—1984
29	石油炼制工业水污染物排放标准	GB 3551—83
30	石油开发工业水污染物排放标准	GB 3550—83
31	城镇污水处理厂污染物排放标准	GB 18918—2002
32	电镀污染物排放标准	GB21900—2008
33	煤炭工业污染物排放标准	GB 20426—2006
34	啤酒工业污染物排放标准	GB 19821—2005
35	发酵酒精和白酒工业水污染物排放标准	GB 27631—2011

12

序号	标准名称	标号
36	橡胶制品工业污染物排放标准	GB 27632—2011
37	磷肥工业水污染物排放标准	GB 15580—2011
38	钒工业污染物排放标准	GB 26452—2011
39	硝酸工业污染物排放标准	GB 26131—2010
40	硫酸工业污染物排放标准	GB 26132—2010
41	稀土工业污染物排放标准	GB 26451—2011
42	淀粉工业水污染物排放标准	GB 25461—2010
43	酵母工业水污染物排放标准	GB 25462—2010
44	油墨工业水污染物排放标准	GB 25463—2001
45	陶瓷工业污染物排放标准	GB 25464—2010
46	铝工业污染物排放标准	GB 25465—2010
47	铅、锌工业污染物排放标准	GB 25466—2010
48	铜、镍、钴工业污染物排放标准	GB 25467—2010
49	镁、钛工业污染物排放标准	GB 25468—2010
50	船舶污染物排放标准	GB 3552—83
51	船舶工业污染物排放标准	GB 4286—84
52	海洋石油开发工业含油污水排放标准	GB 4914—85
53	畜禽养殖业污染物排放标准	GB 18596—2001
54	污水海洋处置工程污染控制标准	GB 18486—2001
55	味精工业污染物排放标准	GB 19431—2004
56	柠檬酸工业污染物排放标准	GB 19430—2004
57	汽车维修业水污染物排放标准	GB 26877—2011

2.10 《污水综合排放标准》规定的排放标准是怎样分级的？

《污水综合排放标准》(GB 8978—96)根据受纳水体的不同，将污水排放标准分为三个等级：

(1) 排入 GB 3838 中Ⅲ类水域(划定的保护区和游泳区除外)的污水执行一级标准；

(2) 排入 GB 3838 中Ⅳ、Ⅴ类水域和排入 GB 3097 中三类海域的污水，执行二级标准；

(3) 排入设置二级污水处理厂的城镇排水系统的污水执行三级标准；

(4) 排入未设置二级污水处理厂的城镇排水系统的污水必须根据排水系统出水受纳水域的功能要求，分别执行(1)和(2)的规定；

(5) GB 3838 中Ⅰ、Ⅱ类水域和Ⅲ类水域中划定的保护区，禁止新建排污口，现有排污口应按水体功能要求，实行污染物总量控制，以保证受纳水体水质符合规定用途的水质标准。

2.11 《污水综合排放标准》对第一类污染物有什么规定？

《污水综合排放标准》(GB 8978—1996)中的第一类污染物是指能在环境中或动物体内蓄积，对人体健康产生长远不良影响的污染物质，共有13项，标准中要求不分建设年限，不分行业和污水排放方式，也不分受纳水体的功能类别，一律在车间或车间处理设施排放口采样(采矿行业的尾矿坝出水口不得视为车间排放口)，其最高允许排放浓度必须低于标准规定最高允许排放浓度。

2.12 什么是排水量？

《污水综合排放标准》(GB 8978—1996)将排水量定义为：指在生产过程中直接用于工艺

生产的水的排放量(不包括间接冷却水、厂区锅炉、电站排水)。《污水综合排放标准》(GB 8978—1996)根据建设年限,对部分行业最高允许排水量作出了规定。

2.13 《环境监测质量保证管理规定》对实验室和监测人员的基本要求有哪些?

《环境监测质量保证管理规定》第十二条到第十四条对实验室和监测人员的基本要求作出了规定。

(1)实验室应建立健全并严格执行各项规章制度,包括:监测人员岗位责任制;实验室安全操作制度;仪器管理使用制度;化学试剂管理使用制度;原始数据、记录、资料管理制度等。

(2)实验室应保持整洁、安全的操作环境,按有关规定配备必要的仪器设备,指定专人管理,定期检查校准。

(3)环境监测人员一般应具有中专以上文化程度,掌握有关的专业知识和基本操作技能。不符合要求者应接受技术培训,经考核合格后方可从事监测工作。

第3章　污水与污染物

3.1　什么是污水？什么是水污染？

（1）污水

根据污水综合排放标准（GB8978—1998），污水是指生产与生活活动中排放水的总称。也有其他的定义，如把水中某些物质含量异常升高，并且可能对生态构成危害的水叫污水。不管如何定义，污水与人类生产与生活活动有关。

（2）水污染

水体因某种物质的介入，而导致其化学、物理、生物或者放射性等方面特征的改变，从而影响水的有效利用，危害人体健康或者破坏生态环境，造成水质恶化的现象。

3.2　污水按来源可分为哪几类？

污水按其来源分类：生活污水、工业污水、初期雨水。

（1）生活污水

生活污水是指人类在日常生活中使用过的、被污染的水，包括厕所粪尿、洗衣洗澡水、厨房等家庭排水以及商业、医院和游乐场所的排水等。污染的成分含大量有机物（碳水化合物、蛋白质、脂肪、尿素、氨、氮气等）和大量病原微生物。

（2）工业污水

工业污水是在工矿生产活动中产生的污水。工业污水可分为生产污水与生产废水。

① 生产污水

生活污水是指在生产过程中形成、并被生产原料、半成品或成品等原料所污染，也包括热污染（指生产过程中产生的、水温超过60℃的水）。

② 生产废水

生活废水是指在生产过程中形成，但未直接参与生产工艺，未被生产原料、半成品或成品等原料所污染或只是温度稍有上升的水，如冷却水等。生产废水不需要净化处理或仅需做简单的处理。

③ 初期雨水

初期雨水主要是指被污染的雨水。由于初期雨水冲刷了地表的各种污染物，污染程度很高，目前一般要求收集作净化处理。

3.3　污水按水中的主要污染成分可分为哪几类？

按水中的主要污染成分可分为有机污水、无机污水和综合污水。

（1）有机污水。以有机污染物为主的污水，有机污水易造成水质富营养化，危害比较大。

（2）无机污水。污水中只含无机酸、碱、盐等化合物成分，不含有机类化合物。

（3）综合污水。综合污水就是含有有机物和无机物的污水。

3.4　污水水质常用的指标有哪些？

污水水质常用的指标包括物理指标、化学指标、生物指标等三个方面。

3.5 什么是污水的物理指标？物理指标有哪些？

物理指标是指表示有关污水物理性质方面的指标。主要有固体物质、浊度、温度、色度、臭味、电导率等。

（1）固体物质

固体物质在水中有三种分散状态：溶解态（直径小于 1nm）、胶体态（直径介于 1 ~ 100nm）、悬浮态（直径大于 100nm）。

① 悬浮固体

悬浮固体是指悬浮在污水中的固体物质。水质监测分析中，将水样过滤，凡不能通过过滤器的固体物质称为悬浮固体或悬浮物，单位是 mg/L。悬浮物是反应污水中固体物质的一个重要指标。

② 溶解固体（DS）

溶解固体是指将水样过滤后，将滤液蒸干得到的固体物质部分。

（2）浊度

浊度表示水样的透光性能指标。水中含有泥土、粉砂、微细有机物、无机物、浮游生物等悬浮物和胶体物都可以使水质变得浑浊而呈现一定浊度，水质分析中规定：1L 水中含有 1mgSiO2 所构成的浊度为一个标准浊度单位，简称 1 度，以 JTU 表示。浊度也可用散射光法进行测定，以 NTU 表示。我国一般采用比浊法测定。

（3）温度

温度是表示物体冷热程度的物理量，用 T 表示，单位为℃。

（4）色度

色度是污水呈现的颜色深浅程度。

色度常用铂钴标准比色法（常用于天然水和饮用水，单位是度）以及稀释倍数法（常用于工业污水，单位是倍）。

（5）臭味

水中臭味主要来源于生活污水和工业污水中的污染物或与之有关的微生物活动。测定臭味的方法有定性描述和臭强度近似定量法（臭阈值法）。

（6）电导率

电导是电阻的倒数，单位距离上的电导称为电导率。电导率的物理意义是表示物质导电的性能，电导率越大则导电性能越强，反之越小，电导率用 K 表示，单位为 $1/(\Omega \cdot cm)$。电导率也可表示水中电离性物质的总数，间接表示水中溶解盐的含量。

3.6 什么是污水的化学指标？化学指标有哪些？

化学指标是指表示有关污水化学性质方面的指标。化学指标包括以下几个指标：

（1）化学需氧量（COD）。

指用强化学氧化剂（我国法定用重铬酸钾）在酸性条件下，将有机物氧化成 CO_2 与 H_2O 所消耗的氧量（mg/L），用 COD_{Cr} 表示，简写为 COD。化学需氧量越高，表示水中有机污染物越多，污染越严重。

（2）生化需氧量（BOD）。

水中有机污染物被好氧微生物分解时所需的氧量称为生化需氧量（mg/L），用 BOD 表示。如果污水成分相对稳定，则 COD > BOD_5。BOD_5/COD 大于 0.3 时，可认为适宜采用生化处理。

16

（3）总需氧量（TOD）。

有机物主要元素是 C、H、O、N、S 等，当有机物被全部氧化时，将分别产生 CO_2、H_2O、NO、SO_2 等，此时需氧量称为总需氧量（TOD）。

（4）总有机碳（TOC）。

包括水样中所有有机污染物质的含碳量，是评价水样中有机物质的一个综合参数。

（5）总氮（TN）、凯氏氮（TKN）。

污水中含氮化合物分为有机氮、氨氮、亚硝酸盐氮、硝酸盐氮，四种含氮化合物总量称为总氮（TN）。凯氏氮（TKN）是有机氮与氨氮之和。

（6）总磷（TP）。包括有机磷与无机磷两类。

（7）溶解氧（DO）。

（8）pH 值。

（9）重金属。

3.7　什么是污水的生物降解性？污染物的生物降解性有哪些分类？

生物降解性能是指在微生物的作用下，使某一物质改变其原有的化学和物理性质，因而在结构上发生的变化程度。污染物的生物降解性可分为以下几类：

（1）易生物降解。易于被微生物作为碳源和能源物质而被利用。

（2）可生物降解。能够逐步被微生物所利用。

（3）难生物降解。降解速率很慢或根本不降解。

BOD_5 与 COD 的比值在一定程度上可以表示污水的可生化降解特性，BOD_5/COD 对于污水处理工艺的选择、处理工程的投资、运行等都有重要的影响。

3.8　为什么高浓度含盐污水对微生物的影响大？

当污水中的氯离子浓度大于 2000mg/L 时，微生物的活性一般将受到抑止，COD 去除率会明显下降；当污水中的氯离子浓度大于 8000mg/L 时，会造成污泥体积膨胀，水面泛出大量泡沫，微生物会相继死亡。对于经过长期驯化微生物，会逐渐适应在高浓度的盐水中生长繁殖。

已经适应在高浓度的盐水中生长繁殖的微生物，细胞液的含盐浓度是很高的，一旦污水中的盐分浓度较低或很低时，污水中的水分子会大量渗入微生物体内，使微生物细胞发生膨胀，严重者破裂死亡。因此，经过长期驯化并能逐渐适应在高浓度的盐水中生长繁殖的微生物，对生化进水中的盐分浓度要求始终保持在相当高的水平，不能忽高忽低。

3.9　什么叫溶解氧？溶解氧与微生物的关系如何？

溶解在水体中的氧被称溶解氧（DO）。水体中的生物与好氧微生物，它们所赖以生存的氧气就是溶解氧。不同的微生物对溶解氧的要求是不一样的。好氧微生物需要供给充足的溶解氧，一般来说，溶解氧应维持在 3mg/L 为宜，最低不应低于 2mg/L；兼氧微生物要求溶解氧的范围在 0.2~2.0mg/L 之间；而厌氧微生物要求溶解氧的范围在 0.2mg/L 以下。

3.10　微生物最适宜的 pH 条件应在什么范围？

微生物的生命活动、物质代谢与 pH 值有密切关系。大多数微生物对 pH 的适应范围在 4.5~9，而最适宜的 pH 值的范围在 6.5~7.5。当 pH 低于 6.5 时，真菌开始与细菌竞争，pH 到 4.5 时，真菌在生化池内将占完全的优势，其结果是严重影响污泥的沉降结果；当 pH 超过 9 时，微生物的代谢速度将受到阻碍。

不同的微生物对 pH 值适应范围是不一样的。在好氧生物处理中，pH 可在 6.5~8.5 之间变化；厌氧生物处理中，微生物对 pH 的要求比较严格，pH 应在 6.7 ~ 7.4 之间。

3.11 微生物最适宜在什么温度范围内生长繁殖？

在污水生物处理中，微生物最适宜的温度范围一般为 16 ~ 30℃，最高温度在 37 ~ 43℃，当温度低于 10℃时，微生物将不再生长。在适宜的温度范围内，温度每提高 10℃，微生物的代谢速率会相应提高，COD 的去除率也会提高 10% 左右；相反，温度每降低 10℃，COD 的去除率会降低 10%，在冬季时，COD 的生化去除率会明显低于其他季节。

3.12 什么是污水的生物指标？生物指标有哪些？

生物指标是指表示有关污水生物性质方面的指标。生物指标有：

（1）大肠菌群数。每升水样中所含有的大肠菌群的数目，单位是个/L。

（2）细菌总数。是大肠菌群数、病原菌、病毒及其他细菌数的总和，以每毫升水样中的细菌菌落总数表示。

3.13 污水中主要污染物质及其危害有哪些？

（1）固体污染物

包括悬浮物、胶体状杂质、溶解性杂质等。固体悬浮物会造成水体外观恶化、浑浊度升高，改变水的颜色。

（2）有机污染物

包括生化需氧量、化学需氧量、总需氧量、总有机碳等。排入到水体中的有机污染物质含量较高，大量消耗了水中的溶解氧，这时有机污染物便转入厌氧腐败状态，产生 H_2S、甲烷气等还原性气体，使水中动植物大量死亡，而且可使水体变黑变浑，发生恶臭。

（3）油类污染物

包括石油类和动植物油。绝大部分石油类物质比水轻且不溶于水，一旦进入水体会漂浮于水面，并迅速扩散形成油膜，从而阻止大气中的氧进入水体，使水中生物的生长受到不利影响。水中含油为 0.01 ~ 0.1mg/L 时，对鱼类和水生生物就有有害作用。水中乳化油和溶解态油可以被好氧微生物分解成 CO_2 和 H_2O，分解过程消耗水中的溶解氧，使水体呈缺氧状态且 pH 值下降，会使鱼类和水生生物不能生存。石油类物质含有多种有致癌作用的成分，如多环芳烃等，水中的石油类物质可以通过食物链富集，最后进入人体，对人体健康产生危害。

（4）有毒污染物

有毒污染物包括无机化学毒物、有机化学毒物、放射性毒物等。

① 无机化学毒物。

无机化学毒物主要指重金属及其化合物。大多数重金属离子及其化合物易于被水中悬浮颗粒所吸附，而沉淀于水底的沉积层中，长期污染水体。某些重金属及其化合物在鱼类及水生生物体内以及农作物组织内沉积，富集而造成危害。

② 有机化学毒物。

有机化学毒物主要是指酚、硝基苯类、有机农药、多氯联苯、多环芳烃、合成洗涤剂等。这些物质属于持久性有机物，具有较强的毒性且难以生物降解。

③ 放射性物质是指具有放射性核素的物质。这类物质通过自身的衰变可放射出 α、β、γ 等射线。放射性物质进入人体后会继续放出射线，使人患贫血、恶性肿瘤等疾病。

（5）生物污染物

生物污染物主要指污水中的致病性微生物，包括致病细菌、病虫卵和病毒等。生物污染物在水中会使有机物腐败、发臭，引起水质恶化的，对人和动植物也会引起病害，影响健康和正常的生命活动，严重时能造成死亡。

（6）酸碱污染物

酸主要来源于矿山排水、工业污水及酸雨等；碱主要来自碱法造纸、化学纤维制造、制碱、制革等工业污水。酸碱污染物具有较强的腐蚀性，可以腐蚀管道和构筑物；排入水体会改变水体的 pH 值，干扰水体自净。

（7）营养性污染物

营养性污染物包括氮、磷、钾、铵盐等。农业生产中使用的有机物和化肥中大量未能被作物吸收利用的 N、P、K 等营养物质进入河流、湖泊、海湾等缓流水域，是导致藻类和其他浮游生物迅速繁殖的主要因素之一，引起水体溶解氧含量下降，水质恶化。

（8）感官性污染物

感官性污染物指污水中能引起异色、浑浊、泡沫、恶臭等现象的物质等。

（9）热污染

如含热污水。热污染对环境有极大危害。在水体热污染中，随着水温的升高，水中溶解的氧就会减少，从而使鱼类代谢率和生长发育异常。水温升高，还会引起一些藻类的繁殖，加速某些致病微生物和水草的繁殖生长，使水质恶化。

3.14　什么是水体富营养化？水体富营养化的危害有哪些？

天然水体中由于过量营养物质（主要是指氮、磷等）的排入，引起各种水生生物、植物异常繁殖和生长，这种现象称作水体富营养化。过量营养物质主要来自于农田施肥、农业废弃物、城市生活污水和某些工业污水。

一般来说，总磷和无机氮分别为 $20mg/m^3$ 和 $300mg/m^3$ 时，就认为水体已处于富营养化的状态。富营养化问题的关键是连续不断地流入水体中的营养盐的负荷量，因此不能完全根据水中营养盐浓度来判定水体富营养化程度。

湖泊等天然水体中磷和氮的含量在一定程度上是浮游生物数量的控制因素，当天然水体接纳含有大量磷和氮的城市污水或工业污水及大量使用化肥的农田排水后，会促使某些藻类的数量迅速增加，而藻类的种类却逐渐减少。水体中的藻类本来以硅藻和蓝藻为主，随着富营养化的发展，最后变为蓝藻为主，因此蓝藻的大量出现是富营养化的征兆。

藻类生长周期短、繁殖迅速，死亡后被需氧微生物分解、不断消耗水中的溶解氧，或沉到水底被厌氧微生物分解、不断产生硫化氢等腐败气体，从而水质恶化，富营养化的直接后果是鱼类的大量死亡及对工业、生活、灌溉用水等产生的不利的影响。

3.15　什么是"水华"现象？

江河湖泊、水库等水域的植物营养成分（氮、磷等）不断补给，过量积聚，致使水体出现富营养化后，水生生物（主要是藻类）大量繁殖，因为占优势的浮游生物颜色不同，而使水面呈现蓝色、红色、棕色、乳白色等颜色，这就是水华现象。水华现象是水体富营养化在内陆水体的外在表现形式，水华现象在海洋中发生就被称为赤潮现象，赤潮为海水中某些微小的浮游藻类、原生动物或细菌在一定的环境条件下，短时间内突发增殖或聚集而引起海水变色的一种生态异常现象。

3.16　污水中油类污染物的种类按存在形式可划分为哪些类型？

污水中油类污染物的种类按存在形式可划分为五种物理形态：

（1）游离态油

静止时能迅速上升到液面形成油膜或油层的浮油，这种油珠的粒径较大，一般大于 100μm，约占污水中油类总量的 60%～80%。

（2）机械分散态油

油珠粒径一般为 10～100μm 的细微油滴，在污水中的稳定性不高，静置一段时间后往往可以相互结合形成浮油。

（3）乳化态油

油珠粒径小于 10μm，一般为 0.1～2μm，这种油滴具有高度的化学稳定性，往往会因水中含有表面活性剂而成为稳定的乳化液。

（4）溶解态油

极细微分散的油珠，油珠粒径比乳化油还小，有的可小到几个 nm，也就是化学概念上真正溶解于污水中的油。

（5）固体附着油

吸附于污水中固体颗粒表面的油珠。

3.17 防止含油污水乳化的方法有哪些？

（1）防止表面活性物质及砂土之类的固体颗粒混入含油污水中。如对碱渣和含碱污水中的脂肪酸钠盐等物质进行充分回收处理，尽量减少进入污水的表面活性物质数量。

（2）向污水中投加电解质，通过压缩油珠双电层以及电中和的作用，促使已经乳化的微细油珠互相凝聚。例如加酸使污水的 pH 值降到 3～4，可以产生凝聚现象。

（3）投加硫酸铝、氯化铁等无机絮凝剂，既可压缩油珠的双电层，又可起到使污水中其他杂质颗粒凝聚的作用，这些无机絮凝剂的投加量一般比混凝沉淀处理时的投加量要少一些。当含油污水中含有硫化物时，因生成硫化铁而影响破乳效果，不宜使用铁盐絮凝剂。

（4）当含油污水中含有脂肪酸钠盐而引起乳化时，向污水中投加石灰，可促进微油珠的相互凝聚。

3.18 耗氧有机物的来源有哪些？

污水中耗氧有机物主要有腐殖酸、蛋白质、酯类、糖类、氨基酸等有机化合物，这些物质以悬浮或溶解状态存在于污水中，在微生物的作用下可以分解为简单的 CO_2 等无机物，这些有机物在天然水体中分解时需要消耗水中的溶解氧，因而称为耗氧有机物。含有这些物质的污水一旦进入水体会引起溶解氧含量降低，进而导致水体发黑变臭。生活污水和食品、造纸、石油化工、化纤、制药、印染等企业排放的工业污水中都含有大量的耗氧有机物。据统计，我国造纸业排放的耗氧有机物约占工业污水排放的耗氧有机物总量的 1/4；城市污水的有机物浓度不高，但因水量较大，排放的耗氧有机物总量也很大。污水二级生物处理重点解决的问题就是去除污水中的耗氧有机物。

耗氧有机物成分复杂，分别测定其中各种耗氧有机物的浓度相当困难，实际工作中常用 COD、BOD_5、TOC、TOD 等指标来表示。一般来说，上述指标越高，消耗水中的溶解氧越多，水质越差。自然水体中，BOD_5 低于 3mg/L 时，水质良好；达到 7.5mg/L 时，水质较差；超过 10mg/L 时表明水质已经很差，其中的溶解氧已接近于 0。

3.19 含酚污水有何危害？怎样处理？

含酚污水主要来自焦化厂、煤气厂、石油化工厂、绝缘材料厂等工业部门以及石油裂解制乙烯、合成苯酚、聚酰胺纤维、合成染料、有机农药和酚醛树脂生产过程。含酚污水中主要含有酚基化合物，如苯酚、甲酚、二甲酚和硝基甲酚等。酚基化合物是一种原生质毒物，可使蛋白质凝固。水中酚的浓度达到0.1~0.2mg/L时，鱼肉即有异味，不能食用；浓度增加到1mg/L，会影响鱼类产卵，含酚5~10mg/L，鱼类就会大量死亡。饮用水中含酚能影响人体健康，即使水中含酚浓度只有0.002mg/L，用氯消毒也会产生氯酚恶臭。

通常将浓度为1000mg/L的含酚污水称为高浓度含酚污水，这种污水须回收酚后，再进行处理。浓度小于1000mg/L的含酚污水，称为低浓度含酚污水。通常将这类污水循环使用，达到一定的浓度后，将酚浓缩回收再进行处理。

回收酚的方法有溶剂萃取法、蒸汽吹脱法、吸附法、封闭循环法等。含酚浓度在300mg/L以下的污水可用生物氧化、化学氧化、物理化学氧化等方法进行处理后排放或回收。

3.20 污水中酚的来源有哪些？处理方法有哪些？

炼油、化工、炸药、树脂、机械维修、铸造、造纸、纺织、陶瓷、焦化、煤制气等行业会排放含酚污水。

高浓度(>500mg/L)含酚污水的处理方法有萃取、活性炭吸附和焚烧等方法，中浓度(5~500mg/L)含酚污水的处理方法有生物法、活性炭吸附法和化学氧化法等。在没有高浓度的其他有毒物质或预先脱除有毒物质的情况下，酚类化合物可以被经过驯化的微生物有效分解。因此，对于中浓度含酚污水来说，活性污泥法或生物膜法均是行之有效的手段。低浓度含酚污水也可用臭氧氧化或活性炭吸附等方法处理。

3.21 污水中氰化物的形式有哪些？

污水中的氰化物包括无机氰化物和有机氰化物，无机氰化物又可分为简单氰化物和络合氰化物。常见的简单氰化物有氰化钾、氰化钠、氰化铵等，此类氰化物易溶于水，且毒性很大。络合氰化物的毒性比简单氰化物小，但水中的大部分络合氰化物受pH值、水温和光照等影响可以离解为简单的氰化物。石油化工、农药、电镀、选矿等工业排放的污水中常含有上述两种形式的氰化物。

3.22 污水中氰化物的来源有哪些？处理方法有哪些？

自然的水体中一般不含氰化物，水中氰化物的主要来源为工业污染。氰化物和氰氢酸是工业生产中应用广泛的原料，采矿提炼、摄影冲印、电镀、金属表面处理、焦炉、煤气、染料、制革、塑料、合成纤维及工业气体洗涤、石油的催化裂化和焦化等行业会排放含氰污水。其中，电镀工业是排放含氰污水最多的行业。含氰污水治理措施主要有：

（1）改革工艺，减少或消除外排含氰污水，如采用无氰电镀法可消除电镀车间工业污水。

（2）含氰量高的污水，应采用回收利用，含氰量低的污水应净化处理方可排放。回收方法有酸化曝气—碱液吸收法、蒸汽解吸法等。治理方法有碱性氯化法、电解氧化法、加压水解法、生物化学法、生物铁法、硫酸亚铁法、空气吹脱法等。其中碱性氯化法应用较广，硫酸亚铁法处理不彻底亦不稳定，空气吹脱法既污染大气，出水又达不到排放标准，较少采用。

3.23 污水中硫化物的来源有哪些？如何处理？

炼油、纺织、印染、焦炭、煤气、纸浆、制革及多种化工原料的生产过程中都会排放含有硫化物的工业污水，含有硫酸盐的污水在厌氧条件下，也可以还原产生硫化物，成为含有硫化物的污水。

含硫化物污水的处理方法有：将硫化物转化为硫化盐进行絮凝沉淀；或将硫化物转化为

硫化氢(汽提)两类。

3.24 污水中苯并(a)芘的来源有哪些? 处理方法有哪些?

苯并(a)芘简称 BaP,是多环芳烃(PAH)中具有代表性的强致癌稠环芳烃。自然水中 BaP 的来源可分为人为源和天然源两种,前者主要来自于有机物的不完全燃烧,后者主要来自自然规律的生物合成。在有机物不完全燃烧的行业,如炼油、沥青、塑料、焦化等工业污水及氨厂、机砖厂、机场等排放的污水中不同程度地存在 BaP。

BaP 虽然毒性较大,但去除相对容易,臭氧、液氯、二氧化氯的氧化作用和活性炭吸附、絮凝沉淀及活性污泥法处理均能有效去除污水中的 BaP。

3.25 污水中有机氯的来源有哪些? 处理方法有哪些?

有机氯化合物包括氯代烷烃、氯代烯烃、氯代芳香烃及有机 氯杀虫剂等,其中对环境影响较大的是有机氯杀虫剂和多氯联苯等,主要来自农药、染料、塑料、合成橡胶、化工、化纤等工业排放的污水中。

有机氯污水主要用焚烧法处理,焚烧产物为氯化氢和二氧化碳。为回收和处理焚烧产生的氯化氢,焚烧的具体方法有焚烧—烟气碱中和法、焚烧—回收无水氯化氢法和焚烧—烟气回收盐酸法。此外,有机氯农药污水还可用树脂或活性炭吸附法处理。

3.26 有毒重金属的种类有哪些?

根据《污水综合排放标准》(GB 8978—1996)的规定,第一类污染物中的重金属指标有总汞、烷基汞、总镉、总铬、六价铬、总铅、总镍、总铍、总银、总砷等十种,第二类污染物中的重金属指标有总锌、总锰、总铜等三种。

3.27 含汞化合物有何特性? 含汞污水怎样治理?

各种汞化合物的毒性差别很大。无机汞中的氯化汞是剧毒物质,有机汞中的苯基汞分解较快,毒性不大;甲基汞毒性最大,进入人体很容易被吸收,不易降解,排泄也慢,容易在脑中积累,如水俣病就是由甲基汞中毒造成的。

从污水中去除无机汞的方法有硫化物沉淀法、化学凝聚法、活性炭吸附法、金属还原法、离子交换法和微生物法等。一般偏碱性含汞污水通常采用化学凝聚法或硫化物沉淀法处理。偏酸性的含汞污水可用金属还原法处理。低浓度的含汞污水可用活性炭吸附法、化学凝聚法或活性污泥法处理,有机汞污水较难处理,通常先将有机汞氧化为无机汞,再进行处理。

3.28 重金属污水来源及其治理方法是什么?

重金属污水主要来自矿山、冶炼、电解、电镀、农药、医药、油漆、颜料等企业排出的污水。污水中重金属的种类、含量及存在形态随不同生产企业而异。由于重金属不能分解破坏,而只能转移它们的存在位置和转变它们的物理和化学形态。如经化学沉淀处理后,污水中的重金属从溶解的离子形态转变成难溶性化合物而沉淀下来,从水中转移到污泥中;经离子交换处理后,污水中的重金属离子转移到离子交换树脂上,经再生后又从离子交换树脂上转移到再生废液中。

其治理方法有:

(1)使污水中呈溶解状态的重金属转变成不溶的金属化合物或元素,经沉淀和上浮从污水中去除。可应用方法如中和沉淀法、硫化物沉淀法、上浮分离法、电解沉淀(或上浮)法、隔膜电解法等;

(2)将污水中的重金属在不改变其化学形态的条件下进行浓缩和分离,可用方法有反渗透法、电渗析法、蒸发法和离子交换法等。这些方法应根据污水水质、水量等情况单独或组合使用。

3.29 污水中铅的来源有哪些？如何处理？

铅常被用作为原料应用于蓄电池、电镀、颜料、橡胶、农药、燃料、涂料、铅玻璃、炸药、火柴等制造业。铅板制作工艺中排放的酸性污水(pH<3)铅浓度最高，电镀业倾倒电镀废液产生的污水铅浓度也很高。在大多数污水中，铅以无机形态存在。但在四乙基铅工业排放的工业污水中，却含有高浓度的有机铅化合物。

处理含铅污水的常用方法有化学沉淀法、混凝沉淀法、生化法、吸附法、离子交换法、电解法等。

3.30 污水中砷的来源有哪些？处理方法有哪些？

砷酸和砷酸盐存在于冶金、玻璃仪器、陶瓷、皮革、化工、肥料、石油炼制、合金、硫酸、皮毛、染料和农药等行业的工业污水中。

砷的常规处理方法有石灰或硫化物沉淀，或者用铁或铝的氢氧化物共沉淀。废水处理传统的絮凝过程也可以有效去除污水中的砷，另外利用活性炭或矾土的吸附以及离子交换对污水中砷的去除也取得了不同程度上的成功。利用生化法处理含砷污水的研究已取得了进展，活性污泥对低浓度砷的去除率明显高于对高浓度砷的去除率，这也说明污泥对砷的去除能力也是有限的。

3.31 污水中镉的来源有哪些？处理方法有哪些？

含镉污水的来源包括电镀、颜料、塑料稳定剂、合金及电池、金属矿山的采选、冶炼、电解、农药、医药、油漆、合金、陶瓷与无机颜料制造、电镀、纺织印染等工业的生产过程中。

含镉污水处理方法有氢氧化物或硫化物沉淀法、吸附法、离子交换法、氧化还原法、铁氧化法、膜分离法和生化法等，对于高浓度或经过离子交换后浓缩的含镉污水，电解及蒸发回收法也是一种切实可行的方法。

3.32 污水中镍的来源有哪些？处理方法有哪些？

含镍污水的工业来源有电镀业、采矿、冶金、机器制造、化学、仪表、石油化工、纺织等工业等，钢铁厂、铸铁厂、汽车和飞机制造业、印刷、墨水、陶瓷、玻璃等行业。

污水中的镍主要以二价离子存在。处理镍和镍合金的酸洗和电镀污水方法有：石灰沉淀法或硫化物沉淀法、离子交换法、反渗透法、蒸发回收法等。

3.33 污水中铍的来源有哪些？处理方法有哪些？

铍是原子能、火箭、导弹、航空以及冶金工业中不可缺少的重要材料，这些行业排放的废水中都含有一定数量的铍。铍的开采、冶炼及铍制造业的废水已造成了对环境的污染。铍对鱼类的致死浓度为0.15mg/L，当水中铍的浓度达到10mg/L时，可以使水的透明度降低；浓度为0.5~1.0mg/L时，可对水体中的生物化学自净作用和微生物的繁殖产生强烈的抑制。

对含铍废水的处理，国内外的研究主要集中在中和絮凝沉淀、活性炭吸附、砂滤处理等。传统的物理化学方法存在处理效率低、成本高、运行不稳定和达标困难等缺点，因此难以推广应用。近年来，人们在进一步研究改进传统物理化学法的同时，逐渐转向生物法，成为从废水中脱除微量金属和回收贵金属的潜在手段，并将逐渐替代常规的物理化学法。

3.34　污水中银的来源有哪些？处理方法有哪些？

银盐中唯一可溶的是硝酸银，也是污水中含银的主要成分。硝酸银广泛应用于无线电、化工、机器制造、陶瓷、照相、电镀以及油墨制造等行业，含银污水的主要来源是电镀业和照相业。

从污水中除去银的基本方法有沉淀法、离子交换法、还原取代法和电解回收法四种，吸附法、反渗透法和电渗析法也有被采用的。因为从污水回收银的经济价值较高，因此为了达到高回收率，常运用多种方法联合处理，比如含银较多的电镀污水可通过离子交换、蒸发或电解还原得到较完全的回收。

3.35　污水中氟化物的来源有哪些？处理方法有哪些？

含氟产品的制造、焦炭生产、电子元件生产、电镀、玻璃和硅酸盐生产、钢铁和铝的制造、金属加工、木材防腐及农药化肥生产等过程中，都会排放含有氟化物的工业污水。

含氟化物污水的处理方法可分为沉淀法和吸附法两大类。沉淀法适于处理氟化物含量较高的工业污水，但沉淀法处理不彻底，往往需要二级处理，处理所需的化学药剂有石灰、明矾等。吸附法、离子交换法适于处理氟化物含量较低的工业污水或经沉淀处理后氟化物浓度不能符合有关规定的污水。

3.36　污水中致病微生物的来源有哪些？处理方法有哪些？

一般认为污水中的致病微生物有细菌、病毒、立克次氏体、原生动物和真菌等五种。生活污水及屠宰、生物制品、医院、制革、洗毛等工业污水中常含有这些能传染各种疾病的致病微生物。

消毒杀菌的方法有氯、二氧化氯、臭氧等氧化法，石灰处理，紫外线照射，加热处理，超声波等，另外超滤处理也可以除去水中大部分的细菌。就病毒的去除而言，臭氧氧化、紫外线照射等方法效果较好，但处理后的水中不会残留类似余氯的剩余消毒剂，无法防止微生物的再繁殖，通常需要在处理后再补充加氯处理。

对致病病原体较为集中和含量较大的污水最好进行单独消毒处理，然后再和其他污水一起进行二级生化处理，这样可以减少消毒剂的消耗量。因为病原体在水中的存活时间较长，有的病毒和寄生虫卵用一般的消毒方法难以灭活。

3.37　热污染对环境或二级生物处理的影响有哪些？

电厂、石油化工厂等工业生产过程中经常排放温度大于 $30℃$ 的热水，如果直接排入水体将会使水体因温度升高而导致溶解氧含量降低，而水温升高又使水生生物的代谢速率增大，即形成一方面水中的溶解氧大量减少，另一方面水中生物需氧量加大，从而水生生物的正常生长活动产生不利影响，最终导致水体自净能力的降低和水质恶化。同时，水温的升高可以使水中某些毒物的毒性增强，比如水温升高 $10℃$，同样含量的氰化钾对鱼类的毒害效应可增加 2 倍。另外水温的升高还可以使大部分物质在水中的溶解度增大，促使底泥中的某些污染物向水体转移。

在冬季排入污水处理厂有利于提高二级生物处理系统的温度，使活性污泥的活性不因冬季气温低而降低太多；但在夏季气温较高时，若不采取适当降温措施，将会导致二级生物处理系统的温度过高，使活性污泥的活性降低，甚至于导致二级出水水质变差。

3.38　污水中放射性同位素的来源有哪些？处理方法有哪些？

放射性污水主要来自于核能工业、放射性同位素实验室、医院、自动化仪表、军事训练及一些工业生产过程。放射性污水可按其放射性水平分为高、中、低放射性污水三类。

放射性污水由于其化学性质、放射性同位素组成、放射性强度的不同，处理方法也不相同。常见方法包括稀释法、放置衰减法、反渗透浓缩低放射性法、蒸发法、超滤法、混凝沉淀法、离子交换法、固化法等。对于低浓度的放射性污水，首先进行酸碱中和处理，然后通过活性污泥池、生物滤池、氧化塘等生物处理设施，利用微生物的活动使污水得到净化。

3.39　发泡物质的根源有哪些？对污水处理系统的危害是什么？

在纸浆、纤维、食品、发酵、合成橡胶(树脂)、涂料、石油工业等行业的生产过程中，因为原料和添加剂的性质等原因，不仅会因产生发泡现象影响生产，而且在处理含有这些原料和添加剂成分的这类行业污水时，会使污水处理设施(如曝气池和沉淀池)因泡沫现象而不能正常运转，同时，泡沫飞溅也会影响周围的环境。发泡对污水处理对曝气池和沉淀池产生的危害可以归纳为以下。

（1）曝气池

鼓风机或机械将空气中的氧向曝气池中污水和活性污泥的混合液传送，很容易产生大量的泡沫。在污水中使薄膜稳定化的上述物质含量达到一定程度后，泡沫就会越积越多，直至溢出曝气池，引起外部设备的污染、操作条件恶化和环境卫生变差等问题。残留在活性污泥混合液中的微细泡沫同时又是二沉池产生泡沫的直接原因。

（2）沉淀池

曝气池中夹带微细泡沫的活性污泥混合液进入二沉池后，微细泡沫会使活性污泥上浮流出，积累一定量后，二沉池表面会积聚大量泡沫浮渣，会引起二沉池出水悬浮物超标，影响污水处理的效果。

3.40　污水处理过程中散发臭味是由哪些成分构成的？

通常所说的污水臭味是由于污水中有机物的分解消耗氧量不能及时得到补偿而导致厌氧发酵而产生某些气体造成的，有鱼腥臭、氨臭、腐肉臭、腐蛋臭、粪臭等多种形式。污水中含有了一些有臭味的成分可以使污水具有特定的臭味，比如污水中存在 H_2S 时，就会具有臭鸡蛋味，污水中微生物尤其是藻类的腐败变质会产生鱼腥臭味。另外，工业污水中含有某种有特殊臭味的挥发性有机物质也会使污水产生臭味，例如含有苯酚的污水就具有特殊的苯酚气味。

第4章 污水的一级处理

按照处理程度要求可以分为一级处理、二级处理、三级处理等。一级处理、二级处理、三级处理是目前城市污水及工业污水根据不同需要而采用的污水处理方法。

4.1 什么是污水的一级处理？

一级处理也叫预处理，一般通过沉淀等物理方法去除污水中的悬浮状固体物质，或通过氧化、中和等化学方法，使污水中的强酸、强碱和过浓的有毒物质得到初步净化，为二级处理提供适宜的水质条件。

4.2 什么是调节池？调节池可分为哪些类型？

调节池是用以调节进、出水流量的构筑物。为了使管渠和构筑物正常工作，不受污水高峰流量或浓度变化的影响，在企事业单位的生产中，需在污水处理设施之前设置调节池，对水量和水质进行调节，如调节污水 pH 值、水温、预曝气，还可用作事故状态下的收集池。

调节池按作用可分为均质池、水量缓冲池、均质均量池。

4.3 污水处理系统中设置均质调节池的目的是什么？

（1）使间歇生产的工厂在停止生产时，仍能向生物处理系统继续输入污水，维持生物处理系统连续稳定地运行；

（2）提高对有机负荷的缓冲能力，防止生物处理系统有机负荷的急剧变化；

（3）对来水进行均质；

（4）控制 pH 值的大幅度波动；

（5）避免进入一级处理装置的流量波动，使药剂投加等过程的自动化操作能够顺利进行；

（6）没有生物处理场的工厂设置均质池，可以控制向市政系统的污水排放，以缓解污水负荷分布的变化。

4.4 均质调节池的类型有哪些？

（1）均量池。常用的均量池实际上是一种变水位的贮水池，适用于两班生产而污水处理厂需要 24h 连续运行的情况。

（2）均质池。最常见的均质池为异程式均质池。异程式均质池水位固定，因此只能均质，不能均量。

（3）均化池。均化池结合了均量池和均质池的做法。

（4）间歇式均化池。当水量较小时，可以设间歇贮水、间歇运行的均化池。间歇均化池效果可靠，但不适合于大流量的污水。

（5）事故调节池。

4.5 均质调节池的混合方式有哪些？

常用的混合方法有：①水泵强制循环；②空气搅拌；③机械搅拌；④穿孔导流槽引水。

4.6 均质调节池的空气搅拌混合方式有什么特点？

空气搅拌不仅起到混合均化的作用，还具有预曝气的功能。空气混合与曝气可以防止水中固体物质在池中沉降下来和出现厌氧的情况，还可以使污水中的还原性物质被氧化，吹脱去除挥发性物质，使污水的 BOD_5 下降，改进初沉效果和减轻曝气池负荷。空气搅拌的缺点是能使污水中的挥发性物质散逸到空气中，产生一些气味，有时需要在池顶安装收集排放这些气体的装置。由于布气管需淹没在水中，使用普通管材容易腐蚀损坏，应使用玻璃钢、ABS 塑料等耐腐蚀材质。

4.7 设置均质调节池的基本要求有哪些？

均质调节池的基本要求如下：

（1）为使均质调节池出水水质均匀和避免其中污染物沉淀，均质调节池内应设搅拌、混合装置。可以采用水泵循环搅拌、空气搅拌、射流搅拌、机械搅拌等方式，其中空气搅拌因简单易行和效果好而被广泛应用，空气搅拌强度一般为 $5 \sim 6 m^3/(m^2 \cdot h)$。

（2）停留时间根据污水水质成分、浓度、水量大小及变化情况而定，一般按水量计为 $10 \sim 24h$，特殊情况可延长到 5d。调节池还可以起到储存事故排水的作用，若以事故池作用为主，则平时要尽量保持低水位。

（3）以均化水质为目的的均质调节池一般串联在污水处理主流程内，水量调节可串联在主流程内，也可以并联在辅助流程内。

（4）均质调节池池深不宜太浅，有效水深一般为 $2 \sim 5m$；为保证运行安全，均质调节池要有溢流口和排泥放空口。

（5）污水中如果有发泡物质，应设置消泡设施；如果污水中含有挥发性气体或有机物，应当加盖密闭，并设置排风系统定时或连续将挥发出来的有害气体（搅拌时产生的更多）高空排放。

4.8 什么是事故池？事故池的使用有哪些要求？

事故池是污水处理构筑物的一种。在处理化工、石化等一些工厂所排放的高浓度废水时，一般都会设置事故池。原因在于当这些工厂出现生产事故后，会在短时间内排放大量高浓度且 pH 值波动大的有机废水，这些废水若直接进入污水处理系统，会给运行中的生物处理系统带来很高的冲击负荷，造成的影响需要很长时间来恢复，有时会造成致命的破坏。为避免事故水对污水处理系统带来的影响，因此很多污水处理场设置了事故池，用于贮存事故水。在生产恢复正常且污水处理系统没有受到影响的情况下，再逐渐将事故池中积存的高浓度污水连续或间断地以较小的流量引入到生物处理系统中。

事故池一般设置在污水处理系统主流程之外，与生产污水排放管道相连接，事故池容积应包括可能流出厂界的全部流体体积之和，通常包括事故延续时间内消防用水量、事故装置可能溢流出液体量、输送流体管道与设施残留液体量和事故时雨水量，有的事故池有效容积在 $10000 m^3$ 以上。为发挥事故池应有的作用，平时必须保持空池状态。另外事故池的进水必须和生产污水排放系统的在线水质分析设施连锁，实现自动控制，当水质在线分析仪发现生产污水水质发生突变时，能够自动将高浓度事故排水及时切入事故池。

4.9 集水池在污水处理中有什么作用？集水池的设置有哪些要求？

集水池的作用是调节来进水量与抽升量之间的不平衡，避免水泵频繁启动。其有效容积要求不少于其中一台最大水泵单泵连续抽水 5min 的水量储存容积。

集水池的设置应考虑以下因素：①集水池的布置应充分考虑到泵的维修，固定泵底座的维修方便；②对于集水池的布置还应考虑到清理时和维护保养的方便。

4.10 什么是格栅？格栅有哪些分类？

格栅是由一组平行的金属或非金属材料的栅条制成的框架，斜或垂直置于污水流经的渠道上,用以截阻大块呈悬浮或飘浮状的污染物(垃圾)。从格栅的间隙大小来分,可分为粗格栅、中格栅、细格栅;从格栅的型式来分类,可分为高链式格栅除污机、一体式格栅除污机、回旋式格栅除污机、阶梯式格栅除污机等;按格栅形状分,格栅机可分为平面格栅和曲面格栅两种;根据清渣的方式可以分为人工清渣与机械清渣两种,目前基本上采用机械清渣的方式。

4.11 粗格栅的运行管理有哪些要求?

(1)格栅所截的栅渣应每日定时清除,并清除格栅出渣口及机架上悬挂的栅渣,保持格栅外观整洁。

(2)格栅运行中应定时巡检,及时清理格栅上卡住和缠绕的杂物,保证正常运行。如发现设备有异响、卡阻、抖动等异常现象,应立即停车检修。

(3)格栅运行时间应根据实际情况合理设置,格栅前后水位差宜小于0.3m。

(4)格栅在雨期、汛期运行中应加强巡视,同时增加运行次数和时间,防止因杂物堵塞格栅间隙造成水位差过大而导致污水外溢。

(5)清除的栅渣应统一堆放并进行妥善处理,防止二次污染。

4.12 回转式固液分离机日常故障及排除方法有哪些要求?

(1)安全销被切断,现象为在运转中出现电机正常运转而耙齿不运转

① 查清过载原因,清除卡堵杂物;

② 通过转动电机风叶等方式将链轮转至适当位置,更换安全销。

(2)链板条磨损或耙齿损坏

① 通过电动方式将修理位置转至前部检修位置;

② 将耙齿链从两侧固定住,防止检修中耙齿链下滑;

③ 拆除两侧卡簧,更换损坏部件。

4.13 步进式格栅机运行故障及排除方法有哪些?

(1)格栅反转并停车

阶梯格栅一般都装有卡阻保护装置,当有异物卡阻影响设备运行时,格栅会自动反转以消除卡堵情况,如无法消除就会停车并故障报警。

① 检查格栅栅片,清除卡堵情况;

② 如仍不能解决,应检查偏心轮旁接近开关,调整开关位置,保证偏心轮每旋转一周接近开关都有一信号送出,损坏应更换。

(2)栅条变形

① 根据变形栅条位置拆除下部相应的栅条压板;

② 从机架中抽出变形栅条;

③ 栅条整形后重新安装使用。

4.14 高链式格栅除污机运行故障及排除方法有哪些?

(1)过力矩保护报警

① 查清过载原因,清除卡堵杂物;

② 对损坏的耙齿或链条进行更换;

③ 恢复过力矩保护开关或摩擦联轴器。

(2)耙齿不能正确插入栅条

① 检查格栅下部是否有大量泥沙、杂物堆积,如有及时清理;

② 检查传动链，重新调整链条的张紧度，并使齿耙处于水平位置；

③ 检查格栅片是否扭曲变形，如有，应对栅片拆除整修。

4.15 钢丝绳牵引式格栅除污机故障及排除方法有哪些要求？

（1）钢丝绳重叠、乱绳现象

① 检查钢丝绳重叠、乱绳的原因；

② 将耙斗提升并固定，使卷筒上的钢丝绳有松动；

③ 将钢丝绳在卷筒上重新排列整齐。

（2）上下行程限位失效

① 检查上下限位行程开关是否可靠；

② 损坏的及时更换。

4.16 筛网过滤的作用是什么？

某些工业污水中经常含有纤维状的长、软性悬浮或漂浮物，这些污染物或因尺寸太小，或因质地柔软细长能钻过格栅的空隙。这些悬浮物如果不能有效去除，可能会缠绕在泵或表曝机的叶轮上，影响泵或表曝机的效率。

对一些含有这样漂浮物的特殊工业污水可利用筛网进行预处理，方法是使污水先经过格栅截留大尺寸杂物后用筛网过滤，或直接经过筛网过滤。筛网孔眼通常小于 4mm，一般 0.15 ~ 1mm，由于孔眼细小，当用于城市污水处理时，其去除 BOD_5 的效果相当于初沉池。

4.17 沉砂池的类型有哪些？有哪些参数与要求？

常见的沉砂池有平流沉砂池、竖流沉砂池、曝气沉砂池和旋流沉砂池等型式。其参数与要求有：

（1）沉砂池去除对象是密度为 $2.65g/cm^3$，粒径在 0.2mm 以上的砂粒；

（2）砂斗容积应按 2 天内沉砂量计算，斗壁与水平倾斜角不小于 55°；

（3）人工排砂管管直径大于 200mm；

（4）沉砂池超高不宜小于 0.3m；

（5）沉砂池个数或分格数不应少于 2；

（6）除砂一般宜采用机械方法。当采用重力排砂时，沉砂池和晒砂厂应尽量靠近，以缩短排砂管的长度。

4.18 平流式沉砂池有哪些基本要求？

（1）最大流速 0.3m/s，最小流速 0.15m/s；

（2）最大流量时停留时间一般为 30 ~ 60s；

（3）有效水深一般为 0.25 ~ 1m；

（4）每格宽度不小于 0.6m；

（5）池底坡度 0.01 ~ 0.02。

4.19 曝气沉砂池的原理是什么？曝气沉砂池的基本参数有哪些？

污水进入沉砂池后，在水平和回旋的双重推动力作用下，以螺旋形轨迹向前流动，设计合理时，内曝气造成的横向环流有稳定的环流速度，足以保证较重的无机颗粒沉下，而较轻的有机颗粒悬浮于水中，并通过颗粒间的碰撞摩擦和水流剪切力的作用，把附着在砂粒上的有机质陶洗于水中，获得较为清洁的沉渣（有机物含量低于 10%）。曝气沉砂池图分别见图 4 – 1。

曝气沉砂池的基本参数有：

图4-1 曝气沉砂池

（1）水平流速一般取 0.1m/s；

（2）最大时流量污水在池内的停留时间为 2~4min，处理雨天合流污水时为 1~3min，如同时作为预曝气池使用，可停留时间为 10~30min；

（3）池的有效水深为 2.0~3.0m。池宽与池深比为 1~1.5，池的长宽比可达 5，当池长宽比达到 5 时，可考虑设置横向挡板；

（4）曝气沉砂池多采取多空管曝气，穿孔孔径为 2.5~6.0mm，距池底约 0.6~0.9m，每组穿孔曝气管应有调节阀门。

（5）所需曝气量的参数：

① 1m³ 污水所需曝气量宜为 0.1~0.2m³ 空气；

② 1m² 池表面积曝气量 3~5m³/h。

曝气沉砂池供气量可参照表 4-1。

表4-1 单位池长所需空气量

曝气管水下浸没深度/m	最小空气用量/[m³/(m·h)]	最大空气用量/[m³/(m·h)]
1.5	12.5~15	30
2.0	11.0~14.5	29
2.5	10.5~14.0	28
3.0	10.5~14.0	28
4.0	10.0~13.5	25

（6）曝气沉砂池形状应尽可能不产生死角和偏流，进水方向应与池中旋流方向一致，出水方向与进水方向垂直，并宜设置挡板，防止产生短流。

4.20 什么是多尔沉砂池？

多尔沉砂池上部为方形，底部为圆形，其沉砂机理与平流式沉砂池类似，通常以表面水力负荷为设计参数，采用的池深很浅，通常池深小于 0.9 m。进水经过整流器均匀分配进入沉砂池，然后通过溢流堰出水。砂粒在中心驱动的刮砂机作用下刮入集砂坑，由螺旋洗砂机

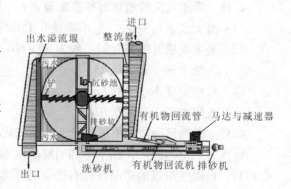

图4-2 多尔沉砂池示意图

排出，同时被分离的有机物通过设备回流至出水。多尔沉砂池示意图见图 4-2。

多尔沉砂池主要参数见表 4-2。

表 4 - 2 多尔沉砂池主要参数表

	沉砂池直径/m	3.0	6.0	9.0	12.0
最大流量/(m³/s)	要求去除砂粒直径为0.21mm	0.17	0.70	1.58	2.80
	要求去除砂粒直径为0.15mm	0.11	0.45	1.02	1.81
	沉砂池深度/m	1.1	1.2	1.4	1.5
	最大设计流量时的水深/m	0.5	0.6	0.9	1.1
	洗砂机宽度/m	0.4	0.4	0.7	0.7
	洗砂机斜面宽度/m	8.0	9.0	10.0	12.0

4.21 什么是钟氏沉砂池?

钟氏沉砂池是利用机械力控制水流流态与流速,加速砂粒的沉淀并使有机物随水流带走的沉砂装置。而调整转速,则可达到最佳沉砂效果。钟氏沉砂池示意图见图 4 - 3。

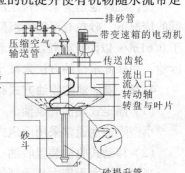

钟氏沉砂池采用 270°的进出水方式,池体主要由分选区和集砂区两部分构成,其构造特点是在两个分区之间采用斜坡连接。

有关运行参数与池体尺寸要求:

(1) 水力表面负荷应控制在 $200m^3/(m^2 \cdot h)$ 左右。

(2) 水力停留时间控制在 20 ~ 30s。

(3) 进水渠道流速:①流量最大时的 40% ~ 80% 时,控制在 0.6 ~ 0.9m/s;②流量最小时,大于 0.15m/s;③流量最大时,不大于 1.2m/s。

(4) 进水渠道直段长度为宽度的 7 倍且不应小于 4.5m。

(5) 出水渠道宽度为进水渠道的 2 倍。

(6) 出水渠道与进水渠道夹角大于 270°。

图 4 - 3 钟氏沉砂池示意图

4.22 什么是比氏沉砂池?

典型的比氏沉砂池也是由分选区和集砂区两部分构成,其特点是分区之间没有斜坡过渡。传统的比氏池也采用与钟氏池类似的 270°进出水方式,新一代的比氏池则采用 360°直进直出的方式,其水力条件更为改善,比氏沉砂池结构示意图见图 4 - 4。

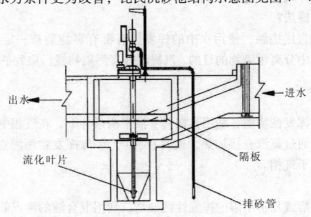

图 4 - 4 比氏沉砂池结构示意图

（1）流化叶片

流化叶片驱动部分的速度是恒定的，但流化叶片的位置可升高或降低。可同时有效去除砂粒及有机物的最佳位置为流化叶片距池底 75mm 处，每个叶片的倾角为 45°，若有机物较多则可适当将叶片降低。

（2）贮砂斗

贮砂斗的容积可存贮在正常流量下 24h 内的沉砂量，以便维修人员有时间检修砂泵及阀门等设施。正常运行情况下，至少需保证每 8h 提砂一次，以防止砂粒在贮砂斗内发生板结。在自动控制下，一般每隔 34h 提砂一次，每次排砂时间为 10~15min。

（3）排砂系统

比氏池一般采用真空启动的顶置砂泵排砂，这样提升高度可不受限制。

比氏沉砂池是为某一特定的流态而设计。一般而言，流量低不会引起问题，但在流速过低的情况下，砂粒有可能会沉降在进水渠内，因此进水渠内的流速应保证每天有部分时间大于 0.61m/s 以防止砂粒沉积；流量过高会引起沉砂池的除砂效率降低，此时应另外加设沉砂池，用降低水位的方法来减小高流量的影响。

4.23 隔油池的收油方式有哪些？

（1）固定式集油管收油

小型隔油池通常采用固定式集油管方式收油。

（2）移动式收油装置收油

当隔油池面积较大且无刮油设施时，可根据浮油的漂浮和分布情况，使用移动式收油装置灵活地移动收油，而且移动式收油装置的出油堰标高可以根据具体情况随时调整。

（3）自动收油罩收油

隔油池分离段没有集油管或集油管效果不好时，可安装自动收油罩收油。要根据回收油品的性质和对其含水率的要求等因素，综合考虑出油堰口标高和自动收油罩的安装位置。

（4）刮油机刮油

大型隔油池通常使用刮油机将浮油刮到集油管，刮油机的形式和气浮池刮渣机相同，有时和刮泥同时进行成为刮油刮泥机。平流式隔油池刮油刮泥机设置在分离段，刮油刮泥机将浮油和沉泥分别刮到出水端和进水端，因此需要整池安装。斜板隔油池则只在分离段设刮油机，其排泥一般采用斗式重力排泥。

4.24 什么是汽提法？

让污水与水蒸气直接接触，使污水中的挥发性有毒有害物质按一定比例扩散到气相中去，从而达到从污水中分离污染物的目的。汽提法分离污染物视污染物的性质而异，一般可归纳为以下两种。

（1）简单蒸馏

对于与水互溶的挥发性物质，利用其在气-液平衡条件下，在气相中的浓度大于在液相中的浓度这一特性，通过蒸汽直接加热，使其在沸点（水与挥发物两沸点之间的某一温度）下，按一定比例富集于气相。

（2）蒸汽蒸馏

对于与水互不相溶或几乎不溶的挥发性污染物，利用混合液的沸点低于两组分沸点这一特性，可将高沸点挥发物在较低温度下加以分离脱除。例如污水中的松节油、苯胺、酚、硝基苯等物质在低于100℃条件下，应用蒸馏法可将其分离。

4.25 常用汽提设备有哪些分类？汽提法在污水处理系统中有哪些应用？

汽提通常都在封闭的塔中进行，汽提塔分为两类，即填料塔和板式塔。板式塔是一种传质效率比填料塔更高的设备。根据塔板的结构不同，又可分为泡罩塔、浮阀塔、筛板塔、舌形塔和浮动喷射塔等，其中泡罩塔、浮阀塔、筛板塔的应用较为广泛。

汽提法常被用于含有 HCN、甲醛、苯胺、挥发酚等其他挥发性有机物的工业污水的处理，污水中的这些成分可能对系统设施产生危害或对后续处理不利，或者本身有毒、对环境有害，通常使用生物处理和其他方法处理效果不理想或代价较大。

4.26 吹脱的装置有哪些？

吹脱装置是指进行吹脱的设备或构筑物，有吹脱池、吹脱塔等。在吹脱池中，较常使用的是强化式吹脱池。

强化式吹脱池通常是在池内鼓入压缩空气或在池面上安设喷水管，以强化吹脱过程。鼓气式吹脱池（鼓泡池）一般是在池底部安设曝气管，使水中溶解气体如 CO_2 等向气相转移，从而得以脱除，如图4-5所示。吹脱塔又分为填料塔与筛板塔两种。

填料塔在塔内装设一定高度的填料层，液体从塔顶喷下，在填料表面呈膜状向下流动；气体由塔底送入，从下而上同液膜逆流接触，完成传质过程。其优点是结构简单，空气阻力小。缺点是传质效率不够高，设备比较庞大，填料容易堵塞。常用的填料有拉西环、鲍尔环、多面空心球等。

筛板塔是在塔内设一定数量的带有孔眼的踏板，水从上往下喷淋，穿过筛孔往下，空气则从下往上流动，气体以鼓泡方式穿过筛板上液层时，互相接触而进行传质。图4-6为筛板塔示意图。通常筛孔孔径为6～8mm，筛板间距为200～300mm。筛板塔优点是构造简单、制造方便、传质效率高、塔体比填料塔小、不易堵塞，但操作管理要求高，筛孔容易堵塞。

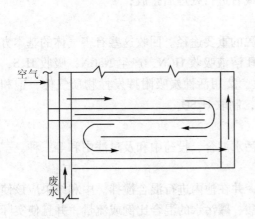

图4-5 吹脱池示意图

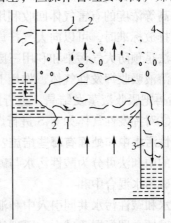

图4-6 筛板塔示意图
1—筛孔；2—塔板；3—降液管；4—塔体；5—溢流管

4.27 影响吹脱工艺处理效果的因素有哪些？

（1）温度。在一定压力下，气体在污水中的溶解度随温度升高而降低，升高温度对吹脱有利；

（2）气液比。应选择合适的气液比。空气量过小，会使气液两相接触不好；反之，空气量过大，不仅不经济，反而会发生液泛（即污水被空气带走），破坏操作。所以最好使气液比接近液泛极限。此时，气液相在充分滞流条件下，传质效率很高。工作设计常用液泛极限气液比的80%；

（3）pH值。在不同的pH值条件下，挥发性物质存在的状态会有所不同；

（4）油类物质。污水中如含有油类物质，会阻碍挥发性物质向大气中扩散，而且会堵塞填料，影响吹脱，所以应在预处理中除去油类物质；

（5）表面活性剂。当污水中含有表面活性物质时，在吹脱过程中会产生大量泡沫，当采用吹脱池时，会给操作运转和环境卫生带来不良影响，同时也影响吹脱效率。因此在吹脱前应采取措施消除泡沫；

（6）喷淋密度。喷淋密度是单位时间单位塔截面上通过的污水量。喷淋密度越小，填料表面形成的液膜层越薄，气液接触面积越大，有利于传质。此外，对填料装填量一定的吹脱塔，当气速一定时，减小喷淋密度，可增加污水在塔内的停留时间，溶氧量增加。但过小的喷淋密度，会使吹脱塔的处理能力下降。推荐的吹脱塔水力负荷为$2.4 \sim 7.2 m^3/(m^2 \cdot h)$；

（7）空塔气速。塔运行的关键是气流的空塔流速，一般的空塔流速控制在$7 \sim 13 m/s$。气速过小，则不能形成气泡；气量太大，气速过高，将影响污水沿填料正常下流甚至不能流下，即引起液泛现象。对一定污水量，最小液气比受液泛气速控制。液泛气速与塔式结构、填料种类、液体物性等因素有关。

（8）污染物浓度。污染物浓度影响运行工艺，如低浓度污水通常在常温下用空气吹脱，而高浓度污水则常用蒸汽进行吹脱；有些高浓度污水经吹脱处理后，仍含有较高的氨，常需与其他工艺相结合。

4.28　吹脱过程的二次污染控制措施有哪些？

用吹脱法处理污水的过程中，污染物不断地由液相转入气相，易引起二次污染，防止的方法如下：

（1）中、高等浓度的有害气体回收利用，或者进行处理后排放；

（2）符合排放标准时，可以向大气排放。

第一种方法是预防大气污染和利用三废资源的重要途径。回收这些有害气体的基本方法有：①用碱性溶液吸收挥发性气体，如用NaOH溶液吸收HCN，产生NaCN；吸收H_2S，产生Na_2S，然后再把吸收液蒸发结晶，进行回收。②用活性炭吸附挥发性物质气体，饱和后用溶剂解吸。③对挥发性气体如H_2S进行燃烧，制取H_2SO_4。

4.29　酸性污水中和处理有哪些措施？

酸性污水的中和法可分为酸性污水与碱性污水混合、投药中和及过滤中和等三种。

（1）酸、碱污水混合中和

将酸性污水和碱性污水共同引入中和池中，并在池内进行混合搅拌。中和结果应该使污水呈中性或弱碱性，即根据酸碱中和原理计算酸、碱污水的混合比例或流量，并且使实际碱性污水的数量略大于计算量。当酸、碱污水的流量和浓度经常变化，而且波动很大时，应该分别设置酸、碱污水调节池加以调节，再单独设置中和池进行中和反应，此时中和池容积应按$1.5 \sim 2.0 h$的污水量考虑。

（2）投药中和

酸性污水中和处理采用的中和剂种类较多，其中碳酸钠价格昂贵，使用较少，石灰价格便宜，所以使用较广。用石灰做中和剂能够处理任何浓度的酸性污水，最常采用的是石灰乳法，氢氧化钙对污水杂质具有凝聚作用，因此适用于处理含杂质多的酸性污水。如果污水中含有铁、铅、铜、锌等金属离子，能消耗氢氧化钙生成沉淀，因此计算中和药剂的投加量时，应考虑氢氧化钙与金属离子反应所消耗的量。

（3）过滤中和

过滤中和法是使污水流过具有中和能力的滤料，例如石灰石、白云石、大理石等，适用于中和处理不含其他杂质的盐酸、硝酸污水和浓度不大于 2~3g/L 的硫酸污水等，不适于处理含有大量 SS、油、重金属盐、砷、氟等物质的酸性污水。过滤中和法的优点是操作管理简单，出水 pH 值比较稳定，沉渣少，但进水酸的浓度不能太高。

4.30 碱性污水中和处理有哪些措施？

碱性污水的中和处理法除了用酸性污水中和外，还有投酸中和和烟道气中和等两种。

（1）在采用投酸中和时，一般使用工业浓硫酸。在处理水量较小的情况下或有方便的废酸可利用时，也可使用盐酸中和。在原水 pH 值和流量都比较稳定的情况下，可以按一定比例连续加酸。当水量及 pH 值经常有变化时，一般要配制自动加药系统。

（2）烟道气中含有 CO_2 和 SO_2，通入碱性污水中可以使 pH 值得到调整，还可以将碱性污水作为湿式除尘器的喷淋水。这种中和方法的优点是效果良好，缺点是会使处理后的污水中悬浮物含量增加，硫化物和色度也都有所增加，需要进一步处理。

4.31 酸碱污水中和处理常用的设施有哪些？

（1）酸碱污水相互中和设施

① 当水质水量变化较小，污水缓冲能力较大或后续构筑物对 pH 值要求范围较宽时，可以不单独设中和池，可使用在集水井或管道、混合槽内进行连续流式混合和反应。②当水质水量变化不大，污水也有一定缓冲能力，但为了使出水 pH 值更有保证时，应当单独设置连续流式中和池。③当水质水量变化较大而水量较小时，连续流式中和池无法保证出水 pH 值要求，或出水水质要求较高，或污水中还含有其他杂质或重金属离子时，应设置中和池。中和池一般至少要有两座，以便交替运行。

（2）药剂中和处理设施

①中和剂投加有干式、湿式两种方式。②中和反应池一般为隔板式混合反应池，池内采用压缩空气或机械搅拌，多采用平流式沉淀池进行沉淀处理。

（3）过滤中和设施

过滤中和设施有重力式普通中和滤池和升流式膨胀式滤池两种。

4.32 酸碱中和法运行管理应注意哪些事项？

（1）用石灰中和酸性污水时，混合反应时间一般采用 1~2min。

（2）用石灰石做滤料时，进水中酸的浓度应小于2g/L；用白云石做滤料时，酸的浓度应小于4g/L。当进水酸的浓度短期超过限值时，应及时采取其他措施，如减小进水量。当滤料使用到一定期限，滤料中的无效成分积累过多时，可逐渐降低滤速，以最大限度地消耗滤料。

（3）过滤中和时，污水中不宜有高浓度的金属离子或惰性物质，一般要求重金属含量小于50mg/L，以免在滤料表面生成覆盖物，使滤料失效。

（4）采用石灰中和含 HF 的污水时，因为 CaF_2 溶解度很小，因此要求 HF 浓度小于300mg/L，同时可以通过投加盐酸形成氯化钙，增大钙离子的浓度进而提高 F 离子的去除效率。

4.33 如何选择萃取剂？

选择萃取剂的原则有：萃取能力要大，分配系数越大越好，不溶或微溶于水，在水中不乳化，挥发性小，化学稳定性好，安全可靠，易于再生，价格低廉，来源较广。萃取法使用的萃取剂必须具有良好的热稳定性和化学稳定性，不仅要和水互不相溶，而且不能和污水中的任何杂质发生化学反应，也不能对萃取塔等设备产生腐蚀作用，同时还要易于回收和再利用。萃取剂要具有良好的选择性，即对污水中的特定污染物具有较好的分离能力，而且萃取剂与污水的密度差越大越好，这样有利于萃取剂萃取污染物后和水迅速分离。另外，萃取剂的表面张力要适中，过小会使萃取剂在污水中乳化，影响两相分离；过大时虽然分离容易，但分散程度差，影响两相的充分接触。

4.34 如何提高萃取效果？

提高萃取的速度和效果常用的方法有：①设法增大两相接触面积；②提高传质系数；③加大传质动力。

4.35 萃取法适合于处理哪些类型的污水？

（1）能形成共沸点的恒沸化合物，而不能用蒸馏、蒸发方法分离回收的污水组分；

（2）对热敏感性物质，在蒸馏和蒸发的高温条件下，易发生化学变化或易燃易爆的物质；

（3）难挥发性物质，用蒸发法需要消耗大量热能或需要高真空蒸馏，例如含乙酸、苯甲酸和多元酚的污水；

（4）对某些含金属离子的污水，如含铀和钒的洗矿水和含铜的污水，可以采取有机溶剂萃取、分离回收。

4.36 常用的萃取方法有哪些？萃取法有哪些常用设施？

常用的萃取方法是连续逆流萃取法；其常用设备有填料萃取塔、脉冲筛板萃取塔、喷淋萃取塔、转盘萃取塔和离心萃取机等。

4.37 化学氧化还原法在污水处理中有哪些应用？

通过氧化还原反应，使污水中的有毒物质转化为无毒或微毒物质。氧化还原法可分为氧化法、还原法和电解法。

（1）氧化法

氧化剂有臭氧、次氯酸盐、液氯、氧气等。例如用臭氧进行含酚污水的深度净化，用次氯酸盐处理含氰污水，用空气氧化法处理含硫污水等。

（2）还原法

常用的还原剂有硫酸亚铁、二氧化硫、铁屑、锌粉等。前二者常用于含铬污水中，使六价铬还原为三价铬。铁屑、锌粉可用于含汞污水处理，可使汞离子还原为金属汞。

（3）电解法

用电解法处理污水，有直接电解法与间接电解法两种不同的工艺；前者是利用电极的作用直接氧化或还原水中污染物，例如氧化除酚，还原除六价铬，后者先在电解槽内电解某种电解质（如 $NaCl$），由其产生氧化剂（如 Cl_2）再氧化污水中污染物，例如用于处理含氰污水等。

4.38 化学氧化还原法运行管理应注意哪些事项？

（1）利用化学氧化还原法处理污水时，氧化剂或还原剂的投加量都要高于理论量。因此，除了加强预处理尽量减少投加量外，需要经过试验确定实际投加量；

（2）使用氯氧化法处理含氰污水时，应在碱性条件下进行，这样一方面可以避免氰化物的挥发，另一方面也可以促进反应的尽快进行。用氯氧化氰化物的反应分两步进行，第一阶段将 CN^- 氧化成氰酸盐 CNO^-，反应要求 pH 值为 10～11，反应时间需要 10～15min。第二步破坏 C－N 键，将氰化物中的氮转化为氮气从水中释放出来，实现氰化物的完全氧化，反应要求 pH 值为 8～8.5，反应时间需要 30min 左右；

（3）采用空气氧化法除铁时，除了供给足够的空气保证氧量外，适当提高 pH 值可以加快反应速度，pH 值至少要在 6.5 以上；

（4）当用铁屑处理含汞污水时，如果 pH 值较低，必须先调整 pH 值后再进行处理，否则会因析出氢气增大铁屑的消耗量，同时氢会包围在铁屑表面而影响反应的进行；

（5）硼氢化钠必须在碱性条件中使用才能发挥作用，利用硼氢化钠处理含汞污水时，需要首先将污水的 pH 值调整到 9 以上。如果污水中的汞存在于有机汞化合物中，必须使用氧化法将其转化为无机汞盐；

（6）当使用硫酸亚铁法或亚硫酸氢钠法处理含铬污水时，反应必须分两步进行。重铬酸根离子的还原反应在 pH 值<3 时反应速度很快，因此在将污水中的六价铬还原为三价铬的第一步过程中，污水 pH 值必须在 4 以下。而氢氧化铬在水中的溶解度与 pH 值有关，当 pH 值在 7.5～9 之间时，氢氧化铬溶解度最小。因此在生成氢氧化铬沉淀的除铬第二步过程中，必须将污水的 pH 值由酸性调整为 7.5～9；

（7）还原除铬反应器必须采用耐酸的陶瓷或塑料制造，当用二氧化硫还原时，要保证设备的密封性能良好。

第5章 污水的二级处理

污水二级处理是以生物处理为主体的处理工艺；二级处理是在一级处理的基础上，利用生物化学作用，对污水进行进一步的处理。

5.1 什么是污水的生物处理？生物处理可以分为哪几类？

生物处理就是利用微生物分解氧化有机物的这一功能，并采取一定的人工措施，创造有利于微生物的生长、繁殖的环境，使微生物大量增殖，以提高其分解氧化有机物效率的一种污水处理方法。所有的微生物处理过程都是一种生物转化过程，在这一过程中易于生物降解的有机污染物可在数分钟至数小时内进行两种转化：一是变成从液相中溢出的气体，二是变成剩余生物污泥。在生物反应中，微生物代谢有机污染物并利用代谢过程中所获得的能量来供细胞繁殖和维持生命活动的需要。好氧条件下，微生物将有机污染物中的一部分碳元素转化为 CO_2，厌氧条件下则将其转化为 CH_4 和 CO_2。然后，这些气体从液相分离出来，同时微生物得到增殖，增殖的絮凝状细菌细胞成为剩余污泥。

生物处理法分为好氧、缺氧和厌氧等三类。按照微生物的生长方式可分为悬浮生长、固着生长、混合生长等三类。

5.2 影响污水生物处理的因素有哪些？

（1）负荷

包括污泥负荷与容积负荷，生物处理反应器的负荷要控制在合理的范围内。

（2）温度

温度对好氧生物处理系统的影响是多方面的，水温的改变，会影响在生物体内所进行的许多生化反应，因而影响生物的代谢活动，另外，污水中温度的改变可引起其他环境因子的变化，从而影响微生物的生命活动。参与活性污泥生物处理过程的微生物多为嗜温菌，好氧微生物在 15~30℃ 之间活动旺盛；厌氧微生物的最佳温度有中温 35℃ 左右和高温 55℃ 左右，通常设计的活性污泥法的温度范围为 10~30℃。

（3）pH 值

pH 值的改变可能会引起细胞膜电荷的变化，从而影响微生物对营养物质的吸收和微生物代谢过程中酶的活性，会改变营养物质的供给性和有害物质的毒性，而且不利的 pH 值条件不仅影响微生物的生长，还会影响微生物的形态，所以，在生物处理系统中，pH 值的大幅度改变会影响反应器的处理效率。一般情况下，好氧微生物生长活动的最佳 pH 值在 6.5~8.5 之间，而厌氧微生物的活动要求的最佳 pH 值在 6.8~7.2 之间。

通常污水中含有一些缓冲物质能够对 pH 值的变化起到一定的缓冲作用，但这一缓冲作用是有限的，当 pH 值变化幅度较大，超过微生物生长的最佳 pH 值范围时，必须通过调节装置对 pH 值进行调整。

（4）氧含量

溶解氧是影响好氧生物处理系统运行的主要因素之一。在污水好氧生物处理过程中，为了维持好氧微生物的代谢需求，需要向曝气池补充氧气，保证曝气池混合液中溶解氧浓度不小于 2mg/L；兼氧段溶解氧浓度要保持在 0.5mg/L 以下；而厌氧微生物必须在含氧量极低，甚至绝对无氧的环境下才能生存。

（5）营养

污水中各种营养物质的量及比例影响着微生物的生长、繁殖，从而影响好氧生物处理系统的处理效果。细菌所需的营养元素分为主要生物元素和次要生物元素两种。主要生物元素主要有 C、O、H、S、N、P、K、Mg、Ca、Fe 等，大多数生物元素都占 0.5% 以上；次要元素主要有 Zn、Mn、Na、Cl、Cu、B、Ni、Mo 和 Co 等。

在污水的生物处理中，营养物质的平衡是非常重要的，上述主要元素和次要元素都必须满足要求，而且比例必须适当，任何一种缺乏或比例失调都会影响微生物的代谢作用，影响活性污泥的正常功能发挥，从而影响污水的生物处理效果。由于生活污水的营养源充足，因此对工业废水进行处理时，可以考虑将生活污水和工业废水合并处理，可以提高处理效率，并且能降低处理费用。

（6）有毒物质

对微生物有抑制和毒害作用的化学物质叫有毒物质。当污水中含有对好氧微生物有抑制作用的物质，有些有毒的有机物能促使菌体蛋白凝固，并能对某些酶系统进行抑制，破坏细胞的正常代谢，另外，有的有机物本身的杀菌能力很强。常见的有毒物质有重金属、氰化物、硫化物及酚、醇、醛、染料等一些有机。表 5 - 1 列出了常见的有毒物质会对活性污泥产生抑制作用的最低浓度，进入活性污泥法处理系统的污水的有毒物质含量应低于表中的限值。

表 5 - 1 常见有毒物质对活性污泥产生抑制作用的最低浓度表　　　　　　　　mg/L

毒物名称	抑制浓度	毒物名称	抑制浓度	毒物名称	抑制浓度
铅	1	铬	2	铜	0.5
汞	0.5	镉	1	镍	1
砷	0.1	锑	0.2	硫化物	10
钒	5	银	5	油脂	30
甘油	5	苯胺	100	二甲苯	7
苯	10	甲苯	7	烷基苯磺酸盐	15
对苯二酚	15	邻苯二酚	100	甲醛	100

5.3　细菌活动与溶解氧的关系是怎样的？

（1）好氧细菌以分子氧作为生物氧化过程的电子受体，因此只有在有氧情况下才能生长和繁殖。好氧性细菌可分为好氧性异养菌和好氧性自养菌。好氧性自养菌在呼吸过程中以还原态的无机物氨氮、硫化氢等为底物；好氧性异养菌则以有机物为底物，在好氧生物处理过程中正是利用这类细菌来氧化分解污水中的污染物。好氧呼吸过程中，底物被氧化得比较彻底充分，获得的能量也较多。

（2）厌氧性细菌的生长不需要氧。

（3）兼性细菌是在有氧和无氧条件下均能生长的细菌，它们在有氧时以氧为电子受体进行好氧呼吸作用，无氧时则以代谢中间产物为受体进行发酵作用。

5.4　使用生物处理法时，为什么要保持进水中 N、P 及一些无机盐的一定含量？

无论好氧微生物细胞还是厌氧微生物细胞，其主要组成物质都是 C、H、O、N、P 等元素，另外还有 S、Na、K、Mn、Mg 等无机元素。其中 N 是构成微生物体的重要元素，可占菌体干重的 10%，菌体蛋白质、核酸等分子中都有 N 元素。氨态氮比较容易被细菌利用，因此在生物法处理缺氮污水时，可以向水中投加尿素、碳铵类农用化肥。P、S是细菌核酸的重要组分，可占菌体干重的1%~2%，S还是污泥中自养型硫细菌的能源，无机元素是某些细菌生理活动所必需的。

工业污水往往会出现N、P、S及某些微量元素比例过低或缺少而影响生物处理效果的情况，只有设法保持进水中N、P和一些无机盐含量适中，才能保证微生物的活性，进而确保生物处理效果。

5.5 什么是污泥泥龄？

污泥泥龄是指曝气池中活性污泥的总量与每日排放的污泥量之比，它是活性污泥在曝气池中的平均停留时间，因此有时也称为生物固体的平均停留时间，单位为d。

控制污泥龄是选择活性污泥系统中微生物种类的一种方法。污泥龄是活性污泥法处理系统设计和运行的重要参数，能说明活性污泥微生物的状况，世代时间长于污泥龄的微生物在曝气池内不可能繁衍成优势种属。如硝化细菌在20℃时，世代时间为3d，当污泥龄小于3d时，其不可能在曝气池内大量繁殖，不能成为优势种属在曝气池进行硝化反应。

可按照设计污泥龄来划分生物处理负荷，高负荷时为0.2~2.5d，中负荷时为5~15d，低负荷时为20~30d。

5.6 什么是污泥负荷？什么是容积负荷？

（1）污泥负荷（F_w）

污泥负荷是指单位质量的活性污泥在单位时间内所去除的污染物的量。污泥负荷在微生物代谢方面的含义就是F/M比值，单位kgCOD（或BOD）/（kgMLSS·d），污泥负荷的计算方法如式（5-1）所示。

$$F_w = F/M = QS/(VX) \qquad (5-1)$$

式中　F_w——污泥负荷，kgCOD（或BOD）/（kgMLSS·d）；

Q——每天进水量，m^3/d；

S——COD（BOD）浓度，mg/L；

V——曝气池有效容积，m^3；

X——污泥浓度，mg/L。

在污泥增长的不同阶段，污泥负荷各不相同，净化效果也不一样，因此污泥负荷是活性污泥法设计和运行的主要参数之一。一般来说，污泥负荷在0.3~0.5kgBOD$_5$/（kgMLSS·d）范围内时，BOD$_5$去除率可达90%以上，SVI为80~150，污泥的吸附性能和沉淀性能都较好。

（2）容积负荷（F_r）

容积负荷是指曝气池单位容积在单位时间内接受有机污染物量，容积负荷是以有机物供给为基础进行计算的。

$$F_r = QS/V \qquad (5-2)$$

式中　F_r——曝气池容积负荷，kgBOD$_5$/（m^3·d）；

Q——曝气池进水流量，m^3；

S——BOD（COD）的浓度，mg/L；

V——曝气池体积，m^3。

5.7 厌氧消化装置的负荷率有哪些表示方法？负荷率对消化系统有什么影响？

负荷率表示消化装置处理能力的一个参数，负荷率有三种表示方法：

（1）容积负荷率。反应器单位有效容积在单位时间内接纳的有机物量 kgBOD$_5$/（m^3·d）；

（2）污泥负荷率。反应器内单位重量的污泥在单位时间内接纳的有机物量 kgBOD$_5$/（kgMLSS·d）；

（3）投配率。每天向单位有效容积投加的材料的体积 m^3/（m^3·d）。投配率的倒数为平均停留时间或消化时间，单位为 d（天），投配率也可用百分率表示。

负荷率对消化系统有以下影响：

（1）当有机物负荷率很高时，营养充分，代谢产物有机酸产量很大，超过甲烷菌的吸收利用能力，有机酸积累 pH 下降，系统会处于低效不稳定状态；

（2）负荷率适中，产酸细菌代谢产物中的有机物（有机酸）基本上能被甲烷菌及时利用，并转化为沼气，残存有机酸量仅为几百 mg/L，这时的 pH 在 7～7.5，呈弱碱性，系统属于高效稳定发酵状态；

（3）当有机负荷率小，供给养料不足，产酸量偏少，pH ＞7.5 是碱性发酵状态，系统会处于低效发酵状态。

5.8 冲击负荷对生化处理系统有什么影响？

冲击负荷指在短时间内污水处理设施的进水负荷超出设计值或正常运行的情况，可以是水力冲击负荷，也可以是有机冲击负荷。

在污水处理运行当中，污泥量一般都会保持在一定水平，反应器（曝气池、厌氧反应器等）容积也不会发生变化。当进水水质（COD 大幅上升或下降）或进水量发生很大变化，就会使污泥负荷和容积负荷发生变化，对微生物和处理效果带来一定的影响，影响系统的稳定，严重的会导致系统不能正常的运行，需要较长一段时间来进行恢复。

5.9 生物选择器的机理是什么？生物选择器有哪些类型？

（1）机理

在基质浓度高时，菌胶团的基质利用速率要高于丝状菌，故可以利用基质推动力选择性地培养菌胶团细菌而限制丝状菌的增长。

（2）类型

根据生物选择器中曝气与否可将其分为好氧、缺氧、厌氧选择器。具体方法是在曝气池首端划出一格或几格设置高负荷接触区，将全部污水引入第一个间格并使整个系统中不存在浓度梯度（进行搅拌使污泥和污水充分混合接触）。在好氧选择器内需对污水进行曝气充氧；而缺氧、厌氧选择器只搅拌不曝气。

好氧生物选择器防止污泥膨胀的机理是提供一个氧源和食料充足的高负荷区，让菌胶团细菌率先抢占有机物而不给丝状菌过度繁殖的机会。

缺氧生物选择器和厌氧选择器的构造完全一样，其功能取决于活性污泥的泥龄。当泥龄较长时会发生较完全的硝化，选择器内会含有很多硝酸盐，此时为缺氧选择器；当泥龄较短时选择器内既无溶解氧又无硝酸盐，此时为厌氧选择器。

5.10 生物选择器有哪些具体应用？

（1）完全混合活性污泥法

完全混合曝气池内基质浓度较低，丝状菌可以获得较高的增长速率，故该法易发生污泥膨胀。这时可将曝气池分成多格且以推流的方式运行或增设一个分格设置的小型预曝气池作为生物选择器。当污水进入选择器后，由于污水中的有机物浓度较高使选择器中的 *F/M* 值较大而不适宜丝状菌的生长，菌胶团微生物则快速吸附污水中的大部分可溶性有机物，在有足够的停留时间和溶解氧的条件下进行生物代谢而不断地得到增殖，丝状菌却因缺乏足够的有机营养而受到抑制，这样就会减少丝状菌引起的污泥膨胀。

（2）SBR 反应器

间歇进水、排水的 SBR 反应器就其本身而言是属于完全混合型的，但由于在反应过程中反应器不进水，因而其内部存在一个污染物的基质浓度梯度（即 F/M 梯度），只不过这种梯度是按时间变化的，其底物的浓度变化相当于普通曝气池的分格数为无限多，从而可以起到抑制丝状菌膨胀的作用，故无需设置选择器。

对于连续进水的 SBR 系统（如 ICEAS 和 CASS 工艺），由于池中污水完全混合而不存在基质推动力，故需在进水端设置一个预反应区或生物选择器。

（3）AB 工艺

AB 工艺中的 A 段实际上相当于一个良好的选择器，其对污泥膨胀的控制表现在：一方面 A 段的水力停留时间为 15～20min，因此世代期较长的丝状菌难以在此生存；另一方面 A 段中的有机负荷通常较高，大于 $2kgBOD_5/(kgMLSS \cdot d)$，因而可有效地抑制丝状菌的增长。与选择器的不同之处在于 A 段的优势微生物种群是由不断适应原污水而形成的，回流污泥的吸附活性不是通过较彻底的代谢作用而是借助于接种微生物的高吸附能力来实现的。

（4）A/O 和 A^2/O 工艺

对于 A/O 和 A^2/O 工艺可通过在好氧段前设置缺氧段和厌氧段以及污泥回流系统，使混合菌群交替处于缺氧和好氧状态及使有机物浓度发生周期性变化，这既控制了污泥的膨胀又改善了污泥的沉降性能。而交替工作式氧化沟和 UNITANK 工艺等连续进水的系统则通过时间或空间的分割形成的"选择器"亦可达到控制污泥膨胀的目的。

5.11 什么是活性污泥？活性污泥由哪些物质组成？

活性污泥（activesludge）是微生物群体及它们所依附的有机物质和无机物质的总称。微生物群体主要包括细菌，原生动物和藻类等，其中，细菌和原生动物是主要的两大类。活性污泥的有机物和无机物组成比例因处理污水的不同而有差异，一般有机成分占 75%～85%，无机成分仅占 15%～25%。

活性污泥中的细菌主要有菌胶团细菌和丝状细菌，它们构成了活性污泥的骨架，在处理某些工业污水的活性污泥中还可见到酵母菌、丝状真菌、放线菌及微型藻类。此外污泥中还有原生动物和后生动物等微型动物，微型动物附着生长于其上或游弋于其间。细菌、微型动物及其他的微生物加上污水中的悬浮物和一些溶解性物质等类杂质混杂在一起，形成了具有很强吸附、分解有机物能力的絮凝体，即活性污泥。

5.12 什么是菌胶团？菌胶团的作用是什么？

细菌之间按一定的排列方式互相粘集在一起，被一个公共荚膜包围形成一定形状的细菌集团，叫做菌胶团。菌胶团中的菌体由于包埋于胶质中，故不易被原生动物吞噬，有利于沉降。菌胶团的形状有球形、蘑菇形、椭圆形、分枝状、垂丝状及不规则形等。

菌胶团是活性污泥和生物膜的重要组成部分，有较强的吸附和氧化有机物的能力，在水生物处理中具有重要作用。活性污泥性能的好坏，主要可根据所含菌胶团多少、大小及结构的紧密程度来确定。

5.13 活性污泥的微生物结构是怎样的？

活性污泥由不同大小的微生物群落组成，具有良好沉降性和传质性能的菌胶团以丝状菌为骨架、菌胶团附着其上，并且具有不断生长的特性，增长过程和老化过程中脱落的碎片及其他游离细菌被附着或游离生长的原生动物和后生动物捕食。少量以无机颗粒为核心形成的致密颗粒也可能存在于系统之中，并具有良好的沉降性能。丝状菌喜低氧状态，在胶团菌的附着下，不断生长伸长，形成条状和网状污泥；没有丝状菌为骨架的絮体颗粒很小，附着于累枝虫等原生动物尸体上的絮体易产生反硝化作用，它们都易随二沉池出水流失。胶团菌与丝状菌之间相互依存，丝状微生物形成了絮体骨架，为絮体形成较大颗粒同时保持一定的松散度提供了必要条件。而胶团菌的附着使絮体具有一定的沉降性而不易被出水带走，并且由于胶团菌的包附使得结构丝状菌获得更加稳定、良好的生态条件，所以这两大类微生物在活性污泥中形成了特殊的共生体。

5.14 活性污泥有哪些性能指标?

（1）混合液悬浮固体浓度（MLSS）

指 1L 曝气池混合液中所含悬浮固体干重，它是衡量反应器中活性污泥数量多少的指标。它包括微生物菌体微生物自生氧化产物、吸附在污泥絮体上不能被微生物所降解的有机物和无机物。由于 MLSS 在测定上比较方便，所以工程上往往以它作为估量活性污泥中微生物数量的指标，一般反应池中污泥浓度控制在 2000 ~ 6000mg/L。

（2）混合液挥发性悬浮固体浓度（MLVSS）

MLVSS 是指曝气池单位容积污泥污水混合液中，所含有机固体的总重量，包括混合液悬浮固体浓度中的前三项，单位为 mg/L、g/L 等。一般情况下，MLVSS 和 MLSS 的比值相对恒定，为 0.65 ~ 0.85，在以处理生活污水为主的城市污水活性污泥法系统中，比值约为 0.75。

（3）污泥沉降比（SV）

污泥沉降比是指曝气池混合液在 1L 量筒中静置沉淀 30min，沉淀污泥与静置前混合液的体积比。SV 能及时地反映出污泥膨胀等异常情况，便于及早查明原因，采取措施。

（4）污泥容积指数（SVI）

污泥体积指数是指曝气池混合液经 30min 静止沉降后 1g 干污泥所占的体积，单位为 mL/g。$SVI = $ 混合液 30min 沉降后污泥容积/污泥干重 $ = (SV\% \times 100)/MLSS$。SVI 反映污泥的松散程度和凝聚性能，一般在 50 ~ 150 左右。

一般地，$SVI < 100$ 时，污泥沉降性能较好；$100 < SVI < 200$ 时，污泥沉降性能一般；SVI 大于 200 时污泥沉降性能差。城市生活污水水质较稳定，其 SVI 控制在 50 ~ 150 左右。而工业污水水质相差较大，如某些工业污水中 COD 主要为溶解性有机物，极易合成污泥，且污泥灰份少，微生物数量多，所以虽然其 SVI 偏高，但却不是真正的污泥膨胀。反之，如果污水中含无机悬浮物多，污泥的密度大，SVI 低，但其活性和吸附能力不一定差。若 SVI 值过高，表明其污泥絮体松散、沉降性能不好，即将膨胀或已经膨胀，必须查明原因，并采取措施。SVI 过低，说明污泥颗粒细小紧密，无机物多，微生物数量少，此时污泥缺乏活性和吸附能力。

（5）污泥密度指数 SDI

污泥密度指数，指 100mL 混合液静止 30min 后所含活性污泥的 g 数，单位为 g/mL。

5.15 活性污泥的增长规律是怎样的?

活性污泥的增长规律实质就是活性污泥微生物的增殖规律。在 1 个初始的曝气池中，活性污泥的增长一般可分为适应期、对数增长期（等速增长期）、减速增长期（增长率下降期）

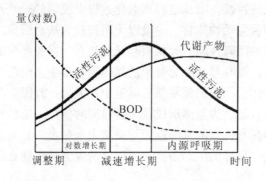

图 5 - 1 活性污泥增长与基质浓度变化关系图

和内源呼吸期(衰亡期)。见图 5 - 1。活性污泥增长速率的变化是营养物或有机物与微生物比值(通常用 F/M 表示)变化所致。F/M 值也是有机底物降解速率、氧利用速率、活性污泥的凝聚、吸附性能的重要影响因素。

(1)调整期

该阶段活性污泥微生物增殖少,对污水进入形成的新环境条件,细胞内各种酶系统有一个适应的过程。

(2)对数增长期

该阶段营养物过剩,F/M 大于 2.2kgBOD$_5$/(kgMLSS·d),这时微生物以最大速率把有机物氧化和转换成细胞物质。

(3)减速增长期

该阶段始于营养物质不断消耗和新细胞的不断合成,F/M 值降低,直到营养物质不再过剩,甚至开始制约微生物生长速度时,活性污泥从对数增长期过渡到减速增长期。

(4)内源呼吸期

该阶段水中的有机营养物质持续下降,F/M 值降到最低并保持一常数,微生物已不能从其周围环境中获取足够的能够满足自身生理需要的营养,因此开始分解代谢自身的细菌物质,以维持生命活动。

5.16 为什么说丝状细菌是活性污泥的重要组成部分?

丝状细菌同菌胶团细菌一样,是活性污泥的重要组成部分。其长丝状形态有利于其在固相上附着生长,保持一定的细胞密度,防止单个细胞状态时被微型动物吞食;细丝状形态的比表面积大,有利于摄取低浓度底物,在底物浓度相对较低的条件下比胶团菌增殖速度快,在底物浓度较高时则比胶团菌增殖速度慢。一般认为,丝状细菌活性污泥中交叉穿织在菌胶团之间,或附着生长于絮凝体的表面,少数种类游离于污泥絮粒之间。

丝状细菌增殖速率快、吸附能力强、耐供氧不足能力以及在低基质浓度条件下的生活能力都很强,因此在污水生物处理生态系统中存活的种类多、数量大。丝状细菌具有很强的氧化分解有机物的能力,当污泥中丝状菌在数量上超过菌胶团细菌时,会使污泥絮凝体沉降性能变差,严重时能引起污泥膨胀,造成出水水质下降。由活性污泥的结构可以看出,活性污泥膨胀可分为结构丝状菌膨胀和非结构丝状菌膨胀,前者只需创造有利于胶团菌增长的条件即可解决,后者胶团菌难于附着在非结构丝状菌上生长,可以采取投加杀虫剂的办法毒杀。

5.17 活性污泥净化污水的过程是怎样的?

(1)絮凝、吸附过程

在活性污泥内,存在着由蛋白质、碳水化合物和核酸等组成的生物聚合体,这些聚合体是带电的,因此由这些聚合体组成的絮凝体与污水中呈悬浮状和胶体状的有机污染物接触后,就可使后者失稳、凝聚,并被吸附在活性污泥表面。

(2)分解、氧化过程

被活性污泥吸附的小分子有机物能够直接进入细菌体内,而大分子有机物须在细菌分泌的水解酶作用下水解呈小分子,然后再透过细菌壁进入到细菌体内。这些进入细菌体内的有机物，再在胞内酶的作用下，经过一系列的生化反应，被氧化为无机物并放出能量。与此同时，微生物利用氧化过程中产生的一些中间产物和呼吸作用释放出的能量来合成细胞物质，使自身不断生长繁殖。

（3）沉淀与浓缩过程

这一过程是利用了活性污泥良好的沉降性能，使水很容易地与污泥分开，最终达到净化污水的目的。

5.18　常用培养活性污泥的方法有哪几种？

1. 自然培菌

自然培菌也称直接培菌法。它是利用污水中原有的少量微生物，逐步繁殖的培养过程。城市污水和一些营养成分较全、毒性小的工业污水，如食品厂、肉类加工厂污水，可以考虑这种培养方法。由于自然培菌法是用污水直接培养活性污泥，其培菌过程也是微生物逐步适应污水性质并获得驯化的过程，培养时间相对较长。自然培菌又可分为间歇培菌和连续培菌二种。

（1）间歇培菌

将曝气池注满污水，进行闷曝（即只曝气而不进污水），数天后停止曝气，静置沉淀 1h，然后排出池内约 1/5 的上层污水，并注入相同量的新鲜污水。如此反复进行闷曝、静沉和进水三个过程，但每次的进水量要比上次有所增加，而闷曝时间要比上次缩短。在春秋季节，约二三周就可初步培养出污泥。当曝气池混合液污泥浓度达到 1g/L 左右时，就可连续进水和曝气。由于培养初期污泥浓度较低，沉淀池内积累的污泥也较少，回流量也要少一些，此后随着污泥量的增多，回流污泥量也要相应增加。当污泥浓度达到工艺所需的浓度后，即可开始正常运行，按工艺要求进行控制。

（2）连续培菌

连续培养法是使污水直接通过活性污泥系统的曝气池和二沉池，连续进水和出水；二沉池不排放剩余污泥，全部回流曝气池，直到混合液的污泥浓度达到设计值为止的方法。具体做法有：①低负荷连续培养；②高负荷连续培养；③接种培养。

2. 接种培菌

接种培菌法的培养时间较短，是常用的活性污泥培菌方法，适用于大部分工业污水处理厂。城市污水厂如附近有种泥，也可采用此法，以缩短培养时间。接种培养法常用的有浓缩污泥接种培菌、干污泥接种培菌。

（1）浓缩污泥接种培菌

采用污水处理厂的浓缩污泥作菌种（种泥或种污泥）来培养。城市污水和营养齐全、毒性低的工业污水处理系统的活性污泥培养，可直接在所要处理的污水中加入种泥进行曝气，直至污泥转棕黄色时就可连续进污水（进水量应逐渐增加），此时沉淀池也投入运行，让污泥在系统内循环。为了加快培养进程，可在培养过程中投加粪便或其他营养物，活性污泥浓度达到工艺要求值即完成了培菌过程。

对有毒工业污水进行培菌时，可先向曝气池引入自来水，然后投入种污泥和粪便进行曝气，直至污泥呈棕黄色后停止曝气，让污泥沉降并排掉一部分上清液，再次补充一定量的粪便继续曝气，待污泥量明显增加后，逐步提高污水流量。到培菌的后期，污泥中微生物就能较好地适应工业污水。

（2）干污泥接种培菌

干污泥通常是指经过脱水机脱水后的泥饼，其含水率约为 70% ~80%。干污泥接种培菌的过程与浓缩污泥培菌法基本相同。接种污泥要先用刚脱水不久的新鲜泥饼，投加至曝气池前需加少量水并捣成泥浆。干污泥的投加量一般为池容积的 2% ~5%。

干污泥中可能含有一定浓度的化学药剂（用于污泥调理），如药剂含量过高、毒性较大，则不宜用作为培菌的种泥。鉴定污泥能否作接种用，可将少量泥块捣碎后放入小容器（如烧杯或塑料桶）内加水曝气，经过一段时间后如果泥色能转黄，就可用于接种。

5.19 污泥培菌的注意事项有哪些？

（1）活性污泥培菌过程中，应经常测定进水的 pH、COD、氨氮和曝气池溶解氧、污泥沉降性能等指标。活性污泥初步形成后，要进行生物相观察，根据观察结果对污泥培养状态进行评估，并动态调控培菌过程；

（2）活性污泥的培菌应尽可能在温度适宜的季节进行。因为温度适宜，微生物生长快，培菌时间短。如只能在冬季培菌，则应该采用接种培菌法，所需的种污泥培养时间要比春秋季长；

（3）培菌过程中，特别是污泥初步形成以后，要注意防止过度曝气，特别是在夏季。过度曝气会增加培菌时间和费用，导致污水处理系统无法按期投入运行。要避免过度曝气，控制曝气量和曝气时间是关键，措施有：要经常测定池内的溶解氧含量，要及时进水以满足微生物对营养的需求。若进水浓度太低，则要投加大粪等以补充营养，条件不具备时可采用间歇曝气；

（4）活性污泥培菌后期，适当排出一些老化污泥有利于微生物进一步生长繁殖；

（5）工业污水处理厂在生产装置投产前往往没有污水进入，而一旦生产装置投产后，排放的污水就需及时处理。此时，应根据实际情况合理确定培菌时间，并提前准备种污泥及养料等；

（6）如曝气池中污泥已培养成熟，但仍没有污水进入时，应停止曝气使污泥处于休眠状态，或间歇曝气（延长曝气间隔时间、减少曝气量），以尽可能降低污泥自身氧化的速度。有条件时，应投加大粪、无毒性的有机下脚料（如食堂泔脚）等营养物；

（7）大部分的污水处理厂都有二个（格）以上的曝气池。这种情况下可先利用一只曝气池培养活性污泥，然后再输送到相邻其他曝气池进行多级扩大培养，本法适用于规模较大的污水处理厂。

5.20 驯化活性污泥有哪些方法？

活性污泥的驯化通常是针对含有有毒或难生物降解的有机工业污水。活性污泥驯化的目的是使所培养的活性污泥适应所需处理污水。驯化活性污泥的方法有异步驯化、同步驯化和接种驯化三种。

（1）异步驯化

当活性污泥培养成熟后，即可在进水中逐渐加入所需处理的污水，使微生物逐渐适应新的环境。驯化前期，污水可按设计流量的 10% ~20% 加入，达到较好效果后，再继续增加其比重，直至满负荷为止。在驯化过程中，能分解污水的微生物得到适应和繁殖，不能适应的微生物将逐渐淘汰。

（2）同步驯化

实际操作可以把培养和驯化两个阶段合并进行，即在培养开始时就加入少量需处理的污水，并在培养过程中逐渐增加比重，使活性污泥在增长过程中，逐渐适应、具备处理污水的能力。

（3）接种驯化

在有条件的地方，可直接从附近污水处理厂引入剩余污泥，作为种泥进行曝气培养驯化，如果从性质类似的污水处理站引来剩余污泥，则更能提高驯化效果，缩短驯化时间。

5.21 活性污泥所需营养物质比例是如何确定的？

活性污泥营养物质比例的确定主要根据微生物细胞的化学组成，一般情况下，厌氧生物处理比好氧生物处理工业污水所需的营养比例，N、P 的含量可以降低很多。生物处理系统的泥龄越长，微生物所需的 N、P 比例越低。生物处理系统的污泥产率越低，污泥所需的 N、P 比例也越低。

在厌氧处理系统中，应满足 $COD:N:P = (200 \sim 300):5:1$（质量比）；如果不能满足要求，则需按照比例投加一定的 N、P 营养物质，以助于微生物的生长与繁殖。多数厌氧菌不具有合成某些必要的维生素或氨基酸的功能，所以有时需要投加一定量的 K、Na、Ca 等金属盐类；微量元素 Ni、Co、Mo、Fe 等；微量物质如维生素等。

好氧微生物对 N、P 等营养物质的要求高于厌氧微生物。在好氧处理系统中，应满足 $COD:N:P = 100:5:1$（质量比），如果不能满足要求，则需按照比例投加一定的 N、P 营养物质。

在实际的生物处理系统中，微生物对污水中 C、N、P 的需求并不是固定的，它与污泥的种类和污泥产率有关，而这又与工业污水的性质和处理系统的运行方式有关。有关研究证明，对于好氧生物处理工业污水营养物质的比例可以为 $C:N:P = (100 \sim 200):5:(0.8 \sim 0.1)$，对于厌氧生物处理，工业污水营养物质的比例可以为 $C:N:P = (500 \sim 800):5:(0.1 \sim 0.8)$。

5.22 为什么在用生物法处理一些工业污水时要补充营养物质？补充营养物质的方法有哪些？

由于工业污水常常碳源充分而氮、磷等营养物不足，营养比例失调，因此处理一些工业污水时须另外补加。如化工、造纸等污水 COD 很高，而 N、P 等营养元素的含量较低，这样的营养比例对微生物的生长繁殖非常不利，当利用生物法处理这些工业污水，必须向污水中补充其所缺乏的营养盐，使微生物在新陈代谢中获得必要的营养。目前补充营养物质常用的方法有：

（1）根据一定的比例人工投加氮、磷；

（2）引入生活污水。

从运行管理和实际运行效果来看，最简单有效的方法是引入一定量的生活污水来补充微生物所需的各种营养源。投加点可以在调节池，也可以在各生化处理系统中进行。

5.23 什么是活性污泥法？其系统由哪些部分组成？

活性污泥法是以活性污泥为主体，利用活性污泥中悬浮生长型好氧微生物氧化分解污水中的有机物质的污水生物处理技术，是一种应用最广泛的污水好氧生物处理技术。其净化污水的过程可分为吸附、代谢、固液分离三个阶段。

活性污泥系统一般由曝气池、曝气系统、回流污泥系统(外回流)、混合液回流系统(内回流)及二沉池等组成。

5.24 活性污泥法有效运行的基本条件有哪些？

（1）污水中含有足够的胶体状和溶解性易生物降解的有机物；

（2）曝气池中的混合液有一定量的溶解氧；

（3）活性污泥在曝气池内呈悬浮状态，能够与污水充分接触；

（4）连续回流活性污泥、及时排出剩余污泥，使曝气池混合液中活性污泥维持合适的浓度；

（5）污水中有毒害作用的物质的含量在一定浓度范围内，不对微生物的正常生长、繁殖形成威胁。

5.25 活性污泥法日常管理中需要的监测与注意的参数有哪些？

按照用途可以将污水处理厂的常规监测项目分为以下五类：

（1）有关处理流量的项目：主要有进水量、回流污泥量和剩余污泥量；

（2）有关处理效果的项目：进、出水的 COD、SS 及其他有毒有害物质的浓度；

（3）有关污泥状况的项目：包括曝气池混合液的各种指标 SV_{30}、SVI、$MLSS$、$MLVSS$ 及生物相观察等和回流污泥的浓度及生物相观察等；

（4）有关污泥环境条件和营养的项目：水温、pH、溶解氧、氮、磷等；

（5）有关设备运转状况的项目：水泵、泥泵、鼓风机、曝气机等主要工艺设备的运行参数，如压力、流量、电流、电压等。

5.26 活性污泥法曝气的方式有哪些？

活性污泥法曝气的方式有：

（1）鼓风曝气

利用风机或空压机向曝气池充入一定压力的空气，一方面供应生化反应所需要的氧量，同时保持混合液悬浮固体均匀混合。扩散器是鼓风曝气的关键部件，其作用是将空气分散成空气泡，增大气液接触界面，将空气中的氧溶解于水中，常用的扩散装置有微孔扩散器、中气泡扩散器、大气泡扩散器、射流扩散器、固定螺旋扩散器等。

（2）机械曝气

机械曝气也称为表面曝气，机械曝气器大多以装在曝气池水面的叶轮快速转动，进行表层充氧。按转轴方向不同，可分为立式和卧式两类。常用的立式表面曝气机有平板叶轮、倒伞型叶轮和泵型叶轮等，卧式表面曝气机有转刷曝气机和转盘曝气机等。曝气叶轮的充氧能力和提升能力同叶轮浸没深度、叶轮的转速等因素有关，在适宜的浸深和转速下，叶轮的充氧能力最大，并可保证池内污泥浓度和溶解氧浓度均匀。

鼓风曝气和机械曝气两种方法有时也可联用，以提高充氧能力，适用于有机物浓度较高的污水。

（3）其他

如深井曝气、纯氧或富氧曝气和配合其他生物处理方法的曝气等。深井曝气一般用直径 1~6m、深达 50~150m 的曝气池。纯氧曝气是按鼓风曝气方法向水中鼓入纯氧或富氧空气，池型一般如曝气池，池上加密封盖，以充分提高充氧效率。

5.27 鼓风曝气有哪些形式？

根据扩散设备在曝气池混合液中的淹没深度不同，鼓风曝气法可分为四种：①底层曝气；②浅层曝气；③深水曝气；④深井曝气。

5.28 曝气池有哪些具体分类？

（1）根据混合液在曝气池内的流态，曝气池可分为推流式、完全混合式和循环混合式三种；

（2）根据曝气方式，可分为鼓风曝气池、机械曝气池以及二者联合使用的机械鼓风曝气池；

（3）根据曝气池的形状，可分为长方廊道形、圆形、方形以及环状跑道形等四种；

（4）根据曝气池与二沉池之间的关系，可分为合建式（即曝气沉淀池）和分建式两种。

5.29　什么是推流式曝气池？

推流曝气池是水流流动形式为推流式的曝气池。一般在长方形水池内水流推流前进，进入池内的全部污水在池内停留时间相同，由于部分活性污泥从二次沉淀池回流入池，有些污水可能多次通过水池。真正有回流的推流系统污水处理效果较好，但由于水流过程中纵向扩散现象存在，很难得到真正的推流状态。活性污泥法中的传统活性污泥法、阶段曝气法、生物吸附法等均为推流式曝气池，推流曝气池缺点是耐冲负荷较差。

典型推流式曝气池的平面一般是长宽比为 5～10 的长方形，有效水深为 3～9m。为节省占地面积，推流式曝气池可设计为两折或多折，污水从一端进入，从另一端推流出去。

5.30　什么是完全混合式曝气池？

混合式曝气池一般为圆形，曝气装置多采用表面曝气机。曝气机置于曝气池中心平台上，污水进入搅拌中心后立即与全池混合液混合，全池的污泥负荷、耗氧速率和微生物种类等性能完全相同，不像推流式曝气池那样上下游有明显的区别。由于曝气池原有混合液对进水的稀释作用，完全混合式曝气池耐冲击负荷的能力较强，负荷均匀使供氧与需氧容易平衡，从而节省供氧动力。

在许多实际运行的曝气池中，推流和完全混合并不是绝对的。

① 在推流池中，可用一系列表面曝气机串联充氧和搅拌，这样在每个表面曝气机周围的流态都是完全混合式的，而对全池来说，流态具有推流式性质。

② 将曝气池设计为独立的多个完全混合池，各池可以串联也可以部分并联，即整个流程的流态为推流式。这样的池型兼有推流式和完全混合式的优点，而且具有很大的灵活性，生物脱氮除磷工艺都采用这种方式。

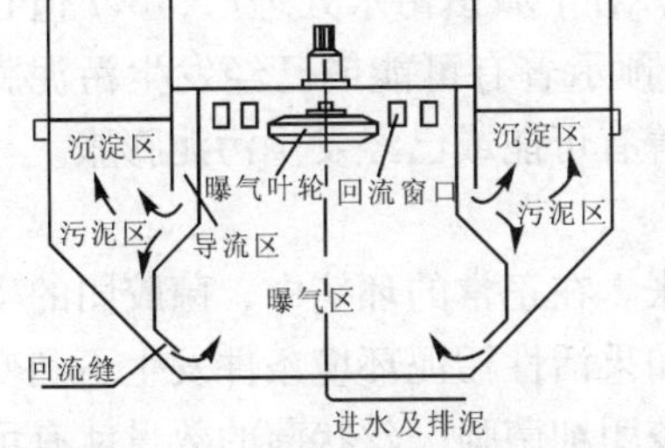

图 5-2　合建式圆形完全混合式曝气池

合建式圆形完全混合曝气池可分为曝气区、沉淀区、污泥区和导流区四个功能区，加上回流窗、回流缝、曝气叶轮、减速机及电机等，组成曝气、沉淀于一池内的生物处理装置。合建式圆形完全混合曝气池见图 5-2。

5.31　污水生化处理工艺对污泥浓度有什么要求？

曝气池混合液必须维持相对固定的污泥浓度 $MLSS$，才能维持处理效果的和处理系统稳定运行。每一种好氧活性污泥法处理工艺都有其最佳曝气池 $MLSS$，比如普通空气曝气活性污泥法的 $MISS$ 最佳值为 2～4g/L 左右，纯氧曝气活性污泥法的 $MLSS$ 最佳值为 5g/L 左右，浸没式膜生物反应器的的 $MLSS$ 最佳值为 8～10g/L 左右。一般而言，曝气池中的 $MLSS$ 接近所用处理工艺的最佳值时，处理效果较好，而 $MLSS$ 过低时往往达不到预期的处理效果。

5.32　什么是活性污泥膨胀？污泥膨胀分为几种类型？

污泥膨胀是活性污泥法系统常见的一种异常现象，是指由于某种因素的改变，活性污泥质量变轻、膨大、沉降性能恶化，SVI 值不断升高，不能在二沉池内进行正常的泥水分离，二沉池的污泥面不断上升，最终导致污泥流失，使曝气池中的 $MLSS$ 浓度过度降低，从而破坏正常工艺运行的污泥，这种现象称为污泥膨胀。

污泥膨胀总体上可以分为丝状菌膨胀和非丝状菌膨胀两大类。丝状菌膨胀是活性污泥絮体中的丝状菌过度繁殖而导致的污泥膨胀，非丝状菌膨胀是指菌胶团细菌本身生理活动异常、黏性物质大量产生导致的污泥膨胀。

5.33 测定污泥沉降比(SV)值容易出现的异常现象有哪些？其原因是什么？

（1）污泥沉淀30~60min后呈层状上浮。这一现象多发生在高温的夏季，活性污泥反应功能较强，产生了硝化作用，形成了硝酸盐，硝酸盐在二沉池中被还原为气态氮。气态氮附着在活性污泥絮体上并携带污泥上浮，气泡去除后，污泥能够迅速下沉。这种现象可通过减少污泥在二沉池的停留时间或减小曝气量来解决；

（2）在上清液中含有大量的呈悬浮状态的微小絮体，而且透明度下降。其原因是污泥解体，而污泥解体的原因有水温变化、曝气过度、负荷太低导致活性污泥自身氧化过度、有毒物质进入等；

（3）泥水界面分界不明显。其原因是曝气量不足，或进入了高浓度的有机污水，污泥对水中的污染物降解不够彻底。

5.34 污泥膨胀的危害有哪些？如何识别？

发生污泥膨胀后，二沉池出水的SS将会大幅度增加，同时导致出水的 COD 和 BOD_5 也超标。污泥持续流失会使曝气池内的微生物数量减少，不能满足分解有机污染物的正常需要，从而导致整个系统的性能下降。

污泥膨胀可通过监测曝气混合液的 SVI、沉降速度和生物相镜检来判断和预测，而通过观察二沉池出水悬浮物和泥面的上升变化是最直观的方法。对于城镇污水处理厂，SVI 值在100 左右，活性污泥的沉降性能最好；SVI 超过 150 时，就预示着有可能或已经发生污泥膨胀。在沉降试验时，如果发现区域沉降速度过慢，也预示着有可能或已经发生污泥膨胀。

5.35 引起丝状菌污泥膨胀的原因有哪些？

活性污泥中，丝状菌过度繁殖，会形成丝状菌污泥膨胀。在正常的环境中，菌胶团的生长速率大于丝状菌，不会出现丝状菌过度繁殖的现象，但如果活性污泥环境条件发生不利变化，丝状菌因为其表面积较大、抵抗环境变化的能力比菌胶团细菌强，丝状菌的数量就有可能超过菌胶团细菌，从而导致丝状菌污泥膨胀。

引起活性污泥环境条件发生不利变化的因素主要有：①进水中有机物质太少，曝气池内F/M 太低，导致微生物食料不足；②进水中 N、P 等营养物质不足；③pH 值太低，不利于菌胶团生长；④曝气池混合液内溶解氧太低；⑤进水水质、水量波动太大，对微生物造成冲击；⑥进入曝气池的污水中含有较多的 H_2S（>1~2mg/L）或硫离子时，会导致丝状菌过量繁殖；⑦进入曝气池的污水温度偏高（超过30℃）。

5.36 引起非丝状菌污泥膨胀的原因有哪些？

非丝状菌膨胀是由于菌胶团细菌本身生理活动异常，导致活性污泥沉降性能恶化的现象，可分为两种。

第一种非丝状菌膨胀是由于进水口含有大量的溶解性糖类有机物，使污泥负荷 F/M 太高，而进水中又缺乏足够的 N、P 等营养物质或混合液内溶解氧含量太低。高 F/M 时，细菌会很快把大量的有机物吸入体内，而由于缺乏 N、P 或 DO，就不能在体内进行正常的分解代谢，此时细菌会向体外分泌出过量的多聚糖类物质。这些多聚糖类物质由于分子中含有很多羟基而具有较强的亲水性，使活性污泥的结合水高达 400% 以上，远远高于 100% 左右的正常水平。结果使活性污泥呈黏性的凝胶状，在二沉池内无法进行有效的泥水分离及浓缩，因此这种污泥膨胀有时又称为黏性膨胀。

第二种非丝状菌膨胀是由于进水中含有大量的有毒物质，导致活性污泥中毒，使细菌不能分泌出足够的黏性物质，形不成絮体，因此也无法在二沉池进行有效的泥水分离及浓缩。这种污泥膨胀有时又称为非黏性膨胀或离散性膨胀。

5.37 控制曝气池活性污泥膨胀的措施有哪些？

（1）投加混凝剂

用于改善活性污泥沉降性能的混凝剂有石灰、铁或亚铁和铝盐等。但投加该类物质会增加固体负荷。近年来，合成多聚物已经取代了传统的絮凝剂，絮凝效果也很好。但大多数合成多聚物是以聚丙烯酰胺为基础物质的，具有一定的毒性，虽可以用化学的方法加以改进，但成本增加。因此，人们还使用微生物衍生的絮凝剂，主要是电解质多糖，这种絮凝剂经实验证实是有效的，工业化生产也得到了解决。

（2）投加氧化剂

通过向活性污泥中投加一些氧化剂来杀死丝状细菌，可控制活性污泥膨胀，最常用的氧化剂是 Cl_2。目前，国内大多数污水处理厂的二级出水都采用投氯消毒，这样可以利用一套设备完成两个任务，非常方便。根据研究，除 N、P 营养缺乏造成的污泥膨胀外，绝大多数的丝状菌都可以通过加氯加以控制。对丝状菌膨胀投氯 10~20mg/L，对非丝状菌投氯 5~10mg/L，连续投加 2 周至 *SVI* 值正常为止。过氧化氢（H_2O_2）和臭氧（O_3）的适量投加也能够有效地控制污泥的丝状菌性膨胀。

（3）工艺调节

控制活性污泥中丝状菌过度生长的最基本方法是采用适当的工艺措施。溶解氧太低、污泥缺氧而腐化时要加大曝气量、增加供氧；当 pH 值过高或过低时要向反应器中加酸或加碱；N、P 缺乏时要补加。

（4）生物选择器的使用

5.38 调整污泥泥龄对污水处理效果有哪些影响？

对于一个正常运行的污水处理系统来说，污泥泥龄是相对固定的，即每天从系统中排出的污泥量是相对固定的。当出现一些原因，二沉池出水悬浮物含量突然增大后，就应该相应减少剩余污泥的排放量。

如果排放的剩余污泥量少，使系统的泥龄过长，会造成系统去除单位有机物的氧消耗量增加，即能耗升高，二沉池出水的悬浮物会升高，出水水质变差。如果过量排放剩余污泥，使系统的泥龄过短，活性污泥吸附的有机物来不及氧化，二沉池出水中有机物含量增大，出水水质也会变差。如果使泥龄小于临界值，即从系统中排出的污泥量大于其增殖量，系统的处理效果会急剧下降。

5.39 污泥回流的作用有哪些？

污泥回流的作用是补充曝气池混合液流出带走的活性污泥，使曝气池内的悬浮固体浓度 *MLSS* 保持相对稳定；同时在污泥回流时，增加池内的搅拌，使污泥与污水的接触均匀，可以提高污水处理效果；同时对缓冲进水水质也能起到一定的作用。

5.40 什么是污泥回流比？为什么剩余污泥的排放量一般都要保持恒定？

污泥回流比是污泥回流流量与曝气池进水量的比值，一般污水处理厂保持回流比恒定操作。污水在活性污泥中一般要停留一定的时间，以回流比进行某种调节后，其效果往往不能立即显现，需要一定的时间才能反映出来，因此调节回流比无法适应污水水质水量的随时变化，但在污水处理厂的运行管理中，通过调整回流比作为应付突发情况是一种有效的应急手段。

剩余污泥排放对活性污泥系统的功能及处理效果影响很大，但这种影响很慢。如通过调节剩余污泥排放量控制活性污泥中的丝状菌过量繁殖，其效果通常要经过 2~3 倍的泥龄之后才能看出来，也就是说，当泥龄为 5d 时，要经过 10~15d 之后才能观察到调节排泥量所带来的控制效果。因此无法通过排泥操作来控制或适应进水水质水量的日变化，即使排泥有效果，发生变化的那股污水早已流出系统，所以排泥量一般也都保持恒定操作。同时需要每天统计记录剩余污泥排放量，并利用 F/M 或 SRT 值等方法每天进行核算，总结出规律性。

5.41 污泥回流系统的控制方式有几种？

为了实现污泥回流浓度及曝气池混合液污泥浓度的相对稳定和操作管理方便，控制污泥回流的方式有三种：

(1) 保持回流量恒定；

(2) 保持剩余污泥排放量恒定；

(3) 回流比和回流量均随时调整。

实际中一般采用回流比一定的运行方式。

5.42 如何控制剩余污泥的排放量？

剩余污泥是活性污泥微生物在分解氧化污水中有机物的同时，自身得到繁殖和增殖的结果。为维持生物处理系统的稳定运行，需要保持微生物数量的稳定，即需要及时将新增长的污泥量当作剩余污泥从系统中排放出去。每日排放的剩余污泥量应大致等于污泥每日的增长量，排放量过大或过小都会导致曝气池内 MLSS 值的波动。具体排放量控制方法有：

(1) 用 MLSS 控制排泥

用 MLSS 控制排泥，可按公式 $V_w = V(MLSS - MLSS_0)/RSS$ 确定。其中 V_w 为要排放的剩余污泥体积(m^3)；V 为曝气池容积(m^3)；$MLSS$ 为实测值(g/L)；$MLSS_0$ 为要维持的浓度值(g/L)；RSS 为回流污泥浓度(g/L)。用 $MLSS$ 控制排泥量时，应在控制总的排泥量的前提下，尽量连续排泥，或平均排放，此法适用于水量水质变化不大污水处理厂。

(2) 用 F/M 控制排泥

F 即污水中有机物量，M 即池中的污泥量。在实际工作中，由于运转中无法控制流入污水的 BOD_5 浓度，也无法控制进水流量，为了保持稳定的 BOD_5 负荷，只能控制曝气池内污泥总量，通过增加或减少排泥量来控制 BOD_5 负荷，但这种方法不是单纯将污泥浓度保持恒定，而是通过改变污泥浓度，使 F/M 基本保持恒定。该法适用进水水质波动较大的情况或进水中含有较大量工业废水的情况。该方法使用的关键是根据污水厂的特点，确定合适的 F/M 值。F/M 值应根据污水的温度做适当的调整，当水温高时，F/M 值可高些；反之可低些。当进水的难降解物质较多时，F/M 应低些；反之可高些。在实际运行控制时，一般是控制在一段时间内的平均 F/M 值基本恒定，如一周或一月的平均值。计算 F/M 时，要用到进水的 BOD_5，需要 5 天才能测出，为尽快能测得入水的有机负荷，可采用 COD 估算法。

(3) 用 SV_{30} 控制

在一定程度上既反映污泥的沉降浓缩性能，又反映污泥浓度的大小，当沉降浓度性能较好时，SV_{30} 较小；反之较高。当污泥浓度较高时，SV_{30} 较大；反之则较小。当测得污泥 SV_{30} 较高时，可能是污泥浓度增大，也可能是沉降性能恶化，不管是那种原因，都应及时排泥，降低 SV_{30} 值。采用该法排泥时，应逐渐缓慢地进行，一天内排泥不能太多。

（4）用泥龄控制排泥

用泥龄控制排泥是活性污泥系统中被认为是一种最准确的排泥方法。这种方法的关键是正确选择污泥龄和计算系统中的污泥总量。对于污泥龄，如果处理效率要求高或者排水水质要求严，则污泥龄应控制长一些时间；当用污泥龄控制排泥时，由于用曝气池中的泥量代替了总泥量（还应包括回流污泥量以及二沉池的污泥量），使计算出的排泥量常常偏小。

实际运行中，可根据污水处理厂的实际状况选择以一种方法为主其他方法辅助核算。例如，采用泥龄控制排泥时，应经常核算 F/M 值，经常测定 SV_{30} 值。当采用 F/M 控制排泥时，也应经常核算 SRT 值，同时测定 SV_{30} 来核对。

5.43　曝气池运行管理的注意事项有哪些？

（1）经常检查和调整曝气池配水系统和回流污泥分配系统，确保进入各曝气池的污水量和污泥量均匀；

（2）按规定对曝气池常规监测项目进行及时的分析化验，尤其是 SV_{30}、SVI 等容易分析的项目要随时测定，根据化验结果及时采取控制措施，防止出现污泥膨胀现象；

（3）观察曝气池内泡沫的状况，发现并判断泡沫异常增多的原因，及时采取相应措施；

（4）观察曝气池内混合液的翻腾情况，检查空气曝气器是否堵塞或脱落并及时更换，确定鼓风曝气是否均匀、机械曝气的淹没深度是否合适并及时调整；

（5）根据混合液溶解氧的变化情况，及时调整曝气系统的曝气量，或尽可能设置空气供应量自动调节系统，实现自动调整鼓风机的运行台数、使表曝气机自动变速运行等；

（6）及时清除曝气池边角处漂浮的浮渣。

5.44　曝气池活性污泥颜色由茶褐色变为灰黑色的原因是什么？

运行过程中，混合液活性污泥颜色由茶褐色变为灰黑色，同时出水水质变差，其根本原因是曝气池混合液溶解氧含量不足。而溶解氧含量大幅度下降的主要原因是进水负荷增高、曝气不足、水温或 pH 值突变、回流污泥腐败变性等。

5.45　曝气池活性污泥不增长甚至减少的原因是什么？如何解决？

曝气池内活性污泥不增长甚至减少的表面现象，一是二沉池出水悬浮物含量过多导致污泥的大量流失，二是剩余污泥排放量过多，三是营养物质缺乏或不平衡。其原因和解决对策如下：

（1）二沉池出水悬浮物含量大，污泥流失过多。主要原因是污泥膨胀引起污泥沉降性能变差，采取具体对策为在曝气池进水或出水中投加少量絮凝剂。

（2）进水有机负荷偏低。进水负荷偏低造成活性污泥繁殖增长所需的有机物相对不足，使活性污泥中的微生物只能处于维持状态，甚至有可能进入自身氧化阶段使活性污泥量减少。对策是设法提高进水量，或减少风机运转台数或降低表曝机转速，或减少曝气池运转间数缩短污水停留时间。

（3）曝气充氧量过大。曝气充氧量过大会使活性污泥过氧化，污泥总量不增加。全自动过滤器对策是减少风机运转台数或降低表曝机转速，合理调整曝气量，减少供氧量。

（4）营养物质含量不平衡。营养物质含量不平衡会使活性污泥微生物的凝聚性能变差，对策是及时补充足量的 N、P 等营养盐。

（5）剩余污泥排放量过大。全自动过滤器使得活性污泥的增长量少于剩余污泥的排放量，对策是减少剩余污泥的排放量。

5.46 活性污泥解体的原因和解决对策有哪些？

处理水水质混浊、污泥絮凝体微细化、处理效果变坏等是污泥解体的现象。导致这种异常现象的原因可能是运行中的问题，也可能由于污水中混入了有毒物质。

运行不当，如曝气过量，会使活性污泥的生长平衡遭到破坏，使微生物量减少而失去活性，吸附能力降低，絮凝体一部分变致密，另一部分则成为不易沉淀的羽状污泥，处理水水质浑浊，SVI 值降低。如果是运行方面的问题，应对污水量、回流污泥量和排泥状态以及 SV、$MLSS$、DO 等多项指标进行检查，加以调整。

当污水中存在有毒物质时，微生物会受到抑制或伤害，降解功能下降或完全停止，从而使污泥失去活性而解体。当确定是进水中有有毒物质混入时，可采取减少进水量或增大系统的污泥浓度等措施。

5.47 曝气池溶解氧过高或过低的原因和解决对策是什么？

曝气池溶解氧含量 DO 值过高的原因有污泥中毒、污泥负荷偏低等。污泥中毒会使微生物失去活性，吸收利用氧的功能降低。污泥负荷偏低，会使曝气充氧量超过污泥对氧的吸收利用量，导致氧在混合液中的过量积累。

曝气池溶解氧含量 DO 值过低的原因有混合液污泥浓度过高、污泥负荷过高等。剩余污泥排放不及时，曝气池混合液中出现了污泥的积累，污泥自身的耗氧量增加会使曝气充氧量不足以补充污泥对氧的吸收利用量。剩余污泥排放量过大使曝气池混合液污泥浓度低于正常值、进水量增大及进水有机物含量升高，都是使污泥负荷过高的原因。污泥负荷过高会使耗氧量超过供氧量，导致曝气池 DO 值偏低。

曝气池溶解氧过高或过低的解决对策是根据具体情况，对进水水质水量、剩余污泥排放量、曝气量、曝气池运行间数等进行调整。

5.48 活性污泥工艺中产生的泡沫有哪些形式？

活性污泥法过程中产生的泡沫有如下 4 种形式：

（1）启动泡沫

活性污泥法运行启动初期，由于污水中含有一些表面活性物质，易引起表面泡沫，泡沫呈白色且质轻，且稳定性较差。随着活性污泥的成熟，这些表面活性物质经生物降解，泡沫现象会逐渐消失。

（2）反硝化泡沫

活性污泥处理系统以低负荷运转时，在沉淀池或曝气不足的地方会发生反硝化作用而产生氮气，氮气的释放在一定程度上减小污泥密度并带动部分污泥上浮，从而出现泡沫现象。这样产生的悬浮泡沫通常不是很稳定。

（3）表面活性剂泡沫

洗涤剂或胶体有机质以及各烃类的大量流入都易引起处理池表面产生泡沫，如果这种进水偶尔存在，发泡过程仅在短时内造成影响；若持续存在，长时间地运行会形成稳定的生物泡沫。

（4）生物泡沫

曝气过程中，气泡会选择性地与微生物机体结合生成稳定的泡沫，即微生物 + 气泡 + 絮粒 = 稳定的生物泡沫。生物泡沫黏度大，呈褐色，稳定性强，悬浮颗粒可达 50g/L，泡沫密度大约是 0.7，一般情况下很难将其吹走。对于活性污泥法运行过程中的泡沫问题，过去主要归因于进水中表面活性物质的大量存在，目前研究表明，主要是由于污泥中一些微生物的过度增殖而产生的生物泡沫。

5.49 形成生物泡沫的机理是什么？

一般认为，泡沫的产生主要和污水中含有表面活性物质等成分及活性污泥中的各种丝状菌和放线菌有关。与泡沫有关的微生物大都含有脂类物质，如有的丝状菌脂类含量达干重的35%。因此，这类微生物比水轻，易漂浮到水面。而且与泡沫有关的微生物大都呈丝状或枝状，易形成网，能捕扫微粒和气泡等，并浮到水面。被丝网包围的气泡，增加了其表面的张力，使气泡不易破碎，泡沫就更稳定。

无论微孔曝气还是机械曝气，都会产生气泡，而气泡自然会对水中形小、质轻和具有疏水性的物质产生气浮作用，所以，当水中存在油、脂类物质和含脂微生物时，则易产生表面泡沫现象，即曝气常常是泡沫形成的主要动力。

5.50 曝气池出现生物泡沫有哪些具体原因？

（1）污泥停留时间

由于产生泡沫的微生物普遍存在生长速率较低、生长周期长的特点，所以污泥停留时间长有利于微生物的生长。因此，采用延时曝气方式的活性污泥法更易产生泡沫现象。另外，一旦泡沫形成，泡沫层的生物停留时间就会独立于曝气池内的污泥停留时间，易形成稳定持久的泡沫。

（2）pH 值

当 pH 从 7.0 下降到 5.0～5.6 时，能有效地减少泡沫的形成。

（3）溶解氧（DO）

较低的曝气池溶解氧浓度是丝状微生物开始增殖的有利因素。

（4）温度

与生物泡沫形成有关的菌类都有各自适宜的生长温度，当环境或水温有利于它们生长时，就可能产生泡沫现象。一般认为，温度较高时生物泡沫主要由放线菌引起，而温度较低时主要由丝状菌引起，只有在温度高于 14 ℃时，放线菌才会引起生物泡沫。

（5）有憎水性物质，如洗涤剂等

（6）曝气方式

不同曝气方式所产生的气泡不同，微气泡或小气泡比大气泡更有利于产生生物泡沫，并且泡沫层易集中于曝气强度低的区域。

（7）气温、气压和水温的交替变化

（8）污泥负荷

在较高的 F/M 下，泡沫将迅速出现，也有产生泡沫的菌种比较适合在较低的污泥负荷下生长。有报道表明最佳的污泥负荷 ≤ 0.1 kgBOD$_5$/（kgMLSS·d）。

5.51 生物泡沫的危害是什么？

（1）泡沫一般具有黏滞性，会将大量活性污泥等卷入曝气池的漂浮泡沫层，泡沫层在曝气池表面翻腾，阻碍氧气进入曝气池混合液，降低充氧效率（对机械曝气方式影响最大）；

（2）当混有泡沫的曝气池混合液进入二沉池后，泡沫裹带活性污泥等固体物质会增加出水悬浮物含量而引起出水水质恶化，同时在二沉池表面形成大量浮渣，在冬天气温较低时会因结冰影响二沉池吸（刮）泥机的正常运转；

（3）生物泡沫蔓延到走道板上，影响巡检和设备维修。夏天生物泡沫随风飘移，产生一系列环境卫生问题，冬季泡沫结冰后，清理困难；

（4）回流污泥中含有泡沫会引起类似气浮现象，破坏污泥的正常性能。生物泡沫随排泥进入泥区，干扰污泥浓缩和污泥消化的顺利进行。

5.52　曝气池出现生物泡沫后的控制对策有哪些？效果如何？

（1）增加表面搅拌。喷洒水是一种最简单和最常用的物理方法，通过喷洒水流或水珠以打碎浮在水面的气泡，可以有效减少曝气池或二沉池表面的泡沫。打散的污泥颗粒部分重新恢复沉降性能，但丝状细菌仍然存在于混合液中，所以不能消除泡沫现象。

（2）投加杀菌剂或消泡剂。可以采用具有强氧化性的杀菌剂，如氯、臭氧和过氧化物等，还有利用聚乙二醇、硅酮生产的市售药剂，以及氯化铁和铜材酸洗液的混合药剂等。药剂的作用仅仅能降低泡沫的增长，却不能消除泡沫的形成。而广泛应用的杀菌剂普遍存在副作用，因为过量或投加位置不当，会大量降低曝气池中细菌的数量及生物总量。

（3）降低污泥龄。一般来讲，采用降低曝气池中污泥的停留时间，可以抑制生长周期较长的放线菌的生长。有实践证明，当污泥停留时间在 5~6 天时，能有效控制丝状菌的生长，可避免由其产生的泡沫问题。

（4）回流厌氧消化池上清液。已有试验表明，厌氧消化池上清液能抑制丝状菌的生长，因而采用厌氧消化池上清液回流到曝气池的方法，能控制曝气池表面的气泡形成。由于厌氧消化池上清液中有浓度很高的氨氮，有可能影响最后的出水质量，应慎重采用。

（5）向曝气反应器内投加载体（填料）。在一些活性污泥系统中投加移动或固定填料，使一些易产生污泥膨胀和泡沫的微生物固着生长，这既能增加曝气池内的生物量、提高处理效果，又能减少或控制泡沫的产生。

（6）投加化学药剂。氧化剂或聚合氯化铝等阳离子絮凝剂也可以有效控制泡沫的产生。曾有报道，向曝气池中投加 $2~3mg/LO_3$ 后，成功地抑制了丝状菌不正常增殖产生的泡沫；向曝气池中投加阳离子絮凝剂后，使混合液表面的稳定泡沫失去稳定性，进而使丝状菌分散重新进入活性污泥絮体中。

5.53　二次沉淀池在污水处理系统中的作用是什么？

二次沉淀池是接纳生化处理的出水，用以沉淀生物悬浮固体获得澄清水的装置。在活性污泥法中，从曝气池流出的混合液在二次沉淀池中进行泥水分离和污泥浓缩，澄清后的出水溢流外排，浓缩的活性污泥部分回流至曝气池，其余作为剩余污泥外排。在生物膜法中，脱落的生物膜随滤池出水在二次沉淀池中进行泥水分离。

如果二沉池设置得不合理，即使生物处理的效果很好，混合液中溶解性有机物的含量已经很少，混合液在二沉池进行泥水分离的效果不理想，出水水质仍有可能不合格。如果污泥浓缩效果不好，回流到曝气池的微生物量就难以保证，曝气混合液浓度的降低将会导致污水处理效果的下降，进而影响出水水质。

5.54　沉淀池一般有哪些基本构造？

一般来说，沉淀池包括进水区、沉淀区、缓冲区、污泥区和出水区五个部分。进水区和出水区的作用是使水流均匀地流过沉淀池，避免短流和减少紊流对沉淀产生的不利影响，同时减少死水区，提高沉淀池的容积利用率；沉淀区也称澄清区，即沉淀池的工作区，在沉淀区应实现颗粒与污水分离、沉淀；污泥区是污泥贮存、浓缩和排出的区域；缓冲区则是分隔沉淀区和污泥区的水层，保证已经沉淀的颗粒不因水流搅动而再行浮起。

5.55　沉淀池按水流方向划分类型有哪些？各有哪些特点和适用条件？

按水流方向划分沉淀池，有平流式、辐流式、竖流式三种形式。每种沉淀池均包括五个区，即进水区、沉淀区、缓冲区、污泥区和出水区。沉淀池各种池型的优缺点和适用条件见表 5-2。

表 5-2 沉淀池各种池型的优缺点和适用条件

池型	优 点	缺 点	适 用 条 件
平流式	(1)沉淀效果好 (2)对冲击负荷和温度变化的适用能力较强 (3)施工简易，造价较低	(1)池子配水不易均匀 (2)采用多斗排泥时，每个泥斗需要单独设排泥管各自排泥，操作量大 (3)采用链带式刮泥机排泥时，链带的支撑件和驱动件都浸于水中，易锈蚀	(1)适用于地下水位高及地质较差地区 (2)适用于大、中、小型污水处理厂
竖流式	(1)排泥方便，管理简单 (2)占地面积小	(1)池子深度大，施工困难 (2)对冲击负荷和温度变化的适用能力较差 (3)造价较高 (4)池径不宜过大，否则布水不匀	适用于处理水量不大的小型污水处理厂
辐流式	(1)多为机械排泥，运行较好，管理较简单 (2)排泥设备已趋定型	机械排泥设备复杂，对施工质量要求高	(1)适用于地下水位较高地区 (2)适用于大、中型污水处理

5.56 平流式沉淀池的基本结构和运行要求有哪些？

利用悬浮颗粒的重力作用来分离污水中的固体颗粒的设备称为沉淀池。平流式沉淀池是使用最早的一种沉淀设备，因为它结构简单、运行可靠，对水质适应性强。平流沉淀池的形式见图 5-3。

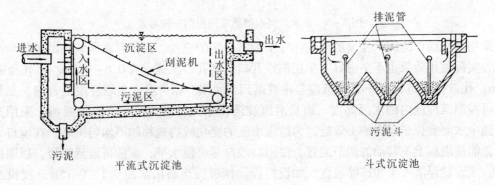

图 5-3 平流沉淀池的形式

1. 平流沉淀池的基本结构与要求

平流式沉淀池分为进水区、沉淀区、存泥区、出水区 4 部分。

(1) 进水区

进水区的作用是使流量均匀分布在进水截面上，尽量减少扰动，采取的措施是整流。进水区入口整流措施见图 5-4，包括溢流式入流方式，设置有孔整流墙，见图(a)；低孔式入

图 5-4 进水区入口整流措施

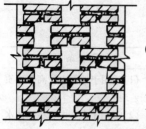

图5-5 穿孔花墙示意图

流方式,底部设挡流板,见图(b);淹没孔与挡流板的组合,见图(c);淹没孔与有孔整流墙的组合,见图(d)。

进水区一般采用穿孔,为使矾花不易破碎,进水流速在0.15~0.2m/s,洞口总面积也不宜过大,开孔面积为过水断面的6%~20%,可有效地分散水流。但必须注意穿孔墙与反应池出口距离不宜太小,以不小于1.5~2.0m为佳。如有条件,穿孔墙孔口最好做成锥形,即孔口前小后大,水流将能更好地扩展,见图5-5。

（2）沉淀区

沉淀区的作用是使形成的颗粒在较好的水力条件下,在自身重力的作用下,沉淀并分离。沉淀区的高度一般约3~4m,平流式沉淀池应减少紊动性,提高稳定性。

（3）出水区

在出水区,沉淀池应做到沿整个出流堰的单位长度溢流量相等,对于初沉池,单位长度溢流量一般为250m³/(m·d),对于二沉池一般为130~250m³/(m·d)。出水区通常采用的溢流形式有溢流堰、三角堰、淹没孔口,见图5-6。

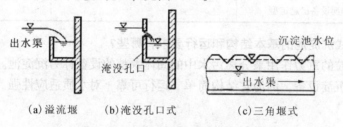

（a）溢流堰　　　（b）淹没孔口式　　　（c）三角堰式

图5-6 出水区集水槽通常采用的三种形式

采用溢流堰作为出水溢流的形式在施工中有一定的难度,由于存在构筑物的不均匀沉降问题,实际使用效果也不是很好。采用淹没孔口,其孔口流速宜为0.6~0.7m/s,孔径20~30mm,孔口在水面下15cm,水流应自由跌落到出水渠。锯齿形三角堰应用最普遍,三角堰不仅可控制沉淀池内的水面高度,而且对沉淀池内水流的均匀分布有直接影响。采用三角堰,池中水面宜位于齿高的1/2处,为适应水流的变化或构筑物的不均匀沉降,在堰口处需要设置能使堰板上下移动的调节装置,使出口堰口尽可能水平;堰前可设置挡板,以阻拦漂浮物,或设置浮渣收集和排除装置,如设挡板。挡板应当高出水面0.1~0.15m,浸没在水面下0.3~0.4m,距出水口处0.25~0.5m。

为了不使流线过于集中,应尽量增加出水堰的长度,降低流量负荷。目前我国增加堰长的办法如图5-7、图5-8所示。其中图5-7(a)为沿沉淀池宽度设置的集水槽,图5-7

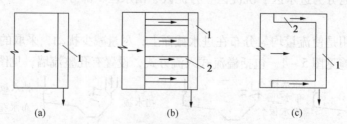

（a）　　　　　（b）　　　　　（c）

图5-7 设置集水支槽增加堰长示意图

1—集水总槽；2—集水支槽

图 5-8 平流沉淀池集水支槽

（b）为设置有平行集水支槽的集水槽，图 5-7（c）为沿沉淀池长度设置的集水槽。

工程上基本上采用（b）型即指形槽。指形槽的溢流率是主要控制参数，出水堰溢流率可以控制在 $300m^3/(m^2 \cdot d)$ 左右。

（4）存泥区排泥措施

为保证出水水质，需要及时排出沉于池底的污泥，使沉淀池工作正常。

① 泥斗排泥

当采用污泥斗排泥时，每个污泥斗均应设单独的闸阀和排泥管，方形污泥斗的斜壁与水平面的倾角宜为 60°，圆形污泥斗的倾角宜为 55°。

当采用静水压力排泥时，初次沉淀池的静水头不应小于 1.5m；二次沉淀池的静水压头在生物膜法处理后不应小于 1.2m，在活性污泥法处理池后不应小于 0.9m。

② 机械排泥

当采用机械排泥时，一般可以采用多种方式结合，排泥管内也可增设冲洗管，解决排泥管易堵塞的问题。浮渣的收集与排除可一并结合考虑。图 5-9 为设有链带式刮泥机的平流式沉淀池结构示意图。图 5-10 为设有行车式刮泥机的平流式沉淀池示意图。

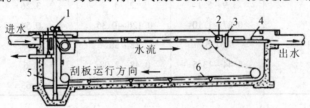

图 5-9 设有链带式刮泥机的平流式沉淀池
1—驱动器；2—浮渣槽；3—挡板；4—可调节出水堰；5—排泥管；6—刮板

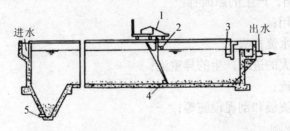

图 5-10 设有行车式刮泥机的平流式沉淀池示意图
1—驱动装置；2—刮渣板；3—浮渣槽；4—刮泥板；5—排泥管

2. 平流式沉淀池适用范围

适用于地下水位高、地质条件较差的地区，大、中、小型污水处理工程均可采用。

5.57 平流式沉淀池的基本要求与参数有哪些？

（1）池数或分隔数一般不少于 2；

（2）沉淀时间一般为 1~3h，当处理低温低浊水或高浊度水时可适当延长；沉淀时间国外一般为 2~4h，我国停留时间多为 1~2h。

59

（3）沉淀池内平均水平流速一般为 $10 \sim 25\text{mm/s}$；

（4）有效水深一般为 $3 \sim 3.5\text{m}$，超高为 $0.3 \sim 0.5\text{m}$；

（5）池的长宽比应不小于4，每格宽度或导流墙间距一般采用 $3 \sim 8\text{m}$，最大为 15m，当采用虹吸式或泵吸式行车机械排泥时，池子分格宽度还应结合桁架的宽度（8、10、12、14、16、18、20m）；

（6）池的长深比应不小于10；

（7）进水区采用穿孔花墙配水时，穿孔墙距进水墙池壁的距离应不小于 $1 \sim 2\text{m}$，同时在沉淀面以上 $0.3 \sim 0.5\text{m}$ 处至池底部分的墙不设孔眼；

（8）采用穿孔墙配水或溢流堰集水，溢流率不大于 $500\text{m}^3/\text{m}^2 \cdot \text{d}$；

（9）雷诺数一般为 $4000 \sim 15000$，弗劳德数一般为 $10^{-4} \sim 10^{-5}$；

（10）平流式沉淀池基本运行数据。

平流式沉淀池的运行参数见表 $5-3$。

表 5 - 3　平流式沉淀池的运行参数

项　　目	运　转　指　标			规范规定指标
	最大	最小	平均	
停留时间/h	2.0 ~ 4.0	0.69 ~ 0.88	1.96	1 ~ 3
水平流速/(mm/s)	35.2 ~ 45.1	4.05 ~ 8.55	15.3	5 ~ 20
沉淀池深度/m	3.9 ~ 5.1	2.75	3.26	3 ~ 4
沉淀速度(u)/(mm/s)	0.87 ~ 1.10	0.126 ~ 0.36	0.54	
表面负荷/[m³/(m²·d)]	101.5	18 ~ 38	49	
雷诺数(Re)/10⁴	5.44 ~ 13.5	0.48 ~ 2.08	3.6	
弗劳德数(Fr)/10⁻⁵	4.25 ~ 8.55	0.086 ~ 0.39	1.63	

5.58　影响平流式沉淀池沉淀效果的因素有哪些？

（1）水流状况的影响

主要为短流的影响，产生的原因有：

① 进水的惯性作用；

② 出水堰产生的水流抽吸；

③ 较冷或密度较大的进水产生的异重流；

④ 风浪引起的短流；

⑤ 池内存在的导流板和刮泥设施等；

（2）凝聚作用的影响

由于实际沉淀池的沉淀时间和水深所产生的絮凝过程均影响了沉淀效果，实际沉淀池也就偏离了理想沉淀池的假定条件。

5.59　竖流式沉淀池的结构与基本要求有哪些？

1. 结构

竖流式沉淀池有圆形、正方形等形式。为了池内水流分布均匀，圆形池的池径一般采用 $4 \sim 7\text{m}$，不大于 10m。图 $5-11$ 为竖流式沉淀池结构示意图。

2. 池体结构基本要求

（1）池直径或正方形边长与有效水深的比值不大于3，池直径一般采用 $4 \sim 7\text{m}$；

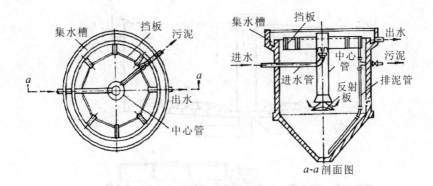

图 5-11 竖流式沉淀池结构示意图

（2）当池直径或正方形边长小于 7m 时，澄清水沿周边流出。当直径不小于 7m 时，应设辐射式集水支渠；

（3）水在中心管内的流速不大于 30mm/s；

（4）中心管下口的喇叭口和反射板要求：

① 反射板板底距泥面不小于 0.3mm；

② 反射板直径及高度为中心管直径的 1.35 倍；

③ 反射板直径为喇叭口直径的 1.3 倍；

④ 反射板表面对水平面的倾角为 17°；

⑤ 中心管下端至反射板表面之间的缝隙高为 0.25~0.5m，缝隙中心污水流速在初次沉淀池中不大于 30mm/s，在二次沉淀池中不大于 20mm/s；中心管下口的喇叭口和反射板要求如图 5-12 所示。

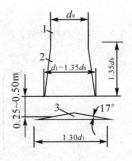

图 5-12 中心管下口的喇叭口和反射板要求

⑥ 排泥管下端距池底不大于 0.2m，管上端超出水面不小于 0.4m；

⑦ 浮渣挡板距集水槽 0.25~0.5m，高出水面 0.1~0.15m，淹没深度 0.3~0.4m；

⑧ 水力停留时间 $t = 1.5~2h$；

由于竖流式沉淀池池深度大、施工比较困难、造价高，对水量冲击负荷和水温变化适应能力不强，池径不宜过大，只用于小水量污水处理厂。

5.60 辐流式沉淀池有哪些具体应用形式？

根据进、出水的布置方式，可分为以下三种主要的形式：中心进水周边出水、周边进水中心出水、周边进水周边出水。

（1）中心进水周边出水

中心进水周边出水辐流式沉淀池结构示意图如图 5-13 所示。

中心进水方式存在污泥难絮凝、易受水力负荷冲击而扰动池底、配水条件差、机械维修困难的缺点。

（2）周边进水中心出水

周边进水中心出水辐流式沉淀池结构示意图如图 5-14 所示。

对于大直径辐流式沉淀池，中间设置出水堰，可能会存在清除浮渣困难、中间出水堰的清理维护不便的问题。

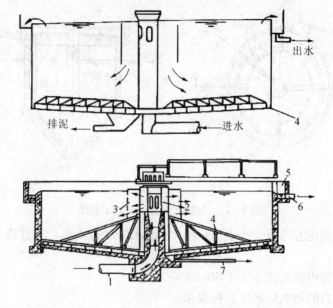

图 5 - 13 中心进水周边出水辐流沉淀池

1—进水管；2—中心管；3—穿孔挡板；4—刮泥机；5—出水槽；6—出水管；7—排泥管

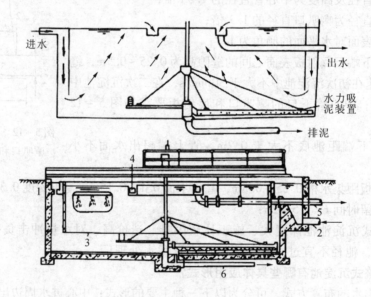

图 5 - 14 周边进水中心出水辐流沉淀池

1—进水槽；2—进水管；3—挡板；4—出水槽；5—出水管；6—排泥管

（3）周边进水周边出水

周边进水周边出水辐流沉淀池结构示意图如图 5 - 15 所示。

在周边进水周边出水的沉淀池中，密度流的方向与中心进水式相反。混合液经进水槽配水孔管流入导流区后经孔管挡板折流，下降到池底污泥面上并沿泥面向中心流动，汇集后呈一个平面上升，再向池中心汇流和上升过程中分离出澄清水，并反向流到池边的出水槽，形成大环形密度流，污泥则沉降到池底部。因此，周进周出沉淀池的异重流流态改变了沉淀区的流态，有利于固液分离。其流态示意图如图 5 - 16 所示。

62

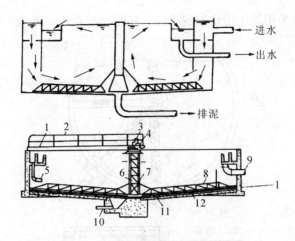

图 5-15　周边进水周边出水辐流沉淀池

1—过桥；2—挡栏杆；3—驱动器；4—转盘；5—进水布水管；6—中心支架；

7—桁架；8—耙架；9—出水管；10—排泥管；11—刮板；12—可调节的橡皮刮板

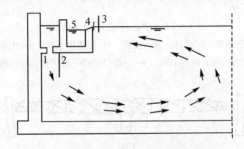

图 5-16　周进周出辐流沉淀池流态示意图

1—配水孔(配水孔管)；2—挡水裙板；3—浮渣挡板；4—出水堰板；5—集水槽

在周边进水周边出水的沉淀池中，周进式由于大环形密度流的形成，容积利用率要高得多。对应进、出水槽位置的不同，中心进水与周边进水沉淀池的容积利用率不相同，见表 5-4。

表 5-4　辐流式沉淀池容积利用率

进水槽位置	出水槽位置	容积利用率/%
中心进水	周边出水	48
周边进水	R/4 处	85.7
	R/3 处	87.5
	R/2 处	79.7
	池周 R 处	93.6

5.61　辐流式沉淀池的参数有哪些?

(1) 池直径与有效水深之比 6~12；

(2) 坡向泥斗的底坡≥0.05；

(3) 池径≥16m；

(4) 液面负荷≤2.5m³/(m²·h)；

(5) 沉淀时间一般为 1.5~3h；

(6) 池径小于 20m，一般采用中心转动的刮泥机，其驱动装置设在池子中心走道上。池径大于 20m 时，一般采用周边传动的刮泥机，其驱动装置设在外缘，如图 5-17、图 5-18 所示；

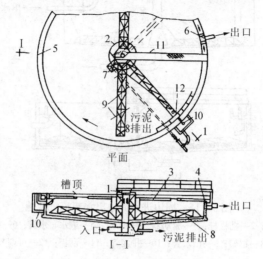

图 5-17　中心传动式辐流沉淀池

1—驱动器；2—整流器；3—挡板；4—偃板；5—周边出水槽；6—出水口；7—污泥斗；
8—刮泥板行架；9—刮板；10—污泥口；11—固定桥；12—撇渣机构

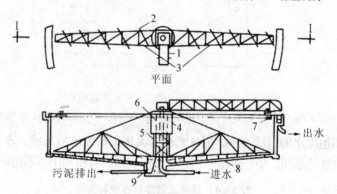

图 5-18　周边传动式辐流沉淀池

1—步道；2—刮板；3—刮板悬臂；4—整流筒；5—中心架；6—支撑台；7—驱动器；8—池底；9—泥斗

（7）刮泥机的旋转速度一般为 1~3r/h，外周刮泥板的线速不超过 3m/min，一般采用 1.5m/min；

（8）在进水口的周围应设置整流板，整流板的开口面积为过水断面积的 6%~20%；

（9）浮渣用浮渣刮板收集，刮渣板装在刮泥机桁架的一侧，在出水堰前应设置浮渣挡板，如图 5-19 所示；

（10）非机械刮泥时，缓冲层高 0.5m。机械刮泥时，缓冲层上缘宜高出刮泥板 0.3m。

5.62　什么是斜板(管)沉淀池?

斜板(管)沉淀池是根据"浅层沉淀"原理，在沉淀池中加设斜板或蜂窝斜管，以提高沉淀效率的一种沉淀池。按水流与污泥的相对运动方向划分，斜板(管)沉淀池有异向流、同向流和侧向流等三种形式，污水处理中主要采用升流式异向流斜板(管)沉淀池。

斜板(管)沉淀池具有沉淀效率高、停留时间短、占地少等优点，常应用于城市污水的

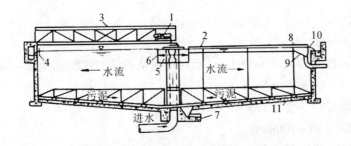

图 5-19　辐流式沉淀池(刮渣板装在刮泥机桁架的一侧)

1—驱动器；2—刮板；3—桥；4—浮渣挡板；5—转动挡板；6—转筒；7—排泥管；

8—浮渣刮板；9—浮渣箱；10—出水堰；11—刮泥板

初沉池和小流量工业污水的隔油等预处理过程,其处理效果稳定,维护工作量也不大。很少应用于污水处理的二沉池工艺中,因为经过生物处理的混合液中固体含量较大,使用斜板(管)沉淀池处理时耐冲击负荷能力较差,效果不稳定；而且由于混合液溶解氧含量大,斜板(管)上容易滋生藻类形成生物膜,运行一段时间后可能堵塞斜板(管)的过水面积,清理起来非常困难。

斜板(管)沉淀池的表面负荷比普通沉淀池大约高一倍,因此在需要挖掘原有沉淀池潜力或需要压缩沉淀池占地时,可以采用斜板(管)沉淀池。

5.63　斜板(管)沉淀池的基本要求有哪些?

斜管与斜板沉淀池的结构也包括进水与配水区、沉淀区、出水区、污泥区四个部分。包括异向流、同向流、横向流三种,目前在实际工程中应用的是异向流斜板(管)沉淀池,其结构示意图见图 5-20。

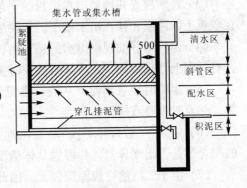

1. 异向流斜板(管)沉淀池的要求

(1) 斜板净距为 80~100mm,斜管孔径 $d=50$ ~80mm；

(2) 斜板(管)斜长为 1m；

(3) 斜板(管)倾角为 60°；

(4) 斜板(管)区上部水深为 0.7~1.0m；

(5) 斜板(管)区底部缓冲层高度为 1.0m。

图 5-20　斜管与斜板沉淀池结构图

2. 填料

为了充分利用沉淀池的有限容积,填料(斜板、斜管)设计成密集型几何图形,其中有正方形、长方形、正六边形和波形等,见图 5-21。实际应用中,采用斜管较多,斜管一般采用正六边形和波形。

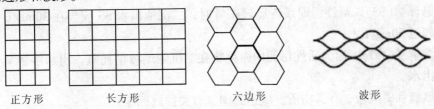

正方形　　　　长方形　　　　六边形　　　　波形

图 5-21　斜板、斜管几何图形

3. 有关参数

（1）表面负荷

初沉池、沉淀池 2~3m³/(m²·h)；活性污泥法后的二次沉淀池 2~3m³/(m²·h)；生物膜法后的沉淀池 2~4m³/(m²·h)；

（2）水力停留时间一般为 1.5~2.5h；

（3）斜板净距为 80~100mm；

（4）斜管孔径一般为 50~80mm，用于污水处理时，一般选大值；

（5）单个的斜板、斜管的斜长应在 1~1.2m；

（6）斜板、斜管的倾角为 60°；

（7）斜板、斜管区底部配水区高度为 0.5~1m；

（8）斜板、斜管区上部清水区高度为 0.7~1m；

（9）在池壁与斜板的间隙应有挡流板，以防止水流短路；

（10）进水方式一般采用穿孔墙，出水一般采用多槽出水；

（11）斜板、斜管沉淀池应设置斜管、斜板冲洗设施。

5.64 二次沉淀池运行管理的注意事项有哪些？

（1）经常检查并调整二沉池的配水设备，确保进入各二沉池的混合液流量均匀；

（2）检查浮渣斗的积渣情况并及时排出，还要经常用水冲洗浮渣斗。同时注意浮渣刮板与浮渣斗挡板配合是否适当，并及时调整或修复；

（3）经常检查并调整出水堰板的平整度，防止出水不均和短流现象的发生，及时清除挂在堰板上的浮渣和挂在出水槽下的生物膜；

（4）巡检时仔细观察出水的感官指标，如污泥界面的高低变化、悬浮污泥量的多少、是否有污泥上浮现象等，发现异常后及时采取针对措施解决；

（5）巡检时注意刮泥、刮渣、排泥设备是否有异常声音，同时检查其是否有部件松动等，并及时调整或修复；

（6）定期（一般每年一次）将二沉池放空检修，重点检查水下设备、管道、池底与设备的配合等是否出现异常，并根据具体情况进行修复；

（7）由于二沉池一般埋深较大，因此，当地下水位较高而需要将二沉池放空时，为防止出现漂池现象，一定要事先确认地下水位的具体情况，必要时可以先降水位再放空；

（8）按规定对二沉池常规监测项目进行及时的分析化验。

5.65 二沉池常规监测项目有哪些？

二沉池常规监测项目及范围如下：

（1）pH 值。具体值与污水水质有关，一般略低于进水值，正常值为 6~9。

（2）悬浮物（SS）。活性污泥系统运转正常时，二沉池出水 SS 应当在 30mg/L 以下，最大不应该超过 50mg/L。

（3）溶解氧（DO）。因为活性污泥中微生物在二沉池继续消耗氧，出水溶解氧值应略低于曝气池出水。

（4）氨氮和磷酸盐、有毒物质。应达到国家有关排放标准。

（5）泥面。生产上可以使用在线泥位计实现剩余污泥排放的自动控制。

（6）透明度。

5.66 二沉池出水悬浮物含量大的原因有哪些？有什么解决办法？

二沉池出水悬浮物含量增大的原因和相应的解决对策如下：

（1）活性污泥膨胀使污泥沉降性能变差，泥水界面接近水面，部分污泥碎片经出水堰溢出。对策是通过分析污泥膨胀的原因，逐一排除；

（2）进水量突然增加，使二沉池表面水力负荷升高，导致上升流速加大，影响活性污泥的正常沉降，水流夹带污泥碎片经出水堰溢出。对策是充分发挥调节池的作用，使进水尽可能均衡；

（3）出水堰或出水集水槽内藻类附着太多。对策是操作运行人员及时清除这些藻类；

（4）曝气池活性污泥浓度偏高，二沉池泥水界面接近水面，部分污泥碎片经出水堰溢出。对策是加大剩余污泥排放量；

（5）活性污泥解体造成污泥的絮凝性下降或消失，污泥碎片随水流出。对策是找到污泥解体的原因，逐一排除和解决；

（6）吸（刮）泥机工作状况不好，造成二沉池污泥或水流出现短流现象，局部污泥不能及时回流，部分污泥在二沉池停留时间过长，污泥缺氧腐化解体后随水流溢出。对策是及时修理吸（刮）泥机，使其恢复正常工作状态；

（7）活性污泥在二沉池停留时间过长，污泥因缺氧腐化解体后随水流溢出。对策是加大回流污泥量，缩短在二沉池中的停留时间；

（8）水温较高且水中硝酸盐含量较多时，二沉池出现污泥反硝化脱氮现象，氮气裹带大块污泥上浮到水面后随水流溢出。对策是加大回流污泥量，缩短污泥在二沉池停留时间。

5.67 二沉池出水溶解氧偏低的原因是什么？如何解决？

（1）活性污泥在二沉池停留时时间过长，污泥中好氧微生物继续消耗氧，导致二沉池出水中溶解氧下降。对策是加大回流污泥量，缩短停留时间；

（2）吸（刮）泥机工作状况不好，造成二沉池局部污泥不能及时回流，部分污泥在二沉池停留时间过长，污泥中好氧微生物继续消耗氧，导致二沉池出水中溶解氧下降。对策是及时修理吸（刮）泥机，使其恢复正常工作状态；

（3）水温突然升高，使好氧微生物生理活动耗氧量增加，局部缺氧区厌氧微生物活动加强，最终导致二沉池出水中溶解氧下降。对策是设法延长污水在均质调节等预处理设施中的停留时间，充分利用调节池的容积使高温水打循环，或通过加强预曝气促进水汽蒸发来降低温度。

5.68 二沉池出水 BOD 与 COD 突然升高的原因有哪些？如何解决？

（1）进入曝气池的污水水量突然加大、有机负荷突然升高或有毒有害物质浓度突然升高等。对策是加强污水水质监测和充分发挥调节池的作用，使进水尽可能均衡；

（2）曝气池管理不善（如曝气充氧量不足等），导致出水 BOD 与 COD 突然升高。对策是加强对曝气池的管理，及时调整各种运行参数；

（3）二沉池管理不善（如浮渣清理不及时、刮泥机运转不正常等）。对策是加强对二沉池的管理，及时巡检，发现问题立即整改。

5.69 二沉池污泥上浮的原因是什么？如何解决？

二沉池污泥上浮指的是污泥在二沉池内发生酸化或反硝化导致的污泥漂浮到二沉池表面的现象。这些漂浮上来的污泥本身不存在质量问题，其生物活性和沉降性能都很正常。漂浮的原因主要是这些正常的污泥在二沉池内停留时间过长，由于溶解氧被逐渐消耗而发生酸化，产生 H_2S 等气体附着在污泥絮体上，使其密度减小，造成污泥的上浮。当系统的 SRT 较长，发生硝化后，进入二沉池的混合液中会含有大量的硝酸盐，污泥在二沉池中由于缺乏足够溶解氧（$DD < 0.5mg/L$）而发生反硝化，反硝化产生的 N_2 同样会附着在污泥絮体上，使其密度减小，造成污泥的上浮。

控制污泥上浮的措施，一是及时排出剩余污泥和加大回流污泥量，不使污泥在二沉池内的停留时间太长；二是加强曝气池末端的充氧量，提高进入二沉池的混合液中的溶解氧含量，保证二沉池中污泥不处于厌氧或缺氧状态。对于反硝化造成的污泥上浮，还可以增大剩余污泥的排放量，降低 SRT，通过控制硝化程度，达到控制反硝化的目的。

5.70 二沉池表面出现黑色块状污泥的原因是什么？如何解决？

二沉池表面出现黑色块状污泥通常是污泥腐化所致。曝气量过小使污泥在二沉池缺氧，或曝气池污泥生成量大而剩余污泥排放量小使污泥在二沉池的停留时间过长，或者重力排泥时泥斗不合理、使污泥难以下滑，或者刮吸泥机部分吸泥管不通畅及存在刮不到的死角，都会造成污泥在二沉池局部长期滞留沉积而发生厌氧代谢，产生大量 H_2S、CH_4 等气体，包裹在泥块上，促使污泥呈大块状上浮，而且颜色呈现黑色。污泥腐化上浮与一般的污泥上浮不同，腐化上浮时污泥会腐败变黑，产生恶臭。

解决的办法有保证剩余污泥的及时排放、排除排泥设备的故障、清除沉淀池内壁或某些死角的污泥、降低好氧处理系统污泥的硝化程度、加大污泥回流量、防止其他处理构筑物的腐化污泥的进入等。

5.71 什么是阶段曝气活性污泥法？阶段曝气活性污泥法有哪些特点？

阶段曝气活性污泥法又称分段进水活性污泥法或多段进水活性污泥法，是针对传统活性污泥法存在的弊端进行了一些改革的运行方式。

污水沿池长分段注入曝气池，使有机负荷在池内分布比较均衡，缓解了传统活性污泥法曝气池内供氧速率与需氧速率存在的矛盾，沿池长 F/M 分布均匀，有利于降低能耗，又能充分发挥活性污泥微生物的降解功能。曝气方式一般采用鼓风曝气。

5.72 什么是吸附–再生活性污泥法？吸附再生法的运行参数有哪些？

又称生物吸附法或接触稳定法，其主要特点是将活性污泥对有机污染物降解的吸附和代谢稳定两个过程，在各自反应器内分别进行。污水和已在再生池经过充分再生、具有很高活性的活性污泥一起进入吸附池，二者充分混合接触 15～60min 后，大部分有机污染物被活性污泥吸附，污水得到净化。吸附–再生法的基本工艺流程见图 5–22。

图 5–22　吸附–再生法的基本工艺流程

吸附再生法的运行参数有：①污泥负荷：0.2～0.5kgBOD₅/（kgMLSS·d）；②泥龄：5～15d；③回流比：50%～150%；④MLSS：吸附段 1500～3000mg/L；再生段 4000～10000mg/L；⑤水力停留时间：吸附段 0.5～1h，再生段 1.5～3h。

5.73 什么是 AB 法？

是吸附–生物降解工艺的简称，由以吸附作用为主的 A 段和以生物降解作用为主的 B 段组成，是在常规活性污泥法和两段活性污泥法基础上发展起来的一种污水处理工艺。

A 段负荷较高，有利于增殖速度快的微生物繁殖，在此成活的只能是冲击负荷能力强的原核细菌，其他世代较长的微生物都不能存活。A 段污泥浓度高、剩余污泥产率大、吸附能力强，污水中的重金属、难降解有机物及氮磷等植物性营养物质都可以在 A 段通过污泥吸附去除。A 段对有机物的去除主要靠污泥絮体的吸附作用，以物理作用为主，因此 A 段对有毒物质、pH 值、负荷和温度的变化有一定的适应性，是传统活性污泥法 10 ~ 20 倍，而水力停留时间和泥龄都很短（分别只有 0.5h 和 0.5d 左右），溶解氧只要 0.5mg/L 左右即可。污水经 A 段处理后，水质水量都比较稳定，可生化性也有所提高，有利于 B 段的工作，B 段生物降解作用得到充分发挥。B 段的运行和传统活性污泥法相近。

5.74　AB 法适用于处理哪些类型的污水？

AB 法 A 段的正常运行，必须有足够的已经适应待处理污水性质的微生物，因为 A 段去除率的高低与进水微生物量直接相关，这也是 A 段之前不设初沉池的原因，因此 AB 法适用于处理城市污水和含有城市污水的混合污水。

对于工业污水或某些工业污水比例较高的城市污水，由于其中适应污水环境的微生物浓度很低，使用 AB 法时 A 段效率会明显降低，A 段作用只相当于初沉池，对这类污水不宜采用 AB 法。另外，未进行有效预处理或水质变化较大的污水也不适宜使用 AB 法处理，因为在这样的污水管网系统中，微生物不宜生长繁殖，直接导致 A 段的处理效果因外源微生物的数量较少而受到严重影响。

5.75　典型的 AB 法工艺流程有哪些？

AB 法的工作原理是充分利用微生物种群的特性，为其创造适宜的生存环境，使不同的微生物群得到良好的生长繁殖，通过生物化学作用净化污水。在工艺流程上，A 段由 A 段曝气池与沉淀池构成，B 段由 B 段曝气池与二沉池构成。两段分别设污泥回流系统，A 段负荷高，B 段负荷低，污水先进入高负荷的 A 段，再进入低负荷的 B 段，两段串联运行，其典型流程如图 5 – 23 所示。

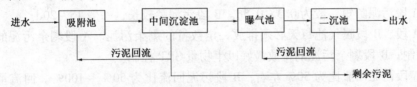

图 5 – 23　AB 法典型流程

AB 法的重要特征是 A、B 两段需要严格分开，污泥系统各段独立循环，两段串联运行。因此可以将 AB 法看成是一种改进的两段生物处理技术。A 段和 B 段中的活性污泥，由各自的沉淀池分别回流，这种布置方式有利于在 A 段和 B 段生物处理池中分别保持各自的优势微生物种群，并及时以剩余污泥方式排出已截留的有机质，从而减少系统中氧的消耗。AB 法中的 A 段，可以根据原水水质等情况的变化采用好氧或缺氧运行方式；B 段除了可以采用普通活性污泥法外，还可以采用生物膜法、氧化沟法、SBR 法、A/O 法或 A^2/O 法等多种生物处理工艺。

5.76　为什么 AB 法对氮、磷的去除效果有限？

一般认为，AB 法工艺对氮、磷的去除以 A 段的吸附去除为主。传统 AB 法工艺的总氮去除率约为 30% ~ 40%；对磷的去除以 A 段的高效吸附絮凝作用为主，A 段对磷的去除率约为 35% ~ 50%；剩余的磷进入 B 段，用于 B 段的微生物的合成而得到进一步去除。但 AB

法由于自身组成上的特点，决定了其对氮、磷的去除量有限，主要表现在以下两个方面：

（1）生物脱氮过程包括硝化和反硝化两个部分，最终使氮以气态的形式释放到大气中而达到从污水中去除的目的。由于 A 段对 BOD 的去除率高而对氨氮去除的很少，使得进入 B 段的 BOD/N 值降低，这样有利于硝化菌的生长，使 B 段充分完成硝化过程；由于常规的 AB 法工艺没有反硝化过程，虽然氨氮得到去除，但是导致了硝态氮的增加，硝态氮的存在使出水难以达到污水排放对氮含量的要求。

（2）对于磷来说，传统的 AB 法工艺不能为聚磷菌提供优势生长的厌氧/好氧条件，因此不能充分发挥生物除磷的作用。

5.77 AB 法运行管理有哪些具体要求？

（1）操作人员应熟练掌握 AB 法工艺的原理、特点，掌握详细工艺流程、工艺运行参数及处理设施、设备的性能特点、技术参数等。

（2）操作人员应掌握本岗位设备、设施的运行要求及其操作规程。

（3）操作人员应定时到现场巡视生物池、设备、仪表等的运行状况。

（4）各工段前应立标识牌，各值班点、机房内张贴工艺流程图、设备操作规程等。

（5）操作人员应准确地填写运行记录，运行管理人员依此分析工艺运行的可靠性。

（6）各段并联运行的池子，需通过调节配水阀门使其进水均匀、负荷相等。

（7）日常工艺控制主要考虑两段曝气池的污泥负荷、污泥浓度、污泥龄、剩余污泥量、污泥回流比、溶解氧、水力停留时间等参数。

（8）A 段曝气池污泥负荷一般控制在 $2 \sim 6 kgBOD_5 / (kgMLSS \cdot d)$；B 段曝气池的污泥负荷一般控制在 $0.15 \sim 0.3 \ kgBOD_5 (kgMLSS \cdot d)$。另外，污泥负荷与温度有关，夏季温度高时，污泥负荷可高一些；冬季温度低时可低一些。

（9）A 段曝气池内污泥浓度 MLSS 一般控制在 $2000 \sim 3000 mg/L$。B 段曝气池的污泥浓度 MLSS 一般控制在 $2000 \sim 4000 mg/L$。

（10）A 段污泥龄短一般为 $0.3 \sim 0.5 d$。B 段污泥龄较长，一般 $15 \sim 20 d$。

（11）A 段、B 段曝气池每天必须排放一定数量的剩余污泥。A 段剩余污泥的排放最好以 MLSS 控制；B 段剩余污泥的排放最好以生物量 SRT 控制。

（12）A 段污泥回流比为 50% 左右；B 段污泥回流比为 50% ~ 100%。回流量可通过回流比计算。

（13）A 段曝气池可以根据要求及进水水质实行好氧或缺氧运行。B 段曝气池出水端溶解氧一般控制为 $2 \sim 3 mg/L$。

（14）A 段曝气池的水力停留时间控制在 30min 左右；B 段曝气池水力停留时间控制在 2 ~ 4h。

（15）监测人员要对进出水水质、污泥指标定期做出监测。

（16）工艺管理人员应每天对活性污泥状态及生物相进行观察。

（17）运行管理人员根据监测数据及观察到的现象，对各段运行状况良好与否做出判断。

① 发现二次沉淀池有污泥膨胀上浮的现象，及时查找原因，给予解决。

② 曝气池运行中会有泡沫问题，应及时分析处理。

（18）A 段的 BOD_5 去除率可根据污泥负荷和运行方式进行调节。

（19）AB 法工艺 A 段的运行效果对 B 段的影响较大，应进行适当控制，以满足 B 段活性污泥法运行的要求。

（20）当进水水质污染负荷长期低于设计值时，为降低运行费用，可使污水超越 A 段直接进入 B 段运行。

（21）曝气量的调整应兼顾全局。既要满足 A、B 两段生物池的需氧量，又要兼顾鼓风曝气系统的能力，还要尽可能降低能耗。

（22）AB 法工艺原理及过程复杂，工艺调整时应做好预案。

5.78 为什么要对污水进行脱氮和除磷处理？

氮、磷等无机营养物质对水体、尤其是封闭水体环境的影响最为突出的问题是水体富营养化，表现为藻类的过量繁殖及随之而来的水质恶化和生态系统的退化；其次是氨氮的耗氧特性会使水体的溶解氧降低，进而导致鱼类的死亡和水体黑臭；此外，当水体的 pH 值较高时，氨对水生生物有直接的毒性。为解决越来越尖锐的水环境污染和水体富营养化问题，世界上许多国家和地区都制定了严格的氮、磷排放标准。

我国的城市污水和工业污水的处理在过去的一段时间里以去除水中悬浮固体、有机物和其他有毒有害物质为主要目标，对氮、磷等无机营养物质的去除没有引起足够的重视。随着化肥、石油制品、合成洗涤剂和农药、化肥等大量生产和应用，污水排放总量的不断增加，污水中氮、磷等营养物质对环境的影响越来越大。目前氮、磷的去除已经成为城市污水处理工艺的重要部分，氨氮指标已经成为我国总量控制指标和污染物削减指标之一。

5.79 污水中的氮在生物处理中是如何转化的？

1. 氨化作用

氨化作用是指将有机氮化合物转化为 $NH_3 - N$ 的过程。参与氨化作用的细菌称为氨化细菌。

（1）好氧转化

主要有好氧性的荧光假单胞菌和灵杆菌、兼性的变形杆菌和厌氧的腐败梭菌等参与。在好氧条件下，主要有两种降解方式，一是氧化酶催化下的氧化脱氨，例如氨基酸生成酮酸和氨。

$$CH_3CH(NH_3)COOH \rightarrow CH_3C(NH_2)COOH \rightarrow CH_3COCOOH + NH_3$$
　　丙氨酸　　　　　亚氨基丙酸　　　　丙酮酸

二是某些好氧菌，在水解酶的催化作用下能水解脱氨反应。例如尿素能被许多细菌水解产生氨，分解尿素的细菌有尿八联球菌和尿素芽孢杆菌等，它们是好氧菌，其反应式如下：

$$(NH_2)_2CO + 2H_2O \rightarrow 2NH_3 + CO_2 + H_2O$$

（2）厌氧转化

在厌氧或缺氧的条件下，厌氧微生物和兼性厌氧微生物对有机氮化合物进行还原脱氨、水解脱氨和脱水脱氨三种途径的氨化反应。

① 还原脱氨

$$RCH(NH_2)COOH + 2H \rightarrow RCH_2COOH + NH_3$$

② 水解脱氨

$$RCH(NH_2)COOH + 2H_2O \rightarrow RCH(OH)COOH + NH_3$$

③ 脱水脱氨

$$CH_2(OH)CH(NH_2) \xrightarrow{-H_2O} CH_3COCOOH + NH_3$$

2. 硝化作用

71

硝化作用是指将 NH_3—N 氧化为 NO_x—N 的生物化学反应，这个过程由亚硝酸菌和硝酸菌共同完成，包括亚硝化反应和硝化反应两个步骤。该反应历程为：

亚硝化反应 $NH_3 + 1.5O_2 \rightarrow NO_2^- + H^+ + H_2O + 273.5kJ$

硝化反应 $NO_2^- + 0.5O_2 \rightarrow NO_3^- + 73.19kJ$

总反应式 $NH_3 + 2O_2 \rightarrow NO_3^- + H^+ + H_2O + 346.69kJ$

硝化过程的三个重要特征：

NH_3 的生物氧化需要大量的氧，大约每去除 1g 的 NH_3—N 需要 $4.2gO_2$；硝化过程细胞产率非常低，难以维持较高物质浓度，特别是在低温的冬季；硝化过程中产生大量的质子（H^+），为了使反应能顺利进行，需要大量的碱中和，理论上大约为每氧化 1g 的 NH_3—N 需要碱度 7.54g（以 $CaCO_3$ 计）。

3. 反硝化作用

反硝化作用是指在厌氧或缺氧（$DO < 0.3 \sim 0.5mg/L$）条件下，NO_x—N 及其他氮氧化物被用作电子受体被还原为氮气或氮的其他气态氧化物的生物学反应，这个过程由反硝化菌完成。反应历程为：

$$NO_3^- \rightarrow NO_2 \rightarrow NO \rightarrow N_2O \rightarrow N_2$$

$$NO_3^- + 5[H]（电子供体）\rightarrow 0.5N_2 + 2H_2O + OH^-$$

$$NO_2^- + 3[H]（电子供体）\rightarrow 0.5N_2 + H_2O + OH^-$$

理论上将 1g 硝酸盐氮转化为 N_2，需要碳源物质 2.86g（1mol 氢相当于 0.5mol 氧，$(2.5 \times 16)/14 = 2.86$），转化 1g 亚硝态氮为 N_2 时，需要有机物为 1.71g（$1.5 \times 16/14 = 1.71$）。[H]可以是任何能提供电子，且能还原 NO_x—N 为氮气的物质，包括有机物、硫化物、H^+ 等。进行这类反应的细菌主要有变形杆菌属、微球菌属、假单胞菌属、芽孢杆菌属、产碱杆菌属、黄杆菌属等兼性细菌，它们在自然界中广泛存在。有分子氧存在时，利用 O_2 作为最终电子受体，氧化有机物，进行呼吸；无分子氧存在时，利用 NO_x—N 进行呼吸。

4. 同化作用

微生物细胞采用 $C_{60}H_{87}O_{23}N_{12}P$ 来表示，按细胞的干重量计算，微生物细胞中氮含量约为 12.5%。在生物脱氮过程中，污水中的一部分氮（NH_3—N 或有机氮）被同化为异养生物细胞的组成部分。

5.80 影响硝化过程的因素有哪些？

（1）温度

硝化反应的最适宜温度范围是 30 ~ 35℃，温度不但影响硝化菌的增长速率，而且影响硝化菌的活性。温度低于 15℃ 时硝化反应会迅速下降，因此低温运行时采取的措施有延长污泥的泥龄，将溶解氧提高到 4mg/L。

（2）溶解氧

硝化反应必须在好氧条件下进行，溶解氧浓度为 0.5 ~ 0.7mg/L 是硝化菌可以忍受的极限，溶解氧低于 2mg/L 条件下，氮有可能被完全硝化，但需要较长的污泥停留时间，因此一般应维持混合液的溶解氧浓度在 2mg/L 以上。

（3）pH 值和碱度

硝化菌对 pH 值十分敏感，硝化反应的最佳 pH 值范围是 7.2 ~ 8。每硝化 1g 氨氮大约要消耗 7.14g 碱度（$CaCO_3$），如果污水没有足够的碱度进行缓冲，硝化反应将导致 pH 值下降、反应速率减缓。

（4）抑制性物质

某些有机物和一些重金属、氰化物、硫及衍生物、亚硝酸盐、硝酸盐等有害物质在达到一定浓度时会抑制硝化反应的正常进行，如亚硝酸盐为 $10 \sim 150mg/L$，硝酸盐为 $0.1 \sim 1mg/L$。有机物抑制硝化反应的主要原因有：①有机物浓度过高时，硝化过程中的异养微生物浓度会大大超过硝化菌的浓度，从而使硝化菌不能获得足够的氧而影响硝化速率；②某些有机物对硝化菌具有直接的毒害或抑制作用。

（5）泥龄

一般来说，系统的泥龄应为硝化菌世代周期的两倍以上，一般不得小于 $3 \sim 5d$，冬季水温低时要求泥龄更长，为保证一年四季都有充分的硝化反应，通常泥龄都在 $10 \sim 25d$。

（6）碳氮比（C/N）

BOD_5 与 TKN 的比值即碳氮比（C/N），是反映活性污泥系统中异养菌与硝化菌竞争底物和溶解氧能力的指标，C/N 直接影响脱氮效果和活性污泥中硝化菌所占的比例。因为硝化菌为自养型微生物，代谢过程不需要有机质，所以污水中的 BOD_5/TKN 越小，即 BOD_5 的浓度越低硝化菌所占的比例越大，硝化反应越容易进行。硝化反应的一般要求是 $BOD_5/TKN > 5$，$COD/TKN > 8$，表 5 - 5 是有关学者推荐的不同的 C/N 对脱氮的效果的影响。

表 5 - 5　不同的 C/N 的脱氮效果

脱氮效果	COD/TKN	BOD_5/NH_3—N	BOD_5/TKN
差	<5	<4	<2.5
一般	5 ~ 7	4 ~ 6	2.5 ~ 3.5
好	7 ~ 9	6 ~ 8	3.5 ~ 5
优	>9	>8	>5

（7）污泥负荷

硝化菌是自养型，其生存率远小于氧化有机物的异养菌，当好氧池中有机物浓度较高时，硝化菌为劣势菌种，当 BOD_5 小于 20 mg/L 时，硝化反应不受影响。一般认为，处理系统的 BOD_5 负荷低于 $0.15kgBOD_5/（MLVSS \cdot d）$ 时，硝化反应才能正常进行。

5.81　反硝化过程中为什么氧的浓度不能超过 0.5mg/L？

反硝化过程是反硝化菌异化硝酸盐的过程，即由硝化菌产生的硝酸盐和亚硝酸盐在反硝化菌的作用下，被还原为氮气后从水中溢出的过程。反硝化过程要在缺氧状态下进行，溶解氧的浓度不能超过 0.5mg/L，因为氧接受电子的能力比氮氧化物强，反硝化菌优先选择氧接受电子。如果水中氧的浓度过高，反硝化过程就要停止；如果无氧存在，则选择氮氧化物作为电子受体。

5.82　影响反硝化的因素有哪些？

（1）温度

反硝化细菌的最适合生长温度为 $20 \sim 40℃$；低于 15℃时，反硝化速率明显降低。因此，在冬季低温季节，为了保持一定的反硝化速率，需要提高污泥停留时间，同时降低负荷或提高污水的停留时间。

（2）溶解氧

必须保持严格的缺氧状态，保持氧化还原电位为 $-110 \sim -50$ mV；为使反硝化反应正常进行，悬浮型活性污泥系统中的溶解氧应保持在 0.2mg/L 以下；附着型生物处理系统可以容许较高的溶解氧浓度（一般低于 1mg/L）。

（3）pH 值

硝化反应的最佳 pH 值范围是 6.5~7.5。

（4）碳源有机物质

反硝化反应需要提供足够的碳源，碳源物质不同，反硝化速率也将有区别。实验表明甲醇、乙酸、丙酸、丁酸、葡萄糖等均能作为反硝化脱氮的碳源，但反硝化速率有所不同，其中甲醇和乙酸作为碳源时反硝化最快，工程应用最多的是甲醇、乙酸。

（5）碳氮比

污水 BOD_5 与 TN 的比值一般应维持在 5~7 左右，这样既不会使反硝化所需碳源太少，也不会使硝化所要求的碳源太多。

（6）有毒物质

镍浓度大于 0.5mg/L、亚硝酸盐氮含量超过 30mg/L 或盐度高于 0.63% 时，都会抑制反硝化作用。

5.83 污水生物脱氮处理的工艺有哪些？

生物脱氮工艺是一个包括硝化和反硝化过程的单级或多级活性污泥法系统。从完成生物硝化的反应器来看，脱氮工艺可分为微生物悬浮生长型（活性污泥法及其变型）和微生物附着生长型（生物膜反应器）两大类。

多级活性污泥法系统具有多级污泥回流系统，是传统的生物脱氮方法，即将硝化和反硝化分别单独进行的工艺系统。而单级活性污泥法系统则是设法将含碳有机物的氧化、硝化和反硝化在一个活性污泥法系统中实现，并且只有一个沉淀池。

单级活性污泥脱氮系统最典型的特征是只有一个沉淀池，即只有一个污泥回流系统。单级活性污泥脱氮系统的代表方法是缺氧/好氧（A/O）工艺和四段 Bardenpho 工艺（A/O/A/O），其他方法还有厌氧/缺氧/好氧（A^2/O）工艺、Phoredox（五段 Bardenpho）工艺、UCT 工艺等；另外，氧化沟、SBR 法、循环活性污泥法等通过调整运行方式而具有脱氮功能的工艺也可归属为单级活性污泥脱氮系统。其中 A^2/O 工艺、四段 Bardenpho 工艺、Phoredox 工艺、UCT 工艺工艺等同时具有除磷和脱氮的功能。

生物膜反应器适合世代时间长的硝化细菌生长，而且其中固着生长的微生物使硝化菌和反硝化菌各有其适合生长的环境。因而，在一般的生物膜反应器内部，也会同时存在硝化和反硝化过程。在已有的活性污泥法处理过程中，通过投加粉末活性炭等载体，不仅可以提高去除 BOD_5 功能，还可以提高整个系统的硝化和脱氮效果。如果将已经实现硝化的污水回流到低速转动的生物转盘和鼓风量较小的生物滤池等缺氧生物膜反应器内，可以取得更好的脱氮效果。

5.84 去除污水中的磷有哪些措施？

污水中的磷有三种存在形态，既正磷酸盐、聚磷酸盐和有机磷。在二级生化处理中，有机磷和聚磷酸盐可转化为正磷酸盐。去除磷的方法主要有化学沉淀法和生物除磷法两类。

5.85 化学法除磷有哪些问题需要注意？

（1）化学法除磷最大的问题是会使污泥量显著增加，因为除磷时产生的金属磷酸盐和金属氢氧化物以悬浮固体的形式存在于水中，称为物化污泥。在初沉池前投加金属盐，初沉池污泥可以增加 60%~100%，整个污水处理厂污泥量增加 60%~70%。在二级处理过程中投加金属盐，剩余污泥量会增加 35%~45%，由此会增加处理厂污泥处理与处置的难度。

（2）化学除磷不仅使污泥量增加，而且使活性污泥浓度降低。

（3）铁盐除磷有时会使出水呈微红色。

5.86　如何采用化学沉淀法去除污水中的磷?

通过投加化学沉淀剂，使其与污水中的磷酸盐生成难溶沉淀物，可把磷分离去除，同时化学沉淀剂形成的絮凝体对磷也有吸附去除作用。常用的沉淀剂有石灰、明矾、氯化铁、石灰与氯化铁的混合物等。它们与磷酸盐的反应用以下各反应方程式表示。

$$3Ca^{2+} + 2PO_4^{3-} \rightarrow Ca_3(PO_4)_2 \downarrow$$
$$5Ca^{2+} + 4OH^- + 3HPO_4^{3-} \rightarrow Ca_5(OH)(PO_4) \downarrow + 3H_2O$$
$$Al^{3+} + PO_4^{3-} \rightarrow AlPO_4 \downarrow$$
$$Fe^{3+} + PO_4^{3-} \rightarrow FePO_4 \downarrow$$

对于在二级生化处理基础上的除磷来说，化学药剂可投加于二级处理的三个不同部位，因而有三种不同的沉淀工艺。

（1）在初沉池内沉淀除磷

沉淀剂多采用 $FeCl_3$ 和石灰的混合物，去除率可达 90% ~ 95%，初沉池出水 pH 值可升至 10，通常不会干扰曝气池正常运行，因为活性污泥法处理过程中会产生 CO_2，可以起到缓冲的作用。也有采用石灰作沉淀剂，与磷酸盐生成羟基磷灰石，去除率达 65% ~ 80%。当石灰投量高时，初沉池出水 pH 值可升至 11，这时应进行 pH 调节后再进入曝气池。为加速沉淀分离，有时还投加有机高分子絮凝剂。在化学沉淀除磷过程中，有机磷和聚磷酸盐可被絮体吸附去除。

（2）药剂在二沉池前加入

这种方法是在二沉池内沉淀除磷，同时进行活性污泥的沉淀分离。曝气池混合液的 pH 值为 7.0 ~ 9.0，沉淀剂以明矾、$FeCl_3$ 为好。

（3）化学沉淀剂加在二级出水后（进行深度）

沉淀剂常用 FCl_3 或明矾，也可用石灰。后沉淀工艺需增设一个沉淀池以分离去除磷渣，因而会增加基建投资。但由于有机磷、聚磷酸盐经生化处理转化为磷酸盐，易于化学沉淀去除，因而除磷效率比前两种工艺都高。

5.87　活性污泥法除磷的原理是什么?

污水生物除磷的原理就是人为创造生物除磷过程，实现可控的除磷效果。这个过程必须通过创造厌氧环境，利用厌氧微生物的作用来实现生物除磷过程。

在没有溶解氧或硝态氮存在的条件下，兼性细菌通过发酵作用将溶解性 BOD_5 转化为低分子挥发性有机酸（VFA）。聚磷菌吸收这些发酵产物，并将其运送到细胞内，同化成胞内碳能源储存物质 PHB（聚 β - 羟基丁酸酯），所需的能量来源于聚磷的分解以及细胞内糖的酵解，并导致磷酸盐的释放。

在好氧条件下，聚磷菌的活力得到恢复，并以聚磷的形式存储超过生长所需要的磷量，通过 PHB 的氧化代谢产生能量，用于磷的吸收和聚磷的合成，能量以聚磷酸高能键的形式捕集存储，磷酸盐从水中被去除。产生的富磷污泥（新的聚磷菌细胞），通过剩余污泥的形式得到排放，从而实现将磷从水中除去的目的。从能量角度看，聚磷菌在无氧条件下释放磷获取能量以吸收污水中溶解性有机物，在好氧状态下降解吸收溶解性有机物获取能量以吸收磷。有实验资料表明，厌氧状态下每释放 1g 磷，好氧状态下可以吸收 2 ~ 2.4g 磷。细胞内吸收磷的高磷污泥最终以剩余污泥的形式排出。

除磷的关键是厌氧区的设置。由于聚磷菌能在短暂的厌氧条件下，优先于非聚磷菌吸收低分子基质(发酵产物)并快速同化和储存这些发酵产物,即厌氧区为聚磷菌提供了竞争优势,能吸收大量磷的聚磷菌能在处理系统中得到选择性增殖,并通过排出高含磷量的剩余污泥达到除磷的目的。这种选择性增殖的另一个好处是抑制了丝状菌的增殖,避免了产生沉淀性能较差的污泥的可能,因此厌氧/好氧生物除磷工艺一般不会出现污泥膨胀现象。

5.88 影响生物除磷效果的因素有哪些?

影响生物除磷效果的因素有溶解氧、厌氧区硝态氧、温度、污泥龄、pH 值及 BOD 负荷有机物性质等。

(1)溶解氧的影响

必须在厌氧区中控制严格的厌氧条件,一般厌氧段的 DO 应该严格控制在 0.2mg/L 以下;好氧段的 DO 控制在 2mg/L 左右。

(2)厌氧区硝态氮的影响

硝态氮包括硝酸氮和亚硝酸氮,其存在同样也会消耗有机基质而抑制聚磷菌对磷的释放,从而影响在好氧条件下聚磷菌对磷的吸收。

(3)温度的影响

温度对除磷的影响不如对生物脱氮过程明显,因为在高温、中温、低温条件下,都有不同的菌群具有生物脱磷的能力,试验表明,在 5~30℃ 的范围内,都可以得到很好的除磷效果。

(4)污泥龄的影响

由于生物脱磷系统主要是通过排除剩余污泥以除磷的,因此剩余污泥量的多少将决定系统的脱磷效果。一般来说,泥龄越短,污泥含磷量越高,排放的剩余污泥量也越多,越可以取得较好的脱磷效果。短的泥龄还有利于好氧段控制硝化作用的发生,从而便利于厌氧段的充分释磷。

(5)pH 值的影响

pH 值在 6~8 的范围内时,磷的厌氧释放比较稳定。pH 值低于 6.5 时生物除磷的效果会大大下降。

(6)BOD 负荷和有机物性质的影响

进水中是否含有足量的有机基质提供 PHB,是关系到聚磷菌在厌氧调节下能否顺利生存的重要因素。一般认为,进水中 BOD/TP > 15 才能保证聚磷菌有着足够的基质需求而获得良好的除磷效果。

5.89 污水生物除磷处理的方法有哪些?

污水生物除磷包括厌氧释磷和好氧摄磷两个过程,因此污水生物除磷的工艺流程由厌氧段和好氧段两部分组成。按照磷的最终去除方式和构筑物的组成,除磷工艺流程可分为主流程除磷工艺和侧流程除磷工艺两类。

主流程除磷工艺的厌氧段在处理污水的水流方向上,磷的最终去除通过剩余污泥排放,其代表方法是厌氧/好氧(A/O)工艺,其他方法如厌氧/缺氧/好氧(A²/O)工艺、Phoredox 工艺(五段 Bardenpho 工艺、A²/O/A/O)、UCT 工艺以及其改进工艺、SBR 法、氧化沟等,都是经过厌氧、好氧过程和排出剩余污泥来实现除磷。

侧流程除磷工艺的厌氧段不在处理污水的水流方向上,而是在回流污泥的侧流上,具体方法是将部分含磷回流污泥分流到厌氧段释放磷,再用石灰沉淀去除富磷上清液中的磷。

5.90 什么是 Phostrip 除磷工艺?

Phostrip 工艺是在回流污泥的分流管线上增设一个脱磷池和化学沉淀池而构成的,其工艺流程见图 5－24。

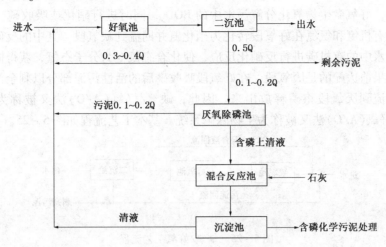

图 5－24　弗斯特利普(Phostrip)除磷工艺流程

该工艺将在常规的好氧活性污泥法工艺中增设厌氧释磷池和化学沉淀池。工艺流程为:部分回流污泥(约为进水量的 10% ~ 20%)通过旁流进入厌氧池,在厌氧池中的停留时间为 8 ~ 12h,使磷由固相中释放,并转移到水中;脱磷后的污泥回流到好氧池中继续吸磷,厌氧池上清液含有高浓度磷(可高达 100mg/L 以上),将此上清液排入石灰混凝沉淀池进行化学处理生成磷酸钙沉淀,该含磷污泥可作为农业肥料,而混凝沉淀池出水应流入初沉池再进行处理。Phostrip 工艺不仅通过高磷剩余污泥除磷,而且还通过化学沉淀除磷。该工艺具有生物除磷和化学除磷双重作用,所以 Phostrip 工艺具有高效脱氮除磷功能。

Phostrip 工艺比较适合于对现有工艺的改造,只需在污泥回流管线上增设少量小规模的处理单元即可,且在改造过程中不必中断处理系统的正常运行。但该工艺流程复杂、运行管理麻烦、处理成本较高。

5.91 除磷处理设施运行管理的注意事项有哪些?

(1) 厌氧段是生物除磷最关键的环节,其容积一般按 0.5 ~ 2h 的水力停留时间确定。如果进水中容易生物降解的有机物含量较高,应当设法减少水力停留时间,以保证好氧段进水的 BOD_5 含量;

(2) 如果磷的排放标准很高,而所选除磷工艺不能满足出水要求,可以增加化学除磷或过滤处理去除水中残留的低含量磷;

(3) 生物除磷工艺的机理是将溶解磷转移到活性污泥生物细胞中,然后通过剩余污泥的排放从系统中除去。在污泥的处理过程中,如果出现厌氧状态,剩余污泥中的磷就会重新释放出来。重力浓缩容易产生厌氧状态,有除磷要求的剩余污泥处理不能采用这种方法,而应当使用气浮浓缩、机械浓缩、带式重力浓缩等不产生厌氧状态的浓缩方法。如果受条件限制只能选用重力浓缩时,必须在工艺流程中增设化学沉淀设施去除浓缩上清液中所含的磷;

(4) 泥龄是影响生物除磷脱氮的主要因素,脱氮要求越高,所需泥龄越长。而泥龄越长,对除磷越不利。在进水 BOD_5/TP 小于 20 时,泥龄控制得越短越好。但如果进水 BOD_5 偏低,活性污泥增长缓慢,就不可能将泥龄控制得太短,此时必须使用化学法除磷。

5.92 什么是 A/O 法?

A/O 法是缺氧/好氧(Anoxic/Oxic)工艺或厌氧/好氧(Anaero－bic/Oxic)工艺的简称,通常是在常规的好氧活性污泥法处理系统前,增加一段缺氧生物处理过程或厌氧生物处理过程。在好氧段,好氧微生物氧化分解污水中的 BOD_5,同时进行硝化或吸收磷。如果前边配的是缺氧段,有机氮和氨氮在好氧段转化为硝化氮并回流到缺氧段,其中的反硝化细菌利用氧化态氮和污水中的有机碳进行反硝化反应,使化合态氮变为分子态氮,获得同时去碳和脱氮的效果。如果前边配的是厌氧段,在好氧段吸收磷后的活性污泥部分以剩余污泥形式排出系统,部分回流到厌氧段将磷释放出来。因此,缺氧/好氧(A/O)法又被称为生物脱氮系统,而厌氧/好氧(A/O)法又被称为生物除磷系统。基本工艺流程如图5－25。

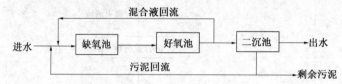

图5－25 缺氧/好氧工艺流程

A/O 工艺有分建式和合建式工艺两种,分别见图5－26、图5－27。分建式即硝化、反硝化与 BOD 的去除分别在两座不同的反应器内进行;合建式则在同一座反应器内进行。

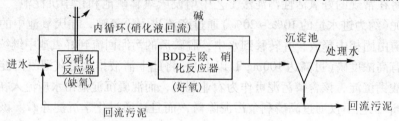

图5－26 分建式缺氧—好氧活性污泥脱氮系统

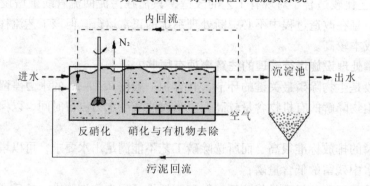

图5－27 合建式缺氧—好氧活性污泥脱氮系统

合建式反应器节省了基建和运行费用以及容易满足处理工程对碳源和碱度等条件的要求,但受以下因素影响:溶解氧(0.5~1.5mg/L)、污泥负荷(0.1~0.15kgBOD₅/(kgMLSS·d))、C/N 比(6~7)、pH 值(7.5~8.0),而不易控制。

5.93 影响 A/O 工艺的因素有哪些?

(1) 水力停留时间(t)

反硝化 t 小于2h,硝化 t 大于6h,当硝化水力停留时间与反硝化水力停留时间为3∶1

时，氨氮去除率达到70% ~80%，否则去除率下降。

（2）有机物浓度与 DO

进入硝化好氧池中 BOD_5 小于 80mg/L；硝化好氧池中 DO 大于 2mg/L。

（3）BOD_5/NO_x-N 值

反硝化缺氧池污水中溶解氧性的 BOD_5/NO_x-N 值应大于 4，以保证反硝化过程中有充足的有机碳源；

（4）混合液回流比

混合液回流比不仅影响脱氮效率，而且影响动力消耗。混合液回流比对脱氮效率的影响见表 5 - 6。从表中可以看出，$R_N \leqslant 50\%$，脱氮效率 η_N 很低；$R_N < 200\%$，η_N 随 R_N 的上升而显著上升，当 $R_N > 200\%$ 后，η_N 上升比较缓慢，一般内回流比控制在 200% ~400%。

表 5 - 6　混合液回流比对脱氮效率的影响

$R_N/\%$	50	100	200	300	400	500	600	700	800	900
脱氮效率 $\eta_N/\%$	33.3	50	66.7	75	80	83.3	85	87.5	88.8	90

（5）污泥浓度（MLSS）

污泥浓度一般要求大于 3000mg/L，否则脱氮效率下降。

（6）污泥龄（θ_C）

污泥龄应达到 15d 以上。

（7）硝化段的污泥有机负荷率

硝化段的污泥有机负荷率要小于 $0.18kgBOD_5/(kgMLSS \cdot d)$；硝化段的 TKN/MLSS 负荷率小于 $0.05kgTKN/(kgMLSS \cdot d)$。

（8）温度与 pH

硝化最适宜的温度 20 ~30℃、反硝化最适宜的温度 20 ~40℃；硝化最佳 pH = 8 ~8.4、反硝化最佳 pH 值为 6.5 ~7.5。

（9）原污水总氮浓度 TN

原污水总氮浓度 TN < 30mg/L。

5.94　使用缺氧/好氧（A/O 法）脱氮时的运行管理有哪些注意事项？

（1）污水碱度不足或呈酸性，会造成硝化效率下降，出水氨氮含量升高。一般硝化段的 pH 值应大于 6.5，二沉池出水碱度应大于 20mg/L，否则应在硝化段适当投加石灰等药剂调整 pH 值。

（2）曝气池供氧不足或系统排泥量太大，会造成硝化效率下降，此时应及时调整曝气量和排泥量。但 DO 过高、排泥量少使泥龄过长，又易使污泥低负荷运行出现过度曝气现象，造成污泥解絮。因此需要经常观测硝化效率及污泥性状，调整曝气量和排泥量。

（3）污水 TN 含量太高或污水温度过低（低于 15℃），生物脱氮系统效率会下降，此时应增加曝气的投运数量或提高混合液污泥浓度 MLSS，以保证良好的污泥运行负荷。

（4）经常测定、计算系统的内回流比和缺氧池的搅拌强度，防止缺氧段 DO 值偏高超过 0.5mg/L。内回流太少又会使缺氧段的硝酸盐氮含量不足，从而导致二沉池出水 TN 超标。

（5）经常测定入流污水 BOD_5 与 TN 的比值，一般应维持在 5 ~7 左右。

5.95　什么是 A^2/O 工艺？

需要同时脱氮除磷时，可采用厌氧/缺氧/好氧（A^2/O）工艺，基本工艺流程如图 5 - 28。

图 5-28 A²/O 工艺脱氮除磷流程

5.96 进入 A²/O 系统的污水有哪些要求?

（1）脱氮时，污水中的五日生化需氧量（BOD_5）与总凯氏氮（TKN）之比应大于 4；

（2）除磷时，污水中的 BOD_5 与总磷（TP）之比应大于 17；

（3）同时脱氮、除磷时，应同时满足前两条的要求；

（4）好氧池（区）剩余碱度宜大于 70mg/L（以碳酸钙 $CaCO_3$ 计）；

（5）当工业污水进水 COD 超过 1000 mg/L 时，前处理可采用升流式厌氧污泥床反应器（UASB）等厌氧处理措施；

（6）当工业污水进水的 BOD_5/COD 小于 0.3 时，前处理需采用水解酸化等预处理措施。

5.97 影响 A²/O 工艺的因素有哪些?

（1）污水中可生物降解有机物的影响

厌氧段：如果污水中可生物降解有机物很少，则聚磷菌无法正常进行磷的释放，导致好氧段也不能大量地吸收污水中的磷，从而影响除磷的效果。试验证明：进水中溶解性 BOD_5 与溶解性磷之比应大于 17 才会有较好的除磷效果。

缺氧段：C/N 较高时，NO_x-N 反硝化速率大，则 HRT = 0.5～1.0h；C/N 较低时，NO_x-N 反硝化速率小，则 HRT = 2.0～3.0h。

对于低 BOD_5 浓度的城市污水，C/N 比较低，脱氮率不高。一般来说，污水中 COD/TKN > 8，N 的总去除率可达 80%。

（2）污泥龄（θ_c）的影响

污泥龄 θ_c 受硝化和除磷两个方面的影响，一方面硝化反应要求污泥龄 θ_c 比普通活性污泥工艺时间长，另一方面由于除磷的要求，使污泥龄不能过长，A²/O 工艺中的 θ_c 一般为 15～20d。

（3）DO 的影响

好氧段 DO 过高，DO 会随污泥回流和混合液回流带至厌氧段与缺氧段，造成厌氧段的厌氧不完全而影响聚磷菌释放磷。而缺氧段 DO 升高则影响 NO_x-N 的反硝化。相反，好氧段 DO 下降，则氨氮的硝化速度下降，即氧化速度下降。因此在好氧段 DO 以 2mg/L 左右为好，缺氧段 DO≤0.5mg/L，厌氧段 DO < 0.5 mg/L。

（4）有机物负荷率（N_S）的影响

好氧段：N_S≤0.18kgBOD₅/（kgMLSS·d），否则异氧菌会大大超过硝化菌，使硝化反应受到抑制；厌氧段：N_S > 0.1kgBOD₅/（kgMLSS·d），否则除磷效果会下降。

（5）TKN/MLSS 负荷率的影响

过高浓度的氨氮对硝化菌会产生抑制作用，影响其硝化，一般控制 TKN/MLSS < 0.05kgTKN/（kgMLSS·d）。

（6）污泥回流比（R）与混合液回流比（R_N）的影响

R = 25%～100% 为宜。R 太高，污泥将 DO 和 NO_x-N 带入厌氧段太多，影响其厌氧状态，使释磷不利；如果 R 太低，可能维持不了反应池内污泥正常浓度 2500～3500mg/L，影响生化反应速率。缺氧段的脱氮效果与混合液回流比 R_N 有较大的影响，一般采用 $R_N \geq 200\%$。

5.98　SBR 工艺影响因素有哪些？

（1）有机物浓度

污水易被生物降解的有机物浓度越大，则除磷越高，通常以 BOD_5/TP 的比值作为评价指标，一般认为 $BOD_5/TP > 20$，则磷的去除效果较稳定。实验得出 BOD_5/TP 的一般关系见表 5-7。

表 5-7　BOD_5/TP 的比例与磷的去除率关系

BOD_5/TP	28.8:8	13.8:1	5:1
BOD_5 去除率/%	92.11	89.08	91.64
TP 的去除率/%	97.22	70	57.36

（2）NO_x-N 的影响

应对曝气好氧反应阶段以灵活的运行控制，如采取曝气（去除 BOD、硝化、摄磷）→停止曝气缺氧（投加少量碳源，进行反硝化脱氧）→再曝气（去除剩余有机物）的运行方式，提高脱氮效率，减少下一周期进水工序厌氧状态时 NO_x-N 浓度。

（3）运行时间和溶解氧（DO）

运行时间和 DO 是 SBR 取得良好脱氮除磷效果的两个重要参数。进水工序的厌氧状态 DO 应控制在 0.3~0.5mg/L，以满足释磷要求，有机物 BOD 浓度高则释磷速率快，当释磷速率为 9~10mg/（g MLSS·h），水力停留时间大于 1h，则聚磷菌体内的磷已充分释放。所以一般城市污水经 2h 厌氧状态释磷，可基本达到释磷效果。

好氧曝气工序 DO 应控制在 2.5mg/L 以上，曝气时间 4h 为宜。主要满足 BOD 降解和硝化需氧以及聚磷菌摄磷过程的高氧环境。好氧曝气之后，沉淀、排放工序均为缺氧状态，DO 不高于 0.7mg/L，时间为 2h 左右为宜。各工序运行时间分配对处理效果影响见表 5-8。

表 5-8　各工序运行时间分配对处理效果影响

运行工序与处理效率	进水		曝气/h	沉淀/h	排水待机/h	总时间/h	BOD_5 去除率/%	TP 去除率/%	N 去除率/%
	搅拌（缺氧）/h	停止搅拌（厌氧）/h							
时间分配	1.5	0.5	4	1.5	0.5	8	80.3	93.2	
	1	0.5	3	1	0.5	6	71.5	96.8	
	1	1	4	1	1	8	93	96.8	82
	1	1	3	1	1	8	80	77.8	92.5

另外，进水慢速搅拌，可提前进入厌氧状态，利于磷的释放，并缩短厌氧反应时间。

5.99　SBR 工艺的运行管理有哪些要求？

（1）根据设计能力，按时间序列，调节各池进水水量，使各池均匀配水、负荷基本相同；

（2）由于各反应池在运行中相同时间处于不同状态下，所以要通过合理的时间设定，达到各反应池运行状态稳定，在时间交替的过程中要密切关注鼓风机工况不断变化，工艺管理人员一定要掌握风量、风压之间的关系，在风机允许的范围内设计曝气池数和气量控制点，保证风机安全；

（3）根据进水水质、水量、调整反应周期，确定每个周期内的曝气、搅拌、沉淀、滗水时间的分配；

（4）应根据进水量、进出水水质进行 F/M、SRT、HRT、DO、C、N、P 等工艺参数分析计算，合理控制 MLVSS；

（5）曝气段溶解氧宜控制在 $2 \sim 3$ mg/L；搅拌段 DO < 0.5mg/L 时可认为达到了厌氧、缺氧功能；

（6）剩余污泥的排放量应根据泥龄、污泥负荷、污泥浓度和沉降比等因素来具体确定；

（7）适时观察活性污泥生物相、上清液透明度、污泥颜色、状态气味等，并定时测试和计算反映污泥特性的有关项目；

（8）因水温、进水水质、生物反应池运行方式，引起的出水水质变化、污泥膨胀、污泥上浮等不正常现象，应分析原因，针对具体情况，调整系统运行工况，采取适当措施恢复正常。发生污泥膨胀应分析原因，可采取剩余污泥排放等适当措施恢复正常。发生污泥上浮应增大剩余污泥的排放，降低污泥龄 SRT，控制硝化，以达到控制反硝化的目的；

（9）操作人员应经常排放曝气器空气管路中的存水，待放完后，应立即关闭放水阀；

（10）生物反应池产生泡沫和浮渣时，应观察泡沫颜色，进行镜检分析原因，采取措施恢复正常；

（11）应按要求巡视检查构筑物、设备、电器和仪表的运行情况，并做好相应的记录。

5.100 什么是 CAST 工艺？

CAST 称为循环式活性污泥工艺。工艺采用的反应池一般分为生物选择区、预反应区和主反应区三个部分，各区容积之比一般采用 1:5:30。沉淀期和排水期不进水，间歇排水。沉淀阶段不进水，可以保证污泥沉降无水力干扰，使系统运行不受进水水力因素影响并将主反应区部分污泥回流至预反应区。CAST 预反应区的设置保证了活性污泥不断地在选择器中经历一个高絮体负荷的阶段，从而有利于系统中絮凝性细菌的生长，并提高污泥活性，使其快速地去除污水中溶解性易降解的有机物，能抑制丝状菌的生长和繁殖，使反应器在完全混合条件下运行而不产生污泥膨胀，图 5 - 29 为 CAST 反应器的工艺构造示意图。

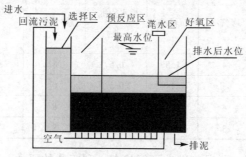

图 5 - 29 CAST 反应器的工艺构造示意图

5.101 CAST 工艺运行注意的事项有哪些？

（1）生物选择区的设置及污泥回流比的确定

生物选择区可根据实际情况设置在好氧或厌氧 - 缺氧的条件下运行，若以去除水中营养物质为目的，可选择在厌氧 - 缺氧条件下运行；如果原水中含有较高浓度的硫化物，则应在好氧 - 缺氧条件下运行，并合理控制氧化还原电位，以防止在非曝气阶段硫化细菌引起的污泥膨胀。通常生物选择区的停留时间为 0.5~1h，以不超过总水力停留时间的 5%~10% 为宜。

主反应区向生物选择区的回流污泥一般是以每天将主反应区中的污泥全部循环一次为依据来确定回流比。

（2）操作循环时间的分配

CAST 的操作由进水、曝气、沉淀（进水）、滗水、闲置 4 个基本过程组成，每个基本过程的时间对处理效果的影响都是很重要的，通常总循环时间可设置为 4~12h，合理的时间分配为：曝气时间占总循环时间的 50%~60%，沉淀时间占 30%，滗水和闲置时间分别不超过 10% 和 5%。但在实际应用中应根据进水水质由实验来确定最佳值。

（3）DO 与营养盐的控制

曝气时，DO 浓度控制在 2~3mg/L 以下。另外，在实际应用中还可根据需要进行碱度的调节、投加营养物质或化学沉淀剂等的操作以选择出最佳的操作条件。

5.102　CAST 工艺的运行管理有哪些要求？

（1）CAST 工艺属间歇进水运行方式，应定期通过调整污泥负荷、污泥龄、污泥浓度等方式进行工艺控制。

（2）CAST 反应池属完全混合式活性污泥法，为保证同时硝化反硝化的效果，可根据曝气的不同阶段合理调节溶解氧范围，初段宜控制在 0.5~1mg/L，后段应大于 1mg/L，曝气末段溶解氧应大于 2mg/L，但最高不宜超过 4mg/L；进水浓度较低时，不宜超过 3mg/L。

（3）剩余污泥排放量根据污泥龄、污泥沉降比、混合液污泥浓度等参数确定，保持池内微生物在一个稳定的范围内，根据剩余污泥泵的流量和调节时间或流量计来控制排放量。

（4）混合液污泥回流至选择区。污泥回流量根据回流污泥泵的流量和调节开启时间或流量计来控制，回流比宜控制在 20%~35%。

（5）应经常观察活性污泥生物相、污泥的颜色、状态、气味、上清液透明度等，并定期测试和计算反映污泥特性的相关项目。

（6）因水温、水质或运行方式的变化引起活性污泥膨胀、污泥上浮等异常情况，应及时分析原因，并针对具体情况，调整系统运行工况，采取适当措施恢复正常。

（7）空气释放阀为人工控制的，操作人员在曝气停止时，应及时开启放空阀，排尽曝气系统中的余气。

（8）操作人员应定期排放曝气系统冷凝水。待排放完后，应立即关闭放水阀门。

（9）CAST 池产生泡沫或者浮渣时，应及时分析产生原因，采取相应措施恢复正常。

（10）生物选择池应定期开启水下搅拌器或者曝气器，防止回流污泥沉积于池底过久而腐化。

（11）CAST 工艺自动化水平较高，应根据进出水状况及工艺需要适时调整 DO、曝气时间、曝气强度、撇水深度等工艺控制参数，同时加强对自控系统的检查、更新和维护。

5.103　CASS 工艺基本组成有哪些？

CASS 工艺也称为循环式活性污泥工艺。其基本结构是：在序批式活性污泥法（SBR）的基础上，反应池沿池长方向设计为两部分，前部为生物选择区也称预反应区，后部为主反应区，整个工艺的曝气、沉淀、排水等过程在同一池子内周期循环运行，省去了常规活性污泥法的二沉池和污泥回流。CASS 反应器的工艺构造示意图见图 5-30。

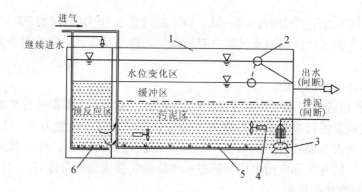

图 5-30 CASS 反应器的工艺构造示意图

1—主反应区；2—滗水器；3—污泥泵；4—水下搅拌器；5—微孔曝气器；6—大气泡扩散器

5.104 CASS 工艺有哪些主要技术特征？

（1）连续进水、间断排水

传统 SBR 工艺为间断进水、间断排水，而实际污水排放大都是连续或半连续的。CASS 工艺可连续进水，克服了 SBR 工艺的不足，比较适合实际排水的特点，拓宽了 SBR 工艺的应用领域。虽然 CASS 工艺设计时均考虑为连续进水，在实际运行中即使有间断进水，也不影响处理系统的运行。

（2）运行上的时序性

CASS 反应池通常按曝气、沉淀、排水和闲置四个阶段根据时间依次进行。CASS 工艺的循环操作过程见图 5-31。

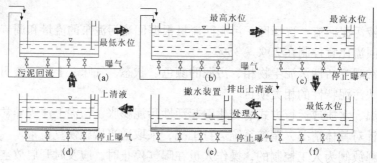

图 5-31 CASS 工艺的循环操作过程

（a）进水，曝气阶段开始；（b）曝气阶段结束；（c）沉淀阶段开始；
（d）沉淀阶段结束；（e）撇水阶段及排泥结束；（f）进水、闲置阶段

（3）运行过程的非稳态性

每个工作周期内排水开始时 CASS 池内液位最高，排水结束时，液位最低，液位的变化幅度取决于排水比，而排水比与处理污水的浓度、排放标准及生物降解的难易程度等有关。反应池内混合液体积和基质浓度均是变化的，基质降解是非稳态的。

（4）溶解氧周期性变化，浓度梯度高

CASS 在反应阶段是曝气的，微生物处于好氧状态，在沉淀和排水阶段不曝气，微生物处于缺氧甚至厌氧状态。因此，反应池中溶解氧是周期性变化的，氧浓度梯度大、转移效率高，这对于提高脱氮除磷效率、防止污泥膨胀及节约能耗都是有利的。对于同样的曝气设备而言，实践证实 CASS 工艺与传统活性污泥法相比有较高的氧利用率。

5.105 什么是 DAT–IAT 工艺?

DAT–IAT 工艺是连续进水、连续—间歇曝气工艺,它是利用单一 SBR 反应池实现连续运行的新型 SBR 工艺。工艺由 DAT 和 IAT 双池串联组成,DAT 池连续进水、连续曝气(也可间歇曝气);IAT 池连续进水、间歇曝气,排水和排泥均从 IAT 排出,其工艺布置见图 5–32。

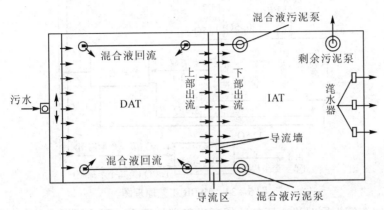

图 5–32 DAT–IAT 反应池工艺布置

5.106 MSBR 工艺组成有哪些?

MSBR 工艺被认为是目前最新的一体化工艺流程,它是由 A^2/O 系统与常规 SBR 系统串联组成,具有二者的全部优点。因而它具有同时高效去除有机物与氮、磷污染物的功能,出水水质稳定。特别是回流污泥进入厌氧池前增加了一个污泥浓缩区,浓缩后污泥经缺氧区再进入厌氧区,这样就大大减少了回流污泥中硝酸盐进入厌氧区的量,也减少了 VFA 因回流而造成稀释,增加了厌氧区的实际停留时间,所以大大提高了除磷效率。

MSBR 工艺系统由三个主要部分组成,其三个主要工艺布置如图 5–33 所示。

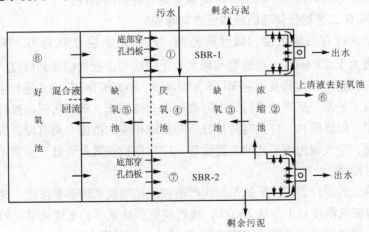

图 5–33 MSBR 工艺布置示意

(1) A^2/O:由厌氧区④、缺氧区⑤、好氧区⑥组成。

(2) 污泥回流浓缩:由浓缩池②、缺氧区③组成。

(3) 二个交替进行搅拌、曝气、沉淀的 SBR 池。在 SBR 池前段设置底部穿孔挡板,使得 SBR 池后段的水流状态由下而上,而不是平流状态,这样 SBR 池后段对水流起到了悬浮污泥床的过滤作用，而非一般的沉淀作用。

5.107 MSBR 工艺的运行过程是什么？

MSBR 工艺运行如图 5 − 34 所示。

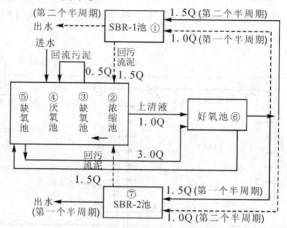

图 5 − 34　MSBR 工艺原理图

原污水和回流污泥同时进入厌氧池④后进行搅拌混合，回流污泥中的聚磷菌利用原污水中降解的有机物在此进行充分释磷。然后混合液由厌氧池④进入缺氧池⑤，与好氧池⑥来的含大量 NO_x − N 的回流混合液搅拌混合，进行反硝化脱氮，反硝化后的混合液流入好氧池⑥，在此进行硝化、有机物降解和聚磷菌的吸磷。

经好氧池处理后，一部分混合液至缺氧池⑤，另一部分混合液进入 SBR − 2 池⑦，经沉淀后上清液排放。此时另一边的 SBR − 1 池①进行搅拌、曝气、预沉，起着反硝化、硝化、有机物降解的作用，沉下的污泥作为回流污泥，首先进入浓缩池浓缩，其上清液直接进入好氧池⑥，而浓缩污泥进入缺氧池③，减少污泥中的溶解氧，同时对回流污泥中硝酸盐进行反硝化，降低回流污泥中的硝酸盐浓度，使由缺氧池③进入厌氧池④的回流污泥中溶解氧和硝酸盐浓度都很低，为厌氧池④中厌氧释磷提供了更为有利的条件。

5.108 MSBR 工艺运行管理的总体要求有哪些？

（1）应定期进行有机物浓度、碱度的监测，控制进水混合液 BOD_5/TKN≥4、BOD_5/TP≥20、碱度宜大于 250mg/L。当碳源和碱度不足时应考虑投加碳源和碱度。

（2）每天应观察污泥性状及测定 MLSS、MLVSS、SVI 和 DO 等，并进行生物镜检。

（3）应根据工艺需要适当地进行污泥回流和混合液回流，池中污泥应搅拌均匀，当池面出现生物泡沫和污泥膨胀时，应及时进行分析并采取相应的措施，所有设备应按工艺要求正常运行。隔离阀、空气堰为该工艺的关键设备。应定期检查其是否处于正常工作状况，一旦出现故障应及时抢修。

（4）厌氧单元的运行管理：厌氧单元应严格控制硝酸盐和溶解氧浓度，硝酸盐浓度宜小于 0.5mg/L，溶解氧浓度宜小于 0.2mg/L；通过调整预缺氧单元至厌氧单元的污泥回流比以满足上述条件，可通过安装 ORP 仪表控制厌氧运行，ORP 宜小于 − 150mV。

（5）缺氧单元的运行管理：应控制缺氧单元溶解氧浓度小于 0.5mg/L，当不能满足要求时，则应通过调整曝气单元至缺氧单元的回流比以满足上述条件。当进水 BOD_5 小于 150mg/L 左右时，本单元宜运行为厌氧单元。

（6）曝气单元的运行管理：曝气单元溶解氧宜控制在 2 ~ 4mg/L 之间，曝气应均匀，应定期进行污泥负荷计算及碱度平衡计算。

（7）SBR 单元的运行管理：SBR 单元一般包括缺氧搅拌、好氧搅拌、预沉淀和出水四个时段，根据进出水水质及季节进行周期设定，缺氧搅拌时段应根据曝气单元出流的硝酸盐浓度进行设定，其运行管理同缺氧单元。好氧搅拌时段应根据曝气单元出流的有机物和氨氮浓度进行设定，其运行管理同曝气单元；预沉淀时段应根据污泥沉降性能进行设定；不应小于30min，出水时段应定期测量泥层厚度，泥层厚度宜不超过水深的三分之一，出水时段应根据出水水质及污泥沉降性能定期进行排泥，控制合适的泥龄。

（8）污泥浓缩单元的运行管理：污泥浓缩单元应通过调整 SBR 单元至本单元的回流比以保证上清液清澈，污泥浓缩单元除进行污泥浓缩外还可选择性接纳少量进水。

5.109 什么是 UNITANK 工艺？

UNITANK 工艺是比利时史格斯清水公司于 20 世纪 90 年代初开发的专利，取名为 UNI-TANK，已广泛采用。该工艺由三个矩形池相连组成，三个池水流相连通，每个池中均设有曝气供氧设备，可采用鼓风曝气或表面机械曝气。在外边两侧矩形池，设有固定出水堰与剩余污泥排放口。外边的两侧矩形池交替作为曝气池和沉淀池，而中间一个矩形池只作曝气池。连续进入该系统的污水，通过控制进水闸可分时序分别进入三个矩形池中任意一个，采用连续进水、出水，周期交替运行。UNITANK 工艺的结构示意如图 5-35。

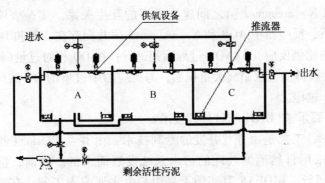

图 5-35　UNITANK 工艺结构示意图

5.110　UNITANK 工艺运行操作过程有哪些？

去除有机物与脱氮除磷的 UNITANK 工艺运行过程见图 5-36。

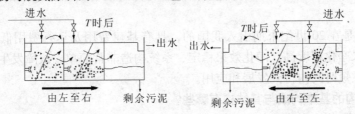

图 5-36　UNITANK 工艺的运行过程

该运行过程通过时间与空间的控制，并适当增加水力停留时间，就可具有去除污水中的有机物和脱氮除磷的功能。

在第一个运行阶段，污水交替进入左侧池和中间池，左侧池作为缺氧搅拌反应器，反硝化菌以污水中的有机物为电子供体，对前一个运行阶段产生的硝态氮进行反硝化脱氮；然后释放前一个运行阶段沉淀的含磷污泥中的磷。

当中间池曝气运行时，去除有机物和进行硝化与吸收磷；当中间池进水并搅拌时，则进行反硝化脱氮，同时污泥也由左向右推进，右侧池进行沉淀。泥水分离，上清液作为处理水溢出，含磷污泥的一部分作为剩余污泥排放。

在进入第二个运行阶段前，污水只进入中间池，使左侧池中尽可能完成硝化反应。其后左侧池停止曝气，作为沉淀池。进入第二个运行阶段，污水交替进入右侧池和中间池，污水由右向左流动，处理过程与第一个运行阶段相同。

5.111 什么是一体化完全自养脱氮系统？

一体化完全自养脱氮系统（CANON 工艺）的本质是在一个反应器中完成短程硝化和亚硝酸盐型厌氧氨氧化两个过程。该工艺的原型是"好氧脱氮"，当时由于对该反应的微生物学机理缺乏了解，认为氨可以在好氧—缺氧或微好氧的条件下转化成 N_2。直至 2000 年才发现该过程是由 AOB 和 N – anammox 菌两种微生物共同作用的结果。AOB 利用反应器中的氧将部分氨氧化成亚硝酸。水中 DO 被利用后，浓度降低，逐渐形成一个缺氧环境，N – anammox 菌利用剩余的氨和产生的亚硝酸进行 N – anammox 反应，产生氮气，将氨去除。因此与传统硝化–反硝化工艺相比，CANON 工艺节省了 63% 的氧气和外加碳源。

$$NH_4^+ + 0.85O_2 \longrightarrow 0.435N_2 + 0.13NO_3^- + 1.4H^+ + 1.3H_2O$$

为了保证 CANON 工艺的顺利实施，关键是将水中 DO 与氨氮的比例控制在合适的范围内，从而在 AOB 和 N – anammox 菌之间建立良好的互生关系。实验表明，在氨相对过量（DO 不足）的条件下，反应器中 AOB 和 N – anammox 菌共同存在，氨和 DO 按照 1:0.83（接近理论值 1:0.85）的比例反应，CANON 过程顺利进行；在 DO 相对过量（氨不足）的条件下，N – anammox 菌活性被抑制，亚硝酸大量积累，与反应器中过量的 DO 共同作用，导致 NOB 出现，抑制 CANON 过程。

5.112 什么是百乐卡（BIOLAK）处理技术？

百乐卡（BIOLAK）工艺是由芬兰开发的专利技术，由芬兰 Raisio 工程公司代理。它是由不带曝气设施，采用自然池塘处理的污水系统发展而来的。目前，世界上已有 350 多套 BIOLAK 系统在运行。BIOLAK 其实质上采用一个水池或人工湖，在其内处理污水，该池可采用钢筋混凝土，也可因地制宜，采用土池或人工湖，但底部应有防渗措施。在池（人工湖）内，安装着一种特殊的悬挂链式曝气系统，以延时曝气方式按照预期达到的目的进行运行操作（如厌氧、缺氧、好氧方式），故运行简便易控。在适宜的条件下具有较大的吸引力。

BIOLAK 工艺是在 20 世纪末期引入我国的，具有基建费用及运行费用低、剩余污泥基本得到稳定、污水净化程度高、净化效果稳定、系统构造非常简单、故障发生率低、容易维护等特点，因此在短时间内得到发展和应用。

5.113 氧化沟的基本构成与其结构有哪些？

氧化沟一般呈环状沟渠形，其平面可为圆形或椭圆形或与长方形的组合状。其主要构成如下：

（1）氧化沟沟体

氧化沟的渠宽、有效水深等与氧化沟分组形式和曝气设备性能有关。除了奥贝尔氧化沟外，其他氧化沟直线段的长度最小为 12m 或最少是水面处渠宽的 2 倍。当配备液下搅拌设备时，实际水深可以比单独使用曝气设备时加大。所有氧化沟的超高不应小于 0.5m，当采用表面曝气机时，其设备平台宜高出水面 1~2m，同时设置控制泡沫的喷嘴。

（2）曝气装置

曝气装置是氧化沟中最主要的机械设备，对氧化沟处理效率、能耗及运行稳定性有关键性影响。除了供氧和促进有机物、微生物与氧接触的作用外，还有推动水流在沟内循环流动、保证沟中活性污泥呈悬浮状态的作用。曝气转刷或转盘应该正好位于弯道下游直线段氧化沟的 4~5m 处，淹没深度为 100~300mm，并将整个氧化沟宽度方向满布。

（3）进出水装置

进水及回流污泥位置与曝气装置保持一定距离，促使形成缺氧区产生反硝化作用，并获得较好的沉降性能（低 SVI）。

出水位置应布置在进水区的另一侧，与进水点和回流污泥进口点保持足够的距离，以避免短流。当有两组以上氧化沟并联运行时，设进水配水井可以保证配水均匀；交替式氧化沟进水配水井内设有自动控制配水堰或配水闸，按设计好的程序变换氧化沟内的水流方向和流量。氧化沟系统中的出水溢流堰具有排出处理后的污水和调节沟内水深的双重作用，因此溢流堰一般都是可升降的。通过调节出水溢流堰的高度，可以改变沟内水深，进而达到改变曝气器的浸没深度，使充氧量改变以适应不同的运行要求。为防止曝气器淹没过深，溢流堰的长度必须满足处理水量与回流量的最大值。

（4）导流装置

为了保持氧化沟内具有污泥不沉积的流速，减少能量损失，必须有导流墙和导流板。一般为保持氧化沟内污泥呈悬浮状态而不致沉淀，沟内断面平均流速要在 0.3m/s 以上，沟低流速不低于 0.1m/s。一般在氧化沟转折处设置导流墙，使水流平稳转弯并维持一定流速。另外，距转刷之后一定距离内，在水面以下要设置导流板，使水流在横断面内分布均匀，增加水下流速。通常在曝气转刷上、下游设置导流板，使表面较高流速转入池底，提高传氧速率。

5.114 氧化沟的曝气设备有哪些？

常用的曝气设备有曝气转刷、曝气转盘、立式曝气、射流曝气、混合曝气等。

（1）曝气转刷

曝气转刷主要有可森尔转刷、笼式转刷和 Marunmotll 转刷三种，其他产品都是这三种的派生型式。采用曝气转刷的氧化沟水深 2.5~3.5。为提高转刷的充氧能力，转刷的上下游要根据具体情况设置导流板，如果不设挡水板或压水板，转刷之间的最佳距离为 40~50m。对于反硝化混合，可设置数台可调速的转刷来完成。如果不满足混合的要求，可通过安装一定数量的水下搅拌器来加强混合。

（2）曝气转盘

曝气转盘有大量的曝气孔和三角形凸出物，用以充氧和推动混合液。转盘直径约 1.4m，盘片厚度一般为 12.5mm，盘片之间的最小间距为 25mm，曝气孔直径为 12.5mm。为了使盘片便于从轴上卸脱或重新安装，盘片通常由两个半圆断面构成。曝气转盘的标准转速为 45~60r/min，标准条件下的充氧动力效率为 1.86~2.10kgO$_2$/(kW·h)。曝气转盘的一个优点是可以借助改变配置在各池中曝气盘片的数目，来调整供氧量。

（3）立式表面曝气机

立式表面曝气机叶轮与活性污泥法中表曝机的原理是一样的。一般每条沟安装一台，置于一端。它的充氧能力随叶轮直径的大小而改变，动力效率一般为 1.8~2.3kgO$_2$/(kW·h)。其主要特点是具有较大的提升能力，使氧化沟的水深可增加到 4~5m，从而减少占地面积。

（4）射流曝气器

射流曝气器一般安装在氧化沟的底部，吸入的压缩空气与加压水充分混合，沿水平方向喷射，推动沟中液体并达到曝气充氧的目的。射流曝气器形成的水流冲力造成了水平方向的混合，然后又由于水流上升而形成了垂直方向的混合，因而可采用较深的水深（可达8m）。射流过程可以产生很小的气泡，氧的转移效率较高。

（5）导管式曝气机和混合式曝气系统

导管式曝气机又称U形鼓风曝气系统，通过改变叶轮转速调节氧化沟内水流速度，调节鼓风机风量来控制供氧量。混合式曝气系统是用置于沟底的固定式曝气器和淹没式水平叶轮或射流，来分别进行充氧和推进水流。

（6）抽吸式曝气机

抽吸式曝气机采用电机和叶轮直接传动，利用叶轮旋转所产生的离心力排开周围水形成低压区吸入水流的同时，在叶轮进口处形成真空而吸入空气，在混气室中，气与水充分混合形成均匀的气水混合液，在离心力作用下快速排出。

5.115　氧化沟为什么设置导流墙和导流板？如何设置？

为了保持氧化沟内具有污泥不沉积的流速，减少能量损失，需设置导流板和导流墙。

一般在氧化沟转折处设置导流墙，使水流平稳转弯并维持一定流速。由于氧化沟中分隔内侧沟的弧度半径变化较快，其阻力系数也较高，为了平衡各分隔弯道间的流量，导流板可在弯道内偏置。导流墙应设于偏向弯道的内侧，以使较多的水流向内汇集，避免弯道出口靠中心隔墙一侧流速过低，造成回水，引起污泥下沉。设置导流墙则有利于水流平稳转弯，减少回水产生。一般认为，当导流墙半径小于沟宽的一半时，需要偏心设置，偏心距离在0.5m，当导流墙半径大于或等于沟宽的一半时，可以不偏心设置。

距转刷之后一定距离内，在水面以下要设置导流板，使水流在横断面内分布均匀，增加水下流速。通常在曝气转刷上、下游设置导流板，使表面较高流速转入池底，提高传氧速率。上游导流板高0.6m，垂直安装于曝气转刷上游2～5m处。下游导流板通常设置于曝气转刷下游2～3m处，与水平呈45～60°倾斜放置，顶部在水面下150～200mm。其目的是使刚刚经过充氧，并受到曝气转刷推动的表面高速水流转向下部，改善溶解氧浓度和流速在垂直方向上的分布，促进中上层水流和下层水流的垂直混合，从而降低沟内表面和底部的流速差。下游的导流板与转碟曝气机安装位置关系见图5-37。为了保持沟内的流速，有时还需要设置水下推进器。

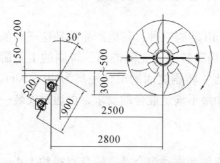

图5-37　下游导流板与转碟曝气机安装位置关系

5.116　什么是Orbal氧化沟？

Orbal氧化沟又称同心沟型氧化沟，池型为圆形或椭圆形，目前实际应用多为椭圆形的三环道组成。该氧化沟在南非开发并于20世纪70年代引入美国后得到迅速推广，至今已有多座污水处理厂运行。典型的奥贝尔氧化沟由三个相对独立的同心椭圆形沟道组成，污水通常由外沟道进入沟内，然后依次进入中间沟道和内沟道，最后经中心岛流出，至二次沉淀池。沟道之间采用隔墙分开，相对独立，隔墙一般使用150～200mm厚的现浇钢筋混凝土构造，隔墙下部设有必要面积的通水口。其中外沟道容积达50%～70%，处于低溶解氧状态，主要的有机物氧化及80%的脱氮均在外沟道完成；内沟道体积约为10%～20%，维持较高的溶解氧（2mg/L）；各沟道宽度由工艺设计确定，一般不大于9m，有效水深一般在4.0～4.5m，沟中的流速0.3m/s。典型构造和流程见图5-38。

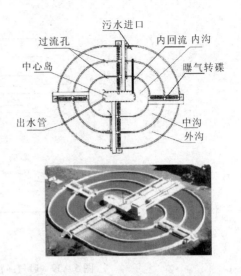

该工艺具有投资省、处理效率高、可靠性好、管理方便和运行维护费用低等优点。当脱氮要求较高时，可以增设内回流系统（由内沟道回流到外沟道），提高反硝化程度。奥贝尔氧化沟脱氮效果很好，但除磷效率不够高，要求除磷时还需增加厌氧池。奥贝尔氧化沟作为较优化的工艺之一，适用于中小规模的污水处理厂。

图5-38　典型Orbal氧化沟流程和构造

5.117　Orbal氧化沟的运行管理有哪些要求？

（1）奥贝尔氧化沟一般由三个同心椭圆形沟道串联组成，各沟道间相对独立且功能不同。应根据进水水质浓度调整进水水量和氧化沟污泥浓度，控制适宜的污泥负荷。

（2）奥贝尔氧化沟的运行策略在于严格控制各沟道的溶解氧，限制外沟的充氧使外沟处于亏氧状态，保证内沟溶解氧富余。

（3）根据氧化沟污泥浓度，控制污泥回流量，维持氧化沟内足够的微生物数量，同时保证回流污泥中有较高的含固率。

（4）通过改变曝气机的旋转方向、浸水深度、转速和开停数量，可以调整供氧能力和电耗水平。

（5）根据氧化沟污泥的浓度、性能、泥龄等因素，控制剩余污泥排放量，保证系统的正常运行和生物脱氮除磷效果。

（6）定期对活性污泥的生物相进行观测和分析，及时调整工艺运行参数。

（7）在高峰流量时，可将污水直接分流至中沟或内沟，有效地防止污泥的流失。

5.118　一体化Orbal氧化沟有哪些结构形式？

（1）曝气+沉淀一体化氧化沟

曝气+沉淀一体化氧化沟工艺流程示意图见图5-39，其中的沉淀与斜管沉淀类似，沉淀用导流板也可以采用斜管或者斜板。

其特点有：将二沉池建在氧化沟内，完成曝气、沉淀任务；沉淀区由隔墙、三角形导流板、集水管三部分组成；不需要污泥回流系统，占地省，节省基建和运行费用。

（2）侧渠形一体氧化沟

侧渠形一体氧化沟侧沟与中心岛内安装固液分离器进行泥水分离。固液分离器是侧渠形一体氧化沟技术的关键，具有固液分离和污泥回流两大功能，直接决定出水水质的好坏。固液分离器的底部采用一系列均匀排列的斜倒等腰三角型横梁，保证了混合液的均匀进入和沉淀污泥的迅速回流，侧渠作为二次沉淀池，交替运行、交替回流污泥，固液分离器分离原理示意图见图5-40。

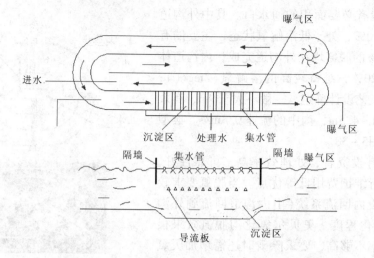

图 5 – 39 曝气 + 沉淀一体化氧化沟工艺流程示意图

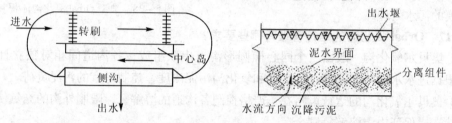

图 5 – 40 侧渠形一体氧化沟及固液分离器分离原理示意图

固液分离器具有与二沉池相同的功能，一般固液分离器的平均表面负荷为 $50m^3/(m^2 \cdot d)$，是一般二沉池的 1.5 ~ 2 倍，可比一般的二沉池节省占地 1/3 ~ 1/2。固液分离器能实现污泥的自动回流，节省了工程造价和日常运行、管理及维护费用。

（3）船形一体化氧化沟

船形一体化氧化沟系指将船形二沉池设置在氧化沟内，用于进行泥水分离，出水由上部排出，污泥则由沉淀船底部的排泥管直接排入氧化沟内，船形一体化氧化沟示意图见图5 – 41。

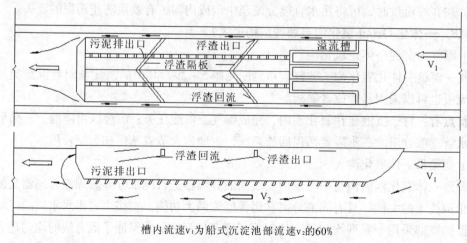

槽内流速v_1为船式沉淀池部流速v_2的60%

图 5 – 41 船形一体化氧化沟示意图

（4）组合式一体化 Orbal 氧化沟

以 Orbal 氧化沟和圆形二沉池为基础，将厌氧池、二沉池、硝化液回流、污泥回流系统与 Orbal 氧化沟组合为一体的氧化沟，具有占地面积小、投资省、能耗低、运行管理更方便等优点，其示意图见图 5-42。

5.119　什么是卡鲁塞尔（Carrousel）氧化沟？

卡鲁塞尔（Carrousel）氧化沟是 1967 年由荷兰的 DHV 公司开发研制的。它的研制目的是为满足在较深的氧化沟沟渠中使混合液充分混合，并能维持较高的传质效率，以克服小型氧化沟沟深较浅，混合效果差等缺陷。Carrousel 氧化沟采用垂直安装的低速表面曝气器，每组沟渠安装一个，均安设在一端。靠近曝气器下游为富氧区，靠近曝气器上游为缺氧区。进水与回流污泥混合后在沟内循环流动，污水多次经富氧区和缺氧区可创造良好的生物脱氮环境。当有机负荷较低时，可以停止某曝气器的运行，在保证水流搅拌混合循环的前提下，节约能量消耗。至今世界上已有上千座 Carrousel 氧化沟系统正在运行，其应用领域涉及各行各业的污水处理，处理规模从 $400m^3/d$ 到 113 万 m^3/d 不等，我国也已有几十座污水处理厂采用此工艺。卡鲁塞尔（Carrousel）氧化沟工艺示意图见图 5-43。

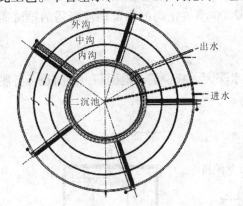

图 5-42　一体化 Orbal 氧化沟构造示意图　　图 5-43　卡鲁塞尔氧化沟工艺示意图

5.120　Carrousel 氧化沟已有池型有哪些？

在池型和功能方面，Carrousel 氧化沟已有 Carrousel1000 型，Carrousel2000 型及 Carrousel3000 型、AB-卡鲁塞尔®、MBR-卡鲁塞尔®以及其他形式的 Carrousel。

5.121　什么是 Carrousel2000 型氧化沟？

Carrousel2000 氧化沟实体以及平面布置见图 5-44。

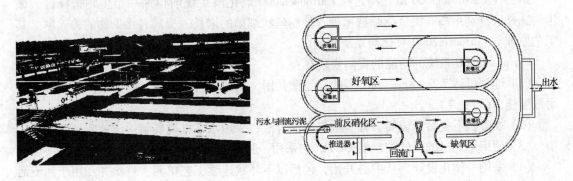

图 5-44　Carrousel2000 氧化沟实体及平面布置

图 5-45　内回流控制门

Carrousel2000 氧化沟是美国 EIMCO 公司专为卡鲁塞尔系统设计的一种先进的生物脱氮除磷工艺，它的构造上的主要改进是在氧化沟内设置了一个独立的缺氧区，缺氧区回流渠的端口处装有一个可调节的活门，即内回流控制门，内回流流量的具体控制方法是调节设置在位于好氧区和前反硝化区之间的混合液内回流通道上的内回流控制门的开度。内回流门顶部装有位置指示器，见图 5-45。卡控系统根据进水水量、水质以及有关工艺参数和条件，可在自控系统上给出达到适当流量的开度值。结合内回流门上的指示器，操作人员可方便地对开度进行调整，从而将内回流量调整到最优化值上。

Carrousel2000 型氧化沟的推流式模型对前置缺氧池反硝化工艺是极其重要的。采取这种流型，当几乎没有溶解氧的混合液回流到前置缺氧池后，可以取得最好的反硝化效果。该工艺的另一个特点是其内回流机制，这是通过利用表曝机所提供的推动力，使水力设计达到最优而实现的。由于设计合理，混合液的内回流无需使用内回流泵，从而可以节省一定的能耗，通常 Carrousel2000 型氧化沟的内部回流所需的推流能量小于表曝机能量的 1%。

5.122　什么是 Carrousel3000 型氧化沟？

Carrousel3000 氧化沟为第三代，其特点是水深大，减少了占地面积，同时也具备脱氮除磷功能，其结构示意图见图 5-46。

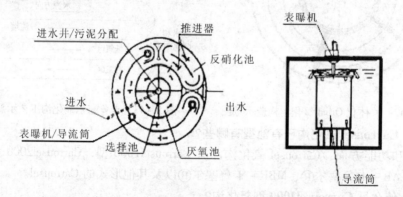

图 5-46　Carrousel3000 氧化沟结构示意图

第三代 Carrousel3000 氧化沟是在 Carrousel2000 氧化沟系统前再加一个生物选择区。该生物选择区是利用高有机负荷筛选菌种，抑制丝状细菌的增长，提高各污染物的去除率。其工艺原理与 Carrousel2000 氧化沟系统相同。

Carrousel3000 系统的功能的提高表现在：

（1）池深可达 7.5～8m；同心圆式，池壁共用，减少了占地面积，降低造价同时提高了耐低温能力（可达 7℃）。

（2）表曝机下安装导流筒，抽吸缺氧的混合液；采用水下推进器解决流速问题。

（3）使用了先进的曝气控制器 QUTE（它采用一种多变量控制模式）。

（4）采用一体化设计，从中心开始，包括以下环状连续工艺单元：进水井和用于回流活性污泥的分水器、选择池和厌氧池、Carrousel2000 系统。

（5）圆形一体化的设计使得氧化沟不需额外的管线，即可实现回流污泥在不同工艺单元间的分配。

5.123　什么是 AB – 卡鲁塞尔氧化沟？

AB – 卡鲁塞尔是设计用来处理工业（制浆和造纸、石化、食品加工行业等）污水的。AB – 卡鲁塞尔系统包括两个由 DHV 开发的内在紧密相关的工艺单元：防止污泥膨胀反应器（ABR）和卡鲁塞尔氧化沟。

AB – 卡鲁塞尔系统中的两个单元是互相补充的，防止污泥膨胀反应器 ABR™，其水力停留时间为 4～10h。只有那些快速生长的细菌能够生存，它们消耗掉易降解的 COD 而留下了难生物降解的成分。在卡鲁塞尔氧化沟中，剩余的 COD 将被有效地去除。污泥膨胀的问题在 AB – 卡鲁塞尔系统中得到解决，出水达到排放标准。除解决污泥膨胀问题之外，还有其他优点，如相比于传统的处理系统，可使系统的需氧量、占地、污泥的产量下降，因而可以节省大量的投资和运行成本。

5.124　什么是 MBR – 卡鲁塞尔系统？

MBR – 卡鲁塞尔系统是卡鲁塞尔氧化沟最新的和最高级的形式，它可以广泛地应用于市政污水和各种工业污水处理方面。

MBR – 卡鲁塞尔系统包括两个组成部分，即卡鲁塞尔氧化沟段，在其中将发生生物处理过程；膜处理段，对处理过后的水和污泥进行有效分离。MBR – 卡鲁塞尔系统开发的动力源于两方面，第一它大量地减少了系统占地，系统不再采用占地的二沉池；第二是其出水水质好，处理后的污水可以实现回用。

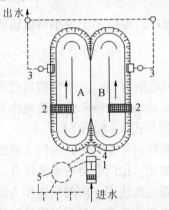

图 5 – 47　交替工作的
氧化沟示意图（D 型）

1—沉砂池；2—曝气转刷；3—出水堰；
4—排泥管；5—污泥井；6—氧化沟

5.125　交替式氧化沟有哪些具体类型？

交替式氧化沟是有二池和三池交替工作的两种情况，包括 D 型、DE 型、T 型和 VR 型氧化沟。

（1）D 型氧化沟

D 型氧化沟由容积相同的 A、B 池组成，串联运行，轮流作为曝气池和沉淀池，一般以 8h 为一个运行周期。此种系统可获得优质的出水和稳定的污泥，同样不需设污泥回流系统，缺点是曝气转刷的利用率仅为 37.5%。D 型氧化沟示意图见图 5 – 47。

（2）DE 型氧化沟

在双沟式（D 型）氧化沟基础上考虑除磷脱氮功能，故在氧化沟前后分别增设厌氧池和沉淀池，此种类型称为 DE 型氧化沟，其处理工艺流程示意图如图 5 – 48 所示。

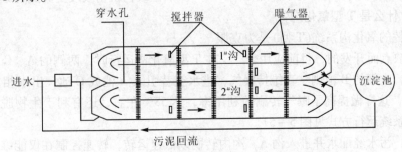

图 5 – 48　DE 型氧化沟处理系统工艺流程示意图

DE 型氧化沟生物脱氮除磷运行过程分为四个阶段，如图 5-49 所示。

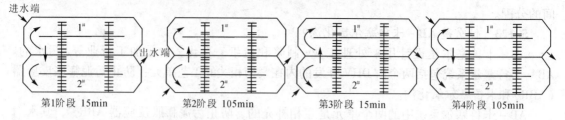

图 5-49 DE 型氧化沟生物脱氮除磷运行的四个阶段

整个过程分为 4 个阶段，运行一个周期为 240min，各阶段的情况如下：

阶段 1：1#氧化沟进水，进水时间为 15min，不曝气，这时 1#氧化沟处于反硝化状态，而 2#氧化沟处于曝气硝化状态；

阶段 2：1#氧化沟不进水也不出水，而曝气器曝气开启；2#氧化沟既进水也排水，同时也进行曝气，这阶段，两沟同处于硝化状态。

阶段 3：2#氧化沟进水，进水时间为 15min，不曝气；2#氧化沟处于反硝化状态，而 1#氧化沟处于曝气硝化状态。

阶段 4：2#氧化沟不进水也不出水，曝气器曝气开启；1#氧化沟既进水也排水，同时也进行曝气，这阶段，两沟同处于硝化状态。

DE 型氧化沟工艺适用范围广，不仅适用于大型污水处理厂，也可用于中小型城镇或居住区污水的处理。

5.126 什么是 VR 型氧化沟脱氮工艺？

VR 型氧化沟是将曝气沟渠分为 A、B 两部分，其间有单向活拍门相连。VR 型氧化沟利用定时改变曝气转刷的旋转方向，以改变沟渠中的水流方向，使 A、B 两部分交替地作为曝气区和沉淀区，因此不需设二沉池和污泥回流系统，其示意图如图 5-50 所示。

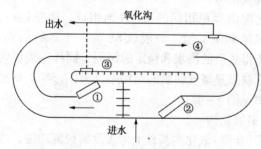

图 5-50 VR 型氧化沟示意图
①、②为单向活拍门；③、④为可启闭的出水堰

当曝气器顺时针旋转时，拍门①通过水流压力自动关闭，拍门②会被水流冲开，外侧池体作为曝气池使用，内侧池体作为沉淀池使用，出水堰③工作；当曝气器逆时针旋转时，内侧池体作为曝气池使用，外侧池体作为沉淀池使用，出水堰④工作。

交替式氧化沟在脱氮效果上良好。为了达到除磷效果，通常在氧化沟前设置相应的厌氧区或构筑物或改变其运行方式。

5.127 什么是 T 型氧化沟？

三沟交替的氧化沟系统(T 型)是为克服 D 型系统的缺点而开发的，目前应用较广。在 T 型氧化沟运行时，两侧的 A、C 二池交替地用作曝气池，中间的 B 池则一直维持曝气，进水交替引入 A 池或 C 池，出水相应地从 C 池或 A 池引出，这样做提高了曝气转刷的利用率，达 58%左右，还有利于生物脱氮。三沟交替的氧化沟系统运行方式见图 5-51。

阶段 I：污水经配水井进入沟 A，沟内转刷以低速运转，转速控制在仅能维持水和污泥混合，并推动水流循环流动，但不足以供给微生物降解有机物所需的氧。此时，沟 A 处于

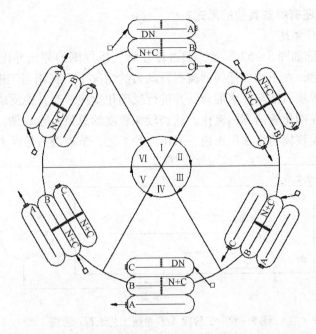

图 5-51 三沟交替的氧化沟系统运行方式（N+C：硝化与有机物；DN 反硝化）

缺氧状态。同时沟 A 的出水堰自动升起，污水和污泥混合液进入沟 B，沟 B 内的转刷以高速运行，保证沟内有足够的溶解氧来降解有机物，并使氨氮转化为硝酸盐，完成硝化过程。处理后的污水流入沟 C，沟 C 中的转刷停止运转，起沉淀池的作用，进行泥水分离，由沟 C 处理后的水经自动降低的出水堰排出。

阶段 Ⅱ：进水改从处于好氧状态的沟 B 流入，并经沟 C 沉淀后排出。同时沟 A 中的转刷开始高速运转，使其从缺氧状态变为好氧状态，并使阶段 Ⅰ 进入沟 A 的有机物和氨氮得到好氧处理，待沟内的溶解氧上升到一定值后，该阶段结束。

阶段 Ⅲ：进水仍然从沟 B 流入，经沟 C 排出，但沟 A 中的转刷停止运转，开始进行泥水分离，待分离完成，该阶段结束。阶段 Ⅰ、Ⅱ、Ⅲ 组成了上半个工作循环.

阶段 Ⅳ：进水改从沟 C 流入，沟 C 出水堰升高，沟 A 出水堰降低，并开始出水。同时，沟 C 中转刷开始低速运转，使其处于缺氧状态，沟 B 则仍然处于好氧状态，沟 A 起沉淀池作用。阶段 Ⅳ 与阶段 Ⅰ 的水淹方向恰好相反，沟 C 起反硝化作用，出水由沟 A 排出。

阶段 Ⅴ：类似于阶段 Ⅱ，进水从沟 B 流入，沟 A 仍然起沉淀池作用，沟 C 中的转刷开始高速运转，并从缺氧状态变为好氧状态。

阶段 Ⅵ：类似于阶段 Ⅲ，沟 B 进水，沟 A 沉淀出水。沟 C 中的转刷停止运转，开始泥水分离。至此完成整个循环过程。

通常一个工作循环需 4~8h。在整个循环过程中，中间的沟始终处于好氧状态，而外侧两沟中的转刷则处于交替运行状态。当转刷低速运转时，进行反硝化过程；转刷高速运转时，进行硝化过程；而转刷停止运转时，氧化沟起沉淀池作用。若调整各阶段的运行时间，就可达到不同的处理效果，以适应水质、水量的变化。目前运行的这种工艺，大部分是预先将各阶段的运行时间，根据具体的水质、水量，编入运行管理的计算机程序中，从而使整个管理过程运行灵活、操作方便。

5.128 氧化沟还有哪些其他的形式？

（1）二阶段 A/C 系统

二阶段 A/C 系统如图 5 - 52 所示，通过设在曝气机周围的侧向导流墙，可充分利用氧化沟原有的渠道流速，在不增加任何回流提升动力的情况下，将相当于进水流量 400% 以上的硝化液回流到前置缺氧池与原水混合，并进行反硝化反应。与其他反硝化工艺相比，最突出的优点是：可实现硝化液的高回流比，达到较深程度的总氮去除效果，同时无需任何回流提升动力。对于较大规模的污水厂来说，采用这种工艺，节能潜力是巨大的。

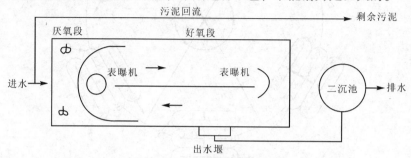

图 5 - 52 二阶段 A/C 系统工艺流程示意图

（2）A²/C 氧化沟

A²/C 氧化沟为设置厌氧、缺氧段的 Carrousel 氧化沟。A²/C 氧化沟具有脱氮除磷功能，是目前城市生活污水处理的主流工艺之一，图 5 - 53 为 A²/C 氧化沟工艺流程示意图。

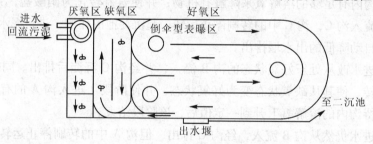

图 5 - 53 A²/C 氧化沟工艺流程示意图

A²/C 氧化沟工艺主要由 3 部分组成，即厌氧区、缺氧区、氧化沟区。该工艺是在普通 Carrousel 氧化沟前增设了一个厌氧区和缺氧区（称前置反硝化区），以加强聚磷菌的释磷、吸磷和营养盐 $NO_x - N$ 的去除，在去除 BOD 的同时达到脱氮除磷的目的。

（3）四阶段卡鲁塞尔 Bardenpho 系统

在卡鲁塞尔 2000 型系统下游增加了第二缺氧池及再曝气池，实现更高程度的脱氮。该系统的出水水质可达到 $BOD_5 10mg/L$、TN3mg/L。

（4）五阶段卡鲁塞尔 Bardenpho 系统

在 A²/C 卡鲁塞尔系统的下游增加了第二缺氧池和在曝气池，形成了厌氧—缺氧—好氧—再缺氧—再曝气的强化污水深度处理流程，实现了更深程度的除磷和脱总氮。该系统的出水水质可达到 $BOD_5 10mg/L$，TN3mg/L，TP1mg/L。五阶段卡鲁塞尔/Bardenpho 工艺流程示意图见图 5 - 54。

厌氧、缺氧与好氧合建的氧化沟系统可以分为三阶段 A²/O 系统以及四、五阶段 Bardenpho 系统，这几个系统均是 A/O 系统的强化和反复，因此这种工艺的脱氮除磷效果很好，脱氮率达 90% ~95%。

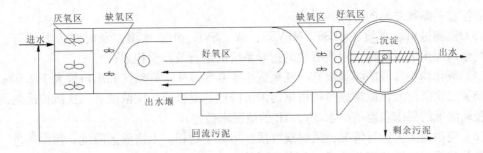

图 5 – 54　五阶段卡鲁塞尔 Bardenpho 工艺流程图

5.129　三沟式氧化沟的运行管理有哪些要求?

（1）运行管理人员应掌握三沟式氧化沟的运行工艺要求及设备、设施的功能与技术指标。

（2）操作人员必须掌握本岗位设备、设施的运行要求及各项操作规程和技术指标。

（3）应在明显部位悬挂三沟式氧化沟的工艺流程图、安全操作规程等。

（4）操作人员应按要求巡视氧化沟及沟上设备、电器和仪表的运行情况。

（5）按三沟式氧化沟的池组设置情况及运行方式，应调节各池组进水量，使其均匀配水。各池组沟还应按工艺要求给各单沟合理配水。

（6）根据工艺运行需要，宜合理选择硝化模式或硝化 – 反硝化模式。

（7）无论采用何种运行方式，运行管理人员都应通过调整污泥负荷、污泥浓度、污泥龄或溶解氧等参数来进行工艺控制。

（8）运行管理人员应定期对氧化沟内的进水颜色、气味、出水水质和活性污泥的生物相、颜色、气味及沉降性能等进行观测并分析沟内的运行状况及时调整工艺参数。

（9）剩余污泥的排放量应根据污泥浓度、污泥沉降比、污泥龄及每日产生的污泥量等值来控制。

（10）应使氧化沟内的污水营养物质平衡。

（11）当进水水温低时，应采取适当延长曝气时间、提高污泥浓度、增加污泥龄等方法来调整系统运行工况，保证处理效果。

（12）氧化沟中产生泡沫和浮渣时，应根据泡沫颜色分析原因，采取相应措施恢复正常。

（13）操作人员应及时清理、打捞氧化沟内、池壁、出水堰口及其附属设施的杂物、浮渣等，使之保持清洁、完好。

（14）氧化沟产生污泥膨胀、上浮等不正常现象时，应从水质、水温、pH 值、污泥负荷或运行方式变化等方面分析原因，并针对具体情况，调整系统运行工况，采取相应措施恢复正常。

（15）操作人员、运行管理人员应按时做好日常运行记录，数据要求准确无误。

（16）构筑物或设备发生故障，使未经处理或处理不合格的污水排放时，应及时排除故障，做好记录并上报。

（17）当进水水质超标或水量超负荷而影响到出水水质时，必须上报和处理。

（18）气候寒冷地区应根据气温开停进、出水堰的加热装置。

5.130　一般氧化沟的运行管理有哪些要求?

（1）调节每组氧化沟进水渠道上的阀门，保证进入每组氧化沟的进水量大致均匀，使污泥负荷也大致相等;

（2）污泥负荷、泥龄、回流比、污泥浓度在工艺调控中是几项重要参数，在进行工艺调整时需注意各参数之间的协调和平衡；

（3）监测进出水水质、MLSS、MLVSS、SV、SVI、pH、水温，及时对污泥负荷、污泥龄、剩余污泥量进行计算，以便有效的指导系统的运行及经验积累；

（4）氧化沟中各段的溶解氧宜：缺氧区小于0.5mg/L，好氧区和出口处大于2.0mg/L；

（5）二次沉淀池污泥排放量可根据污泥沉降比、混合液污泥浓度、二次沉淀池泥面高度及对脱磷除氮的要求和监测出水TN、TP的情况来确定；

（6）应根据工艺运行情况，适时观察活性污泥生物相、上清液透明度、污泥颜色、状态气味等反映污泥特性的有关项目，并做好记录；

（7）对于沉淀池发生的污泥膨胀、污泥上浮等不正常现象，应分析原因，并针对具体情况采取适当措施恢复正常；

（8）当氧化沟中水温低于12℃时，净化效果会相应降低，这时应采取延长曝气时间、适当提高污泥浓度，增加泥龄或其他方法，保证污水处理效果；

（9）氧化沟中回流比可以根据工艺需要，采取调整回流量的方法来调节；

（10）氧化沟及二次沉淀池产生泡沫和浮渣时，应根据泡沫颜色分析原因，采取相应措施恢复正常。

5.131 生物膜法有哪些具体工艺类型？生物膜法在污水处理方面具有哪些优势？

生物膜法是土壤自净原理的工程化，生物膜是附着生长系统处理有机物的主要承担者。它利用附着生长的微生物新陈代谢作用，从而达到对污水中有机物的去除目的。生物膜法包括浸没式生物膜法（生物接触氧化池、曝气生物滤池）、半浸没式生物膜法（生物转盘）和非浸没式生物膜法（高负荷生物滤池、低负荷生物滤池、塔式生物滤池）等。其中浸没式生物膜法具有占地面积小、BOD容积负荷高、运行成本低、处理效率高等特点。半浸没式、非浸没式生物膜法最大特点是运行费用低，约为活性污泥法的1/3～1/2，但卫生条件较差及处理程度较低，占地较大，所以阻碍了其发展，可因地制宜采用。生物膜法目前国内均用于中小规模的污水处理。其污水处理方面的优势有：

（1）对水质和水量有较强适应性；

（2）沉降性能好，容易固液分离；

（3）适合处理低浓度污水；

（4）容易维护运行，成本低。

5.132 生物接触氧化池的构造有哪些？

接触氧化池是由池体、填料及支架、曝气装置、进出水装置以及排泥管道等部件所组成。生物接触氧化池的构造示意图见图5－55。

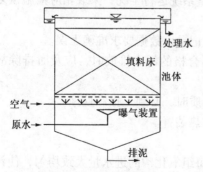

图5－55　生物接触氧化池的构造示意图

1. 池体

池体的作用除了进行净化污水外，还要考虑填料，布水、布气等设施的安装。当池体容积较小时可采用圆形钢结构，池体容积较大时可采用矩形钢筋混凝土结构。池体的平面尺寸以满足布水、布气均匀，填料安装、维护管理方便为准。池体的底壁须有支承填料的框架和进水进气管的支座。池体厚度根据池的结构强度要求来计算。高度则由填料、布水布气层、稳定水层以及超高的高度来计算。同时，还必须考虑到充氧设备的供气压力或提升高度。各部位的尺寸一般为：池内填料高度为

3.0~3.5m，底部布气层高为0.6~0.7m，顶部稳定水层0.5~0.6m，总高度约为4.5~5.0m。

2. 填料

（1）填料的要求

填料是生物膜的载体，所以也称之为载体。填料是接触氧化处理工艺的关键部位，它直接影响处理效果。它的费用在接触氧化系统的建设费用中占的比重较大，约占55%~60%；同时载体填料直接关系到接触氧化法的经济效果，所以选定适宜的填料是具有经济和技术意义的。接触氧化处理工艺对填料的要求如下：

① 在水力特性方面，比表面积大、空隙率高、水流通畅、阻力小、流速均一；

② 要求形状规则、尺寸均一，表面粗糙度较大；填料表面电位高，附着性强；

③ 化学与生物稳定性较强，经久耐用，不溶出有害物质，不导致产生二次污染；

④ 在经济方面要考虑货源、价格，也要考虑便于运输与安装等。

（2）填料类型

填料可分为悬挂式填料、悬浮式填料和固形块状填料三种类型。

目前常采用的填料是聚氯乙烯塑料、聚丙烯塑料、环氧玻璃钢等做成的蜂窝状和波纹板状填料。为安装检修方便，填料常以料框组装，带框放入池中。当需要清洗检修时，可逐框轮替取出，池子无需停止工作。用于接触氧化工艺的填料形式见图5-56。

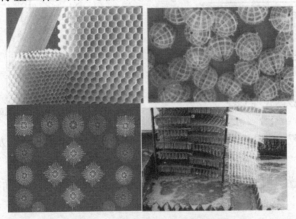

图5-56 接触氧化工艺的填料形式

（3）填料的性能

目前国内常用的填料有整体型、悬浮型和悬挂型，其技术性能见表5-9。

表5-9 填料技术性能参数

填料名称 项目		整体型		悬浮型		悬挂型	
		立体网状	蜂窝直管	Φ50mm×50mm	内置式悬浮填料	半软性填料	弹性立体填料
比表面积/（m²/m³）		50~110	74~110	278	650~700	80~120	116~133
空隙率/%		95~99	98~99	90~97	12束/个，大于40个/束；纤维束重量1.6~2g/个	大于96	
成品重量		20kg/m³	38~45kg/m³	7.6kg/m³		3.6~6.7kg/m	2.7~4.99kg/m
填充率/%		30~40	50~70	60~80		4.8~5.2	—
填料容积负荷/[kgCOD/（m³·d）]	正常负荷	4.4		3~4.5	1.5~2	2~3	2~2.5
	重负荷	5.7		4~6	3	5	
安装条件		整体	整体	悬浮	悬浮	吊装	吊装
支架形式		平格栅	平格栅	绳网	绳网	上下框架固定	上下框架固定

3. 供气装置

接触氧化池均匀地布水布气很重要，它对于发挥填料作用，提高氧化池工作效率有很大关系。供气的作用有三方面：

（1）供氧。对于生物接触氧化池，溶解氧一般控制在 4~5mg/L 左右。

（2）充分搅拌形成紊流，有利于均匀布水。紊流愈甚，被处理水与生物膜的接触效率愈高，传质效率良好，从而处理效果也愈佳。

（3）防止填料堵塞，促进生物膜更新。

5.133 生物接触氧化池的供气装置有哪些类型？

生物接触氧化池的供气装置有三种，包括鼓风供气、表曝机、水力喷射供气装置。

1. 鼓风供气

鼓风供气装置由鼓风机、输气管道和曝气器等部件组成。布气管可布置在池子中心，中心曝气见图 5-57。可布置在侧面，侧面曝气见图 5-58。也可布置在全池，全面曝气，即整个池底安装穿孔布气管，布气相互正交，形成如 0.3m×0.3m 的方格。

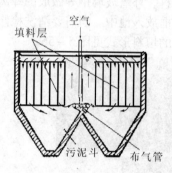

图 5-57 池中心供气方式

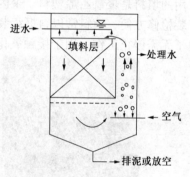

图 5-58 池侧面供气方式

2. 表曝机

表面机械曝气装置一般采用安装在中心曝气型接触氧化池中，表面机械曝气供气形式见图 5-59。

3. 水力喷射供气

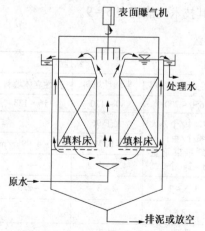

图 5-59 表面机械曝气供气形式

装置是由循环泵、管道、导流筒和射流曝气器等部件组成。氧化池内污水通过导流筒，由循环泵实施强制循环。当有压污水经过射流曝气器时，在射流曝气器内形成负压，从环境中吸入空气，并在射流曝气器内产生气水混合，气水混合液在氧化池底释放，气泡上浮时实施充氧。水力喷射供气装置对氧的利用率为 15% 左右，一般适用于低有机负荷的中小型污水处理站或对环境噪声有较高要求场所。

5.134 生物接触氧化池有哪些形式？

接触氧化池按曝气装置的位置，分为直流式与分流式两种。

1. 直流式

直流式接触氧化池的特点是直接在填料底部曝气，

在填料上产生上向流,生物膜受到气流的冲击、搅动,加速其脱落、更新,使生物膜经常保持较高的活性,而且能够避免堵塞现象的产生。此外,上升气流不断与填料撞击,使气泡反复切割,粒径减小,增加了气泡与污水的接触面积,提高了氧的转移率。国内多采用直流式的接触氧化池,图5-60为直流生物接触氧化池示意图。

2. 分流式

分流式接触氧化池充氧与填料分置于单独的区间,使污水在充氧间与填料间循环流动,这种形式在国外多采用。分流式接触氧化池有利于微生物的生长繁殖,供氧状况良好。但水流对生物膜冲刷力小,膜更新慢,易堵塞,图5-61所示的是分流式接触氧化池示意图。

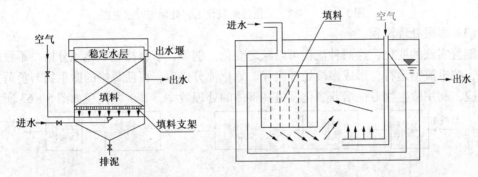

图5-60 直流生物接触氧化池示意图   图5-61 分流式接触氧化池示意图

5.135 生物接触氧化法的工艺流程有哪些?

生物接触氧化处理技术的工艺流程,一般可分为:一段处理流程、二段处理流程、多段处理流程。

(1)一段处理流程

一段处理流程也称一氧一沉法。原水先经调节池,再进入生物接触氧化池,然后流入二次沉淀池进行泥水分离。处理后的上层水排放或作进一步处理,污泥从二次沉淀池定期排走。

(2)二段处理流程

二段处理流程也称二氧二沉法。采用二段法的目的,是为了增加生物氧化时间,提高生化处理效率,同时更适应原水水质的变化,使处理水质稳定。原水经调节池调节后,进入第一生物接触氧化池,然后流入中间沉淀池进行泥水分离,上层水继续进入第二接触氧化池,最后流入二次沉淀池,再次泥水分离,出水排放,沉淀池的污泥定期排出。

在二段法流程中,需控制第一段氧化池内微生物处于较高的 F/M 条件,当 F/M > 2.1kgBOD$_5$/(kgMLSS·d)时,微生物生长率可处于上升阶段。此时营养物远远超过微生物生长所需,微生物生长不受营养因素的影响,只受自身生理机能的限制,因而微生物繁殖很快,活力很强,吸附氧化有机物的能力较高,可以提高处理效率。在第二阶段氧化池内,须根据需要控制适当的 F/M 条件,一般在 0.5kgBOD$_5$/(kgMLSS·d)左右,此时的微生物处于生长率下降阶段后的内源性呼吸阶段。

一般来说,当有机负荷较低,水力负荷较大时,采用一段法为好。当有机负荷较高时采用二段法或推流式更为恰当。在推流式流程中,既可按 BOD 变化的条件分格(第一格最大,以后逐渐减小),也可按水力负荷分格(每格为相等大小)。一段、二段接触氧化工艺处理流程示意图见图5-62。

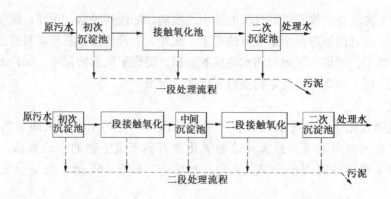

图 5-62　一段、二段接触氧化工艺处理流程示意图

（3）多段处理流程

随着实践的变化，这两种流程可以随之变化。例如，有将接触氧化池分格，不设中间沉淀池，按推流型运行，形成多段处理流程。氧化池分格后，可使每格的微生物与负荷条件更加适应，利用微生物专性培养驯化，提高整体的处理效率，其工艺流程如图 5-63 所示。

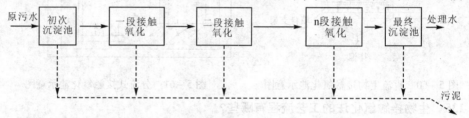

图 5-63　多段接触氧化工艺处理流程示意图

5.136　生物转盘的组成有哪些?

生物转盘的主要组成部分有转动轴、转盘、污水处理槽和驱动装置等。其构造示意图见图 5-64。

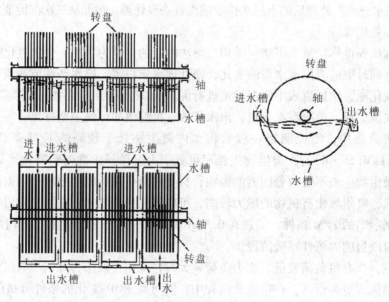

图 5-64　生物转盘构造示意图

生物转盘的主体是垂直固定在水平轴上的一组圆形盘片和一个同它配合的半圆形水槽。微生物生长并形成一层生物膜附着在盘片表面，约 40% ~ 45% 的盘面（转轴以下的部分）浸没在污水中，转轴高出槽内水面 15 ~ 25cm，上半部敞露在大气中。

（1）盘片

盘片是生物转盘的主要部件，应具有轻质高强、耐腐蚀、耐老化、易于挂膜、不变形、比表面积大、易于取材、便于加工安装等性质。目前多采用聚乙烯硬质塑料或玻璃钢制作盘片。转盘可以是平板或由平板与波纹板交替组成。盘片直径一般是 2 ~ 3m，最大为 5m，轴长通常小于 7.6m，盘片净间距为 20 ~ 30mm。当系统要求的盘片总面积较大时，可分组安装，一组称一级，串联运行。转盘分级布置使其运行较灵活，可以提高处理效率。

在一套生物转盘装置内，盘片多的有 100 ~ 200 片。它们平行地安装在转轴上，需要支撑加固以防止挠曲变形从而使盘片相互碰上。为了保证通风良好和不为生物膜增厚所堵塞，盘片间距主要取决于盘片直径及生物膜的最大厚度。生物膜的厚度与进水 BOD 值有关，BOD 浓度越高，生物膜也将越厚，而硝化过程的生物膜则较薄。盘片间距的标准值为 30mm，如采用多级转盘，则前数级的间距为 25 ~ 35mm，后数级为 10 ~ 20mm。当采用生物转盘脱氮时，宜采取较大的盘片间距。

（2）接触氧化槽

接触氧化槽可用钢板、毛石混凝土等制作。氧化槽断面应呈与盘材外形基本吻合的半圆形，不小于盘片直径 35% 深度浸没于接触氧化槽的污水中。接触氧化槽的各部位尺寸和长度，应根据盘片直径和转轴长度决定。盘片边缘与槽内壁应留有不小于 100mm 的间距。槽内水面应控制在转轴以下 150mm。槽的两侧面设有进出水设备，多采用锯齿形溢流堰。

（3）转轴

转轴是支承盘片并带动其旋转的重要部件。转轴一股采用实心钢轴或无缝钢管制作，两端安装固定在接触氧化槽两端的支座上。转轴直径一般介于 30 ~ 50mm，大型转盘转轴的直径可达 80mm。

（4）驱动装置

驱动装置包括电机、减速装置以及传动链条等。转盘的转速一般以 0.8 ~ 3r/min、线速度以 10 ~ 20m/min 为宜。

5.137 生物转盘的进展情况如何？

降低生物转盘法的动力消耗、节省工程投资和提高处理设施的效率。近年来生物转盘有了一些新发展，主要有空气驱动的生物转盘、与沉淀池合建的生物转盘、与曝气池组合的生物转盘等。

1. 气动生物转盘

（1）气动转盘的组成

气动生物转盘由接触反应槽、转盘、转轴、空气罩等组成。一般转盘为蜂窝状塑料，由钢结构支撑，中心贯以转轴。转盘四周的空气罩由环氧玻璃钢构成，一般情况下，三只到四只转盘串联成一个系列，多个系列转盘之间并联布置，转盘的 40% ~ 50% 浸没在槽内污水中。转轴两端安放在半圆形接触反应槽（即氧化槽）的支座上。转轴高出水面 10 ~ 25cm。盘片外缘周围设空气罩，在转盘下侧设曝气管，管上装有扩散器，空气从扩散器吹向空气罩，产生浮力，使

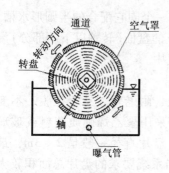

图 5-65 空气驱动的
生物转盘结构示意图

转盘转动。气动转盘主要应用于城市污水的二级处理和硝化处理。图 5-65 为空气驱动的生物转盘结构示意图。

（2）气动生物转盘工艺的特征

① 参与净化反应的微生物多样化

气动生物转盘有适于微生物生长栖息、繁殖的稳定环境。生物膜固定在填料上，其污泥龄较长。在生物转盘上能够生长世代时间较长。

② 每级都有优占微生物

气动生物转盘法分级处理，在每级都有生长繁育与进入本级污水水质相适应的微生物，并自然地成为优占种属，这种现象对有机污染物的降解是有利的。

③ 微生物浓度高

特别是最初几级的生物转盘，据统计，转盘上生物膜如折算成曝气池的 MLVSS，可达 $40000 \sim 60000 mg/L$，F/M 比为 $0.05 \sim 0.1 kgBOD_5/(kgMVSS \cdot d)$。

（3）处理工艺方面特征

① 适合于处理低浓度污水，对水质、水量变动具有较强的适应性。气动生物转盘处理工艺对入流水量、水质的变化具有较强的适应性，即使中间停止一段时间进水，对生物膜的净化功能也不会带来明显的障碍，能够很快地得到恢复。

② 易于固液分离，即使产生大量的丝状菌，在二沉池中也无污泥上浮现象发生。

③ 动力费用低，气动生物转盘法去除单位质量 BOD_5 的耗电量较传统活性泥法少。

（4）气动生物转盘的主要参数

① 转盘

转盘级数一般三级到四级，转盘浸没率介于 $40\% \sim 50\%$，转盘旋转速度 $0.8 \sim 3r/min$，转盘边缘线速度以 $20m/min$ 左右。

② 容积面积比

容积面积比介于 $5 \sim 9L/m^2$；生物转盘容积面积比是接触氧化槽的实际容积 V 与转盘盘片全部表面积 A 之比，一般当容积面积比值低于 5 时，BOD 去除率即将有较大幅度的下降。

③ 负荷

BOD 面积负荷 $\leqslant 20g/(m^2 \cdot d)$；水力负荷 < $200L/(m^2 \cdot d)$。

2. 与沉淀池合建的生物转盘

与沉淀池合建的生物转盘是把平流沉淀池做成二层，上层设置生物转盘，下层是沉淀区。生物转盘用于初沉池可起生物处理作用，用于二沉池可进一步改善出水水质。

3. 与曝气池组合的生物转盘

与曝气池组合的生物转盘是在活性污泥法曝气池中设生物转盘，以提高原有设备的处理效果和处理能力，见图 5-66。

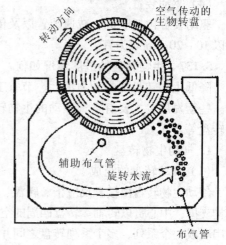

图 5-66 与曝气池组合的
生物转盘示意图

5.138 生物滤池有哪些分类？不同类型的生物滤池参数及有关特征有哪些？

生物滤池根据设备型式不同分为普通生物滤池和塔式生物滤池；根据承受污水的负荷大小分为普通生物滤池(低负荷)和高负荷滤池。

不同类型的生物塔式滤池参数及有关特征见表5-10。

表5-10　不同类型的生物塔式滤池参数及有关特征

设计参数	普通生物滤池	高负荷生物滤池	塔式生物滤池
表面负荷/[$m^3/(m^2 \cdot d)$]	0.9~3.7	9~36(包括回流)	16~97(不包括回流)
BOD_5负荷/[$kg/(m^3 \cdot d)$]	0.11~0.37	0.37~1.084	高达4.8
深度/m	1.8~3.0	0.9~2.4	8~12或更高
回流比/倍	无	1~4	回流比较大
滤料	多用碎石等	多用塑料滤料	塑料滤料
比表面积/(m^2/m^3)	43~65	43~65	82~115
孔隙率/%	45~60	45~60	93~95
蝇	多	很少	很少
生物膜脱落情况	间歇	连续	连续
运行要求	简单	需要一定技术	需要一定技术
投配时间的间歇	不超过5min	一般连续投配	连续投配
剩余污泥	黑色、高度氧化	棕色、未充分氧化	棕色、未充分氧化
处理出水	高度硝化，$BOD_5 <20mg/L$	未充分硝化，$BOD_5 <30mg/L$	未充分硝化，$BOD_5 <30mg/L$
BOD_5去除率/%	85~95	75~85	65~85

5.139 影响生物滤池性能的主要因素有哪些？

1. 滤池高度

由于生化反应速率与有机物浓度有关，而滤床不同深度处的有机物浓度不同，自上而下递减。因此，各层滤床有机物去除率不同，有机物的去除率沿池深方向呈指数形式下降。生物滤池的处理效率，在一定条件下是随着滤床高度的增加而增加，在滤床高度超过某一数值(随具体条件而定)后，处理效率的提高是微不足道，不经济的。滤床不同深度处的微生物种群不同，反映了滤床高度对处理效率的影响同污水水质有关。滤床高度与处理效率之间的关系和滤床不同深度处的生物膜量见表5-11。对水质比较复杂的工业污水来讲，这一点是值得注意的。

表5-11　滤床高度与处理效率之间的关系和滤床不同深度处的生物膜量

离滤床表面的深度/m	污染物去除率/%				生物膜量/(kg/m^3)
	丙烯腈 156mg/L	异丙醇(35.4mg/L)	SCN^-(18mg/L)	COD(955mg/L)	
2	82.6	31	6	60	3.0
5	99.2	60	10	66	1.1
8.5	99.3	70	24	73	0.8
12	99.4	91	46	79	0.7

2. 负荷率

(1) 水力负荷

以往城市污水厂采用普通生物滤池，滤率一般在1~2m/d左右，不超过4m/d。在此低负荷率的条件下，随着滤率的提高，污水中有机物的传质速率加快，生物膜量增多，滤床特别是它的表层很容易堵塞。因此，生物滤池的负荷率曾长期停留在较低的水平(当污水浓度和滤床高度为定值时，滤率与负荷率的比值是常数)，当滤率提高到8m/d以上时，下渗污水对生物膜的水力冲刷作用，使生物滤池堵塞现象获改善。在高负荷条件下，随着滤率的提高，污水在生物滤池中的停留时间缩短，出水水质将相应下降。为此，可以利用污水出水回流或提高滤床高度来改善进水水质，从而提高滤率和保证出水水质。

（2）有机负荷率

有机负荷率的选取应与处理效率相对应。例如，采用生物滤池处理城市污水，要求处理效率在 80% ~ 90% 左右（城市污水的 BOD_5 一般在 200 ~ 300mg/L 左右，用生物滤池处理后，出水 BOD_5 一般在 25mg/L 左右），这时，低负荷生物滤池的负荷率常在 0.2kgBOD$_5$/（m^3 · d），高负荷生物滤池的负荷率在 1.1kgBOD$_5$/（m^3 · d）左右。若提高负荷率，出水水质将相应有所下降。

3. 回流

回流滤池的回流比与污水浓度有关，高负荷滤池的回流比值见表 5 – 12。

表 5 – 12 高负荷滤池的回流比值

污水 BOD_5/（mg/L）	回流比	
	单级滤池	二级滤池（各级）
< 150	0.75 ~ 1	0.5
150 ~ 300	1.5 ~ 2	1
300 ~ 450	2.25 ~ 3	1.5
450 ~ 600	3 ~ 4	2
600 ~ 750	3.75 ~ 5	2.5
750 ~ 900	4.5 ~ 8	3

4. 供氧

生物滤池中，微生物所需的氧一般直接来自大气，靠自然通风供给。影响生物滤池通风的主要因素是滤床自然拔风和风速。自然拔风的推动力是池内温度与气温之差，以及滤池的高度。温度差愈大，通风条件愈好。当水温较低，滤池内温度低于气温时（夏季），池内气流向下流动；当水温较高，池内温度高于气温时（冬季），气流向上流动。若池内外温差为 2℃时，空气停止流动。池内外温差与空气流动的关系见式（5 – 3），氧的利用率一般按 5% ~ 8% 考虑。

$$V = 0.075\Delta T - 0.15 \tag{5 – 3}$$

式中　V——空气流速，m/min；

　　　ΔT——池内外温差，一般为 6℃。

有关研究表明进水有机物浓度低时，氧的供给是充足的，当 COD 为 400 ~ 500mg/L 时，生物滤池供氧不足，生物膜好氧层厚度变薄。当进水浓度高于此值时，可以通过回流的方法，降低滤池进水有机物浓度，以保证生物滤池供氧充足，正常运行。

5.140 高负荷生物滤池与普通生物滤池在特征与构造上有哪些不同之处？

（1）特征

高负荷生物滤池是继普通生物滤池之后为解决普通生物滤池在净化功能和运行中存在的实际弊端而开发出来的第二代工艺。与普通生物滤池相比，其负荷能力大大提高，BOD_5 容积负荷一般为普通生物滤池 6 ~ 8 倍，水力负荷则为普通生物滤池的 10 倍。因此，它的池体较小，占地面积较少，卫生条件较好，比较适合于浓度和流量变化较大的污水处理。

（2）构造

与普通生物滤池的不同之处有：

① 滤池表面多呈圆形，滤料一般采用表面光滑的卵石或石英石，滤料总厚度为 2 ~ 4m。滤料直径增大，一般采用 40 ~ 100mm 的滤料，因而孔隙率较高，滤料层亦由底部的承托层和其上的工作层组成。

② 高负荷生物滤池采用旋转式布水器布水。

③ 生物膜经常剥落、更新，并连续地随废水排出池外。

④ 池内不易出现硝化反应，出水中没有或少有硝酸盐，BOD_5 常大于 30mg/L。

⑤ 二次沉淀池的污泥呈褐色，没有完全氧化，容易腐化。

5.141　高负荷滤池的回流有哪些方式？

（1）一段滤池回流方式

将二沉池出水回流至滤池入口以提高滤池的水力负荷，同时二沉池污泥回流至初沉池以提高初沉池的沉淀效率；或将滤池出水与二沉池污泥一起回流到初沉池，既可提高水力负荷，又可提高初沉效率，保证膜的接种，但增大了初沉池体积。一段滤池回流的两种方式见图 5 - 67。

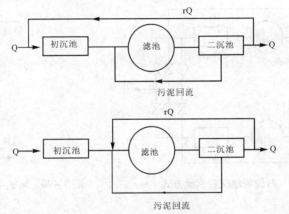

图 5 - 67　一段滤池回流方式示意图

（2）两段滤池直接回流方式

当进水浓度较高或对处理要求较高时，可以考虑两段（级）生物滤池处理系统。主要目的为提高出水水质，通常出水 BOD_5 < 30mg/L，有硝化作用。两段滤池有多种组合方式，图 5 - 68 所示为其中主要的两种方式示意图。

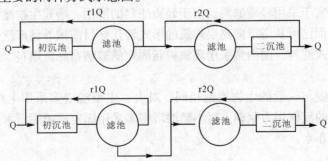

图 5 - 68　两段滤池直接回流方式示意图

（3）两段滤池交替回流方式

当进水浓度较高（$BOD_5 > 200mg/L$），出水要求较高（$BOD_5 < 30mg/L$）时，可考虑采用交替回流系统。运行时，滤池是串联工作的，污水经初步沉淀后进入一级生物滤池，出水经相应的中间沉淀池去除残膜后用泵送入二级生物滤池，二级生物滤池的出水经过沉淀后排出污水处理设施。工作一段时间后，一级生物滤池因表层生物膜的累积，即将出现堵塞，改作二级生物滤池，而原来的二级生物滤池则改作一级生物滤池。运行中每个生物滤池交替作为一级和二级滤池使用。交替式二级滤池法流程比并联流程负荷率可提高两三倍，两段滤池交替回流方式见图 5 - 69。

5.142 什么是塔式生物滤池？其构造及工艺特征有哪些？

塔式生物滤池是以加大滤层高度来提高处理能力的一种生物膜法。

1. 构造

塔式生物滤池一般高达 8 ~ 24m，直径 1 ~ 4m，径高比介于 1:（6 ~ 8）左右，呈塔状。在平面上塔式生物滤池多呈圆形或方形。构造上由塔身、滤料、布水系统以及通风及排水装置所组成，见图 5 - 70。

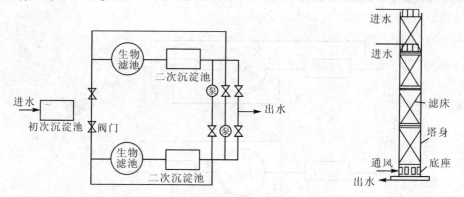

图 5 - 69　两段滤池交替回流方式　　　　图 5 - 70　塔式生物滤池结构示意图

（1）塔身

塔身主要起围挡滤料的作用，一般用砖砌筑，也可以在现场浇筑钢筋混凝土或预制板构件在现场组装；也可以采用钢框架结构，四周用塑料板或金属板围嵌，这样能够使池体重量大为减轻。塔身沿高度常分为数层，每层设置格栅，承担滤料重量。滤料荷重分层负担，每层高度以不大于 2.5m 为宜。

（2）滤料

塔式生物滤池宜于采用轻质滤料。由于轻质滤料的使用，塔式生物滤池的平面尺寸有了扩大的可能，其外形已可从塔形向高层建筑的形式转化。目前国外已广泛使用塑料制的大孔径波纹板滤料和管式滤料，国内常采用环氧树脂固化的玻璃布蜂窝填料。

（3）布水装置

滤池的布水装置与一般的生物滤池相同，对大、中型滤塔多采用电机驱动的旋转布水器，也可以用水流的反作用力驱动。对小型滤塔则多采用固定式喷嘴布水系统，也可以使用多孔管和溅水筛板布水。

（4）通风

塔式生物滤池一般采用自然通风，塔底有高度为 0.4 ~ 0.6m 的空间，周围留有通风孔，通风孔有效面积不得小于滤池面积的 7.5% ~ 10%。这种塔形的构造，使滤池内部形成较强的拔风状态，因此，通风良好。滤塔也可以考虑采用机械通风，特别是当处理工业污水、吹脱有害气体时。

2. 工艺特征

（1）高负荷率。

（2）塔式生物滤池填料分层，填料分层使填料荷重分层负担。每层高不宜大于2m，以免压碎填料。塔顶高出最上层填料表面0.5m左右，以免风吹影响污水的均匀分布。

5.143 塔式生物滤池的基本运行参数有哪些？

塔式生物滤池采用处理水回流稀释工艺，处理水回流后，高的水力负荷使生物膜受到强烈的冲刷而不断脱落与更新，不易造成填料堵塞。进水 BOD_5 宜控制在500mg/L以下，否则较高的 BOD_5 容积负荷会使生物膜生长迅速，易造成填料堵塞。塔式生物滤池运行参数见表5-13。

表5-13　塔式生物滤池运行参数

污水性质	滤料	水力负荷/（m/h）	有机物容积负荷/[kgBOD$_5$/（m^3·d）]	毒物负荷/[g/（m^3·d）]	进水浓度/（mg/L）	出水浓度/（mg/L）
生活污水	Φ22mm 纸蜂窝	100	1.41		BOD_5：26~103	BOD_5：11.6~39.8
丙烯腈污水	上中层：Φ23mm 玻璃布蜂窝，下层：Φ50~80mm 炉渣	46.6	3.52	CN^-：185	CN^-：33.1 BOD_5：630	CN^-：7.9 BOD_5：221
腈纶污水	Φ23mm 纸蜂窝 Φ25mm 玻璃布蜂窝	104	1.42~3.67		BOD_5：150~378	BOD_5：13~89
含氰污水	碎砖	31.2		CN^-：160	CN^-：40	CN^-：1~4
甲醛污水	塑料波形填料	100~220			BOD_5：120~142	BOD_5：41~62

5.144 影响塔式生物滤池正常运行的主要因素有哪些？

（1）填料的比表面积和孔隙率

生物滤池一般采用轻质填料，例如大孔径波纹塑料填料、蜂窝型塑料或玻璃钢填料及塑料阶梯环、鲍尔环等。填料分层装填，每层高度一般不超过3m。为利于布水均匀，层与层之间要留一定空隙。生物膜是生物膜法的主体，而填料是生物膜的载体。填料的比表面积越大，生物膜量就越多，净化功能越强。孔隙率大，生物滤池不易堵塞、通风良好，可以为生物膜提供足够的氧。但比表面积和孔隙率存在矛盾，为生物滤池选择合适的填料是使生物滤池正常运行最基础的工作。

（2）填料层的高度

污水首先进入填料层的上部，这个部位填料上的生物膜中微生物营养物质充分，因而微生物繁殖速度较快，种类以细菌为主，因为此处生物膜量大，对有机物的去除量也较大。随着填料层深度的增加，污水中有机物的含量减少，生物膜量也减少，高级的原生动物和后生动物等微生物种类在生物膜中逐渐增多，对有机物的去除量却逐渐降低。

（3）供氧

生物滤池中微生物所需的氧通常是靠自然通风提供。当水温高于气温的差值越大、滤池越高、填料层孔隙率越大时，自然通风的效果就越好。为保证通风效果，集水池最高水位与最下填料层底面之间的净空间至少要有 0.5m，塔底部四周的通风口面积要不小于滤塔截面积的 7.5%～10%。当污水中有难闻气味或有毒的挥发性有机物含量较大时，应该设置机械通风设施，并将排出的尾气进行过滤处理或在塔顶经过淋洗处理后高空排放。风机提供的风量与水量之比要在 100∶1～150∶1 之间。

（4）负荷

生物滤池的负荷分为有机负荷与水力负荷两种。有机负荷高的生物滤池，生物膜的增长较快。为防止滤池填料层堵塞，就需要较高的水力负荷，予以较大的冲刷力，降低生物膜的厚度，使其保持较高的活性。对浓度一定的有机污水，待处理污水量固定后，有机负荷也就固定了，为防止滤池填料层堵塞、提高水力负荷，可以用回流部分处理后水的方法来实现。

（5）回流

回流除了可以提高水力负荷、增加冲刷力外，还可以稳定滤池进水量，使滤池运行稳定。当污水浓度较高、缺少营养元素或含有有毒有害物质时，回流还可起到补充营养、稀释污水的作用。回流比可根据运行经验确定，实际操作中要根据进水水质的变化情况随时调整。

5.145 塔式生物滤池的运行和管理应该注意哪些问题？

（1）适当回流部分处理后的出水，并根据具体情况，及时调整回流比。因为生物滤池类似冷却塔，污水经滤塔处理后，有机物含量降低的同时，水温也会有不同程度的下降。所以，为保持塔内的温度适宜，冬季气温较低时就要尽量减少甚至停止回流；夏季气温较高时，就要适当加大回流量，以降低滤塔进水的温度。

（2）尽量保持进水有机负荷稳定。一旦污水浓度变大，如果微生物难以承受，将会对生物膜造成破坏，整个装置的作用受到影响。如果在微生物能承受的范围内，由于生物膜的增长过快，有可能堵塞填料，造成生物滤池缺氧现象，最终影响出水水质。如果进水浓度升高引起滤塔有机负荷增加，可采用加大回流比、提高水力负荷的方法降低进水浓度、增加冲刷力，使微生物保持活性。

（3）通过观察窗定期观察微生物在填料上的生长情况，定时采样做生物镜检。通过观察生物膜中特征微生物出现的种类和数量，确定生物滤池的运转状况，并依此及时调整运转参数。一旦发现填料体存在堵塞现象，可用加大回流、提高进水水力负荷的方法进行冲刷。如果作用仍不明显，就要将已堵填料取出进行清理后再安装或予以更换。

（4）定时检查布水装置，发现布水器存在堵塞现象要立即采取措施，保证布水均匀。通过保持滤塔具有足够的水力负荷和提高对油脂和悬浮物的预处理效果，都能减少布水器堵塞的机会。

（5）一定要注意保持滤塔进水的连续性。如果进水长时间中断，填料上所挂生物膜会因干燥龟裂而大量脱落，再进水时就得重新培养生物膜。

5.146 什么是生物滤池的驯化－挂膜？驯化－挂膜有哪些方式？

生物滤池正式运行之后，有一个挂膜阶段，即培养生物膜的阶段。在这个始运行阶段，洁净的无膜滤床逐渐长了生物膜，处理效率和出水水质不断提高，进入正常运行状态。当温度适宜时，始运行阶段历时一般约一周。

处理含有毒物质的工业污水时，生物滤池的运行要按设计确定的方案进行。一般说来，这种有毒物质正是生物滤池的处理对象，而能分解氧化这种有毒物质的微生物常存在于一般环境中，无需从外界引入。但是，在一般环境中，它们在微生物群体中并不占优势，或对这种有毒物质还不太适应，因此，在滤池正常运行前，要有一个让它们适应新环境，繁殖壮大的始运行阶段，称为"驯化-挂膜"阶段。

工业污水生物滤池的驯化-挂膜有两种方式：一种方式是从其他工厂污水站或城市污水厂取来活性污泥或生物膜碎屑（取自二次沉淀池），进行驯化，挂膜。可把取来的数量充足的污泥同工业污水、清水和养料（生活污水或培养微生物用的化学品）按适当比例混合后淋洒生物滤池，出水进入二次沉淀池，并以二沉池作为循环水池，循环运行。当滤床明显出现生物膜迹象后，以二次沉淀池出水水质为参考，在循环中逐步调整工业污水和出水的比例，直到出水正常。

另一种方式是用生活污水与城市污水，回流出水替代部分工业污水（必要时投加养料）进行运行。运行过程中，把二次沉淀池中的污泥不断回流到滤池的进水中。在滤床明显出现生物膜后，以二次沉淀池出水水质为参考，逐步降低稀释用水流量和增加工业污水量，直至正常运行。

5.147 如何培养和驯化生物膜？

使具有代谢活性的微生物污泥在生物处理系统中的填料上固着生长的过程称为挂膜，挂膜也就是生物膜处理系统膜状污泥的培养和驯化过程。因此，生物膜法刚开始投运的挂膜阶段，一方面是使微生物生长繁殖直至填料表面布满生物膜，其中微生物的数量能满足污水处理的要求；另一方面还要使微生物逐渐适应所处理污水的水质，即对微生物进行驯化。挂膜过程使用的方法一般有直接挂膜法和间接挂膜法两种。在各种形式的生物膜处理设施中，生物接触氧化池和塔式生物滤池由于具有曝气系统，而且填料量和填料空隙均较大，可以使用直接挂膜法，而普通生物滤池和生物转盘等设施需要使用间接挂膜法。挂膜过程中回流沉淀池出水和池底沉泥，可促进挂膜的早日完成。

直接挂膜法是在合适的水温、溶解氧等环境条件及合适的 pH 值、BOD_5、C/N 等水质条件下，让处理系统连续进水正常运行。对于生活污水、城市污水或混有较大比例生活污水的工业污水可以采用直接挂膜法，一般经过 7~10d 就可以完成挂膜过程。

对于不易生物降解的工业污水，尤其是使用普通生物滤池和生物转盘等设施处理时，为了保证挂膜的顺利进行，可以通过预先培养和驯化相应的活性污泥，然后再投加到生物膜处理系统中进行挂膜，也就是分步挂膜。通常的做法是先将生活污水或其与工业污水的混合污水培养出活性污泥，然后将该污泥或其他类似污水处理厂的污泥与工业污水一起放入一个循环池内，再用泵投入生物膜法处理设施中，出水和沉淀污泥均回流到循环池。循环运行形成生物膜后，通水运行，并加入要处理工业污水。可先投配20%的工业污水，经分析进出水的水质，生物膜具有一定处理效果后，再逐步加大工业污水的比例，直到全部都是工业污水为止。也可以用掺有少量（20%）工业污水的生活污水直接培养生物膜，挂膜成功后再逐步加大工业污水的比例，直到全部都是工业污水为止。和活性污泥法一样，在培养和驯化生物膜阶段，一定要尽可能创造微生物生长繁殖所需最优越的条件，尤其是氮磷等营养元素的数量必须充足。

5.148 影响生物膜法的布水、布气不均匀的因素有哪些？如何解决？

由于布水、布气管淹没在池底，由于布气管制作、进水水质、污泥、运行控制原因的影响，布水、布气管的某些孔眼有可能被堵塞，必然会造成布水或布气的不均匀，使污水或气流在填料上分配不均，从而导致生物膜的生长不均匀，降低处理效果。解决的措施有：①加强预处理设施的管理，提高初沉池对油脂和悬浮物的去除率；②提高回流量，保证布水孔嘴具有足够的流量；③定期对布水管道和喷嘴进行大水量冲洗；④减少池底污泥的沉积量，并避免曝气系统的长时间停运。

5.149 生物膜严重脱落的原因和对策是什么？

在生物膜培养挂膜期间，由于刚刚长成的生物膜适应能力较差，往往会出现膜状污泥大量脱落的现象，这可以说是正常的，尤其是采用工业污水进行驯化时，脱膜现象会更严重。

在正常运行阶段，膜大量脱落是非正常现象。产生大量脱膜的主要原因是进水的水质发生了改变，比如抑制性或有毒污染物的含量突然升高或 pH 值发生了突变等，解决的办法是改善进水水质。

5.150 生物滤池产生臭味的原因和对策是什么？

生物滤池产生臭味的原因是进水浓度高，导致局部（尤其是进口）生物膜生长过厚而发生了厌氧代谢。解决的方法有以下几种：

（1）加大处理出水的回流量，提高生物滤池进水的水力负荷，促进生物膜的脱落，并排出处理系统，减少生物膜厚度的积累；

（2）加大通风，保证通风口畅通无阻和风机运转正常，提高充氧量，降低厌氧产生的可能性；

（3）向进水中短时间内投加液氯等杀生剂，促进生物膜的脱落；

（4）充分发挥调节池或均质池的作用，保持进水性质的稳定，避免高浓度污水的冲击；

（5）避免脱落的生物膜或悬浮污泥在池底积累过多而形成厌氧泥层，厌氧有机污泥会腐败发臭，解决的办法是提高预处理和一级处理的沉淀效果减少进入生物滤池的杂质数量，并及时将生物滤池池底积泥排出。

5.151 曝气生物滤池由哪些单元构成？

曝气生物滤池构造示意图见图 5-71。

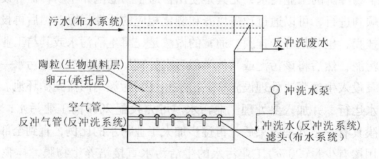

图 5-71 曝气生物滤池构造示意图

（1）布水系统

布水系统指位于曝气生物滤池上部的进水配水设施。由于曝气生物滤池一直曝气，曝气造成的扰动足以使进水快速、均匀地分布在整个反应器中，因此，曝气生物滤池的进水配水设施没有一般滤池那么讲究。

114

（2）布气系统

曝气生物滤池的布气系统包括曝气充氧系统和进行气水联合反冲洗时的供气系统。曝气生物滤池内设置布气系统主要有两个目的：一是正常运行时进行曝气；二是反冲洗时满足气－水反冲洗的布气的需要。曝气生物滤池采用气－水联合反冲洗时，气冲洗强度可取$10 \sim 14 L/(m^2 \cdot s)$。反冲洗布气系统的形式与布水系统相似，但气体密度小且具有可压缩性，因此布气管管径及开孔大小均比布水管要小，孔间距也小一些，并且布气管与进水布水管一样，均安装在承托层之下。曝气生物滤池一般采用鼓风曝气的形式，要求曝气器具有较高的氧传递速率，从而保证较高的氧吸收率。

曝气生物滤池最简单的曝气装置为穿孔曝气管。穿孔管产生的是大、中型气泡，氧利用率低，仅为$3\% \sim 4\%$，其优点是不易堵塞，造价低。

实际应用中有充氧曝气同反冲洗供气共用同一套布气管的形式，因为充氧曝气用气量比反冲洗时用气量小，因此配气不易均匀。共用同一套布气管虽能减少投资，但运行时难以同时满足两者的需要，势必影响曝气生物滤池的稳定运行。

（3）承托层

承托层接触布水与布气系统的部分应选粒径较大的卵石，其粒径至少应比孔径大4倍以上。承托层填料粒径由下而上逐渐减小，接触填料部分的粒径比填料大一倍。承托层高度一般为$400 \sim 600mm$。承托层的填料级配可以参考滤池承托层的填料级配。曝气生物滤池承托层采用的材质应具有良好的机械强度和化学稳定性，一般选用卵石作承托层。用卵石作承托层其级配自上而下：卵石直径$2 \sim 4mm$、$4 \sim 8mm$、$8 \sim 16mm$，对应的卵石层高度$50mm$、$100mm$、$100mm$。

（4）滤料

曝气生物滤池对滤料的要求是兼有较大的比表面积和孔隙率，同时要有一定的机械强度与化学稳定性。页岩陶粒、活性炭、焦炭、炉渣和沸石均可作为曝气生物滤池的滤料。目前应用较为广泛的是陶粒填料。

（5）反冲洗系统

反冲洗系统包括反冲配水与布气系统，应保证反冲洗水在整个滤池面积上均匀分布。曝气生物滤池的反冲洗一般采用管式大阻力配水系统，该系统由一根干管及若干支管组成，反冲洗水由干管均匀分配进入各支管，支管上开有间距不等的布水孔。曝气生物滤池反冲洗通过滤板和固定其上的长柄滤头来实现，由单独气冲洗、气水联合反冲洗、单独水洗三个过程组成。反冲洗周期根据水质参数和滤料层阻力加以控制，一般24h为一周期，反冲洗水量为进水水量的8%左右，反冲洗出水平均悬浮固体可达$600mg/L$。

（6）出水收集系统

曝气生物滤池的出水收集系统有多种，较常见的是采用给水工程中的砂滤池出水方式，过滤装置既可采用滤头，也可利用承托层。采用滤头方式可以保证出水水质，处理效果稳定，出水容易均匀，可放大到较大规模的装置，但其缺点是滤头成本较高，安装精度要求较高，施工复杂。利用承托层出水是一种简易的出水过滤系统，价格便宜、施工简单，但易产生短路，不适于在大型装置中采用。

5.152　曝气生物滤池负荷类别有哪些？

表5－14为曝气生物滤池的有关负荷与其参数。

表 5 – 14　曝气生物滤池的有关负荷与参数

负荷类别	碳降解	硝化	反硝化
水力负荷/[m³/(m²·h)]	2 ~ 10	2 ~ 10	
最大容积负荷/(kgX/ (m³·d))	3 ~ 6	<1.5(10℃)	<2(10℃)
	3 ~ 6	<2.0(20℃)	<5(20℃)

注：碳降解、硝化、反硝化时，X 分别代表 BOD_5、氨氮、硝态氮。

5.153　曝气生物过滤法运行管理有哪些要求？

（1）调节各池的进水量，使各池均匀配水。

（2）保证预处理设施对油脂和悬浮物的去除率，使滤池布气、布水均匀。

（3）滤池应周期进行反冲洗，按设计要求控制气、水反冲洗强度。

（4）CN 池工艺布气头应定期冲洗。

（5）反冲洗污水池内的水下搅拌器应定期开启。

（6）长期运行后，需根据填料损耗程度和处理水质状况进行适量补充。

（7）曝气生物过滤的工艺特点决定了工艺运行主要依赖于自控系统，因此对自控系统的掌握尤为重要。

（8）滤池运行中出现气味异常增加，处理效率降低，进、出水水质异常等异常问题需根据实际情况加以解决。

（9）正常运行参数要求见表 5 – 15。

表 5 – 15　曝气生物过滤法正常运行的参数

曝气时间	滤池速率/(m/h)	反冲洗周期/h	
		CN	N
连续	5.26 ~ 8.44	14 ~ 16	36 ~ 40
BOD 去除率/[kg/(m³·d)]		NH₃ – N 去除率/[kg/(m³·d)]	
CN 池	N 池	CN 池	N 池
3 ~ 4.5	1 ~ 1.2	0.1 ~ 0.35	0.5 ~ 0.9

5.154　什么是污水的厌氧生物处理？厌氧生物处理的三个阶段是怎样的？

废水的厌氧生物处理是指在无氧条件下，借助厌氧微生物的新陈代谢作用分解废水中的有机物质，并使之转变为小分子的无机物质的处理过程。

1979 年出现了厌氧消化的三阶段理论，三阶段理论认为，整个厌氧消化过程可以分为水解发酵、产氢产乙酸和产甲烷三个阶段。

（1）水解发酵阶段

在该阶段，复杂的有机物在厌氧菌胞外酶的作用下，首先被分解成简单的有机物，接下来这些简单的有机物在产酸菌的作用下经过厌氧发酵和氧化转化为乙酸、丙酸和丁酸等脂肪酸和醇类等。

（2）产氢产乙酸阶段

在产氢产乙菌的作用下，把第一阶段的产物，如丙酸、丁酸等脂肪酸和醇类转化为乙酸等物质。

（3）产甲烷阶段

在该阶段中，产甲烷菌把第一阶段和第二阶段产生的乙酸、H_2 和 CO_2 等转化为甲烷。

5.155 什么是水解酸化法？水解酸化法的优点是什么？

水解和酸化是厌氧消化过程的两个阶段，但不同的工艺水解酸化的处理目的不同。水解酸化－好氧生物处理工艺中的水解目的主要是将原有污水中的非溶解性有机物转变为溶解性有机物，特别是工业污水，主要将其中难生物降解的有机物转变为易生物降解的有机物，提高污水的可生化性，以利于后续的好氧处理。考虑到后续好氧处理的能耗问题，水解主要用于低浓度难降解污水的预处理。混合厌氧消化工艺中的水解酸化的目的是为混合厌氧消化过程的甲烷发酵提供底物。而两相厌氧消化工艺中的产酸相是将混合厌氧消化中的产酸相和产甲烷相分开，以创造各自的最佳环境。

水解酸化法的优点有：

（1）池体不需要密闭，也不需要三相分离器，运行管理方便简单；

（2）大分子有机物经水解酸化后，生成小分子有机物，可生化性较好，即水解酸化可以改变原污水的可生化性，从而减少反应时间和处理能耗；

（3）水解酸化属于厌氧处理的前期，没有达到厌氧发酵的最终阶段，因而出水中也就没有厌氧发酵所产生的难闻气味，改善了污水处理厂的环境；

（4）水解酸化反应所需时间较短，因此所需构筑物体积很小，一般与初沉池相当，可节约基建投资；

（5）水解酸化对固体有机物的降解效果较好，而且产生的剩余污泥很少，实现了污泥、污水一次处理，具有消化池的部分功能。

5.156 与厌氧生物处理相比，好氧生物处理负荷较低的原因是什么？

（1）氧传递速率限制了好氧处理效率

好氧处理过程中，不仅需要使污水中的有机物与好氧微生物接触，更需要使溶解氧与好氧微生物接触，因此需要剧烈的曝气实现充氧，而厌氧生物处理只需要简单的搅拌使污水中的有机物与厌氧微生物接触即可。充氧过程不仅能耗高，而且氧的传递速度也较慢。

（2）受二次沉淀池低固体通量的限制，反应器内的 *MLVSS* 数量也受到限制。二沉池是好氧处理过程的关键环节之一，往往也是最薄弱的环节。当活性污泥沉降性能较差时，不仅使出水因悬浮物含量加大而水质变差，还会造成回流污泥浓度下降，降低曝气池内混合液的生物量。露天设置的二沉池一般都采用重力沉淀的方式，风力搅动、局部出现厌氧现象产生气泡等，都不利于活性污泥在二沉池的浓缩。

（3）为了使空气中的氧转移到水中，好氧曝气池需要输入高能量，由此形成的高紊流和剪切力阻碍了污泥絮体的形成，从而减少了负荷率。

5.157 厌氧生物反应器内出现中间代谢产物积累的原因有哪些？如何解决？

（1）水力负荷过大。水力负荷过大会使消化时间变短，降低了有机物反应器内的停留时间，使甲烷菌的活动能力下降。

（2）有机负荷过大。进水有机负荷突然加大，使产酸速度超过甲烷菌对挥发酸（VFA）的利用速度，形成 VFA 的积累，反应器内 pH 值降低。解决的办法可以采用加大回流量和减少进水水量、降低进水水力负荷的方法。

（3）搅拌效果不好。搅拌系统出现故障，未能及时排除而导致搅拌效果不佳，会使局部 VFA 积累。

（4）温度波动大。温度波动太大，可降低甲烷菌分解 VFA 的速率，导致 VFA 积累。温度波动如果是由进水量突然加大所致，就应当控制进水量；如果是因为加热控制不当所致，则应加强加热力度。

（5）进水中含有有毒物质。甲烷菌中毒后，分解 VFA 的速率下降，使 VFA 含量增加。遇到这样的情况首先要明确造成甲烷菌中毒的原因，如果是重金属类中毒，可加入硫化钠降低其浓度；如果是硫化物浓度高引起的中毒，可加入铁盐降低 S^{2-} 浓度。但这些都是补救措施，应当以控制进水质量为根本，从源头加以解决。

5.158 厌氧生物反应器内出现泡沫、化学沉淀等不良现象的原因是什么？

（1）泡沫

厌氧池中有时会产生大量泡沫，泡沫呈半液半固状，严重时可充满气相空间并带入沼气管道，导致沼气系统的运行困难。产生泡沫的主要原因是厌氧系统运行不稳定。当反应器内温度波动或负荷发生突变等情况发生时，均可导致系统运行的不稳定和 CO_2 的产量增加，进而导致泡沫的产生。如果将运行不稳定因素及时排除，泡沫现象一般也会随之消失。在厌氧污泥培养初期，由于 CO_2 产量大而甲烷产量少，也会出现泡沫，随着甲烷菌的培养成熟，CO_2 产量减少，泡沫一般也会逐渐消失。

进水中含有蛋白质是产生泡沫的一个原因，而微生物本身新陈代谢过程中产生的一些中间产物也会降低水的表面张力而生成气泡。厌氧生物处理过程中大量产气会产生类似于好氧处理的曝气作用而形成气泡问题，负荷突然升高所带来的产气量突然增加也可能出现泡沫问题。

（2）出现碳酸钙（$CaCO_3$）沉淀

处理污水钙含量高或利用石灰补充碱度，都会增加产生碳酸钙沉淀的可能性。高浓度的碳酸氢盐和磷酸盐都有利于钙的沉淀。

（3）出现鸟粪石沉淀

进水中含有较高浓度的溶解性正磷酸盐、氨氮和镁离子时，就会生成鸟粪石沉淀。厌氧处理系统鸟粪石沉淀主要在管道弯头、水泵入口和二沉池进出口等处出现。

5.159 厌氧生物处理的影响因素有哪些？

（1）温度

存在两个不同的最佳温度范围（35℃左右，55℃左右）。通常所称中温厌氧和高温厌氧消化即对应这两个最佳温度范围。

（2）pH 值

厌氧消化最佳 pH 值范围为 6.8～7.2。

（3）有机负荷

由于厌氧生物处理几乎对污水中的所有有机物都有分解作用，因此讨论厌氧生物处理时，一般都以 COD 来分析研究，而不像好氧生物处理那样必须为依据。厌氧处理的有机负荷通常以容积负荷和一定的去除率来表示，厌氧生物处理系统的容积负荷是好氧系统的 10 倍以上，可以高达 5～10kgCOD/（$m^3 \cdot d$）。

（4）营养物质

甲烷菌对硫化物和磷有专性需要，甲烷菌对硫化氢的最佳需要量为 11.5mg/L，而铁、镍、锌、钴、钼等对甲烷菌有激活作用。因此厌氧过程有时需补充某些必需的特殊营养元素，如氮、磷、硫等；铁、镍、锌、钴、钼等可提高某些系统酶活性的微量元素。

（5）氧化还原电位

氧化还原电位可以表示水中的含氧浓度，非甲烷厌氧微生物可以在氧化还原电位小于 + 100mV 的环境下生存，而适合产甲烷菌活动的氧化还原电位要低于 − 150mV，在培养甲烷菌的初期，氧化还原电位要不高于 − 330mV。

（6）碱度

污水的碳酸氢盐所形成的碱度对 pH 值的变化有缓冲作用，如果碱度不足，就需要投加碳酸氢钠和石灰等碱剂来保证反应器内的碱度适中。

（7）有毒物质

最常见的抑制性物质有重金属、硫化物、氨氮、氯代有机物、氰化物、酚类等。

重金属在很低的浓度条件下就会影响厌氧消化速率，硫化物、氨氮、氯代有机物及某些人工合成有机物的含量超过一定值后，也会对厌氧微生物产生不同程度的抑制，使厌氧消化过程受到影响甚至破坏。氨氮超过 3000mg/L 时，铵离子有很大的毒性，使厌氧反应器无法运行，进水的氨氮浓度最好控制在 2000mg/L 以下。硫酸盐浓度最好控制在 1000mg/L。另外，厌氧发酵过程的产物和中间产物（如挥发性有机酸、氢离子浓度等）也会对厌氧发酵过程本身产生抑制作用。有毒物质对甲烷菌产生抑制作用的临界值如表 5 − 16 所示。

表 5 − 16　有毒物质对甲烷菌产生抑制作用的临界值

物质名称	抑制浓度/(mg/L)	物质名称	抑制浓度/(mg/L)	物质名称	抑制浓度/(mg/L)
Mg^{2+}	1930	Ca^{2+}	4700	K^+	6100
Na^+	7600	Cr^{3+}	224	Cu^{2+}	15
Ni^{2+}	200	Zn^{2+}	90	Pb^{2+}	300
Cd^{2+}	80	苯酚	1500 ~ 3000	苯胺	5000 ~ 7000

（8）水力停留时间

水力停留时间对于厌氧工艺的影响主要是通过上升流速来表现出来的。一方面，较高的水流速度可以提高污水系统内进水区的扰动性，从而增加生物污泥与进水有机物之间的接触，提高有机物的去除率；另一方面，为了维持系统中能拥有足够多的污泥，上升流速又不能超过一定限值。

5.160　水力停留时间对厌氧生物处理的影响体现在哪些方面？

要同时保证厌氧生物处理的水力停留时间（HRT）和固体停留时间（SRT）。HRT 与待处理的污水中的有机污染物性质有关，简单的低分子有机物要求的 HRT 较短，复杂的大分子有机物要求的 HRT 较长。厌氧生物处理工艺的 SRT 都比较长，以保证反应器内有足够的生物量。

水力负荷过大导致水力停留时间过短，可能造成反应器内的生物体流失。因此，在水力停留时间较短的情况下，利用悬浮生长工艺如 UASB 处理低浓度污水往往行不通。要想经济地利用厌氧技术处理低浓度污水，必须提高 SRT 与 HRT 的比值，即设法增加反应器内的生物量。

水力停留时间对于厌氧工艺的影响主要是通过上升流速来表现出来的。一方面，较高的水流速度可以提高污水系统内进水区的扰动性，从而增加生物污泥与进水有机物之间的接触，提高有机物的去除率。在采用传统的 UASB 法处理污水时，为形成颗粒污泥，厌氧反应器内的上升流速一般不低于 0.5m/h。另一方面，为了维持系统中能拥有足够多的污泥，上升流速又不能超过一定限值，否则厌氧反应器的高度就会过高。特别是处理低浓度污水的厌氧处理，水力停留时间是比有机负荷更为重要的工艺控制条件。

5.161 有机负荷对厌氧生物处理的影响体现在哪些方面？

（1）厌氧生物反应器的有机负荷通常指的是容积负荷，其直接影响处理效率和产气量。在一定范围内，随着有机负荷的提高，产气量增加，但有机负荷的提高必然导致停留时间的缩短，即进水有机物分解率将下降，从而会使单位质量进水有机物的产气量减少。

（2）厌氧处理系统的正常运转取决于产酸和产甲烷速率的相对平衡，有机负荷过高，则产酸率有可能大于产甲烷的用酸率，从而造成挥发酸 VFA 的积累使 pH 值下降，阻碍产甲烷阶段的正常进行。严重时导致产甲烷作用的停顿，整个系统陷于瘫痪状态，调整、恢复有困难。

（3）如果有机负荷的提高是由进水量增加而产生的，过高的水力负荷还有可能使厌氧处理系统的污泥的流失率大于其增长率，进而影响系统的处理效率。

（4）如果进水有机负荷过低，虽然产气率和有机物的去除率可以提高，但设备的利用率低，投资和运行费用升高。

5.162 厌氧微生物需要哪些营养物质？

与好氧过程相比，由于厌氧过程大大减少了生物体的合成量，所以除氮以外对其他营养元素的需要都成比例地减少了。除了对 N 和 P 两种元素的需要外，一些含硫化合物（如硫酸盐等）及某些金属元素对甲烷菌的激活作用也是不容忽视的。尽管甲烷菌对含硫化合物和磷有特殊需要，但在反应器内这两种元素维持非常低的浓度即可满足其需要，但一般说来，氮的浓度必须保持在 40~70mg/L 的范围内才能维持甲烷菌的活性。所有微生物都离不开微量金属元素，但厌氧生物处理中的微量金属含量却能带来明显的运行问题。铁、钴、镍和锌是最常报道有激活作用的微量金属元素，甚至有报道称钨、锰、钼、硒及硼等元素对甲烷菌代谢具有激活作用。

甲烷是由不同种类的甲烷菌产生的，而每一种甲烷菌都有自己独特的对环境和微量金属元素的需要。实际运行结果表明，就微量金属而言，缺少某一种就有可能严重影响整个生物处理过程。微量金属不能解决厌氧处理运行中的所有问题，但微量金属的存在是厌氧处理运行的前提和条件，许多使用厌氧生物处理工业污水不能达到预期效果，其原因就有可能是系统中缺少某种或某几种微量金属，在实际运行中补充投加微量金属是必须考虑的调整手段之一。

5.163 营养物质对厌氧生物处理的影响体现在哪些方面？

厌氧微生物的生长繁殖需要摄取一定比例的 C、N、P 及其他微量元素，但由于厌氧微生物对碳素养分的利用率比好氧微生物低，一般认为，厌氧法中除需要控制合适的 C、N、P 的比值外，还要根据具体情况，补充某些必需的特殊营养元素，比如硫化物、铁、镍、锌、钴、钼等。

在厌氧处理时提供氮源，除了满足合成菌体所需之外，还有利于提高反应器的缓冲能力。如果氮源不足，即碳氮比太高，不仅导致厌氧菌增殖缓慢，而且使消化液的缓冲能力降低，引起 pH 值下降。相反，如果氮源过剩，碳氮比太低、氮不能被充分利用，将导致系统中氨的积累，引起 pH 值上升；如果 pH 值上升到 8 以上，就会抑制产甲烷菌的生长繁殖，使消化效率降低。

5.164 氧化还原电位对厌氧生物处理的影响体现在哪些方面？

无氧环境是严格厌氧的产甲烷菌生长繁殖的最基本条件之一。产甲烷菌不像好氧菌那样具有过氧化氢酶，因而对氧和氧化剂非常敏感。水中的含氧浓度可以用氧化还原电位来间接表示。

在厌氧消化过程中，非产甲烷阶段可以在兼氧条件下进行，氧化还原电位为 -100mV ~ +100mV，而在产甲烷阶段的氧化还原电位临界值为 -200mV，中温消化或常温消化的氧化还原电位必须控制在 -350mV ~ -300mV，高温消化的氧化还原电位必须控制在 -600mV ~ -560mV。

混合液中的氧含量是影响厌氧反应器中氧化还原电位的重要因素，但不是唯一因素，挥发性有机酸浓度的高低、pH 值的升降及铵离子浓度的增减等因素都会引起混合液氧化还原电位的变化。如 pH 值低，相应的氧化还原电位就高；pH 高，相应的氧化还原电位就低。

5.165　pH 值对厌氧生物处理的影响体现在哪些方面？

厌氧微生物对其活动范围内的 pH 值有一定要求；产酸菌对 pH 值的适应范围较广，一般在 4.5 ~ 8 之间都能维持较高的活性；而甲烷菌对 pH 值较为敏感，适应范围较窄，在 6.6 ~ 7.4 之间较为适宜，最佳 pH 值为 6.8 ~ 7.2。因此，在厌氧处理过程中，尤其是产酸和产甲烷在一个构筑物内进行时，通常要保持反应器内的 pH 值在 6.5 ~ 7.2 之间，最好保持在 6.8 ~ 7.2 的范围内。

进水的 pH 值条件失常首先表现在使产甲烷作用受到抑制，使在产酸过程中形成的有机酸不能被正常代谢降解，从而使整个消化过程各个阶段的协调平衡丧失。如果 pH 值持续下降到 5 以下，不仅对产甲烷菌形成毒害，对产酸菌的活动也产生抑制，进而可以使整个厌氧消化过程停滞。这样一来，即使将 pH 值调整恢复到 7 左右，厌氧处理系统的处理能力也很难在短时间内恢复。但如果因为进水水质变化或加碱量过大等原因，pH 值在短时间内升高超过 8，一般只要恢复中性，产甲烷菌就能很快恢复活性，整个厌氧处理系统也能恢复正常。所以厌氧处理装置适宜在中性或弱碱性的条件下运行。

厌氧处理要求的最佳 pH 值指的是反应器内混合液的 pH 值，而不是进水的 pH 值，因为生物化学过程和稀释作用可以迅速改变进水的 pH 值。反应器出水的 pH 值一般等于或接近反应器内部的 pH 值。含有大量溶解性碳水化合物的污水进入厌氧反应器后，会因产生乙酸而引起 pH 值的迅速降低，而经过酸化的污水进入反应器后，pH 值将会上升。含有大量蛋白质或氨基酸的污水，由于氨的形成，pH 值可能会略有上升。因此，对不同特性的污水，可控制不同的进水 pH 值，可能低于或高于反应器所要求的 pH 值。

在厌氧处理过程中，pH 值的升降除了受进水 pH 值的影响外，还取决于有机物代谢过程中某些产物的增减。比如厌氧处理中间产物有机酸的增加会使 pH 值下降，而含氮有机物的分解产物氨含量的增加会使 pH 值升高。因此，厌氧反应器内的 pH 值除了与进水 pH 值有关外，还受到其中挥发酸浓度、碱度、浓度、氨氮含量等因素的影响。

由于反应器内存在碱度，pH 值往往难以判断厌氧中间产物的积累程度，一旦系统中碱度的缓冲能力不能抵挡挥发酸的积累而引起 pH 值下降时，再采取补救措施在短时间内很难恢复正常，这也是厌氧处理系统运行中，除了测定 pH 值外，还要监测挥发酸 VFA 浓度和碱度的原因所在。

5.166　为什么厌氧生物反应器要经常投加碱源？

厌氧生物处理的中间产物是挥发酸（VFA），而 VFA 是产甲烷菌能利用的底物。VFA 的积累等厌氧最终产物都可能会使反应器内 pH 值下降。当产酸过程比产甲烷占有较大优势时，如果污水没有足够的缓冲能力，整个反应系统将出现酸化现象。酸化菌对低 pH 值的耐受力远大于产甲烷菌，在 pH 值 <5 时仍可以相当活跃。这就意味着即使产甲烷过程已经被

低 pH 值所抑制，产酸过程仍然在继续。对于缓冲能力小的厌氧处理系统，pH 值的持续下降会进一步引起甲烷菌活力的降低，进而导致 pH 值的继续降低，最终使厌氧过程失效。

为防止 pH 值剧烈变化对处理效果产生不利影响，污水必须具有一定对 pH 值变化的缓冲能力。污水的碳酸氢盐所形成的碱度对 pH 值的变化有缓冲作用，但由于污水中的碱度一般是固定的，而 VFA 可能会因操作条件的变化出现较大的波动，因此，VFA 浓度的增加不可避免地引起污水碱度的下降。为防止反应器内局部酸的大量积累，除了进行必要的混合搅拌外，可能还需要投加碳酸氢钠和石灰等来保证反应器内的碱度适中。

5.167　维持厌氧生物反应器内有足够碱度的措施有哪些？

（1）投加碱源

增大系统缓冲能力的碱源可以使用碳酸氢钠和石灰等。

（2）提高回流比

正常厌氧消化处理设施的出水中含有一定的碱度，将出水回流可以有效补充反应器内的碱度。

5.168　什么是 VFA 和 ALK？VFA/ALK 有什么意义？

VFA 表示的是厌氧处理系统内的挥发性有机酸的含量，ALK 则表示的是厌氧处理系统内的碱度。

厌氧消化系统正常运行时，ALK 一般在 1000 ~ 5000mg/L 之间，典型值在 2500 ~ 3500mg/L 之间；VFA 一般在 50 ~ 2500mg/L 之间，必须维持碱度和挥发性有机酸浓度之间的平衡，使消化液 pH 值保持在 6.5 ~ 7.5 的范围内。只要碱度与挥发性有机酸浓度能保持平衡，当碱度超过 4000mg/L 时，即使 VFA 超过 1200mg/L，系统也能正常运行。而碱度与酸度能保持平衡的主要标志就是 VFA 与 ALK 的比值保持在一定的范围内。

VFA/ALK 反应了厌氧处理系统内中间代谢产物的积累程度。正常运行的厌氧处理装置的 VFA/ALK 一般在 0.3 以下，如果 VFA/ALK 突然升高，往往表明中间代谢产物不能被产甲烷菌及时分解利用，即系统已出现异常，需要采取措施进行解决。

如果 VFA/ALK 刚刚超过 0.3，在一定时间内，还不至于导致 pH 值下降，还有时间分析造成 VFA/ALK 升高的原因和进行控制。如果 VFA/ALK（超过 0.5，沼气中的 CO_2 含量开始升高，如果不及时采取措施予以控制，会很快导致 pH 值下降，使甲烷菌的活动受到抑制。此时应加入部分碱，增加反应器内的碱度使 pH 值回升，为寻找确切的原因并采取控制措施提供时间。如果 VFA/ALK 超过 0.8，厌氧反应器内 pH 值开始下降，沼气中甲烷的含量往往只有 42% ~ 45%，沼气已不能燃烧。这时候必须向反应器内大量投入碱源，控制住 pH 值的下降并使之回升。如果 pH 值持续下降到 5 以下，甲烷菌将全部失去活性，需要重新培养厌氧污泥。

5.169　为什么 VFA 是反映厌氧生物反应器效果的重要指标？

厌氧生物处理系统实现对污水中或污泥中有机物的有效处理，最终是通过产甲烷过程来实现的，而产甲烷菌所能利用的有机物就是挥发性有机酸 VFA。如果厌氧生物反应器的运转正常，那么其中的 VFA 含量就会维持在一个相对稳定的范围内。

VFA 过低会使甲烷能利用的物料减少，厌氧反应器对有机物的分解程度降低；而 VFA 过高超过甲烷菌所能利用的数量，会造成 VFA 的过度积累，进而使反应器内的 pH 下降，影响甲烷菌正常功能的发挥。同时甲烷菌因各种原因受到损害后，也会降低对 VFA 的利用率，反过来造成 VFA 的积累，形成恶性循环。

5.170　有毒物质对厌氧生物处理的影响体现在哪些方面？

（1）对有机物来说，带有醛基、双键、氯取代基及苯环等结构的物质往往对厌氧微生物有抑制作用。如五氯苯酚和纤维素类衍生物，能抑制产乙酸和产甲烷细菌的活动。但经过培养和驯化，厌氧微生物对有毒有机物可以有较强的适应能力，甚至可以将其作为自身活动的营养物质加以消化和利用。

（2）系统中的微量金属元素是厌氧处理的基本条件之一，同时过量的重金属又是反应器失效的最普遍和最主要的因素。重金属通过与微生物酶中的巯基、氨基、羧基等相结合使酶失活，或者通过金属氢氧化物的凝聚作用使酶沉淀。

（3）氨是厌氧处理过程的营养剂和缓冲剂，但浓度过高时也会对厌氧微生物产生抑制作用。氨氮对厌氧处理系统的影响通过使铵离子浓度升高和pH值上升两个方面而产生的，主要影响产甲烷阶段，一般氨氮产生的抑制作用可逆。氨氮浓度在1500~3000mg/L时，pH值大于7时能产生抑制作用；而浓度超过3000mg/L时，则不论pH值高低如何，氨氮都会对厌氧微生物具有毒性。

（4）硫化物是厌氧微生物的必须营养元素之一，但过量的硫化物会对厌氧处理过程产生强烈的抑制作用。反应器内过高的可溶性硫化物会对细菌的细胞功能产生直接抑制作用，使甲烷菌的种群和数量减少。反应器内的硫酸盐等含硫化合物在还原为硫化物时，会与产甲烷菌争夺从有机物脱下来的氢，影响甲烷菌的正常代谢活动。

5.171　为什么厌氧生物处理比好氧生物处理对低温更加敏感？

厌氧过程比好氧过程对温度变化，尤其是对低温更加敏感的原因，是因为将乙酸转化为甲烷的甲烷菌比产乙酸菌对温度更加敏感。低温时挥发酸浓度增加，就是因为产酸菌的代谢速率受温度的影响比甲烷菌受到的影响小。低温时VFA浓度的迅速增加可能会使VFA在系统中累积，最终超过系统的缓冲能力，导致pH值的急剧下降，从而严重影响厌氧工艺的正常运行和最大处理能力的发挥。

当好氧温度为20℃、厌氧温度为35℃时，生物体与100mg/L的基质接触，代谢速率分别为最大速率的80%和60%；而当好氧温度为10℃、厌氧温度为25℃时，生物体与100mg/L的基质接触，代谢速率分别为最大速率的30%和5%。而其主要原因是在低温条件下，产酸菌产生挥发酸快于甲烷菌将挥发酸转化为甲烷而使厌氧共同体的代谢失去了平衡。

5.172　温度对厌氧生物处理的影响体现在哪些方面？

温度对厌氧微生物系统的影响可以表现在如下几个方面：控制代谢速率、电离平衡（如氨等）、有机基质及脂肪的溶解性和铁等微量元素对厌氧菌的激活性。

产甲烷菌可以在4~100℃的温度内发生作用，而从经济性考虑，厌氧反应一般在30~37℃的中温条件下运行最合适。但有时也可以考虑在较低温度和较长的停留时间下运行的可行性，较低的温度和较长的停留时间下要求有更多的微生物量。如果做不到就需要加热，当处理低浓度污水时，由于自身产生的甲烷热量不足而需要外加热源时，就不可取了。

温度提高，有机物的去除率和产气量都会提高，通常高温消化比中温消化的沼气产量约提高一倍。温度的高低不仅影响沼气的产量，而且影响沼气中甲烷的含量和厌氧污泥的性能。温度的急剧变化和上下波动不利于厌氧处理的正常进行，当短时间内温度升降超过5℃，沼气产量会明显下降，甚至停止产气。因此厌氧生物处理系统在运行中的温度变化幅度一般不要超过2~3℃。

与其他影响因素不同的是，温度的短时性突然变化或波动一般不会使厌氧处理系统遭受根本性的破坏，温度一经恢复到原来的水平，处理效果和产气量就能随之恢复，不过温度波动持续的时间较长时，恢复所需时间也较长。

5.173 为什么厌氧生物处理有中温消化和高温消化？

温度在厌氧消化过程中是一个重要因素，产甲烷菌能在 4～100℃ 的温度范围内生存，同时还有分别适应低温（20℃）、中温（30℃）、高温（50℃）的各类细菌，最适宜的繁殖温度分别为 15℃、35℃、53℃ 左右。

在较高的温度上消化速率会加快，高温消化的反应速率约为中温消化的 1.5～1.9 倍，产气率也高，但沼气中甲烷所占的比例却比中温消化低。

5.174 什么情况下需选择高温厌氧生物处理法？

高温消化的反应速率约为中温消化的 1.5～1.9 倍，产气率也高，但沼气中甲烷所占的比例却比中温消化低。当处理含有病原菌和寄生虫卵的污水或污泥时，采用高温消化可以取得较理想的卫生效果。另外，采用高温消化需要消耗大量的能量，当消化本身产生的沼气所产生的热量不足以加热污水至高温消化温度时，往往不宜采用高温消化，尤其是处理污水的量较大时，更要考虑加热污水是否经济。

理论上讲，如果厌氧处理产生的甲烷全部燃烧，而且假定向污水中的传热效率是 100%，即厌氧处理高浓度有机污水时所产生的甲烷燃烧后可以将污水加热到高于其原来的温度，就可以考虑采用高温厌氧生物处理法。采用高温厌氧生物处理法必须补充很多外加能量时，从经济上是不划算的。

另外，采用高温厌氧生物处理法时，必须考虑处理出水的去向问题。采用高温厌氧生物处理时的出水水质很难达标排放（即使达标，如此高的水温直接排入水体也是不合法的），通常作为二级生物处理的预处理，即需要进入曝气池等好氧生物处理构筑物。如果经过高温厌氧处理的水量在好氧处理系统进水中的比例过大，有可能导致好氧处理系统水温过高，而温度一旦超过 40℃，对好氧处理系统的影响将是致命的，这时候必须增加对高温厌氧处理出水的降温措施，增加废水处理的能耗。因此，在决定是否采用高温厌氧生物处理法时，必须综合考虑整个污水处理系统的经济性。

5.175 厌氧生物反应器沼气的产率偏低的原因有哪些？

（1）进水 COD 的构成发生变化

对于不同质的底物，去除 1kgCOD 的产气量是有差异的。就厌氧分解等量 COD 的不同有机物而言，脂类物质的产气量最多，其中甲烷量也高；蛋白质所产生的沼气数量虽少，但甲烷含量高；碳水化合物所产生的沼气量少，而且甲烷含量也较低。通常所称的理论产气率是以碳水化合物厌氧分解计算，每去除 1kgCOD 可以产生 0.35m³ 左右的甲烷或 0.7m³ 左右的沼气。沼气产量偏低，有可能是污水中脂类物质的含量在 COD 中的比例下降造成的。

（2）进水 COD 浓度下降

污水中 COD 浓度越低，单位有机物的甲烷产率越低。

（3）生物相的影响

如果厌氧处理反应器内硫酸盐还原菌及反硝化细菌数量较多，就会和甲烷菌争夺碳源，进而导致产气率下降。因此污水中硫酸盐含量越大，沼气产率下降越多。

（4）运行条件发生变化

对于同种污水，沼气产率下降往往意味着实际运行的工艺条件发生了不利的变化。比如 pH 调节不利使 pH 值偏离了最佳范围，保温不好或加热措施失效使反应器内温度降低太多。

124

5.176 厌氧生物处理反应器启动时的注意事项有哪些?

(1) 厌氧生物处理反应器在投入运行之前,必须进行充水试验和气密性试验。充水试验要求无漏水现象,气密性试验要求池内加压到350mm水柱,稳定15min后压力降小于10mm水柱。而且在进行厌氧污泥的培养和驯化之前,最好使用氮气吹扫。

(2) 厌氧活性污泥最好从处理同类污水的正在运行的厌氧处理构筑物中取得,也可取自江河湖泊沼泽底部、市政下水道及污水集积处等处于厌氧环境下的淤泥,甚至还可以使用好氧活性污泥法的剩余污泥进行转性培养,但这样做需要的时间要更长一些。

(3) 厌氧生物处理反应器因为微生物增殖缓慢,一般需要的启动时间较长,如果能接种大量的厌氧污泥,可以缩短启动时间。一般接种污泥的数量要达到反应器容积的10% ~ 90%,具体值根据接种污泥的来源情况而定。接种量越大,启动时间越短,如果接种污泥中含有大量的甲烷菌,效果会更好。

(4) 采用中温消化或高温消化时,加热升温的速度越慢越好,一定不能超过1℃/h。同时对含碳水化合物较多、缺乏碱性缓冲物质的污水时,需要补充投加一部分碱源,并严格控制反应器内的pH值在6.8 ~ 7.8之间。

(5) 启动时的初始有机负荷与厌氧处理方法、待处理污水性质、温度等工艺条件及接种污泥的性质等有关,一般从较低的负荷开始,再逐步增加负荷完成启动过程。例如UASB启动时,初始有机负荷一般为0.1 ~ 0.2kgCOD/(kgMLSS·d),当COD去除率达到80%或出水中挥发性有机酸VFA的浓度低于1000mg/L后,再按原有负荷50%的递增幅度增加负荷。如果出水中VFA浓度较高,则不宜提高负荷,甚至要酌情降低负荷。

(6) 厌氧反应器的出水以一定的回流比返回反应器,可以回收部分流失的污泥及出水中的缓冲性物质,平衡反应器中的pH值。一般附着型的反应装置因填料具有一定的拦截作用,可以不用回流出水;而悬浮生长型反应装置启动时因污泥易于流失,可适当出水回流。

(7) 对于悬浮型厌氧反应装置,可以投加粉末无烟煤、微小沙砾、粉末活性炭或絮凝剂,促进污泥的颗粒化。

(8) 启动初期,水力负荷过高可能造成污泥的大量流失,水力负荷过低不利于厌氧污泥的筛选。一般在启动初期选用较低的水力负荷,经过数周后再缓慢平稳地递增。

5.177 厌氧生物处理的运行管理应注意哪些问题?

(1) 污泥负荷要适当。为使挥发性脂肪酸等中间产物的生成与消耗平衡,防止酸积累导致pH值下降,进水有机负荷不宜过高,一般不要超过0.5kgCOD/(kgMLSS·d)。可以通过提高反应器内污泥浓度,在保持相对较低的污泥负荷条件下,获得较高的容积负荷。一般来说,厌氧消化装置的容积负荷都在5kgCOD/(m³·d)以上,甚至高达50kgCOD/(m³·d),这比好氧处理装置要高得多。

(2) 当被处理污水浓度较高(COD值大于5000mg/L)时,可以采取出水回流的运行方式,回流比根据具体情况确定,一般在50% ~ 200%之间。有效的回流,不仅可以降低进水浓度,还可以增大进水量,保证处理设施内的水流分布均匀,避免出现短流现象。回流还可以防止进水浓度和厌氧反应器内pH值的剧烈波动,使厌氧反应平稳进行,也就是说可以减少厌氧反应对碱度的需求量,降低运行费用。厌氧反应是产能过程,出水温度高于进水,因此冬季气温低时,回流还有利于保证反应器内的温度恒定,尽可能使厌氧微生物在其最适宜温度下活动。

(3) 厌氧消化过程存在两个最佳温度范围,但除了个别工业污水温度有可能接近最佳高温点，可直接进行高温消化外，绝大部分高温厌氧消化装置都需要加热设施，其能耗自然会很高。即便是中温消化，因一般的工业污水温度难以达到35℃，仍是需要加热（尤其在冬季）。因此，为节约加温所需能量，大部分厌氧消化装置都在常温下运行。这一方面要注意保温（包括采取加大回流量等措施），尽可能防止反应器热量散失；另一方面要充分发挥反应器内污泥浓度较大的特点，尽可能提高反应器内污泥浓度，减弱温度对厌氧反应的影响。一般情况下，温度降低，厌氧消化装置处理效率会下降，而温度突然大幅度下降，影响会更大。因此，要设法保证进水温度基本稳定。

（4）沼气要及时有效地排出。厌氧消化过程必定伴随着沼气的产生，沼气对污泥可以起到搅拌作用，促进污水与污泥的混合接触，这是其有利的一面。同时，沼气的存在也会起到类似气浮的作用，沼气向上溢出时将部分污泥带到液面，导致浮渣的产生和出水中悬浮物含量增加及水质变差。因此，要设置气体挡板和集气罩，将沼气从厌氧消化装置内引出，在出水堰附近留有足够的沉淀区，以保证出水水质。

（5）要充分创造厌氧环境。无氧是厌氧微生物正常活动的前提，甲烷菌则必须在绝对的厌氧环境下才能高效率发挥作用。在污水提升进入厌氧消化装置、出水回流等环节都要尽可能避免与空气的接触，尽可能减少与空气接触的机会。如水流过程中尽量不要出现跌水、搅动等现象，调节池、回流池等要加盖封闭，污水提升不要使用气提泵。厌氧反应构筑物最好经过气密试验，确保严密无渗漏。与好氧活性污泥法相比，厌氧系统对工艺条件及环境因素的变化反映更加敏感。因此，对厌氧系统的运行控制提出了更高的要求，必须根据分析监测结果随时对运行进行调整。

（6）定期对厌氧池进行清砂和清渣。池底积砂太多，一方面会造成排砂困难；另一方面还会缩小有效池容，影响处理效果。一般来说，连续运行5年以后应当进行清砂。池上部液面如果积聚浮渣太多，会阻碍沼气自液相向气相的转移。如果运行时间不长，积砂积渣量就很多，就应当检查沉砂池和格栅除污的效果，加强对预处理的工艺控制和维护管理。平时利用放空管定期排砂，可以有效地防止砂在厌氧处理池内的积累。

（7）定期维护搅拌系统。沼气搅拌立管常有被污泥及污物堵塞的现象，可以将其他立管关闭，大气量冲洗被堵塞的立管。机械搅拌桨常有被纤维状长条污物缠绕的问题，可以使用将机械搅拌桨反转的方法甩掉缠绕的污物。另外，要经常检查搅拌轴穿过池顶板处的气密性。

（8）定期检查维护加热系统。蒸汽加热立管也常有被污泥和污物堵塞现象，可用加大蒸汽量的方法吹开。当采用池外热水循环加热时，如果泥水热交换器发生堵塞，可拆开清洗或用加大水量的方法冲洗。

（9）预防管道结垢。如果管道内结垢，将增大管道阻力；如果热交换器结垢，则降低热交换器效率。在管道上设置活动清洗口，经常用高压水清洗管道，可有效防止垢的增厚。当结垢严重时，则只有用酸清洗。

（10）厌氧池运行一段时间后，应当进行彻底的检维修，即停止运行，对池体和管道等辅助设施进行全面的防腐防渗检查与处理。根据腐蚀程度，对所有金属构件进行防腐处理，对池壁进行防渗处理。重新投运时，必须和新池投运时一样，进行满水试验和气密性试验。

（11）消化系统内的许多管路和阀门为间歇运行，因而冬季要注意采取防冻和保温措施。如果保温效果差，冬季加热的能量消耗就多。因此要经常检查池体和加热管道的保温是否完好，如果保温效果较差，热损失很大，应当更换保温材料，重新保温。

（12）注意防止泡沫的产生。泡沫会阻碍沼气向气相的正常转移，影响产气量和系统的正常运行。要根据泡沫产生的原因找到相应的解决对策，及时予以调整。

（13）注意沼气可能带来的燃烧、爆炸和使操作管理人员中毒窒息问题。

5.178 厌氧污泥培养成熟后的特征有哪些？

培养结束后，成熟的污泥颜色呈深灰到黑色，有焦油气味，pH 值在 7.0 ~ 7.5 之间，污泥容易脱水和干化，对污水的处理效果高，产气量大，沼气中甲烷成分高。

5.179 厌氧生物反应器的控制指标有哪些？

（1）氧化还原电位

利用测定氧化还原电位的方法判定厌氧反应器内的多个氧化还原组分系统是否平衡状态，虽然这种方法可靠性较差，但由于氧化还原电位测定简单，和其他监测指标结合起来应用，也有一定的指导意义。

（2）丙酸盐和乙酸盐浓度比

如果厌氧反应器有机负荷超过正常范围，在其他运行参数发生变化之前，丙酸盐和乙酸盐浓度之比会立即升高，因此可以将丙酸盐和乙酸盐浓度之比作为厌氧反应器超负荷引起运行异常的灵敏而可靠的警示指标。

（3）挥发性酸 VFA

挥发性酸的异常升高是厌氧反应器中产甲烷菌代谢受到抑制的最有效指标。

（4）甲硫醇

甲硫醇的嗅阈值浓度很低，即使在空气中含量很低，人们也能凭嗅觉感觉出来。甲硫醇含量突然增加（气味突然出现或加大）往往表明进水中氯代烃类有毒物质含量突然增加。

（5）一氧化碳 CO

CO 的产生与甲烷的产生密切相关，CO 难溶于水，可以实现在线监测。气相中 CO 的含量和液相中乙酸盐的浓度有良好的相关性，CO 的含量变化与重金属和由有机毒性所引起的抑制作用也有关系。

5.180 厌氧生物反应器维持高效率的基本条件有哪些？

（1）有机负荷

在一定范围内，随着有机负荷的提高，产气率趋向下降，而消化器的容积产气量则增多。有机负荷过高，会使消化系统中污泥的流失速率大于增长速率而降低消化效率；有机负荷过低，物料产气率虽然可以提高，但容积产生率降低，反应器容积将增大，使消化设备的利用效率降低，而增加投资和运行费用。

（2）适宜的 pH 值

产酸细菌对酸碱度不及甲烷细菌敏感，产酸细菌适宜的 pH 值 4.5 ~ 8.0；产甲烷菌最适宜的 pH 值 7.0 ~ 7.2，为使厌氧顺利进行，反应器中的适宜的 pH 值为 6.6 ~ 7.4。

（3）充足的常规营养

反应器内氮的浓度必须在 40 ~ 70mg/L 范围内才能满足需要，而磷和硫化物维持较低的浓度即可满足需要。甲烷菌对硫化物和磷有专性需要，必须在反应器内保证其含量，有时需要向进水中投加磷肥和硫酸盐。

（4）必要的微量营养元素

大多数工业污水，包括食品工业污水及发酵工业污水都不能达到使厌氧处理为最佳状况所需要的营养平衡，其原因主要就是缺乏某种或某几种微量专性营养元素。据报道，对甲烷菌有激活作用的专性营养元素有铁、钴、镍、锌、锰、钼、铜甚至硒、硼等很多种，缺少其中一种就可能严重影响整个生物处理过程。

（5）合适的温度

产甲烷菌的温度范围是 5～60℃，在 35℃和 53℃上下可以分别获得较高的消化效率，温度为 40～45℃时，厌氧消化效率较低。各种产甲烷菌的适宜范围不一致，且最适的温度范围较小，厌氧反应一般在 30～37℃的中温条件下运行。

（6）对毒性适应能力

厌氧系统中的有毒物质会不同程度地对过程产生抑制作用，通常包括有毒有机物、重金属离子和一些阴离子等，在有利的条件下，应实现厌氧微生物对有毒物质适应的驯化。

（7）充足的代谢时间

要同时保证厌氧生物处理的水力停留时间（HRT）和固体停留时间（SRT）。HRT 与待处理的污水中的有机污染物性质有关，简单的低分子有机物要求的 HRT 较短，复杂的大分子有机物要求的 HRT 较长。厌氧生物处理工艺的 SRT 都比较长，以保证反应器内有足够的生物量。

（8）厌氧活性污泥

厌氧活性污泥的浓度和性状与消化的效能有密切的关系。在一定的范围内，活性污泥浓度愈高，厌氧消化的效率也愈高，但到了一定程度后，效率的提高不再明显。

（9）氧化还原电位

产甲烷菌初始繁殖的环境条件是氧化还原电位不能高于 −300mV。在厌氧消化全过程中，不产甲烷阶段可在兼氧条件下完成，氧化还原电位为 −100～100mV；而在产甲烷阶段，氧化还原电位须控制为 −350～−300mV（中温消化）与 −600～−560mV（高温消化）。

（10）搅拌和混合

搅拌可消除池内的梯度，增加食料与微生物之间的接触，避免产生分层，促进沼气分离，显著地提高消化的效率。

5.181　折流式厌氧反应器类型有哪些？

折流式厌氧反应器使用一系列折流板使反应器分隔成一定数目且串联的隔室，水流由导流板引导上下折流前进，逐个通过反应器内的污泥床层，进水中的底物与微生物充分接触而得以降解去除。每一个隔室内培养出与该室环境条件相适应的微生物群落，与不同阶段的进水相接触，从而确保相应的微生物相拥有最佳的工作活性，在一定程度上实现了生物相的分离，从而可稳定和提高设施的处理效果。ABR 还具有良好的生物固体的截留能力，延长水流在反应器内的流径，从而促进污水与污泥的接触。相对于其他厌氧反应器，ABR 具有构造设计简单、启动容易、不需气固液三相分离器的优点，在不同条件，在不同隔室中形成性能不同的颗粒污泥。为了进一步提高 ABR 的性能，可在反应器内增设填料。

图 5-72（a）是最初的 ABR 结构示意图，为了延长污泥停留时间，其作用是用于处理难降解或高浓度污水。在最初结构的基础上，将降流室缩窄并加入挡流板（图 b），提高了甲烷产率和处理效率。图 c 用于处理高浓度污水，隔室加大且放置了填料，在最后一个隔室增加了沉淀区。根据处理的污水类型，ABR 器形还有其他改进型（图 d、图 e）。图 d 和图 e 是装入不同类型填料的 HABR，使得微生物的生长以三种形式进行：一是微生物自身固定方式，即厌氧颗粒污泥；二是悬浮生长的污泥；三是附着在填料上生长的生物膜。这种反应器成为复合折流板式厌氧反应器 HABR，与其他形式的 ABR 相比，它可以截流更多的生物量，能提高反应器的容积负荷和处理效率。

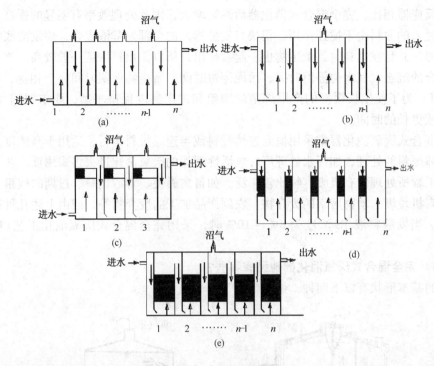

图 5 - 72　ABR 反应器类型

5.182　ABR 反应器的运行管理有哪些要注意的方面?

(1) 系统保证一定的水流和产气上升速度。

(2) 进水需均匀分布。

(3) ABR 反应器的死区容积百分数值应控制在 7% ~ 20%。

(4) 水力停留时间

水力停留时间是厌氧反应器的重要控制指标,对浓度一定的污水,HRT 决定着反应器的处理能力。因此,应综合考虑 HRT 和 COD 去除率两个方面的因素来选择合适的 HRT。实验表明,当有机负荷一定时,反应器的 COD 去除率随着水力停留时间的下降呈现先上升后下降的趋势。对于 ABR 反应器来说,若水力停留时间过长,则升流区上升流速过低,微生物不能很好地接触到基质,因此去除率不高;停留时间太短,污水与微生物不能充分地接触,从而使得 COD 的去除率降低。

(5) 水力负荷与流速

一般情况下,ABR 反应器的工作方式是上部进水,在降流区向下折流,再在升流区向上流动,完成一个工作单元。在升流区,水力搅动使污泥悬浮形成污泥悬浮层,污水中的底物与悬浮层中的厌氧生物菌群接触而被其净化。降流室水流速度很快,有利于厌氧污泥和污水的混合,增强传质效果;但若流速过大则会将污泥带出,故配水系统设计显得尤为重要。在沉淀器的设计中,一般经验是要求表面水力负荷小于 $1m^3/(m^2 \cdot h)$,即颗粒的沉淀速度小于 0.3mm/s,若高于此值则沉淀效果不好。在 ABR 反应器工程的设计中,在底部设 45°倾角的斜板,使得平稳下流的水流速在斜板断面流速骤然加大,对底部的污泥床形成冲击,使污泥床浮动,达到使水流均匀通过污泥层的目的。

5.183　什么是完全混合式厌氧消化器(CSTR)?

在常规的厌氧反应器内安装有搅拌器,使发酵原料和活性污泥处于完全混合状态。与常规的厌氧反应器相比，完全混合式消化器活性区增大，因此处理效率有明显的提高。在消化器内，新进入的原料由于搅拌作用，很快与发酵器内的全部发酵液混合，使发酵底物浓度始终保持相等，并且在出料时，微生物也一起被排出，所以，出料浓度一般较高。该消化器具有完全混合的流态，其水力停留时间、污泥停留时间、微生物停留时间完全相等，即HRT = SRT = MRT，为了使生长缓慢的产甲烷菌的增殖和冲出速度保持平衡，要求 HRT 较长，一般要 15d 或更长的时间。

完全混合式厌氧消化器常采用恒温连续投料或半连续投料运行，适用于高浓度及含有大量悬浮固体原料的处理，如污水处理厂好氧活性污泥的厌氧消化过去多采用该工艺。德国的农业沼气工程所处理的有机废弃物比较广泛，如畜禽粪便、青贮饲料、过期的残粮、厨余残渣、生活有机垃圾、动物屠宰的废弃物、农副产品加工的废弃物等，或由上述几种有机废物混合构成。当发酵料液 TS 浓度为 8% ~ 10% 时，采用完全混合式厌氧消化工艺(CSTR)的居多。

5.184　完全混合式厌氧消化器池型有哪些?

常用的基本形状有以下四种，见图 5-73。

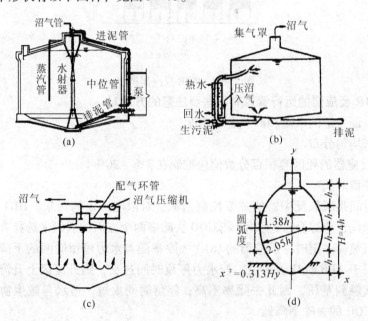

图 5-73　完全混合式厌氧消化器工艺的四种形式
(a)、(b)、(c)圆柱形；(d)蛋形

(1) 龟甲形

龟甲形[图 5-73(a)]消化池在英、美国家采用的较多。此种池形的优点是：土建造价低、结构设计简单。但要求搅拌系统具有较好的防止和消除沉积物效果，因此相配套的设备投资和运行费用较高。

(2) 平底圆柱形

平底圆形池[图 5-73(b)]是一种土建成本较低的池型。圆柱部分的高度与直径比大于1。这种池型在欧洲已成功的用在不同规模的污水厂，它要求池型与装备和功能之间要有很好的相互协调，配套使用的搅拌设备大都采用可在池内多点安装的悬挂喷入式沼气搅拌设备。

（3）传统圆形

在中欧及中国，常用的消化池的形状是圆柱状中部、圆锥形底部和顶部的消化池池型［图5－73(c)］。这种池型的优点是热量损失比龟甲形小，易选择搅拌系统。但底部面积大，易造成粗砂的堆积，因此需要定期停止运行进行清理；更大的弊端是在形状变化的部分存在尖角，应力很容易聚集在这些区域，使结构处理较困难；底部和顶部的圆锥部分，在土建施工浇铸时混凝土难密实，易产生渗漏。

（4）卵形

卵形消化池［图5－73(d)］在德国从1956年就开始采用，并作为一种主要的形式推广到全国，应用较普遍。其外形图见图5－74。

图5－74　卵形消化池

卵形消化池与柱形消化池对比表见表5－17。

表5－17　卵形消化池与柱形消化池对比表

序号	内容	柱形消化池	卵形消化池
1	外表	柱形，有环梁突出	平滑过渡，较美观
2	容积	适合建造10000m³以下	可以达15000m³及以上
3	内池壁	池内壁有死角	池内壁平滑，没有死角
4	保温	表面积较大，耗费较多的保温材料，保温效果差	表面积相对较小，保温材料耗费少，保温效果好，更能满足工艺要求
5	占地面积	较大	较小
6	预应力体系	环向采用预应力	采用环向、竖向双向预应力体系
7	工程造价	较大	建造12000m³以上池体较柱形要节省

5.185　消化池中污泥搅拌的作用有哪些？消化池搅拌方式有哪些？

在污泥消化池的过程中，进行污泥混合搅拌，对于提高分解速度和分解率，即增加产气量很重要。

1. 消化池中污泥搅拌的作用

（1）通过对消化池中污泥的充分搅拌，使生污泥与消化污泥充分的接触，提高接种效果；

（2）通过搅拌，调整污泥固体与水分的相互关系，使中间产物与代谢产物在消化池内均匀分布；

（3）通过搅拌及搅拌时产生的振动能更有效地进行气体分离，使气体溢出液面；

（4）消化菌对温度和pH值的变化非常敏感，通过搅拌使池内温度和pH值保持均匀；

（5）对池内污泥不断地进行搅拌还可防止池内产生浮渣。

2. 消化池搅拌方式分类

消化池搅拌的方式大致可分为如下几类：

（1）气体搅拌法；

（2）机械搅拌法；

（3）泵循环法；

（4）综合搅拌法。

消化池搅拌设备的选择应根据消化池的池型、池容积的大小、设备投资、运行管理等综合因素确定。国内外常用的搅拌方法较多采用的是沼气搅拌法和机械搅拌法。泵循环法因耗电量较大且搅拌效果不太好，已不再使用。

5.186 消化池常用的搅拌方式有哪些?

消化池污泥搅拌方式有沼气搅拌、机械搅拌、射流器搅拌三种方式。有资料表明，搅拌方式与池型有关。

1. 沼气搅拌

（1）悬挂喷嘴式沼气搅拌器

悬挂喷嘴式沼气搅拌器主要由悬挂在池顶部的沼气输送竖管和喷嘴组成。搅拌器可以按需要在池内多点布置，并可分组运行，优点有：结构简单，设置和操作灵活；由于可分组搅拌，具有搅拌强度较小、对池的适应性强、不受液面控制。此类型的搅拌器适合于各种消化池。

（2）多根束管式沼气搅拌器

多根束管式沼气搅拌器主要由多根沼气输送管（束管）和沼气释放口组成。束管由消化池顶部的中间位置进入池中，延伸至池底部的释放口。此搅拌器的特点是构造简单、易操作，但容易堵塞，需在池顶各束管端头增设观察球及高压水冲洗装置。因沼气释放口的设置聚集在池底中部，适合于小直径且带陡峭锥底的池型。

（3）底部多根吹管式沼气搅拌器

底部多根吹管式沼气搅拌器与多根束管式沼气搅拌器类似，主要由多根沼气输送管和沼气释放口组成，沼气输送管可从池顶部侧壁或池侧面进入，沿池底伸入到池中部与沼气释放口连接。沼气搅拌系统结构示意图见图5－75。

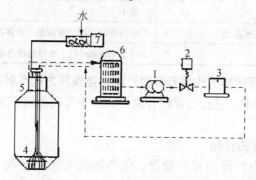

图 5－75 沼气搅拌系统结构示意图

1—沼气压缩机；2—压力阀；3—凝水器；4—沼气搅拌器；5—消化池；6—过滤器；7—高压冲洗泵

2. 机械搅拌

（1）旋桨式搅拌器

由2～3片推进式螺旋桨叶构成，工作转速较高，叶片外缘的圆周速度一般为5～15m/s。

（2）涡轮式搅拌器

由在水平圆盘上安装 2~4 片平直的或弯曲的叶片所构成，桨叶的外径、宽度与高度的比例，一般为 20:5:4，圆周速度一般为 3~8m/s。

（3）桨式搅拌器

有平桨式和斜桨式两种。平桨式搅拌器由两片平直桨叶构成；桨叶直径与高度之比为 4~10，圆周速度为 1.5~3m/s。

3. 射流搅拌

通常在池内设射流器，由池外水泵压送的循环消化液经射流器喷射，从喉管真空处吸进一部分池中的消化液或熟污泥，污泥和消化液一起进入消化池的中部形成较强烈的搅拌。

为了防止堵塞，循环混合液管道的管径不能小于 150mm。射流器的选择必须与水泵的扬程相匹配，所采用污水泵的扬程一般为 15~20m，引射流量与抽吸流量之比一般为 1:(3~5)。射流器的工作半径一般在 5m 左右，当消化池的直径超过 10m 时，可设置多个射流器。

采用射流搅拌时，由于经过水泵叶轮的剧烈搅动和水射器喷嘴的高速射流，会将絮状污泥破坏，对消化污泥的泥水分离不利，会引起上清液悬浮物过大，同时能耗较高，这种搅拌方式适用于小型消化池。

5.187　什么是厌氧接触法（AC）？

厌氧接触工艺由完全混合式厌氧消化器和消化液固液分离、污泥回流设施所组合的处理系统，即在高速消化器出料处增加一个沉淀槽以收集活性污泥，返送回发酵器内，其工艺流程如图 5-76。厌氧接触工艺适合处理悬浮物和 COD 高的污水，SS 可达到 50000mg/L，COD 不低于 3000mg/L。其挥发性悬浮物（VSS）一般为 5~10g/L，容积负荷比完全混合式厌氧反应器高，耐冲击能力也较强。其 COD 容积负荷一般为 1~5kgCOD/（m³·d），HRT 约在 10~20d，COD 去除率 70%~80%；BOD$_5$ 容积负荷一般为 0.5~2.5kgBOD$_5$/（m³·d），BOD$_5$ 去除率 80%~90%。

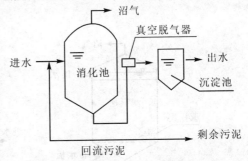

图 5-76　厌氧接触工艺流程示意图

与普通厌氧消化池相比，厌氧接触法的特点有：①通过污泥回流，保持消化池内污泥浓度较高，一般为 10~15gMLSS/L，耐冲击能力强；②有机容积负荷高，中温时，COD 负荷 1~6kgCOD/（m³·d），去除率为 70%~80%；BOD 负荷 0.5~2.5kgBOD$_5$/（m³·d），去除率 80%~90%；消化池的容积负荷较普通消化池高，水力停留时间比普通消化池大大缩短，如常温下，普通消化池为 15~30d，而接触法小于 10d；③可以直接处理悬浮固体含量较高或颗粒较大的料液，不存在堵塞问题；混合液经沉降后，出水水质较好；④增加了沉淀池、污泥回流系统、真空脱气设备，流程较复杂；⑤适合于处理悬浮物和有机物浓度均很高的污水。

在厌氧接触法工艺中，最大的问题是污泥的沉淀。厌氧污泥上一般总是附着有小的气泡，且由于污泥在二沉池中还具有活性，还会继续产生沼气，有可能导致已下沉的污泥上浮，因此，必须采用有效的改进措施。

改进的措施主要有以下两种：①增加真空脱气设备（真空度为 500mmH$_2$O）；②增加热

交换器，使污泥骤冷，暂时抑制厌氧污泥的活性，如图5-77所示。

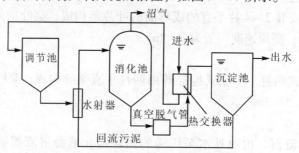

图5-77 改进后的厌氧接触工艺流程

5.188 什么是厌氧生物滤池(AF)?

厌氧生物滤池是设置有供厌氧微生物附着生长的载体(填料)的厌氧消化装置。填料是 AF 的主体，AF 所采用的填料以硬性填料为主，如砂石、陶粒、波尔环、玻璃珠、塑料球、塑料纹板等。过滤器内生物膜的厚度、密度、强度的均一性决定了反应器的稳定运行，其运行影响因素有温度、pH、填料、堵塞等，其工艺示意图如图5-78所示。

根据污水在厌氧生物滤池中的流向的不同，可分为升流式厌氧生物滤池、降流式厌氧生物滤池和升流式混合型厌氧生物滤池等三种形式，如图5-79所示。一般采用降流式布水有助于克服堵塞。

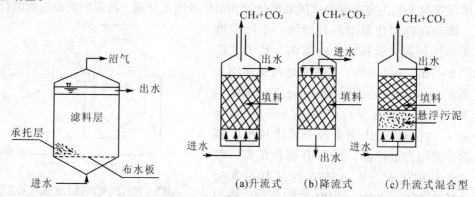

(a)升流式　　(b)降流式　　(c)升流式混合型

图5-78 厌氧生物滤池工艺示意图　　图5-79 厌氧生物滤池的三种形式示意图

5.189 厌氧生物滤池由哪些部分组成?

厌氧生物滤池主要由以下几个重要部分组成，即滤料、布水系统、沼气收集系统。厌氧生物滤池的沼气收集系统基本与厌氧消化池的类似。

1. 滤料

在厌氧滤池中经常使用的滤料有多种，可以简单分为如下几种:

(1)实心块状滤料。为30~45mm的碎块，比表面积和孔隙率都较小，分别为40~50m²/m³和50~60%。这样的厌氧生物滤池中的生物浓度较低，有机容积负荷也低，仅为3~6kgCOD/(m³·d)，易发生局部堵塞，产生短流。

(2)空心块状滤料。多用塑料制成，呈圆柱形或球形，内部有不同形状和大小的孔隙，比表面积和孔隙率都较大;

(3)管流型滤料。包括塑料波纹板和蜂窝填料等;比表面积为100~200m²/m³，孔隙率可达80%~90%;有机负荷可达5~15kgCOD/(m³·d);

134

（4）纤维滤料。包括软性尼龙纤维滤料、半软性聚乙烯、聚丙烯滤料、弹性聚苯乙烯填料等。比表面积和孔隙率都较大，偶有纤维结团现象，价格较低，应用普遍。

（5）交叉流型滤料。

2. 布水系统

在厌氧生物滤池中布水系统的作用是将进水均匀分配于全池，因此在设计时，应注意孔口的大小和流速。因需要收集所产生的沼气，厌氧生物滤池多是封闭式的，即其内部的水位应高于滤料层，将滤料层完全淹没。其中升流式厌氧生物滤池的布水系统应设置在滤池底部，这种形式在实际应用中较为广泛，一般滤池的直径为 6～26m，高为 3～13m；而降流式厌氧生物滤池的水流方向正好与之相反。

5.190 什么是升流式厌氧固体反应器？

升流式厌氧固体反应器（USR）是 Fannion 等人参照 UASB 反应器的原理开发的，用于以海藻为原料进行厌氧消化制取沼气，因为被处理的对象是固体，所以称升流式厌氧固体反应器。该消化器不需要污泥回流和三相分离器，靠固体悬浮物（SS）的自然沉淀作用使 SRT 比 HRT 延长，从而提高了 SS 的消化率。USR 的最大特点是可处理含固体量很高的污水（液），含固量可达 5% 左右，甚至可处理含固量达 10% 的废液，特别是经过分离后的城市有机垃圾。USR 反应器的基本构造如图 5－80 所示。

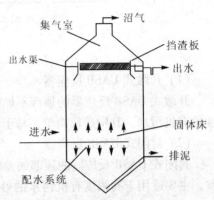

图 5－80　USR 反应器
基本构造示意图

5.191 什么是升流式厌氧污泥床（UASB）反应器？反应器的型式有哪些？

升流式厌氧污泥床反应器是由荷兰 Wageningen 农业大学的 GatzeLettinga 教授于 20 世纪 70 年代初开发出来的，由底部的污泥区和中上部的气、液、固三相分离区组合为一体的厌氧消化装置。

上流式厌氧污泥床的池形有圆形、方形、矩形。小型装置常为圆柱形，底部呈锥形或圆弧形；大型装置为便于设置气、液、固三相分离器，则一般为矩形，高度一般为 3～8m，其中污泥床 1～2m，污泥悬浮层 2～4m。在实际工程中，UASB 的断面形状一般可以做成圆形或矩形，一般来说矩形断面便于三相分离器的设计和施工，多用钢结构或钢筋混凝土结构，其工艺构造如图 5－81。

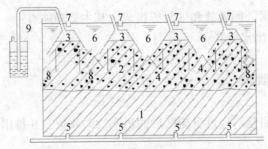

图 5－81　UASB 反应器工艺结构示意图
1—污泥床；2—悬浮污泥层；3—气室；4—气体挡板；5—配水系统；
6—沉降区；7—出水槽；8—集气罩；9—水封

UASB 反应器主要有两种型式，即开敞式 UASB 反应器和封闭式 UASB 反应器，如图 5-82所示。

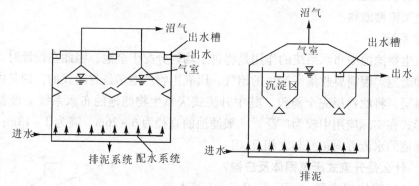

图 5-82　UASB 反应器的两种主要形式

（1）开敞式 UASB 反应器

开敞式 UASB 反应器的顶部不加密封，或仅加一层不太密封的盖板，多用于处理中低浓度的有机污水，其构造较简单，易于施工安装和维修。

（2）封闭式 UASB 反应器

封闭式 UASB 反应器的顶部加盖密封，这样在 UASB 反应器内的液面与池顶之间形成气室，主要适用于高浓度有机污水的处理。这种形式实际上与传统的厌氧消化池有一定的类似，其池顶也可以做成浮动盖式。

5.192　UASB 反应器由哪些部分组成？

UASB 反应器的主要组成部分包括：进水配水系统、反应区、三相分离器、出水系统、气室、浮渣收集系统、排泥系统等。

（1）进水配水系统

实际使用的布水器的布水方式主要有连续进水方式（一管一点）、脉冲式布水、一管多点配水方式、分支布水等。这些布水方式的出水口（或孔）均朝下，离池底约 0.15m。

（2）反应区

反应区是 UASB 反应器中生化反应发生的主要场所，分为污泥床区和污泥悬浮区，其中的污泥床区主要集中了大部分高活性的颗粒污泥，是有机物的主要降解场所；而污泥悬浮区则是絮状污泥集中的区域。

（3）三相分离器

三相分离器由沉淀区、回流缝和气封等组成。其主要功能有：

① 将沼气、污泥与出水分开；

② 保证出水水质；

③ 保证反应器内污泥量。

（4）出水系统

出水系统的主要作用是将经过沉淀区后的出水均匀收集，并排出反应器。

（5）气室

气室也称集气罩，其主要作用是收集沼气。

（6）浮渣收集系统

浮渣收集系统的主要功能是清除沉淀区液面和气室液面的浮渣。

136

（7）排泥系统

排泥系统的主要功能是均匀地排除反应器内的剩余污泥。

5.193 UASB 的进水分配系统有哪些？

在生产装置中采用的进水方式大致可分为间歇式（脉冲式）、连续流、连续与间歇相结合等方式；布水管的形式有一管多点、一管一点和分枝状等多种形式。

（1）连续进水方式（一管一点）

为了确保进水均匀分布，每个进水管线仅与一个进水点相连接。可以采用如图 5-83 的配水器，为防止堵塞，其配水管径在 50~80mm 之间选择，一般选择较大的管径。

（2）脉冲进水方式

脉冲方式进水能使底层污泥交替进行收缩和膨胀，有助于底层污泥的混合，实际使用效果良好。

（3）一管多点配水方式

采用在反应器池底配水横管上开孔的方式布水，为了配水均匀，要求出水流速不小于 2m/s。这种配水方式可用于脉冲进水系统。一管多孔式配水方式容易发生堵塞，因此，应该尽可能避免在一个管上有过多的孔口，如图 5-84 所示。

图 5-83　一管一点连续进水配水器　　　　图 5-84　一管多点配水图

（4）分枝式配水方式

这种配水系统的特点是采用较长的配水支管增加沿程阻力，以达到布水均匀的目的。业内人士给出的最大的分枝布水系统的负荷面积为 54m²。大阻力系统配水均匀度好，但水头损失大；小阻力系统水头损失小，如果不影响处理效率，可减少系统的复杂程度。

5.194 厌氧生物转盘的基本原理、特点是什么？

（1）基本原理

厌氧生物转盘的基本原理与好氧生物转盘类似，只是，在厌氧生物转盘中，所有转盘盘片均完全浸没在污水之中，处于厌氧状态。

（2）主要特点

微生物浓度高、有机负荷高，水力停留时间短；污水沿水平方向流动，反应槽高度小，节省了提升高度；一般不需回流；不会发生堵塞，可处理含较高悬浮固体的有机污水；多采用多级串联，厌氧微生物在各级中分级，处理效果更好；运行管理方便。但盘片的造价较高。

5.195 厌氧内循环（IC）反应器的构成有哪些？

IC 反应器由 5 个基本部分组成，分别为混合区、污泥膨胀床区、内循环系统、精处理区和沉淀区。污泥膨胀床区和精处理区分别为第一厌氧反应室和第二厌氧反应室，其顶部各

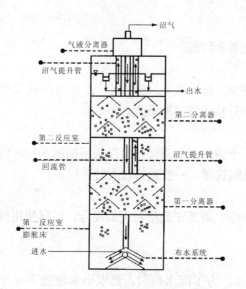

图 5 – 85　IC 反应器构造原理图

设一个气、固、液三相分离器。在第一反应室的集气罩顶设沼气提升管直通 IC 反应器顶的气液分离器。分离器底部设一泥水下降管即回流管直通至 IC 反应器的底部。一级三相分离器、沼气提升管、气液分离器和泥水下降管构成了 IC 反应器的内循环系统，见图 5 – 85。该消化器集中了 UASB 和流化床消化器的优点，利用消化器内所产生的沼气提升力实现发酵料液的内循环。

1. 混合区

反应器底部进水、颗粒污泥和气液分离区回流的泥水混合物有效地在此区混合。

（1）第 1 厌氧区

混合区形成的泥水混合物进入该区，在高浓度污泥作用下，大部分有机物转化为沼气。混合液上升流和沼气的剧烈扰动使该反应区内污泥呈膨胀和流化状态，加强了泥水表面接触，污泥由此而保持着高的活性。随着沼气产量的增多，一部分泥水混合物被沼气提升至顶部的气液分离区。

（2）气液分离区

被提升的混合物中的沼气在此与泥水分离并导出处理系统，泥水混合物则沿着回流管返回到最下端的混合区，与反应器底部的污泥和进水充分混合，实现了混合液的内部循环。

（3）第 2 厌氧区

经第 1 厌氧区处理后的污水，除一部分被沼气提升外，其余的都通过三相分离器进入第 2 厌氧区。该区污泥浓度较低，且污水中大部分有机物已在第 1 厌氧区被降解，因此沼气产生量较少。沼气通过沼气管导入气液分离区，对第 2 厌氧区的扰动很小，这为污泥的停留提供了有利条件。

2. 沉淀区

第 2 厌氧区的泥水混合物在沉淀区进行固液分离，上清液由出水管排走，沉淀的颗粒污泥返回第 2 厌氧区污泥床。

从 IC 反应器工作原理中可见，反应器通过 2 层三相分离器来实现 $SRT > HRT$，获得高污泥浓度；通过大量沼气和内循环的剧烈扰动，使泥水充分接触，获得良好的传质效果。

5.196　厌氧膨胀颗粒污泥床（EGSB）反应器的工作特点有哪些？

EGSB 反应器作为一种改进型的 UASB 反应器，它是固体流态化技术在有机污水生物处理领域的具体应用。固体流态化技术是一种改善固体颗粒与流体间接触，并使其呈现流体性状。

与 UASB 反应器相比，它们最大的区别在于反应器内液体上升流速的不同。在 UASB 反应器中，水力上升流速一般小于 0.5m/h；而 EGSB 反应器通过采用出水循环，其水力上升流速一般可达到 3 ～ 7m/h，较高的流速使整个颗粒污泥床处于膨胀状态。EGSB 反应器这种独有的特征使它可以进一步向着空间化方向发展，反应器的高径比可高达 3 ～ 8。因此对于相同容积的反应器而言，EGSB 反应器的占地面积大为减少。

EGSB反应器结构示意图见图5-86。这种技术已经广泛应用于石油、化工、冶金工艺污水的处理。

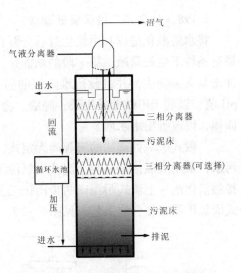

图5-86 EGSB反应器结构示意图

5.197 EGSB反应器由哪些结构组成？

（1）进水配水系统

进水配水系统主要是将污水尽可能均匀地分配到整个反应器，并具有一定的水力搅拌功能。它是反应器高效运行的关键之一。

（2）反应区

其中包括污泥床区和污泥悬浮层区，有机物主要在这里被厌氧菌所分解，是反应器的主要部位。

（3）三相分离器

由沉淀区、回流缝和气封组成，其功能是把沼气、污泥和液体分开。污泥经沉淀区沉淀后由回流缝回流到反应区，沼气分离后进入气室。三相分离器的分离效果将直接影响反应器的处理效果。EGSB反应器内的液体上升流速要大得多，因此必须对三相分离器进行特殊改进，改进有以下几种方法：

① 增加一个可以旋转的叶片，在三相分离器底部产生一股向下水流，有利于污泥的回流。

② 采用筛鼓或细格栅，可以截留细小颗粒污泥。

③ 在反应器内设置搅拌器，使气泡与颗粒污泥分离；在出水堰处设置挡板，以截留颗粒污泥。

（4）出水循环系统和排水系统

设置出水循环部分主要目的是提高反应器内的液体上升流速，使颗粒污泥床层充分膨胀，污水与微生物之间充分接触，加强传质效果，还可以避免反应器内死角和短流的产生。排水系统的作用是把沉淀区表层处理过的水均匀地加以收集，排出反应器。

（5）气室

也称集气罩，其作用是收集沼气。

（6）浮渣清除系统

其功能是清除沉淀区液面和气室表面的浮渣，如浮渣不多可省略。

（7）排泥系统

其功能是均匀地排除反应区的剩余污泥。

（8）内循环

当反应器布置两层三相分离器时，需要采取内循环方式。内循环宜采用气提式，以自身产生的沼气作为动力，回流点设置在反应池底部，实现混合液的内循环。

（9）其他配套设施

EGSB反应器处理污水一般不加热，利用污水本身的水温。如果需要加热提高反应的温度，则采用与对消化池加热相同的方法。反应器一般都采用保温措施，方法同消化池。反应器必须采取防腐蚀措施。

5.198 什么是二段厌氧处理法?

将水解酸化过程和甲烷化过程分开在两个反应器内进行,以使两类微生物都能在各自的最适条件下生长繁殖。第一段的功能是:水解和液化固态有机物为有机酸;缓冲和稀释负荷冲击与有害物质,并将截留难降解的固态物质。第二段的功能是:保持严格的厌氧条件和 pH 值,以利于甲烷菌的生长;降解、稳定有机物,产生含甲烷较多的消化气,并截留悬浮固体,以改善出水水质。

二段式厌氧处理法的流程尚无定式,可以采用不同构筑物予以组合。对悬浮物高的工业污水,采用厌氧接触法与上流式厌氧污泥床反应器串联的组合已经有成功的经验,如可以是接触消化池 – 上流式污泥床两步消化工艺,见图 5 – 87;也可以是纤维填料厌氧滤池和上流式厌氧污泥床复合法工艺,见图 5 – 88。

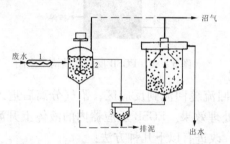
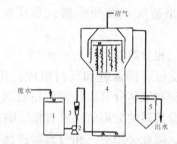

图 5 – 87　接触消化池 – 上流式污泥床
两步消化工艺示意图
1—热交换器;2—水解产酸罐;
3—产点分离;4—产甲烷罐

图 5 – 88　纤维填料厌氧滤池和上流式
厌氧污泥床复合法工艺
1—纤维填料厌氧滤池;2—提升泵;3—流量控制阀;
4—上流式厌氧污泥床;5—沉淀池

二段式厌氧处理法具有运行稳定可靠,能承受 pH 值、毒物等的冲击,有机负荷率高,消化气中甲烷含量高等特点;但这种方法也有设备较多、流程和操作复杂等缺陷。研究表明,二段式并不是对各种污水都能提高负荷率。例如,对于固态有机物低的污水,不论用一段法或二段法,负荷率和效果都差不多。

5.199 厌氧生物反应器内部为什么要进行防腐处理?

厌氧池内的腐蚀现象很严重,既有电化学腐蚀又有生物腐蚀。电化学腐蚀主要是厌氧消化过程中产生的 H_2S 在液相形成氢硫酸导致的腐蚀,尤其是在气液交界处的腐蚀最严重。生物腐蚀常常被人忽视,而实际生物腐蚀程度和带来的问题都很严重,因为用于提高气密性和水密性的一些防渗防水材料,有的是有机组分,在长期与厌氧微生物接触的过程中,有可能被分解掉而失去防水和防渗的作用。

5.200 为什么污泥沉淀回流对厌氧处理的影响比好氧处理要大?

重力沉淀池往往是好氧活性污泥法处理系统中的最薄弱环节,但由于好氧微生物增殖较快,正常运行时剩余污泥量较大。因此,利用重力沉淀池可以持续有效地维持好氧生物处理系统的正常运转,即使沉淀效果略差,一般也不会因污泥流失对处理系统造成致命的威胁。而厌氧处理过程中微生物合成速率低,沉降性能较差,所以根据好氧处理经验设计的用于厌氧系统的重力沉淀池一般都不能取得较好的沉降浓缩效果。当运行不正常时,一般使用标准重力沉淀池的厌氧系统出水中,SS 会上升到 500mg/L 甚至 1000mg/L。

一般情况下,好氧系统的沉淀池运转不正常只影响出水水质,轻易不会毁掉整个系统。而厌氧处理系统则不然,由于厌氧微生物增殖缓慢,增长量往往不如沉淀池的流失量,因此厌氧系统的沉淀池运转不正常很有可能威胁到系统本身的稳定性。在启动阶段和厌氧反应器内发生污泥上翻时，一定要引起高度重视，设法保留住生物量。尤其是启动阶段，如果污泥流失过多会导致启动失败，需要重新开始，由于厌氧启动所需时间很长，会带来一系列的问题。

为了保证厌氧处理系统的污泥有效地沉淀回流，在反应器内的重力沉淀装置可以增加斜管、斜板等设施，提高厌氧微生物的沉淀回流量；在反应器外的泥水分离装置，还可以采用气浮、过滤等技术代替重力沉淀池。

5.201 什么是颗粒污泥？

厌氧颗粒污泥（Anaerobic Granular Sludge）基于20世纪80年代初发展起来的生物颗粒污泥技术，是在高的水力剪切下，由产甲烷菌、产乙酸菌和水解发酵菌等构成的，沉降性优于活性污泥絮体的自凝聚体。

颗粒污泥的形成实际上是微生物固定的一种形式，其外观为具有相对规则的球形或椭圆形黑色颗料。颗粒污泥的粒径一般为 $0.1 \sim 5mm$，个别大的有 $7mm$，密度为 $1.04 \sim 1.08g/cm^3$，比水略重，具有良好的沉降性能和降解水中有机物的产甲烷活性。

在光学显微镜下观察，颗粒污泥呈多孔结构，表面有一层透明胶状物，其上附着甲烷菌。颗粒污泥靠近外表面部分的细胞密度最大，内部结构松散、细胞密度较小。粒径较大的颗粒污泥往往有一个空腔，这是由于颗粒污泥内部营养不足使细胞自溶而引起的。大而空的颗粒污泥容易破碎，其破碎的碎片成为新生颗粒污泥的内核，一些大的颗粒污泥还会因内部产生的气体不易释放出去而容易上浮。颗粒污泥见图 5-89。

图 5-89　颗粒污泥

厌氧颗粒污泥因其优于絮状污泥的沉降性及高的污泥浓度，抗水力负荷和冲击负荷的能力大大增强，使得第三代高效厌氧生物反应器的发展应用成为可能，对厌氧水处理工艺有着巨大的贡献。

5.202 升流式厌氧污泥反应器内出现颗粒污泥的方法有哪几种？

UASB 反应器运行成功的关键是具有颗粒污泥，使 UASB 反应器内出现颗粒污泥的方法有以下三种：

（1）直接接种法。从正在运行的其他 UASB 反应器中取出一定量的颗粒污泥直接投入新的 UASB 反应器后，由少到多逐步加大被处理的污水水量，直到设计水量。这种方法使反应器投产所需时间最快，但一般只有在启动小型 UASB 反应器时采用这种方法。

（2）间接接种法。将取自正在运行的厌氧处理装置的厌氧活性污泥。如城市污水处理场的消化污泥，投入 UASB 反应器后，创造厌氧微生物最佳的生长条件，用人工配制的、含有适当营养成分的营养水进行培养，形成颗粒污泥后，再由少到多逐步加大被处理的污水水量，直到设计水量。

（3）直接培养法。将取自正在运行的厌氧处理装置的厌氧活性污泥，如城市污水处理场的消化污泥，投入 UASB 反应器后，用被处理污水直接培养，形成颗粒污泥后，再逐步加大被处理的污水水量，直到设计水量。这种方法反应器投产所需时间较多，可长达 $3 \sim 4$ 个月，大型 UASB 反应器常采用这种方法。

5. 203 直接培养法培养颗粒污泥有哪些注意事项？

（1）直接培养时既可以使用非颗粒性的厌氧污泥，也可以用经过陈化的好氧剩余污泥，如果有搅拌设施，还可以投入未经消化的脱水污泥。即引入的污泥中含有一定量的溶解氧，只要不再补充氧，反应器内的溶解氧也会很快被接种泥中的兼性菌消耗掉而最终形成严格的厌氧条件。

（2）最好一次投加足够量的接种厌氧污泥，一般接种厌氧污泥投加量为 $40 \sim 60 \mathrm{kg/m^3}$。同时进水中要补充足够的营养盐，必要时还要添加硫、钙、钴、钼、镍等微量元素。

（3）为使颗粒污泥尽快形成，开始进水时 COD 一般要低于 $5000 \mathrm{mg/L}$，可采取加大回流比的方法，使进水负荷按污泥负荷计应低于 $0.1 \sim 0.2 \mathrm{kgCOD/(kgMLSS \cdot d)}$。pH 值应保持在 $7 \sim 7.2$ 之间，进水碱度一般不低于 $750 \mathrm{mg/L}$；温度过低时要将进水加热到适当的温度。

（4）出现小颗粒污泥后，为使小颗粒污泥发展为大颗粒污泥，要适当提高反应器的表面水力负荷。有关试验表明，当表面水力负荷在 $0.25 \mathrm{m^3/(m^2 \cdot h)}$ 以上时，会使污泥产生水力分级现象，这时可将絮状污泥和分散的细小颗粒污泥从反应器中逐步分离出来。培养初期污泥流失造成污泥浓度下降是正常现象。因培养时间较长，要有耐心，注意观察和分析有关化验数据。

（5）培养不能长期在低负荷下运行。当出水水质较好、COD 去除率提高后，应当逐渐提高负荷，但不能突然提高负荷，以防止造成冲击，对污泥颗粒化不利。当颗粒污泥出现后，应当在适宜的负荷下稳定运行一段时间，以便培养出沉降性能良好的和产甲烷细菌活性很高的颗粒污泥。一般情况下，高温 55℃ 运行约 100d、中温 35℃ 运行约 160d，颗粒污泥才能培养完成；低温 20℃ 需要运行 200d 以上才有可能培养完成。

（6）培养过程中应控制消化池内 VFA 的浓度在 $1000 \mathrm{mg/L}$ 以下，如果污水中原有的和在厌氧发酵过程中产生的各种挥发性有机酸浓度较高时，不能再提高进水的有机负荷。

第6章 污水深度处理

污水深度处理是根据进水水质，采用相应处理方法，进一步去除二级处理不能完全去除的污染物的处理工艺，使污水经深度处理后可达到更高要求的水质标准。

6.1 污水三级处理使用的处理方法有哪些？

一般采用的处理工艺有混凝沉淀、气浮、过滤、离子交换、电渗析、消毒、高级氧化技术等工艺以及上述工艺的组合工艺。

6.2 什么是混合反应？什么是混凝？什么是矾花？

促使絮凝剂向水中迅速扩散，并与全部水混合均匀的过程称为混合。絮凝剂的混合过程需要通过混合池或混合器等方式实现。

水中悬浮颗粒与絮凝剂作用，通过压缩双电层和电中和等机理，失去稳定性而相互结合生成微小絮粒的过程称为凝聚。凝聚生成的微小絮粒在水流的搅动和絮凝剂的架桥作用下，通过吸附架桥和沉淀网捕等机理，逐渐成长为大絮体的过程称为絮凝。混合、凝聚、絮凝三个过程通称为混凝。

絮凝剂与水混合后生成的絮体被称为矾花。

6.3 混凝工艺的一般流程是怎样的？

混凝工艺一般有药剂配制投加、混合、反应三个环节组成，其基本流程如下：絮凝剂→配制→定量投加原水→混合→反应→固液分离。

6.4 混凝工艺在污水处理中的应用有哪些？

混凝工艺具有对悬浮颗粒、胶体颗粒、疏水性污染物的良好去除效果；对亲水性溶解性污染物也有相当的絮凝效果。混凝工艺可用于城镇污水深度处理和工业污水的处理。

在对含油污水进行气浮处理前投加絮凝剂可以起到对乳化油的脱稳和破乳作用，并形成絮体吸附油珠和悬浮物共同上浮，可以使含油污水的含油量从数百 mg/L 降低到 5mg/L 左右，同时 SS 的去除率也可以高达 80% ~ 90%。

混凝工艺在污水处理中的另一种应用是加强初沉池和二沉池的沉淀效果，以及对二级出水进行三级处理或深度处理。

6.5 混凝工艺的投配系统包括哪些单元？

混凝剂的投配系统包括药剂的储运、调制、提升、储液、计量、投加、混合等单元。

6.6 药剂的调制方式有哪些？

混凝剂的溶解和稀释应按投加量的大小、混凝剂性质，选用机械、水力、压缩空气等搅拌方式。

（1）机械调制

适用于各种药剂和规模，使用较普遍。搅拌叶轮可用电机带动，并根据需要考虑有转速调整装置；搅拌设备须采取防腐措施，尤其在使用铁盐药剂时。

（2）采用水力调制的溶解池，使用的压力水水压应达到 0.2MPa。

（3）压缩空气调制适用于较大水量的污水厂中各种药剂的调制。具体要求如下：

① 空气供给强度：溶解池为 8 ~ 10L/($m^2 \cdot s$)，溶液池为 3 ~ 5L/($m^2 \cdot s$)；②空气管孔

眼流速20～30m/s，孔眼直径3～4mm；③压缩空气调制方法不宜用作较长时间的石灰乳液连续搅拌。

6.7 药剂调制设备有哪些要求？

（1）溶解池及溶液池底坡度不小于0.02，池底应有排渣管，池壁须设超高，防止搅拌溶液溢出。

（2）溶解池及溶液池内壁需进行防腐处理。一般内壁涂衬环氧玻璃钢、辉绿岩、耐酸胶泥、瓷砖或聚氯乙烯板等，当所用药剂腐蚀性不太强时，也可采用耐酸水泥砂浆。当采用三氯化铁时，不宜采用聚氯乙烯等遇热会引起软化变形的材料。

（3）投药量较小时，可在溶液池上部设置淋溶斗代替溶药池，使用时将药剂置于淋溶斗中，经水力冲溶后的药剂溶液流入溶液池。

（4）溶液池可高架式设置，以便能重力投加药剂。池周围应有工作台，在池内最高工作水位处宜设溢流装置。

（5）投药量较小的溶液池，可与溶解池合并为一个池子。

（6）聚丙烯酰胺溶液池必须设搅拌装置，搅拌转速一般为10～15r/min。

6.8 药剂的投加方式有哪些？

药液投加采用的方式有重力投加和压力投加。无论哪种投加方式，由溶解池到溶液池，再到药液投加点，均应设置药液提升设备，常用的药液提升设备是离心泵和水射器。

（1）重力投加

利用重力将药剂投加在水泵吸水管内或吸水井中的吸水喇叭口处，利用水泵叶轮混合。

（2）压力投加

利用水泵或水射器将药剂投加到水管中，适用于将药剂投加到压力水管中，或需要投加到标高较高、距离较远的处理设施内。

① 水泵投加是在溶液池中提升药液送到压力水管中，有直接采用计量泵和采用耐酸泵配以转子流量计两种方式。

② 水射器投加是利用高压水（压力 > 0.25MPa）通过喷嘴和喉管时的负压抽吸作用，吸入药液到压力水管中，水射器投加应设有计量设备。

6.9 什么是混合过程？

混合是反应第一关，也是非常重要的一关，在这个过程中应使混凝剂水解产物迅速地扩散到水体中的每一个细部，使所有胶体颗粒几乎在同一瞬间脱稳并凝聚，这样才能得到好的絮凝效果。因为在混合过程中同时产生胶体颗粒脱与凝聚，可以把这个过程称为初级混凝过程。但这个过程的主要作用是混合，因此都称为混合过程。对于混合过程，有以下要求需要注意：

（1）混合时间一般为10～30s；

（2）混合设施与后续处理构筑物的距离越近越好，尽可能采用直接连接方式；

（3）混合设施与后续处理构筑物连接管道的流速可采用0.8～1.0m/s。

6.10 药剂的混合方式有哪些？

药剂的混合方式有水泵混合、管式混合器混合和机械混合。不论采用何种混合方式，应根据所采用的混凝剂品种，使药剂与水进行充分的混合，并在很短时间内使药剂均匀地扩散到整个水体，也即采用快速混合方式。

1. 水泵混合

将药剂溶液加于每一水泵的吸水管中，通过水泵叶轮的高速转动以达到混合效果。采用水泵混合方式一般应注意以下几个方面：

（1）防止空气进入水泵吸水管内；

（2）不宜投加腐蚀性强的药剂，防止腐蚀水泵叶轮及管道；

（3）水泵距处理构筑物的距离不宜过长，一般应小于60m。

2. 管式混合器

管式静态混合器内置多节固定叶片，使水流成对分流，同时还产生涡旋反向旋转及交叉流动，能获得较好的混合效果。但是，管式静态混合器系按特定的水量设计，一旦运行水量发生变化，其水头损失将按二次方关系相应改变。水量大时，水头损失猛增；水量小时，水头损失大幅下降，明显影响混合效果。管式混合器见图6-1。

图6-1　管式混合器

采用管式混合器应注意以下几个方面：

（1）混合器的混合效果与管中液体流速及混合器节数有关，管中流速取1.0~1.5m/s，分节数2~3段；

（2）重力投加时，管式混合器投加点应设在文丘里管或孔板的负压点；

（3）投药点后的管内水头损失不小于0.3~0.4m；

（4）投药点至管道末端絮凝池的距离应小于60m。

3. 机械混合

机械混合的搅拌装置一般选用桨板式、螺旋桨式和透平式。桨板式搅拌器结构简单，加工容易。适用于中小水量混合，螺旋桨式和透平式可用于大水量混合。

6.11　常用的反应池有哪些类型？其优缺点如何？

常用的反应池类型有隔板反应池、机械搅拌反应池和折板反应池三种，也有将不同形式反应池串联在一起成为组合式反应池的。常用混合方式的优缺点比较见表6-1。

表6-1　常用混合方式的优缺点比较

反应池类型	优点	缺点	适用条件
隔板反应池	构造简单	反应时间长，水量变化大时效果不稳定	大中水量
机械搅拌反应池	搅拌强度可调，效果较好	能耗较大	各种水量
折板反应池	容积和能量利用率较高	安装、维护困难	中小水量

6.12　混凝处理系统的运行管理注意事项有哪些？

（1）加强进水水质的分析化验，定期进行烧杯搅拌试验，在模仿现有混合反应过程的搅拌强度下，通过改变絮凝剂或助凝剂的种类及投加量，来确定最佳的混凝条件，并随水质的变化及时调整，以达到最佳的混凝效果。比如进水的 SS 浓度发生变化时，应适当调整絮凝剂的投加量；当进水水温或 pH 值发生改变时，可改变絮凝剂或助凝剂的种类。

（2）巡检时观察并记录反应池矾花的大小等特征，并与以往的记录资料相对比，如果出现异常变化应及时分析原因和采取相应的对策。比如反应池末端水体浑浊、矾花颗粒细小，一般有絮凝剂投加量不够的因素存在，需要增加投药量或投加助凝剂。反应池末端矾花颗粒较大但很松散，通常说明絮凝剂投加量过大，需要适当予以减少。

（3）定期清除反应池内的积泥，避免因反应池有效容积减少使池内流速增大和反应时间缩短而导致的混凝处理效果下降。

（4）定期分析核算混合池、反应池的水力停留时间、水流速度梯度等搅拌强度参数。

（5）反应池出水端与沉淀或气浮等后续处理构筑物之间的配水渠最容易积存污泥，如果因此堵塞部分配水口，会使进入后续处理系统的孔口流速加大，导致矾花被打碎，必须及时清理。

6.13 什么是直接过滤？

直接过滤是指原水加药混合后不经沉淀而直接进入滤池过滤。在生产过程中，直接过滤工艺的应用方式有两种：

（1）原水加药后不经任何絮凝设备直接进入滤池过滤的方式称"接触过滤"。

（2）原水加药混合后先经过简易微絮凝池，待形成粒径大约在 $40 \sim 60 \mu m$ 左右的微絮粒后即可进入滤池过滤的方式称"微絮凝过滤"。

采用直接过滤工艺时要求：①原水浊度较低、色度不高、水质较为稳定；②滤料应选用双层、三层或均质滤料，且滤料粒径和厚度要适当增大，以提高滤层含污能力；③需加高分子助凝剂以提高微絮粒的强度和黏附力；④滤速应根据原水水质决定，一般在 5m/s 左右。

6.14 什么是气浮法？气浮法在水处理方面有哪些应用？

气浮法是向污水中通入空气或其他气体产生气泡，使水中的一些细小悬浮物或固体颗粒附着在气泡上，随气泡上浮至水面被刮除，从而完成固、液分离的一种净水工艺。气浮需要借助混凝、絮凝、破乳等预处理措施来完成。

气浮法水处理方面的应用有：

（1）石油、化工及机械制造业中的含油（包括乳化油）污水的油水分离；

（2）污水中有用物质的回收，如造纸厂污水中的纸浆纤维及填料的回收；

（3）取代二次沉淀池，适用于易于产生活性污泥膨胀的情况；

（4）剩余活性污泥的浓缩，便于压滤处理；

（5）处理电镀污水和含重金属离子污水；

（6）处理纺织印染污水，如用在生物处理工艺之前作为预处理工艺，或者用在生物处理工艺之后深度处理工艺；

（7）处理制革污水；

（8）富营养化前驱物如藻类；

（9）用于水厂改造。

6.15 什么是射流气浮？射流气浮有哪些形式？

射流气浮实际上是加压溶气气浮形式的一种，采用射流器（以水带气）向污水中混入空气进行气浮的方法。

射流气浮有射流布气、射流溶气两种主要的方式。

（1）射流布气

射流布气气浮装置见图6-2，由液气射流器、工作泵、释放器、气浮池组成。污水从喷嘴高速喷出时，在喷嘴的吸入室形成负压，气体被吸入；在混合段，污水携带的气体被剪切成微细气泡；在气浮池中，油珠和固体悬浮物等附着在气泡上上浮。

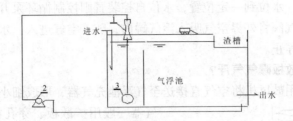

图6-2 射流布气气浮装置示意图
1—射流器；2—泵；3—释放器

射流布气气浮具有结构简单、工作可靠、设备投资及运行费用低、噪声低等优点，SS去除率可达70%。可用于屠宰、造纸、制革等工业污水处理，炼油厂、油田污水的油水分离。利用射流器进行溶气的优点是不需另设空压机，没有空压机带来的油污染和噪声。缺点是射流器本身的能量损失，一般为泵能耗的30%~40%，当所需溶气水压力为0.3MPa时，则水泵出口出压力约需0.5MPa。

（2）射流溶气

为克服射流布气工艺能耗高的缺点，可采用内循环式射流加压溶气方式，溶气系统结构与组成示意图见图6-3。射流气浮装置通过高效液气射流器喷射吸入空气，在高速射流的紊动作用下，空气与水充分混合，并进行能量交换，形成有压水气混合流体，通过压力溶气罐，部分空气溶解在水中，经污水池底部的释放器放出，形成微气泡缓慢上升，吸附污水中的悬浮物，到达水面后再经机械刮除。

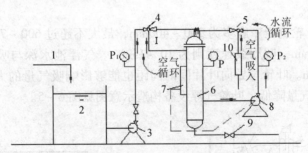

图6-3 射流溶气系统结构与组成示意图
1—回流水；2—清水池；3—加压泵；4—射流器Ⅰ；5—射流器Ⅱ；
6—溶气罐；7—水位自控设备；8—循环泵；9—减压释放设备；10—真空进气阀

内循环式射流加压溶气方式除保留射流溶气方式的特点，即不需要空压机外，还采用了空气内循环和水内循环，由于采用内循环方式，能耗可得到降低。溶气系统为射流气浮装置的核心，溶气系统由离心泵组、溶气罐、真空进气阀（自动加气装置）组成，用来形成溶气水。

① 离心泵组

离心泵组有溶气水加压泵、循环加气泵，一般情况下，工作溶气水加压泵工作压力0.30~0.50MPa，工作泵连续工作；循环加气泵工作压力0.27~0.28MPa，而循环泵为间断工作。

② 溶气罐

在溶气罐内装有两组射流器，一组是用来制造溶气水的工作射流器，另一组是用来向溶气罐内加气的循环射流器。在工作泵从清水池抽来的压力水的作用下，射流器将溶气罐上部的空气吸入并将其切割成细微气泡溶入水中，形成溶气水；随着溶气罐上部的空气不断减少，水位则不断上升，水位到一定位置，水位自控装置则控制循环泵开启，在循环射流器的作用下，通过真空进气阀将外界空气吸入溶气罐内，随着空气进入，水位则不断下降，到一定水位，循环泵自动停止。

6.16　什么是扩散板曝气气浮？

曝气气浮一般采用鼓风机将空气直接送至气浮池充气器，形成细小气泡进入污水中。充气器一般用扩散板、穿孔板或微孔管等，曝气压力在 $1kg/cm^2$，空气量 $2\sim3m^3/m^3$ 水。扩散装置的微孔不宜过小，否则易于堵塞；而微孔板孔径过大，必须投加表面活性剂，方可形成可利用的微小气泡，从而导致该种方法使用受到限制。近年研制、开发的弹性膜微孔曝气器，克服了扩散装置微孔易堵或孔径大等缺点。扩散板曝气气浮示意图见图 6-4。

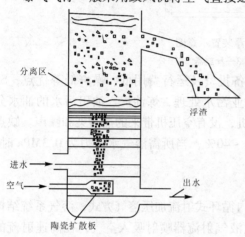

图 6-4　扩散板曝气气浮示意图

6.17　什么是叶轮气浮？

叶轮在电机的驱动下高速旋转，在盖板下形成负压吸入空气，污水由盖板上的小孔进入叶轮区域，在叶轮的搅动下，空气被粉碎成细小的气泡，并与水充分混合成水气混合体，水气混合体经整流板稳流后，在池体内平稳地垂直上升，进行气浮，形成的浮渣不断地被缓慢转动的刮板刮出槽外。

气浮中使用的叶轮直径一般多为 $200\sim400mm$，最大不超过 $600\sim700mm$。叶轮的转速多采用 $900\sim1500r/min$，圆周线速度则为 $10\sim15m/s$。气浮池水深与吸气量有关，一般为 $1.5\sim2m$，不超过 $3m$。叶轮与导向叶片间的间距也能够影响吸气量的大小，实践证明，间距超过 $8mm$ 将使进气量降低。叶轮气浮设备构造示意图见图 6-5。

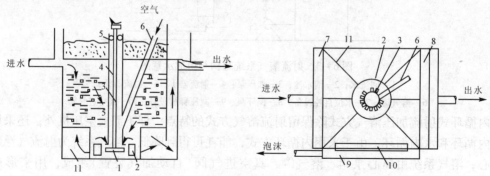

图 6-5　叶轮气浮设备构造示意图

1—叶轮；2—盖板；3—转轴；4—轴套；5—轴承；6—进气管；
7—进水槽；8—出水槽；9—泡沫槽；10—刮沫板；11—整流板

叶轮气浮式污水处理装置在油田污水处理中应用最广泛，它具有以下优点：

（1）溶气量大

叶轮气浮式污水处理装置的溶气率多数都在600%以上，为全流加压式溶气气浮溶气率的50倍。

（2）停留时间短、处理速度高

叶轮气浮装置的总停留时间仅为4~5min，而溶气气浮的停留时间则为20~30min。

（3）除油效率高，造价低。四级叶轮气浮式污水处理装置的除油效率相当于或高于单级溶气气浮装置，而造价仅为后者的60%。

（4）适应于处理油田污水，适应油田来水含油量的变化。如美国Wemco公司生产的叶轮气浮式污水处理装置，当来水含油71000mg/L时，可保证出水含油小于10mg/L。

运行时，应定时检查叶轮转动速度，观察吸气管位置，及时调整水深和吸气量；定时调整叶轮和导向叶片的间距。

6.18 叶轮气浮设备有哪些改进与发展？

（1）涡凹气浮

涡凹气浮称为旋切气浮，涡凹气浮机是一种主要用于去除工业或城市污水中的油脂、胶状物及固体悬浮物而设计的污水处理设备。系统主要由曝气装置、刮渣装置和排渣装置组成，其中曝气装置主要是涡凹曝气机，刮渣装置主要由刮渣机和牵引链条组成，排渣装置主要为螺旋推进器，如图6-6所示。工作时，溶气设备由电机带动高速旋转（旋转速度一般控制在1000~3000r/min），利用底部扩散叶轮（该叶轮的叶片为空心状）的高速转动在水中形成一个负压区，使液面上的空气沿着"涡凹头"的中空管进入扩散叶轮释放到水中，并经过叶片的高速剪切而变成小气泡，小气泡在上浮的过程中黏附在絮凝体上，而形成新的低密度絮凝体，靠水的浮力将水中的悬浮物带到水面，然后靠刮渣装置除去浮渣。开放式的回流管道从曝气段沿气浮槽的底部伸展，涡凹曝气机在产生微气泡的同时，也会在有回流管的池底形成一个负压区，这种负压作用会使污水从池底回流至曝气段，然后返回气浮段。这个过程确保了30%~50%左右的污水回流，即整套系统在没有进水的情况下仍可工作。

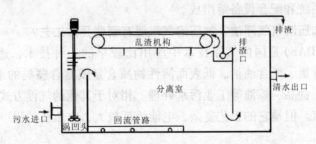

图6-6 涡凹曝气系统结构与工作原理示意图

（2）旋切气浮

旋切式气浮属于引气扩散气浮，它与溶气气浮、喷射引气气浮、多级扩散气浮及电解气浮机理相同，因而同样具有广泛的应用前景。其最大的优点是形成的气泡直径与溶气气泡直径相近，但其能耗却小得多，而且不需要空压机、溶气罐、减压释放器等设施，占地面积小，基建投资也不大。旋切式气浮机如图6-7所示。

6.19 什么是溶气泵气浮？

溶气泵气浮技术是近几年发展起来的新型气浮技术，该技术克服了溶气气浮技术附属设备多、能耗大和涡凹气浮技术产生大气泡的缺点，又具有能耗低的特点。溶气泵采用涡流泵或气液多相泵，其原理是在泵的入口处空气与水一起进入泵壳内，高速转动的叶轮将吸入的空气多次切割成小气泡，小气泡在泵内的高压环境下迅速溶解于水中，形成溶气水然后进入气浮池完成气浮过程。溶气泵产生的气泡直径一般在 $20 \sim 40\mu m$，吸入空气最大溶解度达到100%，溶气水中最大含气量达到30%，泵的性能在流量变化和气量波动时能保持稳定，为泵的调节和气浮工艺控制提供了好的操作条件，见图6-8。

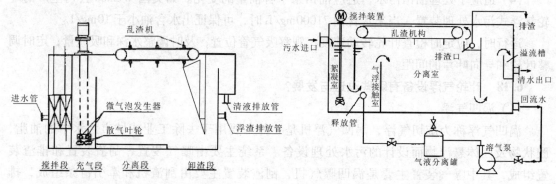

图6-7 旋切式气浮机示意图   图6-8 溶气泵气浮工艺原理

溶气泵气浮设备由絮凝室、接触室、分离室、刮渣装置、溶气泵、释放管等几部分组成。基本原理是：首先由溶气泵抽取出水作为回流水，产生溶气水（此时的溶气水中饱含大量的微细气泡），溶气水通过释放管释放进入接触室的水中，小气泡缓慢上升并黏附于杂质颗粒上，形成密度小于水的浮体，上浮水面，形成浮渣，并随水流缓慢向前移动进入分离室，然后由刮渣装置将浮渣去除。清水经溢流调节排放，从而完成气浮的工作过程。

溶气泵气浮设备技术成熟应用较多的有 EDUR 型高效气浮装置。EDUR 型高效气浮装置吸收了涡凹气浮切割气泡和溶气气浮稳定溶气的优点，整套系统主要由溶气系统、气浮设备、刮渣机、控制系统和配套设备等组成。

6.20 什么是加压溶气气浮法？加压溶气气浮有哪些具体工艺？

加压溶气气浮（DAF）是国内气浮技术中应用比较早的一种技术，适用于处理低浊度、高色度、高有机物含量、低含油量、低表面活性物质含量或富含藻类的水，广泛用于造纸、印染、电镀、化工、食品、炼油等工业污水处理。相对于其他的气浮方式，它具有水力负荷高、池体紧凑等优点。但是它的工艺复杂，电能消耗较大，空压机的噪声大等，限制着它的应用。

根据污水中所含悬浮物的种类、性质、处理水净化程度和加压方式的不同，基本方法有全流程溶气气浮法、部分溶气气浮法、部分回流溶气气浮法三种。

（1）全流程溶气气浮法

全流程溶气气浮法是将全部污水用水泵加压，在泵前或泵后注入空气。在溶气罐内，空气溶解于污水中，然后通过减压阀将污水送入气浮池。污水中形成许多小气泡黏附污水中的乳化油或悬浮物而逸出水面，在水面上形成浮渣。用刮板将浮渣连排入浮渣槽，经浮渣管排出池外，处理后的污水通过溢流堰和出水管排出。图6-9为全流程溶气气浮法工艺流程图。

全流程溶气气浮法的溶气量大，增加了油粒或悬浮颗粒与气泡的接触机会；在处理水量相同的条件下，它较部分回流溶气气浮法所需的气浮池小，从而减少了基建投资。但由于全部污水经过压力泵，所以增加了含油污水的乳化程度，而且所需的压力泵和溶气罐均较其他两种流程大，因此投资和运转动力消耗较大。

（2）部分溶气气浮法

部分溶气气浮法是取部分污水加压和溶气，其余污水直接进入气浮池并在气浮池中与溶气污水混合。其特点为：较全流程溶气气浮法所需的压力泵小，故动力消耗低。图6-10为部分溶气气浮法工艺流程图。

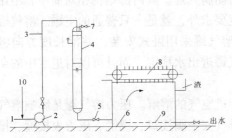

图6-9 全流程溶气气浮法工艺流程图
1—原水进入；2—加压泵；3—空气加入；
4—压力溶气罐（含填料层）；5—减压阀；
6—气浮池；7—放气阀；8—刮渣机；
9—集水系统；10—化学药剂

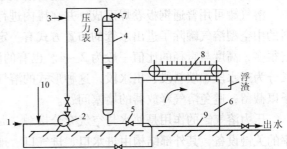

图6-10 部分溶气气浮法工艺流程图
1—原水进入；2—加压泵；3—空气加入；
4—压力溶气罐（含填料层）；5—减压阀；
6—气浮池；7—放气阀；8—刮渣机；
9—集水系统；10—化学药剂

（3）部分回流溶气气浮法

部分回流溶气气浮法是取一部分除油后出水回流进行加压和溶气，减压后直接进入气浮池，与来自絮凝池的污水混合和气浮。回流量一般为污水的25%～100%。其特点为：加压的水量少，动力消耗省；气浮过程中不促进乳化；矾花形成好，出水中絮凝物也少；气浮池的容积较前两种流程大。为了提高气浮的处理效果，往往向污水中加入混凝剂或气浮剂，投加量因水质不同而异，一般由试验确定。图6-11为部分回流溶气气浮法工艺流程图。

气浮理论认为部分回流加压溶气气浮法节约能源，能充分利用混凝剂，处理效果优于全加压溶气气浮流程。而回流比为50%时处理效果最佳，所以部分回流加压溶气气浮工艺是目前国内外最常采用的气浮法。

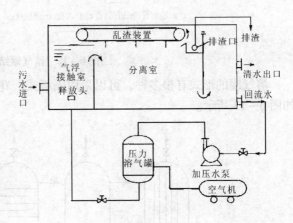

图6-11 部分回流溶气气浮法工艺流程图

6.21 加压溶气气浮的运行控制有哪些要求？

（1）根据反应池的混凝情况和气浮池出水水质，调节混凝剂的投加量，注意防止加药罐的堵塞；

（2）观察气浮池池面情况，如有接触区局部产生大气泡，应检查释放器；

（3）掌握浮渣产生规律，确定合适的刮渣周期；

（4）观察并控制溶气罐合适的水位；

（5）调整空压机的供气量，保证溶气罐稳定的工作压力；

（6）调整气浮池出水水位控制器，保证稳定的处理水量；

（7）冬季水温过低时，应增加回流水量或溶气压力，保证出水水质；

（8）做好日常的运行记录，包括处理水量、进水水质、投药量、溶气水量、溶气罐压力、水温、耗电量、刮渣周期、渣的含水率、出水水质等。

6.22 常用溶气罐的结构组成有哪些？溶气罐有哪些具体的形式？

溶气罐可用普通钢板卷焊而成，并在罐内进行防腐处理。其内部结构相对简单，不用填料的中空型溶气罐除了进出水管的布置方式有一定要求外，就是一只普通的空罐。溶气罐规格很多，高度与直径的比值一般为 2～4。也有的溶气罐采用卧式安装，并沿长度方向将罐长分为进水段、填料段、出水段，这种形式的溶气罐进出水稳定，而且可以对进水中的杂质予以截留，避免溶气释放器的堵塞问题。

压力溶气罐的作用是使水与空气充分接触，促进空气的溶解。压力溶气罐是影响溶气效率的关键设备，其外部结构由进水口、进气口、排气安全阀接口、视镜、压力表接嘴、排气口、液位计、出水口、入孔等组成，如图 6－12 所示。

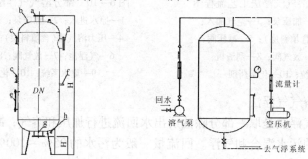

a-进水管；b-进气管；c、d-入孔；e-液位计；
f-放空管；g-出水管；h-放空管

图 6－12 溶气罐结构示意图

溶气罐的形式有很多种，可以采用隔板式、花板式、填充式、涡轮式等填充式溶气罐，如图 6－13 所示。

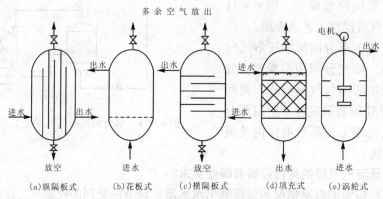

图 6－13 填充式溶气罐

152

罐内填充填料,可使溶气罐效率提高。因其装有填料可加剧紊动程度,提高液相的分散程度,不断更新液相与气相的界面,从而提高了溶气效率。填料有各种形式,研究表明,阶梯环的溶气效率最高,可达90%以上,拉西环次之,波纹片卷最低,这是由于填料的几何特征不同造成的。

6.23 常用的溶气释放器有哪些?

溶气释放器是气浮法的核心设备,其功能是将溶气水中的气体以微细气泡的形式释放出来,以便与待处理污水中的悬浮杂质黏附良好。常用的释放器有 TS 型、TJ 型和 TV 型等,如图 6-14。

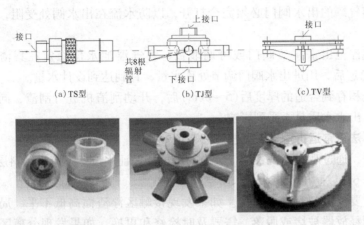

图 6-14 溶气释放器

6.24 气浮池的形式有哪些?

气浮池的形式较多,根据待处理水的水质特点、处理要求及各种具体条件,已有多种形式的气浮池投入使用,其中有平流与竖流、方形与圆形等布置形式,也有将气浮与反应、沉淀、过滤等工艺综合在一起的组合形式。

(1)平流式气浮池是使用最为广泛的一种池形,通常将反应池与气浮池合建。污水经过反应后,从池体底部进入气浮接触室,使气泡与絮体充分接触后再进入气浮分离室,池面浮渣用刮渣机刮入集渣槽,清水则由分离室底部集水管集取。

(2)竖流式气浮池的优点是接触室在池中央,水流向四周扩散,水力条件比平流式单侧出流要好,而且便于与后续处理构筑物配合。其缺点是池体的容积利用率较低,且与前面的反应池难以衔接。

(3)综合式气浮池可分为气浮-反应-体式、气浮-沉淀-体式、气浮-过滤-体式等三种形式。

6.25 气浮池刮渣机有哪些基本要求?

(1)尺寸较小的矩形气浮池通常采用链条式刮渣机,对大型的矩形气浮池(跨度宜在10m 以下)可采用桥式刮渣机,对于圆形气浮池,使用行星式刮渣机(直径在 2~10m)。

(2)大量的浮渣不能及时清除或刮渣时对渣层扰动较大,刮渣时液位和刮渣程序不当,刮渣机行进速度过快都会影响气浮效果。

(3)为使刮板移动速度不大于浮渣溢入集渣槽的速度,刮渣机的行进速度要控制在50~100mm/s。

(4)根据渣量的多少,设置刮渣机刮渣的运行时间。

6.26　加压溶气气浮法调试时注意的事项有哪些?

(1)调试进水前,首先要用压缩空气或高压水对管道和溶气罐反复进行吹扫清洗,直到没有容易堵塞的颗粒杂质后,再安装溶气释放器。

(2)进气管上要安装单向阀,以防压力水倒灌进入空压机。调试前要检查连接溶气罐和空压机之间管道上的单向阀方向是否指向溶气罐。实际操作时,要等空压机的出口压力大于溶气罐的压力后,再打开压缩空气管道上的阀门向溶气罐注入空气。

(3)先用清水调试压力溶气系统与溶气释放系统,待系统运行正常后,再向反应池内注入污水。

(4)压力溶气罐的出水阀门必须完全打开,以防水流在出水阀处受阻,使气泡提前释放、合并变大。

(5)控制气浮池出水调节阀门或可调堰板,将气浮池水位稳定在集渣槽口以下 5 ~ 10cm,待水位稳定后,用进出水阀门调节处理水量,直到达到设计水量。

(6)等浮渣积存到合适的厚度后(5~8cm)后,开动刮渣机进行刮渣,同时检查刮渣和排渣是否正常、出水水质是否受到影响。

6.27　气浮法日常运行管理有哪些注意事项?

(1)巡检时,通过观察孔观察溶气罐内的水位,保证水位既不淹没填料层而影响溶气效果,又不低于 0.6m 以防出水带大量未溶空气。

(2)巡检时要注意观察池面情况。如果发现接触区浮渣面高低不平、局部水流翻腾剧烈,可能是个别释放器被堵或脱落,需要及时检修和更换。如果发现分离区浮渣面高低不平、池面常有大气泡鼓出,这表明气泡与杂质絮粒黏附不好,需要调整加药量或改变混凝剂的种类。

(3)冬季水温较低影响混凝效果时,除可采取增加投药量的措施外,还可利用增加回流水量或提高溶气压力的方法,增加微气泡的数量及其与絮粒的黏附,以弥补因水流黏度的升高而降低带气絮粒的上浮性能,保证出水水质。

(4)为了不影响出水水质,在刮渣时必须抬高池内水位,因此要注意积累运行经验,总结最佳的浮渣堆积厚度和含水量,定期运行刮渣机除去浮渣,建立符合实际情况的刮渣制度。

(5)根据反应池的絮凝、气浮池分离区的浮渣及出水水质等变化情况,及时调整混凝剂的投加量,同时要经常检查加药管的运行情况,防止发生堵塞(尤其是在冬季)。

6.28　什么是浅层气浮?

1. 结构

典型的浅层气浮工艺系统整套装置由圆形浅池静止部分、中央旋转部分及溶气水制备系统等组成。中央旋转部分包括进水口、配水器、加压水入口、加压水配水器、出水口和螺旋污泥斗,这些组件都安放在旋转支架上。在支架外缘装有可调减速机,通过主动轮驱动,使支架绕中心沿池体外缘的圆形轨道以与进水流速一致的速度转动。行走部分和泥斗的转动由调速电机驱动,中心滑环供电。图 6-15 所示的为浅层气浮装置的池体结构示意图。

2. 气浮理论

(1)零速原理

在浅层气浮装置中,除池体、溢流圈、中央污泥井外,其他各部分都以与进水流速相同的速度沿池体旋转。原水配水器转动时,在池体中腾出的空间由原水进水来补充;同时清水

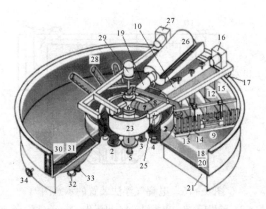

图6-15 浅层气浮池本体结构示意图

1—原水进口；2—清水出口；3—悬浮污泥出口；4—循环清水出口；5—加压水进口；6—旋转接头；
7—橡胶连接管；8—加压水管路；9—加压水配水器；10—原水配水器；11—配水器出水管；12—流量控制渠；
13—减涡挡板；14—调高挡板；15—流量控制渠外壁；16—旋转支架驱动电机；17—支架驱动轮；
18—轮子支撑圈；19—螺旋泥斗轴；20—池壁；21—池底支撑结构；22—清水容器壁；23—污泥井；
24—溢流堰；25—旋转支架结构；26—旋转螺旋泥斗；27—螺旋泥斗驱动电机；28—澄清水排出管；
29—电滑环；30—观察窗；31—沉淀物去除池；32—排空口；33—沉淀物排出口；34—水位控制调节手轮

出水侧应挤走的水体空间，由澄清水排出管同步排出。池内的其他水体不会因进水和出水而引起扰动，而是保持零速，即所谓零速原理。

（2）浅池理论

浅层气浮装置的停留时间定为2~3min，因此浅层气浮装置的有效水深一般在0.4~0.5m，这一浅池结构的应用，称为"浅池理论"。该理论的应用大幅度减少了设备制造费用，缩小了设备占用空间。

（3）新溶气设施

在浅层工艺中，通过溶气管来提高溶气效率。

6.29 浅层气浮池的运行控制有哪些要求？

（1）根据反应池的混凝情况和气浮池出水水质，调节混凝剂的投加量，注意防止加药罐的堵塞；

（2）观察气配水管的旋转速度、原水与溶气水的配水是否均匀；

（3）可采用量筒观察微气泡的上流速度与气浮效果，必要时需调整溶气水量；

（4）检查浮渣的形成状况以及含水率，调整刮渣机的刮泥厚度与回转速度；

（5）气浮池间歇运行时应将浮渣以及沉泥排清。

6.30 电解气浮法的原理是什么？有哪些具体应用和注意的因素？

（1）原理

电解气浮法处理污水的原理是，电解槽中发生电凝聚，阴极产生大量氢气气泡，污水中的微小油滴和悬浮颗粒黏附在氢气气泡上，随其上浮而净化污水。污水电解产生的气泡很小，具有很高的比表面积，而且密度也小。因此，污水电解产生的气泡截获微小油滴和悬浮颗粒的能力比溶气气浮、叶轮机械搅拌气浮要高，而且浮载能力也大，很容易将油滴和悬浮物与水分离。电解时还发生一系列电极反应，有电化学氧化及电化学还原等作用，具有降低BOD及COD、脱色、脱臭、消毒的功能，阴极还具有沉积重金属离子的能力。电解气浮法装置的示意图见图6-16。

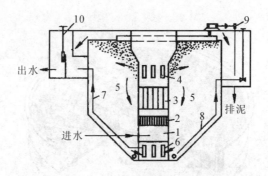

图 6 - 16 电解气浮法装置的示意图
1—入流室；2—整流栅；3—电极组；4—出流孔；5—分离室；6—集水孔；
7—出水管；8—排沉淀管；9—刮渣机；10—水位调节器

（2）用途与注意的因素

高难度污水的处理；多环、杂环物质的处理；生化工艺前作为预处理，提高污水 B/C 比值。在处理含铬废水时，需投加一定量的食盐以防止阳极钝化，铁板需要定时更换，原水六价铬的浓度不宜大于 100mg/L，pH 在 4 ~ 6.5；当原水电导率较低时，可适当投加硫酸钠、食盐等提高原水导电性，降低电解电压。

6.31 过滤池在污水处理系统中的作用是什么？

（1）在污水处理系统中，一般利用过滤处理二级处理出水，作为三级处理手段保证最终出水 SS 等指标达到国家有关排放标准；

（2）作为深度处理手段，成为污水回用前的最终处理或活性炭吸附、离子交换、电渗析、反渗透、超滤等深度处理工艺的预处理；

（3）过滤能作为化学澄清或化学氧化还原等生成沉淀的处理过程的进一步处理，去除未能完全沉淀的悬浮颗粒，为这些污水的达标排放或减轻进入二级生物处理系统的负荷创造条件；

（4）滤池除了对悬浮物有去除作用外，对浊度、磷、重金属、细菌、病毒和其他物质也都有一定的去除作用。

6.32 污水处理系统中常用的滤池形式有哪些？其特点如何？

滤池形式主要有单层滤料滤池、双层滤料滤池和纤维束滤池等纳污能力较大的滤池。

（1）单层滤料滤池

有两种形式，一种是类似给水处理中使用的滤池，但粒径稍大，滤速也适当降低；另一种采用均质滤料的深床过滤，滤料粒径为 1 ~ 3mm，滤层厚度为 1 ~ 5m，滤速为 3.7 ~ 37m/h。单层滤料的材质为无烟煤、石英砂、陶粒、果壳、活性炭、纤维球、树脂球等。

（2）双层滤料滤池

双层滤料滤池的滤料组成形式很多，有无烟煤和石英砂、活性炭和石英砂、树脂球和石英砂、树脂球和无烟煤、纤维球和石英砂等，以无烟煤和石英砂组成的双层滤料滤池使用最为广泛。双层滤料截留杂质能力强，杂质穿透深，产水能力大。

（3）纤维束滤池

纤维束滤池使用的滤料丝经过加弹和弯曲处理，单丝直径在几 μm 到几十 μm 之间，打破了粒状滤料滤池的过滤精度由于滤料粒径不能进一步缩小的限制，而且过滤阻力很小。微小的滤料直径，极大地增大了滤料的比表面积和表面自由能，增加了水中杂质颗粒与滤料的接触机会，提高了过滤效率和截污容量，而且通过控制技巧可以实现理想的深层过滤(反粒度过滤)。

6.33　深度处理系统中使用过滤工艺需要考虑哪些因素？

(1) 由于生物污泥絮体具有良好的过滤性，因此在二沉池出水水质较好的情况下，不投加絮凝剂进行直接过滤就可以使滤后水的 SS 值降低到 10mg/L 以下，COD 去除率可达 10% ~ 30% 。当水中胶体污染物质含量太多，通过直接过滤出水的浊度仍很大，即浊度去除效果欠佳时，此时投加一定量的絮凝剂，可以提高胶体的去除率，改善过滤出水水质。如果二沉池出水中含有过多的溶解性有机物，普通过滤难以奏效，则要考虑采用其他工艺去除。

(2) 反冲洗困难，二级处理水的悬浮物多是生物絮体，容易在滤料层表面形成一层滤膜，致使水头损失迅速上升，过滤周期大为缩短。生物絮体粘在滤料表面，不易脱离，因此需要辅助冲洗，即加表面冲洗，或用气水共同反冲洗使絮体从滤料表面脱离。

(3) 所用滤料的粒径较大，从而使单位体积滤料的截污量减少。

(4) 由于污水悬浮物浓度高，为了延长过滤周期，提高滤池的截污量，可采用上向流、粗滤料、双层和三层混合滤料滤池。为了延长过滤周期，可采用连续流滤池和脉冲过滤池。对含悬浮物浓度低的污水可采用给水处理中常用的压力滤池、移动冲洗罩滤池、无阀滤池等形式。

6.34　滤池滤料层板结的原因及其防治措施有哪些？

(1) 滤池滤料层板结的原因

油、生物污泥等有机物质的胶结作用；无机氧化硅沉淀而引起的胶结作用；氧化铁沉淀而引起的胶结作用；碳酸盐沉淀而引起的胶结作用；多种无机物与有机物的混合而引起的胶结作用。

(2) 解决办法

进水调节合适的 pH，增大无机物的溶解度；对已经板结的滤料进行酸化清洗；定期进行人工翻砂。

6.35　泥球形成的原因及其防治措施有哪些？

泥球的存在会阻塞水流的正常通过，使布水不均匀，并形成恶性循环。泥球形成的原因及其防治措施有：

(1) 原水中污染物浓度过高，尤其是油质等黏性物质浓度过高。解决的方法是加强预处理，设法降低原水中这些物质的含量。

(2) 反冲洗效果不好或反洗水不能排净，对策是提高反洗强度和延长反洗历时。

(3) 反冲洗配水不均匀，造成部分滤料层长期得不到真正清洗，其表现是反洗后滤料层表面不平或有裂缝，对此是对配水系统进行检修。

(4) 滤速太低、过滤周期太长，使滤料层内菌藻滋生繁殖后将滤料颗粒黏附在一起结成泥球。对策是提高滤速和加强预氯化等杀菌藻措施。

(5) 泥球生成速度与滤料粒径的 3 次方成反比，即细滤料多的滤料层表面容易结成泥球。对策是增加或加强表面辅助反冲洗效果，当泥球严重时应更换滤料。

(6) 双层滤料的交界处由于大颗粒轻质滤料和小颗粒重质滤料容易混杂，进而使水流的过流通道变细而容易使污物结成泥球。对策是延长反冲洗结束前的单独水冲洗时间，提高双层滤料的水力分层效果，泥球严重时更换双层滤料，改变原有的滤料级配。

6.36 过滤池反冲洗的作用是什么？

清洗滤池主要是依靠和过滤水流方向相反的高速水流实现的，这就是所谓的反冲洗。反冲洗的作用有：

（1）在过滤过程中，原水中的悬浮物被滤料表面吸附并不断在滤料层中积累，由于滤层孔隙逐级被污物堵塞，过滤水头损失不断增加。当达到某一限度时，滤料就需要进行清洗，反冲洗可以使滤池恢复工作性能，继续工作。

（2）过滤时由于水头损失增加，水流对吸附在滤料表面的污物的剪切力变大，其中有些颗粒在水流的冲击下移到下层滤料中去，最终会使水中的悬浮物的含量不断上升，水质变差，到一定程度时需要清洗滤料，反冲洗能恢复滤料层的纳污能力。

（3）污水中含有大量的有机物，长时间滞留在滤料层中会发生腐败现象，定期反冲洗清洗滤料可以避免有机物腐败。

6.37 滤池反冲洗的方法有哪些？

（1）用水进行反冲洗，把滤料颗粒冲成悬浮状态后，由滤料间高速水流所产生的剪切力把悬浮物冲下来，并用反冲洗水带走。

（2）用水反冲洗辅助以表面冲洗。表面冲洗水由安装在滤料层上面的喷嘴喷出，将滤料层表面予以充分的搅动，促使吸附的悬浮物从滤料颗粒上脱落下来，同时可以节省冲洗水量。表面冲洗周期可以在用水反冲洗周期前 1min 或 2min 开始，两个周期持续约 2min。

（3）用水反冲洗辅助以空气擦洗。在水的反冲洗周期开始之前，先通入压缩空气约 3min 或 4min，把滤料搅动起来，接着用反冲洗水把擦洗下来的悬浮物冲走，同样节省冲洗水量。

（4）用气－水联合反冲洗。这种冲洗方式多用在单层滤料滤池，尤其是适用于单层均质滤料。在气－水联合冲洗结束时，要用能使滤床呈流化状态的反冲洗水的流速冲洗约 2～3min，即可去除留在滤床中的气泡。

6.38 过滤运行管理的注意事项有哪些？

（1）一般在滤料粒径和级配一定的条件下，最佳滤速与待处理水的水质有关。在实际运行时，可以先以低速过滤，此时出水水质好，然后逐步提高滤速，出水水质降低到接近或达到要求的水质时，对应的滤速即为最佳滤速。

（2）在滤速一定的条件下，过滤周期的长短受水温的影响较大。冬季水温低，水的黏度大，杂质不易与水分离，容易穿透滤层，周期就较短；反之，夏季水温高，周期就长。冬季周期过短时，反冲洗频繁，应降低滤速适当延长周期。夏季应适当提高滤速，缩短周期，以防止滤料孔隙间截留的有机物缺氧分解。

（3）过滤运行周期的确定一般有三种方法：①过滤水头损失达到或超过既定值；②出水水质恶化不能满足有关要求；③参照原水的水温、水质等条件，根据运行经验而定。

（4）在滤料层一定的条件下，反冲洗强度和历时受原水水质和水温的影响较大。原水污染物浓度大或者水温高时，滤层截污量大；如果反洗水的温度也较高，所需要的反冲洗强度就较大、反冲洗时间也较长。

6.39 如何确定滤池最佳反冲洗强度和历时？

（1）在过滤运行周期结束后，根据设计值或参考类似滤料滤池的经验值选定一个反冲洗强度进行反洗，同时连续测定冲洗排水的浊度等指标。

158

（2）在反冲洗开始后的 2min 以内，如果反洗水的浊度无明显升高，则说明反冲洗强度不够。然后加大冲洗强度，直至 2min 以内反冲洗排水的浊度没有明显升高，且反洗排水中没有"跑料"现象，此时的反洗强度为最佳反冲洗强度。

（3）按以上实际测定的最佳反洗强度进行冲洗，自冲洗开始至冲洗排水的浊度不再降低经历的时间，就是反冲洗历时。

（4）采用气–水联合反冲洗时，确定反冲洗强度和历时的方法与此类似，注意不能出现"跑料"现象，同时在反洗结束前必须有 2min 左右的单独水冲洗过程，以保证被气洗打乱的滤料级配重新处于合理状态，这段水反洗时间也要计算在反洗历时内。

6.40　滤池辅助反冲洗的方式有哪些？

为了改善滤料清洗效果，滤池需要辅助反冲洗，反冲洗的方式有表面辅助冲洗、空气辅助清洗和机械翻动辅助清洗等三种。

（1）表面辅助冲洗

表面冲洗有固定喷嘴表面冲洗器和悬臂式旋转冲洗器两种，表面冲洗器一般置于滤料层上，利用压力为 $0.25 \sim 0.4$ MPa 的水流从喷嘴喷出，滤料颗粒受到喷射水流的剧烈搅动，促使滤料表面附着的悬浮物脱落。固定冲洗器的结构简单，但清洗效果不好；旋转冲洗器距滤层表面约 0.5m，转速为 5r/min，冲洗强度为 $0.5 \sim 0.8$L/（$m^2 \cdot s$），喷嘴处水流速度可达 30m/s，能射入滤料层 100mm。一般喷嘴与水平倾角为 $24° \sim 25°$，孔嘴间距 200mm。

（2）空气辅助清洗

空气辅助清洗是一种很有效的方法。空气辅助清洗的具体方法有三种：①先用空气冲洗再用水反冲洗。先将滤池水位降到滤层表面以上 100mm 处，通入压缩空气数分钟，然后用水反冲洗，此法适用于表面污染重而内层污染轻的滤池。②空气和水同时反冲洗。从滤层下部同时送入空气和反冲洗水，空气在滤料层内合并成大气泡的过程中，扰动清洗滤料颗粒，此法适用于单层均质滤料的清洗。③脉动冲洗。脉动冲洗其实是气一水联合反冲洗的改进，即在低流量水反冲洗的同时，间歇地送入空气，反复数次后再进行正常反冲洗，此法适用于负荷较大、滤料表面和内层污染较重的滤池。

（3）机械翻动辅助清洗

使用折叶桨式搅拌器的滤池一般是小型的压力滤池，适用于中小规模的深度处理系统。其缺点是增加了机械设备，而且折叶桨式搅拌器的轴穿过压力滤池的外壁时密封困难，处理不好会漏水。搅拌器的作用是在工作状态下使滤料与水均匀混合，因此除了本身强度足够外，配套电机的功率与所用滤料的堆积密度、转速、滤池直径、桨叶宽度和直径、滤池内水深等因素有关，通常使用折叶桨式搅拌器的滤池使用的滤料多为活性炭、果壳、纤维球等堆积密度小于 1.3 的轻质滤料。

6.41　什么是滤料层气阻？产生的原因和对策有哪些？

滤池反冲洗时有气泡从滤料层中冒出来的现象称为滤料层气阻，滤料层气阻可导致水的短流，影响出水水质。滤料层气阻的原因和对策如下：

（1）滤池运行周期过长、水温较高，滤料层内发生厌氧分解产生出气体。对策是对滤池进行充分反冲洗后，缩短过滤运行周期。

（2）滤料层上部水深不够，在过滤过程中会出现局部滤料层滤出水不能被及时补充的现象，从而使滤料层内产生负压并导致进水中的溶解性气体析出。对策是及时提高滤料层上部水的深度，避免水中溶解性气体析出现象发生。

（3）滤料层因为各种原因处于无水或干燥状态，空气进入了滤层。对策是先用水倒滤排出滤料层内的空气后，再进水过滤。在反冲洗后进水过滤前，滤池始终要处于淹没状态。

6.42　过滤出水水质下降的原因和对策有哪些？

（1）滤料级配不合理或滤料层厚度不够，应当更换滤料的类型或增加滤料层的厚度。

（2）进水污染物浓度太高，过滤负荷过大，杂质很快穿透滤料层。对策是加强前级预处理，降低进水中有机物的含量。

（3）污水的可滤性差，滤池进水中的杂质颗粒不能被滤料层有效截留，需要加强进水的混凝处理效果，筛选使用更有效的混凝剂。

（4）因为反洗配水不均匀，导致反冲洗后滤料层出现裂缝，使污水在过滤过程中出现短路现象，原水中的杂质颗粒直接穿过滤料层。对策是停池检修反洗配水系统。

（5）滤速过大，使原水中的杂质颗粒穿透深度变得过深直到逐渐穿透滤料层。对策是降低滤速。

（6）滤料层出现气阻现象加大了过滤时的阻力，以致滤水量显著减少。对策是找到气阻的原因并予以消除。

（7）滤料层内产生泥球，对水流的正常通过产生阻塞作用，并使滤料层的截污能力下降，出水水质下降。对策是找到泥球产生的原因并予以消除。

6.43　高效纤维过滤设备有哪些类型？

高效纤维束过滤设备可以分压力式纤维束过滤器和重力式纤维束滤池两大类，压力式纤维束过滤器多用于小水量的工业领域，而重力式纤维束滤池多用于大水量的市政领域。高效纤维束过滤设备按滤层密度调节方式可分为加压室式和无加压室式两大类，无加压室式包括机械挤压调节和水力调节两种，其中较先进和较成熟的为自助力式。

加压室式纤维束过滤器通过设在滤层内的加压室对纤维束滤料的挤压，使滤层沿水流方向的截面积逐渐缩小，而密度逐渐加大，相应滤层孔隙直径逐渐减小，实现了理想的深层过滤（反粒度过滤）。当滤层需要清洗时，将加压室内的水排出，使纤维束处于放松状态，通过采用气-水混合擦洗，有效地恢复滤层的过滤性能。

水力自助式纤维束过滤设备内部设置自助式密度调节装置，该装置不需要额外动力和附加操作，在正常过滤操作反洗操作过程中通过力即可实现对纤维束滤层的压紧和放松。在过滤操作时，能在1min内将滤层压紧至所需状态，而且不损伤纤维，也不会导致靠近活动支撑装置的纤维密度大于滤层主体密度的不利层态。在反洗操作时，无论滤层积泥量有多大、滤层被压得多密实，均能在1min内将滤层彻底放松，而且能避免靠近纤维束向活动支撑装置上的堆积而有利于泥渣的完全排出。

6.44　按膜元件结构型式分，膜生物反应器有哪些类型？

膜生物反应器中的膜过滤系统单元为膜组件，膜组件由多个膜元件组合而成。按膜元件结构型式分类，膜组件型式有中空纤维膜组件、平板膜组件、管式组件及螺旋型组件等。目前污水处理工程应用较多的膜组件有中空纤维膜组件、平板膜组件、管式组件。

（1）中空纤维型膜组件

浸没式组件中，中空纤维膜组件应用比较广泛。膜组件所使用的中空纤维膜丝一般为不对称（非均向）、自身支撑的滤膜。膜丝可根据工艺和相关使用的要求设计成帘式、束式等型式。中空纤维膜的这些几何设计型式能使膜丝的填充密度最大化，增大处理能力，同时具有结构紧凑，有利于长时间的稳定运行。相关中空纤维型膜元件以及组件见图6-17。

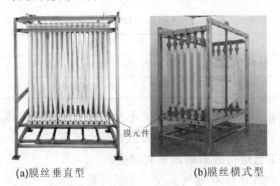

(a)膜丝垂直型　　　　　(b)膜丝横式型

图6-17　中空纤维型膜组件图

（2）平板型膜组件

平板型膜元件主要由过滤膜片和支撑板构成。一定数量平板型膜元件通过组合形成平板型膜组件。平板型膜元件以及组件见图6-18。

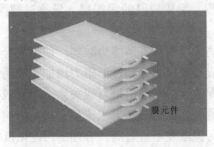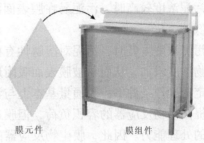

膜元件　　　　　　膜元件　　　　　　膜组件

图6-18　平板型膜元件以及组件

平板型膜组件在污水处理工程中也有广泛的应用。相比于中空纤维膜，平板膜的膜通量大，没有断丝问题，具有较强的抗污染性，不易结垢，膜清洗周期长，运行中无需反冲洗，能长期稳定地运行。但平板膜的填充密度一般不大，容积利用率较低，在大型项目的应用中，需要对膜组件的填充方式进行改进，提高膜组件的填充密度。

（3）管式膜组件

管式膜元件是把滤膜和支撑体均制成管状，使二者组合；或将滤膜直接刮制在支撑管的内侧或外侧。将数根膜管元件（直径10～20mm）组装在一起构成管式膜组件。

管式膜有内压型和外压型两种运行方式，实际中多采用内压型，即进水从膜管中流入，渗透液从管外流出。外置式Airlift MBR管式膜与膜组件见图6-19。

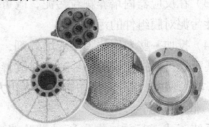

膜元件　　　　　　　　　　　膜组件

图6-19　Airlift MBR管式膜元件与膜组件

AirLift MBR 膜组件的基本参数见表 6-2。

表 6-2 AirLift MBR 膜基本参数

项 目	规 格	项 目	规 格
材质	PVDF	膜管内径/mm	5.2
膜孔径/μm	0.025	单支膜组件尺寸/mm	$\Phi 200 \times H3000$

管式膜优点有：料液可以控制湍流流动，不易堵塞，易清洗，压力损失小。缺点有：装填密度小，能耗大；管式膜一般只用于小型分散式污水处理厂。

6.45 影响 MBR 工艺运行效果的因素有哪些?

①污染物负荷；②污泥浓度和曝气强度；③膜通量；④操作方式。

6.46 污染 MBR 膜的主要因素有哪些?

MBR 膜污染的影响因素可分为四大类：膜的性质、活性污泥混合液、膜组件以及操作条件。这四个方面在不同情况下对膜产生污染，并且对膜的污染程度也有所不同。

6.47 污泥浓度对膜过滤效果的影响有哪些?

(1) 污泥浓度较高时，污泥易在膜表面沉积，形成较厚的污泥层，导致过滤阻力增加，膜通量降低；

(2) 污泥浓度太低时，污泥对溶解性有机物的吸附和降解能力减弱，使得混合液中的溶解性有机物浓度增加，从而易被膜表面吸附形成凝胶层，导致过滤阻力增加，膜通量下降。

在一定的操作条件下，膜通量基本上与污泥浓度的对数值呈直线关系。尽管较高的污泥浓度可以提高生物反应器的容积负荷，但膜通量的降低会限制出水流量，从而影响整个膜生物反应器的处理能力。因此，膜生物反应器的污泥浓度不宜过高，合理的污泥浓度需要在工程运行中通过调试来获得。

6.48 改善 MBR 工艺中污泥混合液特性的方法有哪些?

MBR 中膜污染物的来源是活性污泥混合液，因此，对活性污泥混合液进行有效处理，改善污泥的可过滤性，是防止膜污染的重要措施之一。目前常用的方法有：投加活性炭、化学絮凝、投加填料等，也可以利用生物强化(优势菌)技术，以改善原系统的处理能力，改善膜污染的程度。

(1) 向反应器内投加粉末活性炭并维持一定的浓度，除降低混合液的 COD 外，活性炭还能与活性污泥混合附着在膜表面上，进而改善滤饼层的结构，减小过滤阻力。

(2) 向反应器中间歇投加化学混凝剂，在不影响微生物活性的前提下，可降低有机物在混合液内的累积，有利于维持膜通量的恒定。

(3) 在反应器内培养颗粒污泥，既可以提高 MBR 对有机污染物的去除效果，又能够减少活性污泥对膜组件的污染。

(4) 投加一些专用的膜性能增效剂，能显著改善污泥的可过滤性及延缓跨膜压差的增长，甚至还可以提高膜的临界通量并改善微生物的活性。

6.49 MBR 膜分离操作有哪些优化方法?

1. 低水通量过滤

系统正式运行前，应先通过试验确定本系统最佳的错流速度，以及此条件下的临界通量值。在临界通量下运行，不仅可以降低滤饼层阻力，且可通过反洗去除可逆污染。一旦超过临界通量，跨膜压差增加迅速且不稳定，此时再降低通量，形成的污染是部分不可逆的。

2. 合理的曝气

在 MBR 中，曝气的目的除了为微生物供氧以外，还使上升的气泡及其产生的扰动水流清洗膜表面和阻止污泥聚集，以保持膜通量稳定。但曝气过大时，会导致膜表面沉积的颗粒粒径减小，使滤饼的结构更加致密，从而使膜过滤阻力增加。相反的，曝气量过小，扰动削弱，污染也会加重，因此，要选择合适的曝气量。

曝气可以降低膜的可恢复和不可恢复阻力。有关研究表明，曝气能增加处理出水的流量，且在出水量较小时效果明显，在出水量较大时效果不明显。

由于曝气可以增强液体流动在膜表面形成的剪切作用，能使出水通量在一定的范围内增大。

3. 间歇操作

采用间歇抽吸操作模式旨在通过定期地停止膜过滤，以使沉积在膜表面上的污泥在曝气所造成的剪切力作用下从膜表面脱落下来，使膜的过滤性能得以恢复。一般抽吸时间越长，悬浮固体在膜表面的积累程度越大；停歇时间越长，膜表面沉积污泥脱落越快，膜过滤性能恢复也就越多。间歇抽吸主要有抽吸加上反冲洗和抽吸加上曝气两种方式。采用的抽停时间也因膜材料、膜组件型式及运行条件等各种因素的不同而有所差异。

6.50 MBR 膜清洗的方法有哪些？

膜清洗一般分为物理清洗和化学清洗。物理清洗包括曝气清洗、水反洗和超声波清洗；化学清洗为化学物质清洗，如使用次氯酸钠和盐酸等进行清洗。

1. 物理清洗

物理清洗主要是依靠物理机械的冲刷及反冲洗使得膜表面和膜孔内的污染物脱落的过程。物理清洗所需设备简单，但清洗效果有限，不能彻底清除膜污染，只能作为一种维护手段。

（1）曝气清洗

曝气清洗初期受有机物污染的膜之清洗是有效的。曝气清洗是一种强化水流循环作用的物理清洗方法，曝气会形成水和空气的气泡流体，气泡尾流在膜表面产生剪切作用。气泡尾流区的体积和气泡的尺寸成正比，当气液流动呈大气泡流动时，较大气泡产生的较大尾流区更有利于抑制膜污染的发展。

大量气泡以较高速度穿过膜组件以及气体夹带的水流对膜表面的冲刷作用，使膜表面处于剧烈紊动状态，避免了凝胶层的增厚和堵塞物质的积累，可延长膜清洗周期。同时这种紊动作用还从两方面减缓了浓差极化现象，一是通过曝气提高水流速度，使其处于紊流状态，让膜表面的高浓度与主流浓度更好地混合；二是对膜表面不断进行清洗，消除已形成的凝胶层。

（2）水反洗

水反洗模式是保证浸没式膜在各种运行条件下保持最佳透水性的最简单的方法之一。反洗是指在膜出水口施加一个反冲洗压力，将水流反向通过膜，使膜孔轻微膨胀，驱除黏附在膜丝表面的固体颗粒。水反冲洗结束后，膜系统一般需停歇一段时间，停歇控制是反洗的一个备用选择。停歇模式下，停止产水，在此期间膜表面积累的固体颗粒将通过膜曝气被带走。

（3）超声波清洗膜

超声波清洗是利用超声波在水中引起剧烈的紊流、气穴和震动而达到去除膜污染的目的。研究表明，利用超声波清洗膜也有一定的效果，尤其对于采用一般常规清洗方法难以达到要求及几何形状比较复杂的被清洗物，超声波效果更为明显。如附着生长型MBR的污染膜表面黏性较大，常规物理清洗效果差，采用超声波清洗，能使膜通透性恢复约30%。

2. 化学清洗

在MBR处理污水的实际过程中，由于膜的细小孔径很容易被污染物堵塞，仅靠物理清洗技术不能有效恢复膜的透过率，直接影响处理效果，因此必须使用化学清洗方法恢复膜的通透性。

（1）化学清洗药剂

化学清洗通常是根据膜的污染程度，用氧化剂（次氯酸钠等）、酸（草酸、柠檬酸、盐酸等）、碱（氢氧化钠等）、络合剂、表面活性剂、酶、洗涤剂等化学清洗剂对膜进行浸泡和清洗，是一种去除膜污染的相对最有效的方法。对于不同材质的膜，应选择不同的化学清洗剂，并防止化学清洗剂对膜造成损坏。用低浓度的氧化剂可以对污染较轻的膜组件进行在线清洗；而对于污染严重的膜组件，需加入酸、碱或氧化剂浸泡清洗；碱性清洗液可以有效去除蛋白质污染，破坏凝胶层，使其从膜表面剥离下来；酸类清洗剂可以溶解并去除无机矿物质和盐类，溶出结合在凝胶层和水垢层中的铜、镁等无机金属离子，将残存的凝胶层和水垢层从膜表面彻底清洗以恢复其通透能力。如对于大分子物质等在膜表面形成的凝胶层，水反冲洗效果甚微，可用酸或碱液浸泡清洗污染膜。碱性条件下有机物、二氧化硅和生物污染物易被清除。

MBR膜常用化学清洗剂种类与作用如表6-3所示。

表6-3 MBR膜常用化学清洗剂种类与作用

种 类	清洗剂	主要功能	清洗污染物类型
碱性物质	NaOH	水解、增溶	有机物和微生物污染
氧化剂、杀菌剂	$NaClO$、H_2O_2、臭氧	氧化降解、杀菌	微生物污染、蛋白质
酸	草酸、柠檬酸、盐酸	增溶	结垢、金属氧化物
络合剂、表面活性剂	EDTA、洗涤剂	络合、增溶、分散	脂肪、油、蛋白质、微生物
酶制剂	酶洗涤剂	降解高分子、增溶	蛋白质、微生物

（2）在线化学清洗

在正常过滤过程以外，定期化学清洗对保持膜使用性能也是非常重要的。通过进行不同程度的定期清洗，减少系统恢复性清洗的频率，让膜能够保持最佳的状态。

在线化学清洗的原理是：在药剂从膜的一端流向另一端的连续循环过程中，药液在膜的内表面充分接触，杀死并氧化滋生在膜面上的微生物，再使微生物残体和溶液同时从膜内部排出。在线化学清洗的优点为：清洗较快，清洗时可以借助曝气系统进行曝气。

在线化学清洗分维护性清洗、恢复性清洗两种方式。

① 维护性清洗

维护性清洗方式持续时间较短，采用较低的化学药品浓度，清洗频率较高，目的在于保持膜的透水性和延长恢复性清洗周期。维护性清洗方式不能完全取代外恢复性清洗,而只能是延长恢复性清洗的周期,减小恢复性清洗次数。

维护性清洗通过人机界面设定,并按照24h由PLC自动启动。操作时,可以选择每天进行一格膜池膜的维护性清洗。当需要进行维护性清洗时,需要清洗的膜列将首先完成当前的产水周期再进行清洗,或膜列处于待机状态就可直接开始维护性清洗。维护性清洗的过程是全自动的,并设定在清洗当天中的非高峰流量时段。

在空池下,也可以进行维护性清洗。空池方式具有以下特点:操作人员设定频率后可全自动进行;膜池排空;要求较低的药品浓度。与反洗程序类似,维护性清洗的频率和持续时间可以根据运行条件和污泥特性的变化来进行优化。

② 恢复性清洗

清洗持续时间较长、采用化学药品浓度较高,清洗频率较低,目的在于恢复膜的透水性。恢复性清洗是当产水过程中透膜压差达到最大预计值时启动的。

恢复性清洗用于在膜污堵后恢复膜的透水性。恢复性清洗应该在膜通量下降到50%以下时启动。恢复性清洗过程包括与维护性清洗类似的加药反洗,然后是化学浸泡过程。恢复性清洗的主要特点是:

i. 启动后自动进行;

ii. 同时清洗一格膜池中的所有膜箱;

iii. 要求适合的化学药品浓度。

当清洗结束后,如果需要额外的中和,则清洗药液需转移到化学清洗池,用亚硫酸氢钠和氢氧化钠中和。中和方式采用化学清洗泵做内循环,在线加药中和。可以采用余氯仪、pH仪指示中和过程是否完成。

对于较大的项目,一般需要设置恢复性清洗池,采用吊车将需要清洗膜组件吊往清洗池,再采用一定浓度的药液浸泡处理。

6.51 电渗析设备有哪些基本结构?

通常所说的电渗析是为提高渗析作用的推动力,在半渗透膜的两侧通入直流电压,促使污水中的阴阳离子分别趋向于直流电的正极和负极,使水中离子有选择地透过半渗透膜的过程。

电渗析使用的半渗透膜其实是一种离子交换膜。这种离子交换膜按离子的电荷性质可分为阳离子交换膜(阳膜)和阴离子交换膜(阴膜)两种。在电解质水溶液中,阳膜允许阳离子透过而排斥阻挡阴离子,阴膜允许阴离子透过而排斥阻挡阳离子,这就是离子交换膜的选择透过性。在电渗析过程中,离子交换膜不像离子交换树脂那样与水溶液中的某种离子发生交换,而只是对不同电性的离子起到选择性透过作用,即离子交换膜不需再生。电渗析工艺的电极和膜组成的隔室称为极室,其中发生的电化学反应与普通的电极反应相同。阳极室内发生氧化反应,阳极水呈酸性,阳极本身容易被腐蚀。阴极室内发生还原反应,阴极水呈碱性,阴极上容易结垢。电渗析法的原理图见图6-20。

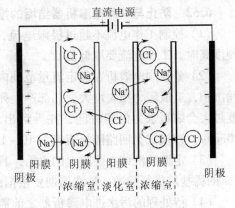

图6-20 电渗析法原理图

电渗析器是一种电渗析装置。电渗析器主要由膜堆、极区、夹紧装置三部分组成，由200~400块阴、阳离子交换膜与特制的部件装配起来的，形成具有100~200对隔室的装置，从浓室引出盐水，从淡室引出淡水。

（1）膜对

一张阳离子交换膜、一块浓（淡）水室隔板、一张阴离子交换膜、一块淡（浓）水室隔板组成一个淡水室和一个浓水室，称为一个膜对，膜对是电渗析器最基本的脱盐单元。

（2）膜堆

一系列膜对组装在一起，称为膜堆。膜堆位于电渗析器的中部，由浓、淡水隔板/改向隔板和阴离子交换膜/阳离子交换膜交替排列成浓水室和淡水室组成。隔板的作用是使两层膜间形成水室，构成流水通道，并起配水和集水的作用。常见的隔板分为：无回路隔板和有回路隔板。有回路隔板的水流程长，湍流程度高，脱盐率也高，但是流动阻力大。隔板的厚度一般为0.5~2mm，为取得较好的搅拌效果，国内外所用的隔板大多小于1mm，板上开有配水孔、布水槽、流水道、集水槽和集水孔。通常在隔板框内加入隔网，隔网的作用是增加湍流程度，减小流动阻力；隔网形式有鳞网、编织网和挤压网等。常用的隔板材料有聚乙烯、聚氯乙烯、聚丙烯、天然橡胶等，选用的原则是：对于弹性较差的均相膜，使用橡胶板；对于较厚的、弹性好的异相膜，选用较硬的聚乙烯、聚氯乙烯板，这样可以得到较好的密封效果。

（3）极区

极区位于膜堆两侧，极区的主要作用是给电渗析器供给直流电，将原水导入膜堆的配水孔，将淡水和浓水排出电渗析器，并通入和排出极水。极区由托板、电极、极框和弹性垫板组成。电极托板的作用是加固极板和安装进出水接管。电极的形状有板状、网状、棒状/丝状。阴极可用不锈钢等材料制成，阳极常用石墨、铅、二氧化钌等材料。极框用来在极板和膜堆之间保持一定的距离，构成极室，也是极水的通道。极框采用塑料板，厚5~7mm，多水道式网装形式。极水隔板供传导电流和排除废气、废液用，较厚。垫板起防漏水和调整厚度不均的作用，常用橡胶或软聚氯乙烯板制成。

（4）夹紧装置

电渗析器有两种锁紧方式：压机锁紧和螺杆锁紧。夹紧装置的作用是把极区和膜堆组成不漏水的电渗析器整体。大型电渗析器用油压机锁紧，中小型电渗析器多用压板和螺杆锁紧。

6.52 防止与消除电渗析器结垢的措施有哪些？

（1）控制工作电流不超过极限电流，一般使工作电流在极限电流的70%~90%。原水硬度高时，工作电流要取低值。

（2）要控制电渗析在额定流量范围内工作，如果水流速过低，进水中的悬浮物会在隔板间沉积，造成阻力损失增大，局部产生死角使配水不均匀，因而容易发生局部极化；水流速度过大会缩短水力停留时间，并导致出水水质下降。一般冲模式有回路隔板流速为15~20cm/s，冲模式无回路隔板流速为10~15cm/s。

（3）定期酸洗结在阴膜上的水垢，具体做法是在电渗析器不解体的情况下，使用1%~2%的稀盐酸进行酸洗；酸洗周期要根据结垢情况而定，一般为1~4周。

（4）待处理的污水进电渗析器之前需预先进行软化处理，去除水中的钙、镁离子，消除结垢的内因。

（5）在浓水中投加盐酸或硫酸，将 pH 值调整到 4~6，使碳酸盐硬度转变为非碳酸盐硬度，防止碳酸盐硬度水垢的产生和 OH^- 的析出。同时可以实现浓水的循环，减少污水的排放量，提高产水率。

（6）每半年或一年将电渗析器完全拆散，将离子交换膜和隔板分别进行机械清刷和化学酸洗，全面清洗一次。

（7）使用能够定时倒换电极的电渗析设备，使电极的极性能够根据需要和可能随时改变，阴膜上的结垢处于时而析出、时而溶解，时而在阴膜的这一面、时而在阴膜的那一面的不稳定状态，减少水垢及水中胶体和微生物等黏性物质在膜面上的附着和积累。

6.53　什么是膜通量？什么是膜分离法的回收率？膜通量及回收率与哪些因素有关？

膜通量即膜的透水量，指在正常工作条件下，通过单位膜面积的产水量，单位是 $m^3/(m^2 \cdot h)$ 或 $m^3/(m^2 \cdot d)$。

膜分离法的回收率是供水通过膜分离后的转化率，即透过水量占供水量的百分率。

膜通量及回收率与膜的厚度、孔隙度等物理特性有关，还与膜的工作环境如水温、膜两侧的压力差（或电位差）、原水的浓度等有关。选定某一种膜后，膜的物理特性不变时，膜通量和回收率只与膜的工作环境有关。在一定范围内，提高水温和加大压力差可以提高膜通量和回收率，而进水浓度的升高会使膜通量和回收率下降。随着使用时间的延长，膜的孔隙就会逐渐被杂物堵塞，在同样压力及同样水质条件下的膜通量和回收率就会下降。此时需要对膜进行清洗，以恢复其原有的膜通量值和回收率，如果即使经过清洗，膜通量和回收率仍旧和理想值存在较大差距，就必须更换膜件了。

6.54　什么是膜污泥密度指数 SDI 值？

污染指数（SDI）是测定反渗透系统进水的重要指标之一，也是检验预处理系统出水是否达到反渗透进水要求的主要手段。它的大小对反渗透系统运行寿命至关重要，它表征了水中颗粒、胶体和其他能阻塞各种水纯化设备的物体的含量，通过测定 SDI 值，可以选定相应的水纯化技术或设备。

不同的膜组件要求进水的 SDl 值不同，中空纤维膜组件一般要求 SDI 值在 3 左右，卷式组件一般要求 SDI 值在 5 左右。

6.55　什么是死端过滤？什么是错流过滤？

死端过滤和错流过滤是微滤膜过滤和超滤膜过滤运行过程中采用的两种操作方式，其示意图见图 6-21。

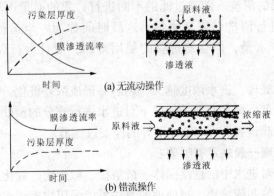

图 6-21　死端过滤和错流过滤示意图

死端过滤即全量过滤，原水在压力差的推动下，水和小于膜孔的颗粒透过膜，大于膜孔的颗粒则被膜截留。形成压差的方式有加压或滤出液侧抽真空。死端过滤随着过滤时间的延长，被截留颗粒将在膜表面形成污染层，使过滤阻力增加，在操作压力不变的情况下，膜的过滤透过率将下降，因此，死端过滤只能间歇进行，必须周期性地清除膜表面的污染物层或更换膜。死端过滤操作简单，适于小规模场合及进水杂质浓度低的水质。

错流过滤运行时，水流在膜表面产生两个分力，一个是垂直于膜面的力，使水分子透过膜面；另一个是平行于膜面的力，把膜面的截留物冲刷掉。错流过滤透过率下降时，只要设法降低膜面的垂直力、提高膜面的平行力，就可以对膜进行有效清洗，使膜恢复原有性能。因此，错流过滤的滤膜表面不易产生浓差极化现象和结垢，过滤透过率衰减较慢。错流过滤的运行方式比较灵活，既可以间歇运行，又可以实现连续运行。

6.56　什么是膜过滤的浓差极化？

在膜法过滤工艺中，由于大分子的低扩散性和水分子的高渗透性，水中的溶质会在膜表面积聚并形成从膜面到主体溶液之间的浓度梯度，这种现象被称为膜的浓差极化。

水中溶质在膜表面的积聚最终将导致形成凝胶极化层，通常把与此相对应的压力称为临界压力。在达到临界压力后，膜的水通量将不再随过滤压力的增加而增长。因此，在实际运行中，应当控制过滤压力低于临界压力，或通过提高膜表面的切向流速来提高膜过滤体系的临界压力。

6.57　如何减轻和避免过滤膜的浓差极化？

防止浓差极化的方法除了选择合适的膜材料外，还可以通过控制运行条件。具体措施有：①加快平行于膜面的水流速度；②提高操作温度，高温下运行有利于降低黏度，提高凝胶物质的再扩散速度，还能提高积聚物的临界凝胶浓度；③选择适当的 pH 值。

6.58　影响膜过滤的因素有哪些？

（1）过滤温度。高温可以降低水的黏度，提高传质效率，增加水的透过通量，因此，可以在膜材料允许的情况下，尽可能提高过滤温度。

（2）过滤压力。过滤压力除了克服通过膜的阻力外，还要克服水流的沿程和局部水头损失。在达到临界压力之前，膜的通量与过滤压力成正比，为了实现最大的总产水量，应控制过滤压力接近临界压力。

（3）流速。加快平行于膜面的水流速度，可以减缓浓差极化，提高膜通量，但会增加能耗，一般将平行流速控制在 1～3m/s。

（4）运行周期和膜的清洗。随着过滤的不断进行，膜的通量逐步下降，当通量达到某一最低数值时，必须进行清洗以恢复通量，这段时间称为一个运行周期。适当缩短运行周期，可以增加总的产水量，但会缩短膜的使用寿命，而且运行周期的长短与清洗的效果有关。

（5）进水浓度和预处理。进水浓度越大，越容易形成浓差极化。为了保证膜过滤的正常进行，必须限制进水浓度，即在必要的情况下对进水进行充分的预处理，有时在进膜过滤装置之前还要根据不同的膜设置 5～200μm 不等的保安过滤器。

6.59　膜分离预处理一般规定有哪些？

（1）膜分离工艺须对进水中的悬浮固体、微溶盐、微生物、氧化剂、有机物等污染物进行预处理，以防止膜降解和膜堵塞。预处理的方法可以采用物理法或化学法。

（2）预处理的深度以能满足各种膜过程进水水质要求为准，取决于膜材料、膜组件的结构、原水水质、产水的质量要求及回收率。

（3）膜分离运行的 pH 值范围：微滤/超滤系统 2~10；纳滤/反渗透系统：聚酰胺复合膜为 2~11；醋酸纤维素膜为 4~8。

（4）进水温度范围：5~45℃。当 pH>10 时，最高运行温度为 35℃。

6.60　微滤/超滤系统对设计水质有什么要求？预处理有哪些方法？

微滤/超滤系统进水应符合表 6-4 的规定。进水水质超过表中的规定限值时，需增加预处理工艺。

表6-4　微滤、超滤系统进水要求

项目	浊度/NTU	SS/（mg/L）	COD/（mg/L）	pH
限值	≤5	≤20	≤50	2~10

预处理的方法有：

（1）去除悬浮固体

① 原水悬浮物、胶体物质 <50mg/L 时，可直接采用介质过滤或在管道加入絮凝剂。

② 原水悬浮物、胶体物质 >50mg/L 时，应采用混凝沉淀+过滤的预处理工艺；絮凝剂宜用碱式氯化铝（PAC），不宜用聚丙烯酰胺（PAM）、三氯化铁（$FeCl_3 \cdot 6H_2O$）。

③ 浊度小于 70NTU 的原水，适宜于采用多介质过滤除去颗粒、悬浮物和胶体。

④ 微滤/超滤之前应安装精度为 10μm 的滤芯过滤器。

（2）去除微生物

在混凝沉淀之前投加氧化剂如次氯酸钠（NaClO）。

（3）去除氧化剂

采用活性炭吸附或在精密过滤器之前添加还原剂亚硫酸氢钠（$NaHSO_3$）；当原水中油脂较多时，应先破乳，除去浮油，再按常规程序处理。

6.61　纳滤/反渗透系统对设计水质有什么要求？预处理有哪些方法？

纳滤/反渗透系统进水水质应符合表 6-5 的规定。

表6-5　纳滤、反渗透系统进水水质

项目	浊度/NTU	SDI	余氯/（mg/L）	Fe^{2+}/（mg/L）	TOC/（mg/L）
限值	≤1	≤5	≤0.1	≤4	≤3

在设计纳滤、反渗透薄膜分离系统时，应对进水水质进行分析。进水水质超过限值时，需增加预处理工艺解决。

预处理方法有：

（1）**防止膜化学损伤**

采用活性炭吸附或在进水中添加还原剂亚硫酸氢钠（$NaHSO_3$）去除余氯或其他氧化剂，控制余氯含量 ≤0.1mg/L。

（2）**预防胶体和颗粒污堵**

① 介质过滤。浊度小于 70NTU 的原水，宜采用多介质过滤，除去颗粒、悬浮物和胶体；

② 微滤或超滤。微滤（MF）或超滤（UF）能除去所有的悬浮物、胶体粒子及部分有机物。出水达到淤泥密度指数 SDI≤3，浊度（NTU）≤1。

（3）预防微生物污染

灭菌消毒分为物理灭菌和化学灭菌，物理灭菌采用紫外光；化学灭菌为在介质过滤器之前投加次氯酸钠（NaClO）。

（4）控制结垢预处理

① 加酸对控制碳酸盐结垢有效；

② 强酸阳树脂软化对控制硫酸盐结垢有效；

③ 投加阻垢剂可有效控制膜表面结垢，投加量按阻垢剂生产商提供的产品技术参数确定。

6.62　不同的膜过滤工艺有哪些不同的适宜性？

（1）微滤

微滤适宜于截留 $0.1 \sim 10\mu m$ 之间的颗粒，允许大分子有机物和溶解性固体（无机盐）等通过，但能阻挡住悬浮物、细菌、部分病毒及大尺度胶体。

（2）超滤

超滤适宜于截留 $0.002 \sim 0.1\mu m$ 之间的颗粒和杂质，允许小分子物质和溶解性固体（无机盐）等通过，但能有效截留胶体、蛋白质、微生物和大分子有机物。

（3）纳滤

纳滤适宜于截留多价离子、部分一价离子和分子量大约为 $200 \sim 1000Daltons$ 的有机物，对单价阴离子盐溶液的脱除率低于高价阴离子盐溶液。一般用于去除地表水的有机物和色度，脱除井水的硬度及放射性物质，去除部分溶解性盐、浓缩食品以及分离药品中的有用物质等。

（4）反渗透

反渗透适宜于截留溶解性盐及分子量大于 $100Daltons$ 的有机物，仅允许水分子透过，醋酸纤维素反渗透膜脱盐率大于95%，反渗透复合膜脱盐率大于98%。反渗透广泛用于海水及苦咸水淡化、锅炉给水、工业纯水及电子级超纯水制备、污水处理及特种分离等。

6.63　膜分离浓缩水的处理有哪些要求？

根据实际情况确定，如果企业有综合污水处理系统，膜分离浓缩水可并入综合污水处理系统处理；如果没有，可以独立设计一套生化处理系统，与化学清洗污水、介质过滤器和活性炭过滤器反冲洗污水收集在一起处理；浓缩水处理工艺可以采用混凝沉淀＋接触氧化的处理工艺。

6.64　反渗透膜系统调试有哪些规定？

（1）原水预处理部分设备需先冲洗，冲掉杂质和其他污染物，防止进入高压泵和膜元件。

（2）阀门启闭：

① 保安过滤器进水阀门和高压泵进水阀门必须完全打开。

② 启动高压泵时，必须在高压泵与膜元件之间的进水控制阀处于接近全关的状态，以防备水流及水压对膜元件的冲击，使其启动电流控制在最小。

③ 膜系统产水排放阀、进水控制阀和浓水控制阀必须完全打开。

④ 所有取样阀和清洗阀门应关闭，所有压力显示阀可呈半开状态。

（3）缓慢打开膜进水端控制阀，用低压、低流量合格水赶走膜元件和膜壳内的空气，冲洗压力为 $0.2 \sim 0.4MPa$，4inch 膜壳冲洗流量控制为 $0.6 \sim 3m^3/h$，8inch 膜壳冲洗流量控制为 2.4 ~ 12m³/h；在冲洗操作中，如果存在渗漏点，应紧固。

（4）湿膜冲洗 30min 以上，干膜应连续低压冲洗 6h 以上。

（5）缓慢关闭浓水控制阀，均匀升高浓水端压力至设计值，以维持系统设计规定的浓水排放流量，升压速率应低于每秒 0.07MPa。

（6）检查系统压力，确保不超过设计上限，使机械和仪表的安全装置操作合适。

（7）让系统连续运行一定时间，产水合格后，先打开合格产水输送阀，然后关闭产水排放阀，向净水箱供水。

（8）记录所有运行参数。

（9）上述调节在手动操作模式下进行，待系统稳定后将系统转换成自动控制运行模式。

（10）在连续操作 24 ~ 48h 之后，所有的系统性能要有记录，包括进水压力、压差、温度、流量、回收率及电导率，作为系统性能基准。

（11）比较系统设计性能参数和系统实际性能参数，如果不符，在投运的第一周内，应定期调整系统的性能，确保系统在投运初始阶段处于合适的性能范围内。

6.65 膜的清洗有哪些方法？

膜清洗方法通常可分为物理方法与化学方法两种。

1. 物理方法

指利用物理力的作用，去除膜表面和膜孔中的污染物，包括水正反冲洗、气洗。

（1）水冲洗

冲洗是用低压大流量的进水冲洗膜元件，以冲洗掉附着在膜表面的污染物和堆积物。冲洗时，以泵为动力，纯水为清洗液，膜元件浓缩出口阀全开，采用低压湍流或脉冲清洗。一次清洗时间一般控制在 30min 以内，可适当提高水温至 40℃ 左右。透水通量较难恢复时，可采用较长时间浸泡的方法。对于多段过滤系统，可以按分段冲洗设计，更有利于进行冲洗。

一般冲洗流速为：4inch 膜元件为 1.8 ~ 2.5m³/h，8inch 膜元件为 7.2 ~ 12m³/h；冲洗压力：一般控制在 0.3MPa 以下；冲洗频次：一般一天大于一次。冲洗步骤包括：①停止膜系统的运行；②调节阀门：全开浓缩水阀门，关闭低压冲洗泵进水阀门；全开产水阀门；③开启低压冲洗泵；④缓慢打开进水泵阀门的同时，查看浓缩水流量计的流量；⑤调节进水阀门，使流量和压力达到所要求的标准值。

（2）反冲洗

以泵为动力，使水从产水端进入膜元件装置，从浓缩端流回到清洗槽。为了防止膜元件机械损伤，反洗压力一般控制在 0.1MPa，清洗时间 30min。该方法一般适用于中空纤维超滤装置，清洗效果比较明显。

（3）气洗

一般是指用高流速气流反洗，可将膜表面形成的凝胶层消除。

2. 化学清洗

在出现下列情形之一时，应进行化学清洗：①装置的产水量下降 10% ~ 15%；②装置各段的压力差增加 15%；③装置的盐透过率增加 15%。

常用的化学清洗剂有：氢氧化钠、盐酸、1% ~ 2% 的柠檬酸溶液、Na - EDTA、加酶洗涤剂、双氧水水溶液、三聚磷酸钠、次氯酸钠溶液。化学清洗剂的选用取决于污染物的类型和膜材料性质，应充分考虑膜的耐酸性、耐碱性、耐氧化性。清洗的基本原则是保持膜湿润。清洗剂的选择依据膜生产商的产品技术手册。

（1）酸碱清洗

无机离子如 Ca^{2+}、Mg^{2+} 等在膜表面易形成沉淀层，可采取降低 pH 值促进沉淀溶解，再加上 EDTA 钠盐等络合物去除沉淀物；用稀 NaOH 溶液清洗超滤膜，可以有效地水解蛋白质、果胶等污染物，能取得良好的清洗效果。采用调节 pH 值与加热相结合的方法，可以提高水解速度，缩短清洗时间，因而在生物、食品工业得到了广泛的应用。

（2）表面活性剂

表面活性剂如 SDS、吐温 80、Triton、X – 100（一种非离子型表面活性剂）等具有增溶作用，在许多场合有很好的清洗效果，可根据实际情况加以选择，但有些阴离子和非离子型的表面活性剂能同膜结合造成新的污染，在选用时须加以注意。使用中发现，单纯的表面活性剂效果并不理想，需要与其他清洗药剂相结合。

（3）氧化剂

氢氧化钠或表面活性剂不起作用时，可以用氯进行清洗，其用量为 200 ~ 400mg/L 活性氯（相当于 400 ~ 800mg/L NaClO），其最适合 pH 为 10 ~ 11。在工业酶制剂的超滤浓缩过程中，污染膜多采用次氯酸盐溶液清洗。除此之外，双氧水、高锰酸钾在部分场合也具有较好的清洗作用。

（4）酶清洗

由醋酸纤维素等材料制成的有机膜，由于不能耐高温和极端 pH 值，在膜通量难以恢复时，可采用含酶的清洗剂清洗。但使用酶清洗剂不当会造成新的污染。国外报道采用固定化酶形式，把菌固定在载体上，效果很好；目前，常用的酶制剂有果胶酶和蛋白酶。

6.66 膜系统停机有哪些规定？

（1）先降压后停机，当需要停机时，慢慢开启浓缩水出口调节阀门，使系统压力下降至最低点再切断电源；

（2）系统停运后，其他辅助系统也应停运；

（3）停运后不能有滴漏现象。

6.67 膜元件的保存方法有哪些规定？

（1）短期存放操作

短期存放时间为 5 ~ 30d，短期存放操作如下：

① 定期清洗膜元件，放空内部气体；

② 用消毒液冲洗膜元件，出口处消毒液浓度达标；

③ 全部充满消毒液后关阀，使溶液留在壳体内；

④ 根据不同消毒剂，每 3 ~ 5 天重复步骤②、步骤③；

⑤ 恢复使用时，先用低压进水冲洗，产水排放 1h，再高压下洗涤 5 ~ 10min，检查消毒剂是否残存。

（2）长期存放操作

同短期存放方式一样。应注意的是 27℃ 以下每月重复②、③步骤一次，27℃ 以上时，每 5 天重复②、③步骤一次。

6.68 反渗透膜的主要性能参数有哪些？

（1）膜的化学稳定性

膜的化学稳定性主要指膜的抗氧化性和抗水解性。膜材料都是高分子化合物，如果水溶液中含有次氯酸钠、溶解氧、双氧水、六价铬等氧化剂，这些氧化剂会造成膜的氧化，影响膜的性能和寿命。因此若分离含氧化剂的水溶液时，应尽量避免用含有键能很低的 O—O 键或 N—N 键的膜，以提高膜的抗氧化能力，如芳香聚酰胺膜中因有一定的 N—N 键，在氧化剂含量较高时易断裂，故其抗氧化性不如醋酸纤维膜。

（2）膜的耐热性和机械强度

反渗透膜有时需在较高温度下使用，故需耐热。膜的机械强度是高分子材料力学性质的体现，其中包括膜的耐磨性。在压力作用下，膜的压缩和剪切蠕变以及表现出的压密现象，会导致膜的透过速度下降，如能将膜直接制作在高强度的支撑材料上，会增加膜的机械强度。

（3）膜的理化指标

包括膜材质、允许使用的压力、适用的 pH 范围、耐 O_2 和 Cl_2 等氧化性物质的能力、抗微生物与细菌的侵蚀能力、耐胶体颗粒与有机物及微生物的污染能力等。

（4）膜的分离透过特性指标

膜的分离特性指标包括脱盐率（或盐透过率）、产水率（或回收率）、水通量及流量衰减系数（或膜通量保留系数）等。

（5）反渗透膜的除盐分离特性

6.69　影响反渗透运行参数的主要因素有哪些？

膜的水通量和脱盐率是反渗透过程中关键的运行参数，这两个参数将受到压力、温度、回收率、水的含盐量、水的 pH 值因素的影响。

（1）压力

给水压力升高使膜的水通量增大，压力升高并不影响盐透过量。在盐透过量不变的情况下，水通量增大时，产品水含盐量下降，脱盐率提高。

（2）温度

温度对反渗透的运行压力、脱盐率、压降影响最为明显。温度上升，渗透性能增加，在一定水通量下要求的净推动力减少，因此实际运行压力降低。同时溶质透过速率也随温度的升高而增加，盐透过量增加，直接表现为产品水电导率升高。

（3）回收率

回收率对各段压降有很大的影响，在进水总流量保持一定和回收率增加的条件下，由于流经反渗透高压侧的浓水流量减少，总压降降低；而回收率减少，则总压降增大。

（4）进水含盐量

对同一系统来说，给水含盐量不同，其运行压力和产品水电导率也有差别，给水含盐量每增加 100ppm，进水压力需增加约 0.007MPa，同时由于浓度的增加，产品水电导率也相应增加。

（5）pH 值

各种膜组件都有一个允许的 pH 值范围，即使在允许范围内，pH 值对产品水的电导率也有一定的影响。这是因为反渗透膜本身大都带有一些活性基团，pH 值可以影响膜表面的电场进而影响到离子的迁移，另一方面 pH 值对进水中杂质的形态有直接影响，如对可离解的有机物，其截留率随 pH 值的降低而下降。

(6) 浓差极化

工作压力差越大，极化程度也越严重。超过滤出现严重极化时，膜面产生凝胶层，对溶剂流动产生附加阻力，并使渗透速率的提高受到限制。反渗透出现严重极化时，则由于溶质浓度过高，会导致沉淀析出。

6.70 反渗透装置类型有哪些？

（1）板框式反渗透装置。这种装置在小规模的生产场所有一定的优势。

（2）管式反渗透装置。

（3）螺旋式反渗透装置。螺旋式反渗透装置结构示意图见图6－22。

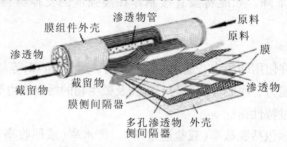

图6－22　螺旋式反渗透装置结构示意图

（4）中空纤维式反渗透装置。

目前流行的这四种装置的一些主要特性比较见表6－6。

表6－6　四种反渗透装置的主要特性比较

种类	膜装填密度/(m^2/m^3)	操作压力/MPa	透水量/[$m^3/(m^2 \cdot d)$]	单位体积产水量/[$m^3/(m^2 \cdot d)$]
板框式	493	5.6	0.2	98.6
管式	330	5.6	1.02	336
螺旋式	660	5.6	1.02	673
中空纤维	9200	2.8	0.073	673

6.71 反渗透工艺流程形式有哪些？

（1）一级一段法

一级一段法有一级一段连续式和一级一段循环式两种工艺流程。其中连续式是料液进入膜组件后，浓缩液和产水被连续引出，这种方式水的回收率不高，工业应用较少；另一种形式是循环式工艺，它是将浓水一部分返回料液。一级一段法工艺的两种形式分别见示意图6－23、图6－24。

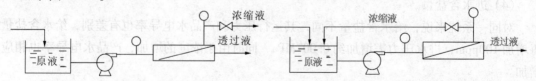

图6－23　一级一段连续式工艺流程示意图　　图6－24　一级一段循环式工艺流程示意图

（2）一级多段法

当反渗透用作浓缩且一次浓缩达不到要求时，可以采用这种多段式方式，这种方式浓缩液体体积可减少而浓度提高，产水量相应加大，每段的有效横截面积递减。其不同工艺流程分别见示意图6－25中的(a)、(b)、(c)。

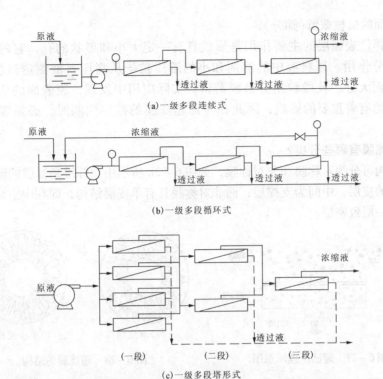

(a) 一级多段连续式

(b) 一级多段循环式

(一段)　　　（二段）　　　（三段）

(c) 一级多段塔形式

图 6-25　一级多段法工艺流程示意图

（3）两级一段法

当海水除盐率要求把 NaCl 从 35000mg/L 降至 500mg/L 时，则要求除盐率高达 98.6%，如一级达不到时，可分为两步进行。即第一步先除去 NaCl 90%，而第二步再从第一步出水中去除 89% 的 NaCl，即可达到要求。

（4）多级反渗透流程

在此流程中，将第一级浓缩液作为第二级的供料液，而第二级浓缩液再作为下一级的供料液，此时由于各级透过水都向体外直接排出，所以随着级数增加，水的回收率上升，浓缩液体积减少，浓度上升。见示意图 6-26。

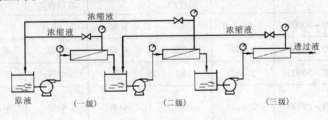

原液　　（一级）　　　（二级）　　　（三级）

图 6-26　多级工艺流程

6.72　超滤膜的过滤原理是什么？

一般认为，超滤是一种筛分过程，超滤过程的原理如图 6-27 所示。在一定的压力作用下，含有大、小分子溶质的溶液流过超滤膜表面时，溶剂和小分子物质（如无机盐类）透过膜，作为透过液被收集起来；而大分子溶质（如有机胶体）则被膜截留而作为浓缩液被回收。

在超滤中，超滤膜对溶质的分离过程主要有：

（1）在膜表面及微孔内吸附（一次吸附）；

（2）在孔内停留而被去除（阻塞）；

（3）在膜面的机械截留（筛分）。

超滤膜选择性表面层的主要作用是形成具有一定大小和形状的孔，它的分离机理主要是靠物理筛分作用。原料液中的溶剂和小的溶质粒子从高压料液侧透过膜到低压侧，一般称滤液，而大分子及微粒组分被膜截留。实际应用中发现，膜表面的化学特性对大分子溶质的截留有着重要的影响，因此在考虑超滤膜的截留性能时，必须兼顾膜表面的化学特性。

6.73　超滤膜有哪些分类？

按形态结构可分为对称膜和非对称膜，如图6－28所示中空纤维超滤膜的结构，对称膜内外均有致密的皮层，中间为支撑层；而非对称膜具有单皮层结构，即在中空纤维的内表面或外表面只有一层致密层。

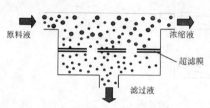

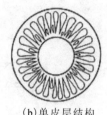

（a）双皮层结构　　（b）单皮层结构

图6－27　超滤原理示意图　　　　图6－28　超滤膜的结构

商品化的超滤膜多为非对称膜，物理结构具有不对称性。膜实际上可分为两层，一层是超薄活化层，通常厚度为0.1~1μm，孔径为5~20nm，对溶液的分离起主要作用；另一层是多孔层，约75~125μm厚，孔径约0.4μm，具有很高的透水性，它只起支撑作用。

6.74　制作超滤膜的材料有哪些？

1. 有机高分子材料

用于制备超滤膜的有机高分子材料主要来源于天然高分子和合成高分子材料。表6－7列出了用于制造超滤膜的几种常见聚合物。

表6－7　用于制造超滤膜的聚合物

聚合物	切割分子量	pH值范围	最高操作温度/℃	抗氯性能	抗有机溶剂性能	膜装置
醋酸纤维素	1000~50000	3.5~7.0	35	良好	差	平板、管式
聚砜	5000~50000	0~14	100	良好	中等	平板、管式、中空纤维
芳香聚酰胺	1000~50000	2~12	80	差	中等	平板、管式、中空纤维
聚丙烯腈、聚氯乙烯共聚物	30000~100000	2~12	50	中等	中等	平板、管式、中空纤维

（1）纤维素衍生物

纤维素是资源丰富的天然高分子材料，由于材料本身分子量较大，不易加工，因此必须对其进行化学改性。其中最常用的纤维素衍生物有醋酸纤维素、三醋酸纤维素等，此类材料具有亲水性强、成孔性好、来源广泛、价格低廉等优点。醋酸纤维素超滤膜的孔径分布和孔隙率大小可通过改变铸膜液组成、凝固条件以及膜的后处理加以控制。

（2）聚砜类

聚砜是在醋酸纤维素之后发展较快的一类超滤膜材料，分子主链中含有砜基结构，结构中的硫原子处于最高价态，醚键改善了聚砜的韧性，苯环结构提高了聚合物的机械强度，因此聚合物具有良好的抗氧化性、化学稳定性和机械性能，不易水解，可耐酸、碱的腐蚀。应用于超滤膜的主要有双酚 A 型聚砜(PSF)及其磺化产物(SPSF)、聚芳醚砜(PES)和聚砜酰胺(PSA)等。

（3）乙烯类聚合物

乙烯类聚合物的主链上包含了 $\left[\begin{smallmatrix}C-C\\H_2\ R_2\end{smallmatrix}\right]$ 结构，用于超滤膜的材料主要有聚丙烯腈、聚氯乙烯、聚丙烯等。其中，聚丙烯腈作为超滤膜材料，仅次于醋酸纤维素和聚砜。

（4）含氟类聚合物

含氟材料主要是指由含有氟原子的单体经过共聚或均聚得到的有机高分子材料，用于膜材料的主要是聚偏氟乙烯(PVDF)和聚四氟乙烯(PTFE)，其中聚偏氟乙烯由于氟原子的分布不对称使其可溶于多种溶剂，有利于制备非对称多孔超滤膜。聚偏氟乙烯机械性能优良、冲击强度高、韧性好，抗紫外线和耐老化性能优异，化学稳定性好，不易被酸、碱、强氧化剂和卤素等腐蚀，是一种优良的膜材料。

2. 无机材料

（1）多孔金属

多孔金属膜主要采用 Ag、Ni、Ti 及不锈钢等材料，其孔径范围一般为 200 ~ 500nm，厚度为 50 ~ 70 μm，孔隙率达 60%。

（2）多孔陶瓷

常用的多孔陶瓷材料主要有氧化铝、二氧化硅、氧化锆、二氧化钛等。它们的突出优点是耐高温、耐腐蚀。

（3）分子筛

分子筛具有与分子大小相当且分布均匀的孔径、离子交换能、高温稳定性、优良的择优催化性，是理想的膜分离和膜催化材料。

6.75 超滤膜进水方式与运行方式有哪些？

1. 进水方式

按进水方式的不同，超滤膜又分为内压式和外压式两种。

（1）内压式

即原液先进入中空丝内部，经压力差驱动，沿径向由内向外渗透过中空纤维成为透过液，浓缩液则留在中空丝的内部，由另一端流出。

（2）外压式

中空纤维超滤膜是原液经压力差沿径向由外向内渗透过中空纤维成为透过液，而截留的物质则汇集在中空丝的外部。

2. 运行方式

超滤系统的运行方式可分为循环模式和死端模式两种，根据原水的水质情况选择不同的运行方式。

（1）死端过滤

当原水悬浮物和胶体含量较低时选用死端过滤方式，例如水源为井水、自来水等，工业水系统很多按死端过滤模式设计。

（2）循环过滤

当原水中悬浮物含量较高时，就需要通过减少回收率来保持纤维内部的高流速，这样就会造成大量的污水。为了避免浪费，排出的浓水就会被重新加压后回到膜管内，这就称为循环模式。这会降低膜管的回收率但整个系统的回收率仍然很高。在循环模式中，进水连续地在膜表面循环，循环水的高流速阻止了微粒在膜表面的堆积，并增强了通量。当原水悬浮物和胶体含量较高时选用循环过滤方式，例如水源为地表水。

6.76　超滤膜的运行参数与使用条件有哪些？

超滤膜常用的运行工艺参数与使用条件见表 6 - 8。

表 6 - 8　超滤膜常用的运行工艺参数与使用条件

工艺参数	自来水 (NTU < 1)	地下水 (NTU < 5)	地表水 (NTU < 5)	地表水 (NTU < 25)	地表水 (NTU > 25)	深度处理工业污水 (NTU < 20)	中水 (NTU < 20)	海水 (NTU < 5)
设计通量(25℃)/ [L/(m² · h)]	70 ~ 100	60 ~ 100	60 ~ 90	50 ~ 70	50 ~ 70	50 ~ 70	50 ~ 70	60 ~ 80
回收率/%	90 ~ 98	90 ~ 98	90 ~ 95	85 ~ 95	80 ~ 90	80 ~ 90	80 ~ 90	90 ~ 95
保安过滤/μm	50 ~ 100				100			
运行模式	死端或循环过滤	死端或循环过滤	死端或循环过滤	死端或循环过滤		循环过滤		
反冲洗频率/min	40 ~ 60	40 ~ 60	30 ~ 60	30 ~ 45	30	30 ~ 40	30 ~ 40	30 ~ 60
反冲洗时间/s	20 ~ 180							
反冲洗通量	2 ~ 3 倍产水量							
反冲洗压/MPa	0.1 ~ 0.2							
正向冲洗频率	每次反冲洗后							
正向冲洗时间/s	10 ~ 30							
化学清洗周期/d	6 ~ 180							
化学清洗时间/min	15 ~ 120							
化学清洗药品	柠檬酸、NaOH/NaClO、H₂O₂							

6.77　超滤膜污染主要因素有哪些？

超滤膜的污染是被分离物质中某些成分吸附、留存在膜的表面和膜孔中造成的。在超滤过程中，由于浓差极化的产生，尤其是在低流速、高溶质浓度情况下，在超滤膜表面达到或超过溶质的饱和浓度时，便会形成凝胶层，导致膜的透过通量不再依赖于超滤操作压力。污染后的膜透液通量下降，超滤效果恶化，膜寿命缩短，清洗难度大，会严重影响超滤过程的工作效率。

6.78　超滤膜污染的防治措施有哪些？

超滤膜污染的主要原因是浓差极化形成凝胶层和膜孔的堵塞，因而污染的防治就应从减小浓差极化、消除凝胶层和防止膜孔堵塞开始。

（1）改变膜结构和组件结构，可有效地将颗粒截留在膜表面，避免了颗粒进入膜孔内部，从而减少了膜孔的堵塞。

（2）采用亲水性超滤膜可减少蛋白质颗粒在膜表面的吸附，从而减少对膜的污染。另外，由于待分离的料液多带有负电荷，采用负电荷的超滤膜可有效地减少颗粒在膜表面的沉积，有利于降低膜的污染。

（3）采用絮凝沉淀、热处理、pH值调节、加氯处理、活性炭吸附等手段对料液进行预处理，可降低膜的污染程度。

（4）提高料液流速可防止浓差极化，一般湍流体系中流速为 $1 \sim 3m/s$，在层流体系中通常流速小于 $1m/s$。卷式组件体系中，常在层流区操作，可在液流通道上设湍流促进材料，或采用振动的膜支撑物，在流道上产生压力波等方法，以改善流动状态，控制浓差极化，从而保证超滤组件的正常运行。

（5）操作温度主要取决于所处理料液的化学、物理性质和生物稳定性，应在膜设备和处理物质允许的最高温度下进行操作，可以降低料液的黏度，从而增加传质效率，提高透过通量。

（6）随着超滤过程的进行，料液的浓度在增高，边界层厚度扩大，对超滤极为不利，因此对超滤过程主体液流的浓度应有一个限制，即最高允许浓度。不同料液超滤时的最高允许浓度见表6-9。

表6-9　不同超滤应用中允许达到的最高浓度

应用类别	允许最高质量分数/%	应用类别	允许最高质量分数/%
颜料和分散染料	30~50	植物、动物、细胞	5~10
油水乳状液	50~70	蛋白和缩多氨酸	10~20
聚合物乳胶和分散体	30~60	多糖和低聚糖	1~5
胶体、非金属、氧化物	不定	多元酚类	5~10

6.79　超滤装置有哪些类型？

超滤装置和反渗透装置相类似，主要膜组件有：板框式、管式、螺旋卷式、毛细管式、条槽式及中空纤维式等。表6-10是几种超滤膜组件在膜比表面积、投资费用、运行费用、流速控制情况和就地清洗情况的比较。

表6-10　几种超滤膜组件基本情况比较

组件型式	膜比表面积/(m^2/m^3)	投资费用	运行费用	流速控制	就地清洗情况
管式	25~50	高	高	好	好
板框式	400~600	高	低	中等	差
卷式	800~1000	最低	低	差	差
毛细管式	600~1200	低	低	好	中等
条槽式	200~300	低	低	差	中等

6.80　超滤技术在污水处理中有哪些应用？

（1）工业污水处理。超滤在工业污水处理方面的主要应用见表6-11。

表6-11　超滤法处理工业污水情况

工业	废液	废液组成	浓度/%	回收物质	去除物质	工艺阶段
汽车仪表	涂漆过程漂洗水	电泳涂漆	0.5~2.0	电泳涂漆、水		规模工厂化
金属加工	加工金属漂洗水	乳化油	0.2~1.0	乳化油、水		规模工厂化
金属加工	金属清洗槽漂洗水	洗涤剂、油等	1.0	水	洗涤剂、油	规模工厂化
纺织工业	脱浆过程漂洗水	聚乙烯醇	0.2~2.0	聚乙烯醇	水	中试
牛奶	清洗水	蛋白质、乳糖等	0.5~1.0	蛋白质	水	规模工厂化

工业	废液	废液组成	浓度/%	回收物质	去除物质	工艺阶段
饮料	清洗水	蛋白质	0.5~1.0	蛋白质	水	中试
淀粉	加工水	淀粉	0.5~5.0	淀粉	水	中试
酵母	加工水	酵母	0.5~2.0	酵母	水	中试
羊毛加工	洗涤水	羊毛脂	0.5~1.0	羊毛脂	水、洗涤剂	中试
纸浆工业	漂白过程的洗涤水	磺化木质素	0.5~1.0	磺化木质素	水	中试

（2）高纯水制备。如图6-29所示，从工艺流程图中可以看出，超滤工艺是作为预处理工艺使用的。

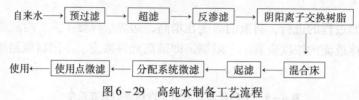

图6-29　高纯水制备工艺流程

（3）中水回用。

6.81　纳滤膜的应用有哪些？

（1）软化水处理。

对苦咸水进行软化、脱盐是纳滤膜应用的最大市场。

（2）饮用水中有害物质的脱除。

（3）中水、污水处理。

纳滤膜在中水领域、各种工业污水的应用也有很多实例，如造纸漂白污水处理等。生活污水中，纳滤膜与活性污泥法相结合也已进入实用阶段。

（4）食品、饮料、制药行业。

此领域中的纳滤膜应用十分活跃，如各种蛋白质、氨基酸、维生素、奶类、酒类、酱油、调味品等的浓缩、精制。

（5）化工工艺过程水溶液的浓缩、分离，如化工、染料的水溶液脱盐处理。

6.82　什么是连续膜过滤（CMF）技术？连续膜过滤（CMF）技术有哪些应用？

通常连续膜过滤所用的膜多为超滤膜或微滤膜。连续膜过滤是以中空纤维超滤膜或微滤膜为中心处理单元，在压力的作用下，处理液以一定的流速通过膜表面，小于膜孔径的物质穿过膜纤维壁，而大于膜孔径的物质则被纤维壁截流。连续膜过滤系统通过模块化的结构设计，把中空纤维膜元件和独特的气水双洗工艺技术，配以特殊设计的管路、阀门、自清洗单元、加药单元和自控单元等，形成一套闭路连续操作系统。目前用于连续膜过滤中的膜材质多为聚乙烯（PE）、聚丙烯（PP）和聚偏氟乙烯（PVDF），尤其是聚偏氟乙烯，由于其表面不易污染，制膜工艺相对简单，对于氧化性清洗剂耐受性好，成为连续膜过滤技术中一种重要的膜材质。

CMF主要应用领域有：

（1）自来水的净化处理、分质供水系统、直饮水系统；

（2）地下水、地表水、井水的除浊、除菌处理；

（3）取代混凝沉淀、砂过滤等常规处理工艺；

（4）反渗透膜装置的前处理；

（5）食品、生物、医药工业用水的除浊、除菌、净化；

（6）污水的回用（污水、工程排水、油田水等）；

（7）海水淡化工程的预处理。

6.83 连续膜过滤（CMF）技术过滤工艺形式有哪些？

1. 压力流

压力流连续过滤膜是靠水泵在膜的一侧施加一定的压力，使净水透过膜的过滤方式，比较合适于中小型处理规模的水厂，见图6-30。

压力流连续过滤分为内压式与外压式两种形式。

（1）内压式

即原液先进入中空丝内部，经压力差驱动，沿径向由内向外渗透过中空纤维成为透过液，浓缩液则留在中空丝的内部，由另一端流出。

（2）外压式

中空纤维超滤膜则是原液经压力差沿径向由外向内渗透过中空纤维成为透过液，而截留的物质则汇集在中空丝的外部。

压力流连续过滤一般采用外压式工艺，外压式超滤膜有利于清洗，但膜丝容易断，因此一般在连续外压过滤工艺中选用的膜是PVDF，PVDF材料韧性比较好，不易折断，同时可以采用气水反冲洗。

2. 浸没式

浸没式连续过滤膜为重力流进水、低压抽吸出水的过滤方式，所用的中空纤维膜组件与压力流连续过滤相同，但它没有压力膜壳，而是在膜外部包尼龙网状物。一般4根膜组件为一基本单元，一排最多含9个单元，共36根膜组件，最大的单池浸没式连续过滤膜装置可达720根膜组件。反冲洗采用气水联动工艺，从鼓风机中鼓出的气体从膜底部气体分配孔中自下而上鼓出，空气鼓出的同时带动纤维膜震动、摩擦，随后反冲水从膜内腔涌出将污物带出系统。浸没式连续过滤膜设备见图6-31。

图6-30 压力流连续过滤膜设备

图6-31 浸没式连续过滤膜的工程应用

6.84 活性炭在污水处理系统中的作用有哪些？

活性炭除了能去除由酚、石油类等引发的臭味和由各种燃料形成的颜色或有机污染物及铁、锰等形成的色度外，还可用于去除汞、铬等重金属离子和合成洗涤剂及放射性物质等，同时对农药、杀虫剂、氯代烃、芳香类化合物及其他难生物降解有机物也有很好的去除效果。

6.85 活性炭吸附有哪两种方式？

活性炭吸附分为静态和动态两种方式。

（1）静态吸附

静态吸附使用较少，主要用于小水量工业污水的一级处理。静态吸附是把一定数量的活性炭投入一定数量的待处理污水中，进行搅拌，达到吸附平衡后，再用沉淀或过滤的方法使污水和活性炭分离。如果一次吸附后的出水水质不能达到要求，可以使用多次静态吸附。

（2）动态吸附

动态吸附是在污水连续流动的条件下进行的吸附操作，目前已有许多成功的技术和工艺，可以用于大规模的工业污水或生活污水的处理。动态活性炭吸附法主要应用在污水处理系统和污水回用深度处理系统的最后一个环节，以保证出水最终达标排放或符合回用要求。

有时为了提高曝气池的处理能力，通过向曝气池内投加粉末活性炭来改善活性污泥的性能和增加曝气池的生物量，避免在二沉池出现污泥膨胀现象。粉末活性炭的大量细孔吸附了微生物、有机物和水中的氧气，可以使难以生物降解的有机物也能被生物降解，这是吸附、微生物氧化分解的协同作用。这种处理方法效果好而且比较稳定，能适应成分复杂且水质、水量多变的污水。

6.86 活性炭吸附设备有哪些形式？

水处理用活性炭吸附装置主要有固定床、移动床和流化床三种形式。

（1）固定床

固定床活性炭处理装置的构造见图6-32。固液两相吸附时，一般吸附速度较慢，采用固定床一般要有较高的活性炭层。

可以一个塔或几个塔并联或是串联，可间歇操作或切换使用。为防止装置滤层的阻塞，要定期反冲洗。

（2）移动床

移动床活性炭吸附塔的构造见图6-33。在移动床吸附塔内，已经吸附饱和的活性炭可间歇地从塔底部取出，每天1~2次或每星期一次。每次取出的饱和炭量约为吸附塔内总炭量的5%~10%。所要处理的水自塔底向上流动，从塔顶部出水管排出，因此可以充分利用活性炭的吸附容量。其特点有：移动床吸附塔的水头损失较小；不需反冲洗设备，因为水从塔底进入，水中夹带的悬浮物随着饱和炭的间歇取出而排走；塔内炭层不能上下混合，要自上而下地有次序地移动；当卸出饱和炭后，需从塔顶加入等量新炭或再生炭。

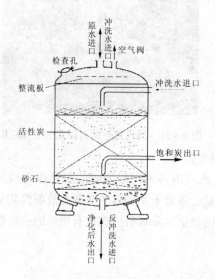
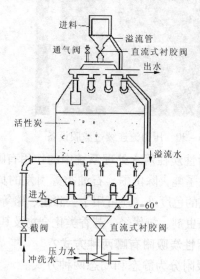

图6-32　固定床装置示意图　　图6-33　移动床处理装置示意图

（3）流化床

流化床内活性炭粒径较小，塔内上层的活性炭与从塔底进入的水充分搅动，使炭与水接触的表面积增大，可以用少量的炭处理较多的水，不需反冲洗，预处理要求低，可以连续运转。但运行操作要求较高，目前使用不多。

6.87 常用的活性炭再生方法有几种？

（1）加热再生法。水处理使用的活性炭饱和失效后通常采用加热解吸法再生。

（2）化学洗涤再生法。在常温下进行，设备和操作都比较简单。

（3）化学氧化再生法。可分为：①湿式氧化法；②电解氧化法；③臭氧氧化法，使用强氧化剂臭氧将吸附在活性炭上的有机物分解掉。

（4）微波再生。利用频率为 $900 \sim 4000MHz$ 的微波照射饱和炭，使活性炭温度迅速升高到 $500 \sim 550℃$，再保温 $20min$ 即可达到再生要求。

6.88 活性炭加热再生的过程是怎样的？

加热再生分脱水、干燥、炭化、活化、冷却等五个步骤进行。

（1）脱水。将活性炭与输送水流进行分离。

（2）干燥。加温到 $100 \sim 150℃$，将吸附在活性炭细孔中的水分蒸发出来，同时将部分低沸点的有机物也蒸发出来。

（3）炭化。加热到 $300 \sim 700℃$，使低沸点的有机物挥发、高沸点的有机物热分解，还有部分有机物被炭化留在活性炭细孔中。

（4）活化。继续加热到 $700 \sim 1000℃$，将留在活性炭细孔中的残留炭用水蒸气、CO_2 等进行活化处理，达到重新造孔的目的。

（5）冷却。为防止氧化，用水将活化后的活性炭急剧冷却。

6.89 活性炭法运行管理的注意事项有哪些？

（1）在选用活性炭时，必须综合考虑吸附性能、机械强度、价格和再生性能等多种指标，一般不能只偏向于其中一项性能。

（2）活性炭表面多呈碱性，水中重金属离子有可能在其表面形成氢氧化物沉淀析出，进而使活性炭的吸附性能下降。因此使用活性炭吸附法处理污水时，水中无机盐含量，尤其是重金属离子含量越低越好。

（3）为充分发挥活性炭的作用，避免活性炭的过快饱和以减少操作和降低运行费用，必须保证活性炭吸附法进水的水质不能超过设计值，一般进水 COD 不超过 $50 \sim 80mg/L$。当进水有机物浓度较高时，要加强物理法、化学法及生物法等预处理措施的管理，设法改善其处理效果。当污水中含有较多的悬浮物或胶体时，必须投加混凝剂使用过滤法或气浮法等进行预处理。

（4）对于污水深度处理或某些超标污染物浓度经常大幅度变化的处理工艺，对活性炭处理工艺必须设置跨越或旁通管路。当进水水质发生较大变化时，及时停用活性炭处理单元，以节省活性炭床的吸附容量，有效地延长再生或更换周期。

（5）由于活性炭与普通碳钢接触可以产生电化学腐蚀，因此与活性炭接触的设备或部件要使用钢筋混凝土结构或不锈钢、塑料等材料。如果必须使用普通碳钢制作时，则必须进行防腐处理。采用环氧树脂衬里防腐时，衬里厚度要大于 $1.5mm$。

（6）在使用粉末活性炭时，所有作业都必须考虑防火防爆，所配用的所有电器设备必须符合防爆要求。

6.90　什么是生物活性炭法?

在厌氧、缺氧或好氧条件下,在粉状或粒状活性炭表面生长和繁殖的微生物利用水中的一些有机基质为养料,通过活性炭吸附和微生物分解的协同作用,达到去除水中有机污染物的目的,这一工艺过程称为生物活性炭法。

在废水处理的生物膜法中,颗粒活性炭作为微生物载体时具有吸附性能好和挂膜快的优点。将附着生物膜的活性炭叫做生物炭,这种微生物群落附着在粒状活性炭表面上的水处理方法,也是生物活性炭法。

6.91　新树脂在使用前为什么要处理? 如何处理?

新树脂中含有一些过剩的溶剂及反应不完全而生成的低分子聚合物和某些重金属离子,如不除去这些物质他们就会在离子交换树脂使用过程中,污染出水水质。所以,新树脂在使用以前必须进行预处理,这样不仅可以提高其稳定性,还可起到活化树脂、提高其工作交换容量的作用。具体的处理方法有:

(1)用食盐水处理。用10%的食盐水溶液,约等于被处理的树脂体积2倍,浸泡20h以上,然后放尽食盐水,用清水漂净,使排出水不带黄色。如果有杂质及细碎树脂粉末也应漂洗干净。

(2)用稀盐酸处理。用2%~5%、约等于被处理树脂体积2倍的HCl溶液浸泡树脂4h以上,然后放出酸液,用清水洗至中性为止。

(3)用稀氢氧化钠溶液处理。用浓度为4%、约等于被处理树脂体积2倍的NaOH溶液浸泡树脂4h,然后放出碱液,用清水洗至中性为止。

上述处理,如采用3m/h流速的流动方式处理,效果会更好。

6.92　离子交换法的常用设施有哪些?

一个完整的离子交换系统由预处理、离子交换、树脂再生和电控仪表等单元组成,其中离子交换单元是系统的核心,通常所说的离子交换法的常用设备和装置其实是离子交换单元的形式。根据离子交换柱的构造、用途和运行方式,离子交换单元装置可分为固定床式离子交换体系和连续式离子交换体系两大类。

固定床式离子交换体系是指树脂的交换和再生过程是在同一设备内,在不同的时间内进行,即树脂再生时,离子交换程序就要停止运行。固定床依据不同使用要求和水力流向,可分为:

① 只装填一种树脂的单床或多床式;

② 将装填阳树脂的离子交换柱和装填阴树脂的离子交换柱串联在一起的复合床式;

③ 依靠水流的作用力将树脂层托浮起来运行的浮动床式;

④ 在逆流再生固定床内,依据一定配比装填强、弱两种树脂(密度小、粒度细的弱树脂在上层,密度大、粒度粗的弱树脂在下层)的双层床式。

连续式离子交换体系是指把交换和再生过程在不同设备内同时进行,即交换过程可以连续进行。连续式离子交换体系可分为流动床和移动床。流动床内的树脂在装置内连续循环流动,失效树脂在流动过程中经再生清洗后恢复交换能力。移动床则是装置内的树脂呈周期性移动,失效树脂在移动过程中经再生清洗后恢复交换能力,再定期定量补充到交换柱顶端。

6.93 离子交换法运行管理应注意哪些事项?

(1) 悬浮物和油脂

由于污水中的 SS 会堵塞树脂孔隙,油脂会将树脂颗粒包裹起来,影响离子交换的正常进行,因此必须对进水进行预处理,降低其中的悬浮物和油脂类物质含量。预处理可以使用过滤、气浮、混凝等方法。

(2) 有机物

某些高分子有机物与树脂活性基团的固定离子结合力很大,一旦结合就很难进行再生,进而影响树脂的再生率和交换能力。例如污水中含有高分子有机酸时,高分子有机酸与强碱性季胺基团的结合力就很大,很难洗脱下来。处理含有此类物质的污水时可选用低交联度的树脂,或者对污水进行预处理,将高分子有机物从水中去除。

(3) 高价金属离子

高价金属离子容易被树脂吸附,而且再生时难以洗脱,引起树脂中毒,使树脂的交换能力降低。树脂被金属离子中毒后,颜色会变深,此时可用高浓度酸长时间浸泡再生。

(4) pH 值

强酸或强碱离子交换树脂的活性基团电离能力强,交换能力基本上与污水的 pH 值无关。但弱酸树脂和弱碱树脂则分别需要在碱性条件和酸性条件下,才能发挥出较大的交换能力。因此,针对不同酸、碱污水,应该选用不同的交换树脂;对于已经选定的交换树脂,可根据处理污水中离子的性质和树脂的特性,对污水进行 pH 值调整。

(5) 水温

在一定范围内,水温升高可以加速离子交换的过程,但水温超过树脂的允许使用温度范围后,会导致树脂交换基团的分解和破坏。如果待处理污水的温度过高,必须进行降温处理。

(6) 氧化剂

Cl_2、O_2、MnO_2 等强氧化剂会引起树脂的氧化分解,导致活性基团的交换能力丧失和树脂固体母体的老化,影响树脂的正常使用。因此,在处理含有强氧化剂的污水时,一定要选用化学稳定性较好、交联度大的树脂,或加入适量的还原剂消除氧化剂的影响。

(7) 电解质

交换树脂在高电解质浓度的情况下,由于渗透压的作用会导致树脂出现破碎现象。当处理含盐量浓度较高的污水时,应当选用交联度较大的树脂。

6.94 什么是离子交换树脂的"有机物污染"?

水中的有机物如腐殖酸、富维酸等带负电基团的线性大分子,它们能与强碱性阴离子交换树脂发生交换反应。而且这些线性大分子一旦进入树脂内部,其带负电的基团与阴离子交换树脂上带正电的基团发生电性复合作用。这些线性大分子上通常带有多个基团,能与树脂的多处交换位置复合,致使它们蜷曲在树脂内孔道空间,在再生时容易形成有机物的钠盐。由于分子体积增大,卡在树脂微孔中不易洗脱。

另外,由于强酸性阳离子交换树脂因机械破碎而形成的带负电的胶状物,也可以使阴离子交换树脂受到污染。

6.95 如何"复苏"被有机物污染的离子交换树脂?

(1) 碱性 NaCl 复苏法。碱性 NaCl 复苏法即 4% 的 NaOH + 10% 的 NaCl,加热复苏。

（2）有机溶剂复苏法。有机溶剂复苏法的理论依据是相似相溶原理，用有机溶剂解析与萃取树脂上吸着的有机物，常用的溶剂有，丙酮、甲醇、乙醇、异丙醇、环氧乙烷、二甲基甲酰胺。

（3）表面活性剂复苏法。常用的表面活性剂有磺酸、苯磺酸、羧丙基磺酸。

（4）氧化剂复苏法。氧化剂复苏法是利用有机物的可氧化性来除去树脂中的有机物的，即用氧化剂破坏有机物的结构，使其变成小分子，从而从树脂骨架上脱落下来。常用复苏方法见表 6 - 12 所示。

表 6 - 12　污染树脂的复苏方法

处理方法	处理条件	备　注
盐酸	浓度：5% ~30% 用量：100 ~300g/L	
食盐	浓度：10% 用量：100 ~400g/L 温度：40 ~70℃	
食盐 + NaOH 溶液	NaCl 浓度：10%；NaOH 浓度：5% ~30% 用量：NaCl：100 ~400g/L；NaOH：10 ~30g/L 温度：40 ~50℃	
次氯酸钠	浓度：0.5% ~1% 温度：常温	严重污染时

6.96　如何防止离子交换树脂的"有机物污染"？

彻底去除水中的有机物是预防离子交换树脂"有机物污染"的好办法。包括：①当水中有机物含量很大时，采用加氯处理可除去 80% 左右的有机物，加氯量应使水中剩余活性氯大于 0.5mg/L。②当水中悬浮状和胶体状有机物含量较多时，采用混凝、澄清、过滤等处理，一般可除去 60% ~80% 的腐殖酸类有机物。③对于剩余的 20% ~40% 的有机物（主要为 1.0 ~2.0nm 颗粒）可采用活性炭的吸附剂去除。④对最后残留的少量胶体有机物和部分溶解有机物可在除盐系统中采用大孔树脂或丙烯酸系树脂等抗污染树脂予以去除。

6.97　阳树脂污染原因有哪些？阳树脂污染后特征有哪些？

（1）原水过滤残存的絮凝物、悬浮体、泥沙及微量有机物都会污染阳树脂；

（2）阳树脂容易被铜等金属离子氧化，也容易被断链后的有机物污染；

（3）用硫酸再生时树脂层中易生成硫酸钙沉淀，堵塞孔道；

（4）采用石灰预处理，残留的 $CaCO_3$、$Mg(OH)_2$、$Fe(OH)_3$ 等不溶物、微溶物及部分胶体进入阳床，污染阳树脂；

（5）阳树脂往往会发生油污染，油的来源途径主要有：原水带油和顶压空气带油。

污染的表观特征主要有：树脂成黑色，存在树脂抱团的情况，并因此影响树脂层的水流均匀性，污染物附着于树脂上，可能增加树脂颗粒的浮力，反洗时树脂的损失增大，树脂工作交换容量下降，制水周期缩短。

6.98　阴树脂污染原因有哪些？阴树脂污染后有哪些特征？

进水中的各种大分子有机物是阴树脂污染的主要来源。因为阴树脂的结构和性能使其对大分子有机物存在不可逆反应。低分子量有机物被树脂吸附后，在再生时可以置换

186

出来，因而不易污染树脂。此外，来自阳树脂的降解产物也会使阴树脂受到有机物污染。国外经验认为，氢型阳树脂含水量大于60%，就会有相当数量的有机物释放到水中，污染阴离子。

被污染的强碱阴树脂可出现以下特征：

（1）外观颜色由开始的浅黄色，逐渐污染为淡棕色、深棕色、棕褐色、黑褐色，且树脂破碎严重；

（2）再生后的强碱阴树脂，其冲洗水量会明显增大；

（3）阳床出水电导率逐渐增加，pH逐渐下降；

（4）有机物存在于树脂床的强碱交换部位，使阴树脂的除硅容量下降，以至二氧化硅过早泄漏；

（5）工作交换容量下降，树脂含水量下降，树脂上的交换基团发生变化，其中强碱基团减少，弱碱基团增多；

（6）树脂颗粒表面的有机物再加上细菌排泄物，会形成一层憎水性的膜，使树脂活性基团与外界隔离，造成交换困难。

6.99 阴树脂污染的鉴别方法有哪些？

将树脂加蒸馏水振荡，除去表面附着物后，换装10%食盐水，振荡5～10min后，观察食盐水颜色。按表6-13判断树脂污染情况。

表6-13 阴离子交换树脂污染判断

食盐水色泽	污染程度	食盐水色泽	污染程度
清晰透明	无污染	棕色	重度污染
淡黄绿色	轻度污染	深棕或黑色	严重污染
琥珀色	中度污染		

6.100 什么是离子交换树脂的再生？什么叫再生剂？怎样选择再生剂？

（1）再生

再生是指将一定浓度的化学药剂溶液，通过"失效"的离子交换树脂，利用药剂溶液中的可交换离子，将树脂上吸附的离子交换下来，使树脂重新具有交换水中离子能力的过程。

（2）再生剂

再生时所用的药剂称为再生剂。

（3）再生剂的选择

再生剂是根据离子交换树脂的性能不同而有区分地选择。通常用于阳离子交换树脂的再生剂有：盐酸、硫酸、NH_3等；用于阴离子交换树脂的再生剂有：氢氧化钠、碳酸氢钠、碳酸；也可以用NH_3等。具体地说，强酸性阳树脂可用盐酸或硫酸等强酸，不宜采用HNO_3，因其具有氧化性；弱酸性阳树脂可以用盐酸、硫酸，或者NH_3；强碱性阴树脂可用氢氧化钠等强碱；弱碱性阴树脂可以用氢氧化钠或碳酸钠、碳酸氢钠等，也可用NH_3。其中NH_3虽再生效率低，但因价格低廉常被采用。

此外，再生剂的选择，还应根据水处理工艺、再生效果、经济性及再生剂的供应综合考虑。例如盐酸与硫酸相比较，盐酸的再生效果好。据测定，同样用4倍理论用量的再生剂、同样的再生流速，与硫酸比，用盐酸再生可以提高001×7树脂的交换率42%～50%。

6.101 什么叫一步再生？什么叫分步再生？

一步再生是指在整个再生过程中，使用同一浓度再生液进行再生。在化学水处理中，一步再生是常用的再生方法，这个方法操作简单但所需再生时间较长，自用水量大。

分步再生是指在整个再生过程中，使用两种以上浓度的再生液进行再生。

6.102 电化学反应器有哪些分类？

（1）按反应器的工作方式分类可分为：间歇式电化学反应器、置换流式电化学反应器、连续搅拌箱式电化学反应器。

（2）按反应器中工作电极的形状分类可分为二维电极反应器与三维电极反应器。

二维电极呈平面或曲面状，电极的形状比较简单，如平板、圆柱电极。表6－14列出了常见电化学反应器的电极类型。

表6－14 常见电化学反应器的电极类型

电　　极	二维电极反应器		三维电极反应器	
固定电极	平行板电极	容器（板式）	多孔电极	网式
		压滤式		布式
		堆积式		泡沫式
	同心圆筒	容器（柱式）	固定床电极	糊状/片状
				纤维/金属毛
		流通式		球状
				棒状
移动电极	平行板电极	互给式	活性流动床电极	金属颗粒
		振动式		炭颗粒
	旋转电极	旋转圆筒式电极		浆状电极
		旋转圆盘式电极	移动床电极	倾斜床
		旋转棒		滚动床
				旋转颗粒床

6.103 电化学处理技术在污水处理中的应用有哪些？

1. 微电解

1）原理

微电解技术是目前处理高浓度有机污水的一种理想工艺，称内电解法。它是在不通电的情况下，利用填充在污水中的微电解材料自身产生的电位差对污水进行电解处理，以达到降解有机污染物的目的。铁炭微电解设备中的废铁屑填料的主要成分是铁和炭，当将铁屑和炭颗粒浸没在酸性污水中时，由于铁和炭之间的电极电位差，污水中会形成无数个微原电池。其中电位低的铁成为阳极，电位高的炭成为阴极，在酸性充氧条件下发生电化学反应，其反应过程如下：

阳极（Fe）：$Fe - 2e \longrightarrow Fe^{2+}$，$E_0(Fe^{2+}/Fe) = -0.44V$；

阴极（C）：$2H^+ + 2e \longrightarrow H_2$，$E_0(H+/H_2) = 0.00V$。

原电池反应产生的新生态氢能与污水中许多组分发生氧化还原反应，使有机物断链，有机官能团发生变化，使有机污水的可生化性有一定的提高，同时 $Fe(OH)_2$ 及 $Fe(OH)_3$ 还具有絮凝和吸附作用，从而达到去除污水中污染物的目的。经过铁炭微电解预处理后污水的酸度大大降低，减少了中和剂的使用量。

2）系统基本组成

铁碳微电解系统由铁碳微电解池、配水系统、鼓风系统和加药系统等组成。

3）影响微电解效果因素

（1）pH值

pH值对铁碳处理有很大影响。低pH能提高氧的电极电位，加大微电解的电位差，促进电极反应，进水的pH值越低，COD去除率越高。但pH过低会导致铁的消耗量大，产生的铁泥也多，会增加处理费用。一般进水pH值控制在2~4。

（2）HRT

停留时间一般在30~120min，延长停留时间对出水的效果不会有明显影响。

（3）铁碳比

可将铁碳按1:1的体积比或者质量比为2:1装入和补充。

（4）温度

温度提高，电解速度加快，一般只要达到常温就可以达到预期的处理效果。

（5）曝气量充氧

在铁碳微电解池内曝气量充氧一方面是由于充氧时可形成较大的电位差，另一方面曝气的搅动可减少结块的可能性，不易造成微电解池堵塞阻止反应的进行；曝气量增加会提高COD的去除率，但当曝气量达到一定的量后，对COD去除率的提高就会不明显。

2. 电絮凝

电絮凝技术正在被逐渐有效地应用在污水处理上，因为它具有凝聚、吸附、氧化还原、气浮等作用，可以有效地用于脱色、杀菌、除重金属离子、去除有机物以及放射性物质和其他污染物。电絮凝设备结构紧凑，可以小型化，占地面积小，建设快，无需设置复杂的加药系统，易于实现自动化。因此，电絮凝设备在污水处理中的应用引起了研究者广泛的关注。

电絮凝技术去除污染物的过程较复杂，其反应机理如图6-34所示。包括以下几个方面的作用：

（1）絮凝作用

牺牲阳极溶解产生的金属离子在水中水解、聚合，生成一系列多核水解产物，这类新生态氢氧化物活性高、吸附能力强，是很好的絮凝剂，与原水中的胶体、悬浮物、可溶性污染物、细菌、病毒等结合生成较大絮状体，经沉淀、气浮被去除。这一过程与絮凝的机理相同，包括电荷中和、吸附架桥、压缩双电层等过程。

（2）气浮作用

电解过程中生成的气体以微小气泡的形式出

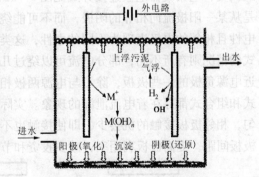

图6-34 电絮凝反应原理示意图

现，与原水中的胶体、乳状油等污染物黏附在一起浮升至水面而被去除。电絮凝产生的气泡远小于加压气浮产生的气泡，因而其气浮能力更强，对污染物的去除效果也更好。

（3）氧化、还原作用

在电流作用下，原水中的部分有机物可被氧化为低分子有机物，甚至直接被氧化为CO_2和H_2O。同时，阴极产生的新生态氢还原能力很强，可与污水中的污染物发生还原反应，从而使污染物得到降解。其电解过程与电极材料见表6-15。

表6-15 电解过程与电极材料

电解过程	电极材料与布置方式
电凝聚	选用可溶性铝或铁作阳极。电极布置应充满整个电解槽。电流密度较小,电解以电凝聚为主导过程,同时也发生电气浮和氧化还原过程
电气浮	选用可溶性石墨为阳极。石墨电极布置在电解槽底部,不产生电凝聚过程
电凝聚与电气浮	电凝聚选用可溶性铝或铁为阳极。电极部分布置在电解槽底部,既产生电凝聚过程,电气浮过程也较为明显
电解氧化	选用不溶性石墨为阳极。电流密度要求较大,主要表现为阳极氧化过程
电解还原	选用铁板为阴极。当处理物质在阴极析出时,阴极总是发生还原过程

6.104 电絮凝反应器采用的电极形式与连接方式有哪些?

(1)电极形式

电絮凝电极除球形、片状、棒状等传统的形式外,还有絮凝床、絮凝槽、同轴电絮凝极板在使用。电极形式如图6-35所示。

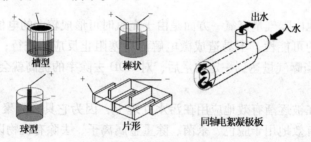

图6-35 电絮凝极板的几何形状

(2)电极连接方式

在电絮凝器中,按照电极板两侧的电极极性分,电絮凝器可分为单极式、双极式和组合式三类,电絮凝器电极连接方式见图6-36。对于单极式电絮凝器,电势高低交错,电流总是从某一阳极流向相邻的阴极,而不可能绕过几块极板流向其他阴极。每块极板表现出一种电性且相邻的电极表现为不同的电性,这类电絮凝器不存在电流的泄漏问题;双极式与组合式的情况则有所不同,部分电流可以绕过几块极板,从靠近电源正极的一些极板直接流向靠近电源负极的一些极板,除了与电源两极相连的极板外,每块极板表现出不同的电性,双极式和组合式都存在着电流泄漏的现象。实际应用中双极板较普遍,双极板电路极板腐蚀较均匀,相邻极板接触的机会少,即使接触也不会因短路而发生事故。因此双极板电路便于缩小极板间距,提高极板利用率,减少投资和节省运行费用。

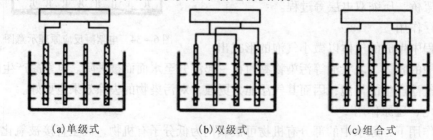

(a)单级式   (b)双级式   (c)组合式

图6-36 电絮凝器电极连接方式

6.105　影响电絮凝器电解的因素有哪些？

（1）极板材料

对于印染污水，主要利用电凝聚和电气浮过程，应选择可溶性铝或铁作阳极、铁板作阴极；对含氰污水，以石墨为阳极，铁板为阴极；含铬污水以铁板作阳极和阴极。

（2）极板间距

极板间距的大小直接影响电解消耗和电解历时。间距过大，电解历时、电压和电解消耗都要增大，而且处理效果也会受影响；间距愈小，电解消耗愈低，电解历时也相应缩短，但所需电极板组数太多，一次投资大，且安装与维护管理都较困难。对于含氰、含铬污水极板净距一般为 30~50mm，对印染污水极板净距应采用大些为宜。

（3）阳极电流密度

即阳极工作面积上通过的电流，单位为 A/dm^2。阳极工作面是指阳极和阴极相对应之面。如两块阴极间的阳极，则工作面以二面计，电解槽二侧的阳极工作面以一面计，在双电极极组上，阳极工作面是指接阳极导线与阴极相对应的工作面数计算。

（4）电压

电解时阳极与阴极间槽电压以伏特计。包括平衡电压、过电位、导线、极板和溶液电压降。电解时投加少量 NaCl 可降低电压，减少用电量，但污水中增加 Cl^- 和 Na^+ 是否会影响水的重复使用应加以考虑。一般当污水电阻率大于 $1200\Omega \cdot cm$ 时，就必须投加 NaCl，投加量一般为 1~2g/L。

（5）搅拌

多采用压缩空气搅拌，搅拌强度一般为 0.2~0.3m^3（气）/m^3（水）· min。

（6）电解历时

电解历时指污水进入电解槽到污水排出电解槽停留的时间，由几分钟到几十分钟。极距、电流密度和电解时间三者互为影响。极板距愈小，电流密度愈大，电解历时就愈大，但很不经济。一般认为较低的电流密度和较长的电解历时是较合理的，一般控制在 10~30min 之间。

（7）水板比

水板比系指电解槽中污水的容积与阳极板总有效面积之比，即浸泡在单位容积污水内的阳极面积，以 dm^2/L 表示。水板比与极板间距离有关，对含氰、铬污水为 2~3。

（8）温度

温度在 5~35℃范围内变化，对处理效果和电解历时无明显影响。

（9）pH 值

pH 值要求控制在 5~6 之间，pH 值过大，会使阳极发生钝化，阻止金属电极的溶解。

6.106　电解法运行管理应注意哪些事项？

（1）在电解法处理含铬污水时，阳极腐蚀严重，阳极溶解的二价铁离子是还原六价铬的主体，即采用铁阳极有利于提高电解效率。但阳极在产生的同时要消耗，使 OH^- 相对浓度增大，有可能造成 OH^- 在阳极抢先放电形成氧，此初生态氧将在铁板电极表面形成钝化层氧化膜，进而妨碍铁板电极继续溶解，最终影响电解处理效果。为减轻阳极钝化，可采取以下措施：①定期用钢丝刷等清洗极板，将钝化膜清理掉；②定期将阳极和阴极更换使用，阳极形成钝化膜后，如果变成阴极后，阴极上产生的 H_2 可还原撕裂钝化膜；③投入 NaCl 溶

191

液，不仅减小内阻、节省能耗，而且 Cl^- 是在阳极失去电子时形成的，可取代钝化膜中的氧，生成可溶性的氯化铁而破坏钝化膜。

（2）为增加铁离子与六价铬离子的接触碰撞机会，提高六价铬的还原速度，可以在电解槽中安装空气搅拌设施，同时还能防止槽内氢氧化物的沉淀，一般空气用量为 $0.2 \sim 0.3 m^3/(m^2 \cdot min)$。

（3）使用电解法处理回用电子线路制版腐蚀时，由于三氯化铁具有很强的腐蚀性，所以电极需要使用石墨或钛电极等耐腐蚀材料。

（4）在使用电絮凝工艺处理污水时，可以根据污水水质和希望去除的污染物目标而强化三种作用中的某一种或两种。例如处理某些杂质含量较多的印染污水时，如果希望加强絮凝作用，可以利用铁板或铝板作为阳极。而希望加强气浮作用时，则应选用石墨、不锈钢及钛电极等惰性材料，同时可以加入一定量的絮凝剂以加强絮凝效果。

（5）电解槽的重要运行参数是极水比，即浸入水中的有效极板面积与槽中有效水容积之比，极水比与极板间距大小有关。在总电流强度一定的条件下，极水比大而极板间距小时，放电面积大，电流密度小，超电势也小，因此电解效率高。但极水比过大，极板材料的消耗量会增加很多。

6.107　什么是 Fenton 试剂法？影响 Fenton 试剂法处理效果的因素有哪些？

Fenton 试剂由亚铁盐和过氧化氢组成，当 pH 值足够低时，H_2O_2 由于 Fe^{2+} 的催化作用，产生了高活性的 $\cdot OH$，并引发自由基的链式反应，$\cdot OH$ 具有很高的氧化电极电位(标准电极电位 2.8V)，自由基作为强氧化剂氧化有机物分子，使污水中有机物被氧化降解形成 CO_2、H_2O 等物质。Fenton 试剂在水处理中的作用主要包括对有机物的氧化和混凝两种作用，能不同程度地去除水体中的有机污染物。Fenton 试剂作为一种高级氧化技术，在焦化污水、垃圾渗滤液、印染污水和农药污水等高浓度、难降解和有毒有害工业有机污水的处理研究中被广泛应用，并取得了一定的成果。

Fenton 氧化法至今已成功运用于多种工业污水的处理。但 H_2O_2 价格昂贵，单独使用成本会太高，因而在实际应用中，通常是与其他处理方法联用，将其用于污水的预处理或最终深度处理。用少量 Fenton 试剂对工业污水进行预处理，使污水中的难降解有机物发生部分氧化，改变它们可生化性溶解性和混凝性能，利于后续处理。另外，一些工业污水经物化、生化处理后，水中仍残留少量的生物难降解的有机物，当水质不能满足排放要求时，可采用 Fenton 法对其进行深度处理。

影响 Fenton 试剂法处理效果的因素有：

（1）pH 值

pH 值对 Fenton 试剂的影响较大，Fenton 试剂反应理论认为，pH 值过高或过低都不利于 $\cdot OH$ 的产生；同时当 pH 值过低时，Fe^{3+} 很难被还原为 Fe^{2+}，从而使 Fe^{2+} 的供给不足。Fenton 反应的 pH 值范围在 3 ~5 时效果最佳。

（2）Fe^{2+} 的投加量

在 Fenton 反应中，Fe^{2+} (常用 $FeSO_4 \cdot 7H_2O$)作为 H_2O_2 分解的催化剂，是反应发生的必要条件。通常情况下，随着 Fe^{2+} 浓度的增加，废水 COD 的去除率呈先增大、后下降的趋势。若初始 Fe^{2+} 浓度过高，致使体系在高催化剂浓度下，从 H_2O_2 中非常迅速地产生大量的高活性·OH，而·OH引发的链式反应以及与污染物反应的速度相对较慢，从而使闲置的游离·OH积聚，彼此反应生成水，致使部分·OH被无谓消耗掉。另外，Fe^{2+}的大量加入还会增加废水后续处理的难度，所以Fe^{2+}投加量过高也不利于·OH的产生。

（3）Fe^{2+}与H_2O_2的投加方式

Fe^{2+}与H_2O_2投加量需要按照实际运行情况进行调整。保持H_2O_2总投加量不变，将H_2O_2均匀地分批投加，可提高废水的处理效果。

（4）温度

对于Fenton反应系统，温度升高·OH的活性增大，有利于OH与废水中有机物的反应，可提高废水COD的去除率。当温度过高时，也会促使H_2O_2分解为O_2和H_2O，不利于·OH的生成，反而降低废水COD的去除率。

（5）反应时间

一般来说，在反应的开始阶段，COD的去除率随时间的延长而增大，在一定时间后接近最大值，然后维持基本稳定。若反应时间太短，会使试剂不能充分反应，达不到理想的处理效果；而反应时间太长，运行成本也会随之增加，处理效果提升也相对不明显。因此，要通过试验来确定最佳反应时间。

6.108　什么是超临界水氧化技术？

超临界水氧化技术是以水为介质，利用在超临界条件（温度 > 374℃，压力 > 22.1MPa）下不存在气液界面传质阻力的特点，来提高反应速率并实现完全氧化。同焚烧、湿式催化氧化相比，超临界水氧化具有污染物氧化较完全、二次污染小、设备与运行费用相对较低等优势，超临界水氧化技术目前所采用的工艺流程见图6－37。

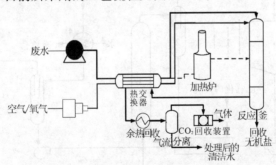

图6－37　超临界水氧化技术工艺流程示意图

超临界水氧化反应是基于自由基反应机理，该理论认为·HO是反应过程中重要的自由基，在没有引发物的情况下，由氧气攻击最弱的C—H而产生。有机自由基与氧气生成过氧自由基，进一步反应生成的过氧化物相当不稳定，有机物则进一步断裂生成甲酸或乙酸。在超临界水中，大分子有机污染物首先断裂为比较小的小分子，其中含有一个碳的有机物经自由基氧化过程一般生成CO中间产物，在超临界水中CO被氧化为CO_2，其途径主要为：

$$CO + O_2 \longrightarrow 2CO_2;$$

$$CO + H_2O \longrightarrow H_2 + CO_2;$$

在温度小于430℃时，反应$CO + H_2O \longrightarrow H_2 + CO_2$起主要作用，产生大量的氢经氧化后成为$H_2O$。

表6－16给出了超临界水氧化法和其他处理方法的各种参数对比，通过表可以看出超临

界水氧化技术是一种有前途的处理技术。

表 6 – 16　超临界水氧化法和其他处理方法的对比

参　数	超临界水氧化	湿法氧化	焚烧法
温度/℃	400 ~ 650	150 ~ 350	≥1000
压力/MPa	30 ~ 40	2 ~ 20	不需要
催化剂	可不添加	需要	不需要
停留时间/min	≤5	15 ~ 20	≥10
去除率/%	≥99	7 ~ 90	≥99
自热	是	是	不是
后续处理	不需要	需要	需要
排出物	无毒、无色	有毒、有色	二噁英、NO_x 等
适用性	普适	有限制	普适

6.109　湿式催化氧化技术的原理是什么?

湿式催化氧化技术是 20 世纪 80 年代中期发展起来的一种治理高浓度有机污水的先进技术。该技术的主要原理是在一定压力(2 ~ 10MPa)和温度(200 ~ 300℃)下,将污水通过装有高效氧化性能催化剂的反应器,在反应器中,可将其中的有机物及 N、S 等毒物催化氧化成 CO_2、H_2O 及 N_2、SO_4^{2-} 等无害物排放。湿式催化氧化技术具有净化效率高、无二次污染、流程简单、占地面积小、反应接触时间短(10min ~ 2.0h)等优点。湿式氧化系统工艺流程见图 6 – 38。

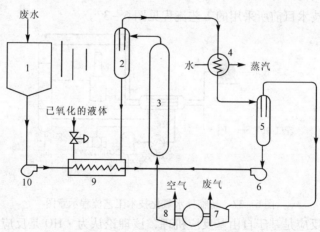

图 6 – 38　湿式氧化系统工艺流程
1—贮存罐;2,5—分离器;3—反应器;4—再沸器;6—循环泵;
7—鼓风机;8—空压机;9—热交换器;10—高压泵

湿式催化氧化工艺按设备结构来分,主要有固定床和流动床两类型。固定床可分为气相固定床和液相固定床两种;而流动床要考虑解决催化剂分离和回收的问题。

(1)固定床催化氧化工艺

气相固定床催化氧化工艺系在反应器中进行气液分离。该工艺的优点是:反应压力低、可减少高压容器费用、可避免设备堵塞、增加反应物同催化剂的接触、转化率一般可达90%以上。而液相固定床催化氧化工艺是常见的反应装置,主要优点是工艺简单、操作简便。

用固定床时，污水在塔内的停留时间为 15 ~ 90min，用于固定床载体上的催化剂粒径为 3 ~ 50mm，最好为 2 ~ 25mm。

（2）流动床催化氧化工艺

液相流动床的催化氧化工艺能使催化剂与污水均匀混合，设备利用率高，催化剂的分离回收可得到解决。对流动床而言，最好将催化剂负载到载体上，在污水中呈浆状，便于形成流动床。催化剂使用量为 50 ~ 1000mg/L，质量分数为 0.1% ~ 20%。操作压力 0.5 ~ 10MPa，温度 50 ~ 300℃，反应时间 80 ~ 120min。液相催化氧化工艺的关键是催化剂的分离回收，通常采用离子交换树脂可以较好解决这个问题。

6.110 什么是催化湿式氧化技术？催化湿式氧化技术可分为哪几类？

催化湿式氧化法是在高温、高压下，在液相中用氧气或空气作为氧化剂，在催化剂作用下，氧化水中溶解态或悬浮态的有机物或还原态的无机物，使他们分别氧化分解成 CO_2、H_2O 及 N_2 等无害物质的一种处理方法。

催化湿式氧化应用催化剂加快反应速度的原理和其他化学反应基本相同，一是降低了反应的活化能，二是改变了反应历程。由于催化剂有选择性，氧化处理有机物的种类和结构不同，所需要的催化剂也不同，即必须对催化剂进行筛选。已经报道的催化剂或主活性组分主要有金属、金属盐、氧化物和复合氧化物四类。根据所用催化剂的状态，可将用于湿式氧化的催化剂分为均相催化剂和非均相催化剂两类，催化湿式氧化法也相应分为均相氧化催化法和非均相氧化催化法两类。

（1）均相催化湿式氧化法

通过向反应溶液内加入可溶于水的催化剂，在分子或离子水平对反应过程起催化作用。常见的是过渡金属的盐类，以二价铜离子的催化效果最好。二价铜离子容易与有机物和分子氧结合形成络合物，并通过电子转移或配位体转移使有机物和分子氧的反应活性提高。均相催化反应性能专一，有特定的选择性，反应温度更温和。但由于均相催化湿式氧化过程中催化剂混溶于水，为避免催化剂流失所造成的经济损失和对环境的污染，必须对氧化出水进行后续处理回收催化剂，这样使得流程较为复杂，提高了废水处理的成本。

（2）非均相催化剂

使用的催化剂以固态形式存在，这样的催化剂与污水的分离比较简单，可使氧化处理流程大大简化。铜盐已被证明是一种具有高催化活性的催化剂，但铜离子的分离和回收比较困难。目前常见的非均相催化剂仍是利用铜盐的高催化活性，只不过是利用 Al_2O_3 和活性炭等具有较大表面积和许多微孔的材料作为载体，使用浸渍法负载于其上，制成固体负载型催化剂。除了铜系列非均相催化剂外，还有贵金属系列和稀土金属系列非均相催化剂。

6.111 什么是光化学氧化技术？什么是光化学催化氧化技术？

光化学氧化反应是指在光作用下，采用臭氧或双氧水等氧化剂将污水中有机物氧化分解成水、二氧化碳及其他离子、卤素离子等。

为使反应加快，光化学氧化反应中也开发使用了一些催化剂，光化学氧化变成了光化学催化氧化。

6.112 光化学氧化技术在污水处理中的应用有哪些？

（1）紫外/H_2O_2 系统

紫外/H_2O_2 系统不仅可用于去除蒸馏水和自来水中天然存在的有机物，用于处理重度污染的工业污水更能发挥其特色，比如处理制革污水、造纸污水、炼油污水和印染纺织污水等。紫外/H_2O_2系统能有效地氧化难处理的有机物，如二氯乙烯、四氯乙烯、三氯甲烷、四氯化碳、甲基异丁基酮、TNT 等。紫外/H_2O_2系统使脂肪酸降解形成小分子的酸、烷烃和 CO_2，使2，4-二硝基甲苯通过支链氧化被降解为1，3-二硝基苯，再通过异基化反应生成硝基苯的羟基衍生物，进一步断链反应继续氧化，最终转化成 CO_2、H_2O 和硝酸。

（2）紫外/臭氧系统

紫外/臭氧系统是目前应用最多的氧化工艺。臭氧能氧化水中许多有机物，但其与有机物的反应是有选择性的，而且氧化后的产物往往是羧酸类有机物，而不是将有机物彻底分解为 CO_2 和 H_2O。要提高臭氧的氧化速率和效率，实现彻底的矿化处理，就必须采取措施促进臭氧分解产生性质活泼的·OH自由基。紫外/臭氧系统的氧化反应使水中的臭氧在紫外光的辐射下分解产生·OH自由基，1mol 臭氧可生成2mol 的·OH自由基，因此能对有毒、难降解的有机物及细菌、病毒进行有效的氧化和分解，也可用于高色度污水的褪色。

6.113　光化学催化氧化的方法有哪些？

光化学催化氧化一般分为均相和非均相两种类型。

均相光催化氧化反应主要是指紫外/Fenton 试剂法，即在污水中投加 Fe^{2+} 或 Fe^{3+} 及 H_2O_2后，利用亚铁离子作为 H_2O_2 的催化剂，生成氢氧自由基，可氧化大部分的有机物。均相反应除了能利用紫外光以外，还能直接利用可见光。

非均相光催化氧化反应是在污水中投加一定量的 TiO_2、ZnO 光敏半导体材料，同时加以一定能量的光辐射，使光敏半导体在光的照射下激发产生电子-空穴对，吸附在半导体上的溶解氧、水分子等与电子-空穴对作用，产生·OH 等氧化性极强的自由基，再通过与污水中有机污染物之间的羟基加合、取代、电子转移等，使有机物全部或接近全部矿化。

6.114　什么是污水的辐照处理？

辐照技术是利用射线与物质间电离和激发的作用产生的活化原子与活化分子，使之与物质发生一系列物理、化学、与生物化学变化，导致物质的降解、聚合、交联、并发生改性。如在放射线的照射下，水分子会生成一系列具有很强活性的辐解产物，如 OH、H、H_2O_2 等。这些产物与废（污）水中的有机物发生反应，可以使它们分解或改性。从 20 世纪 80 年代后期，我国开展了进一步的研究工作，如对饮用水的辐射消毒，有机染料污水、焦化厂污水的辐射处理等。

6.115　辐照在污水处理方面有哪些应用？

（1）能够降低 COD。

（2）去除无机物，如重金属。

（3）杀死微生物。

（4）改善污泥沉降和过滤性能。

（5）与其他污水处理技术联用，如凝聚法、活性炭吸附法、臭氧活性污泥法等联用，具有协同效应，可提高处理效果。在与活性炭法联用时，在炭吸附了有机物后，借助 γ-射线辐照，可使活性炭再生，对其连续使用十分有利。

第7章 污水土地处理系统

7.1 土地处理系统对污水净化的原理主要有哪些?

土地处理系统对污水净化的原理主要有以下几个方面:

(1) 毛细管、虹吸及物理化学吸附过程。通过土壤的毛细管现象及表面张力原理,将水与污染物质的胶体部分、溶解部分分离开来,土壤颗粒间的空隙能截留、滤除污水中的悬浮物及胶体物质,起到渗滤作用;土壤颗粒则吸附溶解性污染物存留于土壤中。

(2) 微生物代谢和有机物的分解过程。土壤或土壤处理系统填料中附生的微生物能对污水中的悬浮固体、胶性体、溶解性污染物进行生物降解,并利用污水中有机物作为营养物质,进行新陈代谢。

(3) 植物的净化吸收过程。土地渗滤处理单元表面的草坪、花卉或树丛等植物,其根系生长入系统或填料内部后,因植物生长的需要而对污水中的氮、磷进行吸收利用,可达到降低污水中养分浓度的目的。

7.2 地表漫流系统由哪些系统组成?

地表漫流是以喷洒方式将污水投配在有植被的倾斜土地上,使其呈薄层沿地表流动,径流水由汇流槽收集。其过程如图7-1所示。地表漫流系统兼有处理污水与生长植物等作用,出水以地表径流为主,只有少部分水量因蒸发与下渗而损失。

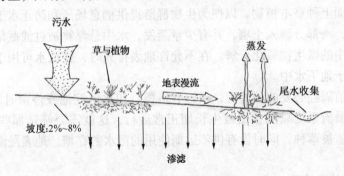

图7-1 地表漫流示意图

地表漫流系统一般由预处理、布水、处理田、作物、贮存池、监测与管理、出水、作物利用等部分组成。最主要的部分有预处理、布水、处理田、作物。

(1) 预处理部分

污水在投配前需经必要的预处理,设施一般有格栅、初次沉淀池或停留时间为1d的曝气塘等。

(2) 布水系统

一般有表面布水、低压布水、高压喷洒三种类型。

(3) 坡面田

坡面田按照地面自然坡度的主方向布置,投配的污水按照重力方式从坡顶沿坡面流到径流集水沟,再汇集到总排放口。

（4）植物

植物是地表漫流系统的重要组成部分，通常需要在坡田上种植耐水性强、适应当地气候条件的多年生植物。植物可以起到减缓污水沿地表流动的速度，增加水流在坡面的滞留时间，促进悬浮物的去除，防止水土流失等作用。同时植物的根部以及表层的土壤存活着大量的微生物，形成生物膜，对污水的有机物以及氨氮的去除有作用。

7.3 地表漫流的运行参数有哪些？

地表漫流系统工艺参数主要包括：

（1）水力负荷率（L_w）

指投配到到单位面积上的污水量（$m^3/(10^4 m^2 \cdot d)$或 cm/d）。水力负荷率受污水中污染物浓度、当地气候、净化要求等因素影响。通常污水经初级处理的投配率为 2cm/d；经一级处理时 L_w 约为 3cm/d；经生物二级处理时 L_w 为 4cm/d；经稳定塘处理时 L_w 为 3cm/d。

（2）投配时间（P）

坡田若全天接纳污水时，则 $P = 24(h)$；而在不投污水的时间内 $24 - P(h)$，污水应予以贮存。

（3）投配率（q）

指投配到单位坡面宽度上的污水量［$m^3/(m \cdot d)$］，投配率与气温高低以及投配要求有关。

7.4 地表漫流处理系统有哪些适用性和要求？

适宜于地表漫流的土壤是透水性差的黏土和亚黏土，处理场的土地应是有 2% ~ 8% 的中等坡度、地面无明显凹凸的平面。

通常应在地面上种草本植物，以便为生物群落提供栖息场所和防止水土流失。在污水顺坡流动的过程中，一部分渗入土壤，并有少量蒸发，水中悬浮物被过滤截留，有机物则被生存于草根和表土中的微生物氧化分解。在不允许地表排放时，径流水可用于农田灌溉，或再经快速渗透回注于地下水中。

污水在投配前需经必要的预处理，设施有格栅、初次沉淀池或停留时间为 1d 的曝气塘等。其次，地表漫流系统只能在植被生长期正常运行，这就需要筛选那些净化和抗污能力强、生长期长的植被草种，同时设有供停运期使用的污水贮存塘。地表漫流的水力负荷率一般在 2 ~ 10cm/d。

7.5 什么是快速渗滤？

（1）原理

快速渗滤是为了适应城市污水的处理出水回注地下水的需要而发展起来的。处理场土壤应为渗透性强的粗粒结构的砂壤或砂土。污水以间歇方式投配于地面，在沿坡面流动的过程中，大部分通过土壤渗入地下，并在渗滤过程中得到净化，其过程如图 7 - 2。

（2）作用

在地下水位较低或是由于咸水入侵而使地下水质变坏的地方采用快速渗滤。快速渗滤一般需经预处理来减少污水中 SS 浓度，以防止过滤土壤被堵塞。操作方式为灌水和休灌反复循环，以保持较高渗滤速率，并防止污染物厌氧分解产生臭味。

要想获得最佳的去除效果，最重要的是确定最佳投配周期、落干周期、渗滤速率等。快速渗滤系统对氮的去除率一般可达 90% 左右，对磷去除率一般可达 70% ~ 90% 以上。快速渗滤系统因其对污染物较高的去除率和较高的水力负荷，在国内得到了较多应用。

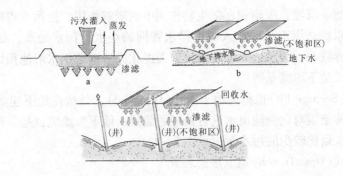

图7-2　快速渗滤示意图

7.6　什么是慢速渗滤？

在慢速渗滤中，处理场上通常种植作物，污水经布水后缓慢向下渗滤，借土壤微生物分解和作物吸收进行净化，其过程如图7-3。

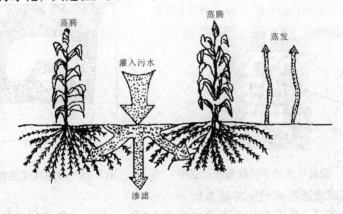

图7-3　慢速渗滤示意图

慢速渗滤使用于渗水性较好的砂质土和蒸发量小、气候湿润的地区。由于水力负荷率比快速渗滤小得多，污水中的养料可被作物充分吸收利用，污染地下水的可能性也很小，因而被认为是土地处理中最适宜的方法。

慢滤系统对作物的选择是非常重要的。当系统处理以污水处理为目标时，可以选用多年生牧草，其生长期长，氮的利用率高，能忍耐的水力负荷强；当作物选用树林时，污泥可以回田；以种植谷物为主时，以满足谷物对水的需要为主，这时应对污水加以监管。

7.7　慢速渗滤工艺对预处理有哪些要求？

（1）一级处理。达到《农田灌溉水质标准》（GB 5084—85）要求，适用于限制公众接触地区，覆盖作物为粮食或其他经济作物。

（2）二级处理。达到《农田灌溉水质标准》要求，并控制大肠杆菌 $\leq 1.0 \times 10^4$ 个/L，覆盖作物为供生食以外的蔬菜。

二级处理出水并经砂滤、消毒，$SS < 10\text{mg/L}$，$BOD_5 \leq 10\text{mg/L}$，大肠杆菌 $\leq 1.0 \times 10^4$ 个/L，适用于公园、高尔夫球场等场地。

7.8　什么是地下渗滤处理系统？有哪些类型？

地下渗滤处理系统是将经过腐化池（化粪池）或酸化水解池预处理后的污水有控制地投配到距地面约0.5m深、有良好渗透性的地层中，借毛细管浸润和土壤渗透作用，污水向四周扩散，通过过滤、沉淀、吸附和在微生物作用下的降解作用，使污水得到净化的土地处理工艺。地下渗滤系统适用于无法接入城市排水管网的小水量污水处理，如分散的居民点住宅、度假村、疗养院等。污水进入处理系统前需经化粪池或酸化水解池预处理。

（1）渗滤坑式地下渗滤系统

地下渗滤坑(Seepage Pit)也称为地下渗井(Dry Well)，是指在地下建造渗滤坑并利用渗滤坑周围和底部的土壤对化粪池出水进行处理的装置。地下渗滤坑也是一种比较原始的地下渗滤系统，适于流量比较少的污水源，见图7-4。

（2）渗滤沟式(DrainTrench)地下渗滤装置

也称为土壤净化槽，是目前最常用的地下渗滤装置。这种系统由化粪池、布水管、砾石堆、处理场地等构成，通常将布水管放入一系列并行的渗滤沟中并且在布水管周围填上砾石堆。渗滤沟式地下渗滤系统提高了系统的污水处理能力，并且具有比较大的布水面积，处理出水的水质相应有所提高。如图7-5所示。

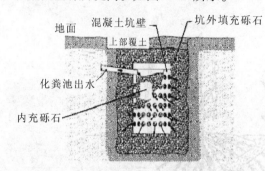

图7-4 渗滤坑式地下渗滤系统示意图

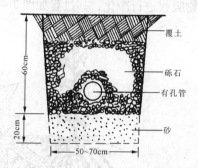

图7-5 渗滤沟式装置示意图

（3）渗滤管式或渗滤腔式地下渗滤系统

近来在国外出现了无砾石系统地下渗滤装置，其特点是在土壤渗滤系统的渗滤沟中不再利用砾石堆，而是在处理场地中放置利用褶皱织物包裹的渗滤管或者做成具有一定空间的腔体结构。渗滤腔也可以理解为底部开孔的大管子，腔体通常由硬质塑料、玻璃钢、砖、石头等构成。渗滤腔四周和底部开有小孔，使得污水能够从这些小孔中渗入四周的土壤中，在渗滤腔内不需要埋管子，腔壁也不需要合成纤维织物，污水流入腔内后逐渐从底部和四周渗入土壤中。如图7-6所示。

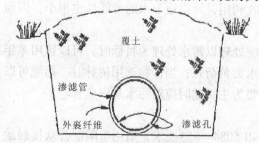

图7-6 渗滤腔式地下渗滤系统示意图

（4）尼米槽式地下渗滤系统

尼米槽式系统与传统地下渗滤系统的区别为：在布水管下方设有一个不透水的厌氧槽（即尼米槽），里面装有砂子或者其他填料，布水管的周围则是用合成纤维织物包裹的砾石，砾石上方为表层覆土。

（5）其他改进式地下渗滤系统

改进式地下渗滤系统是指地下渗滤系统与其他工艺的联用，比较常见的有与人工湿地套用的地下渗滤工艺；与生物滤池套用的地下渗滤工艺；在干旱地区使用的地下蒸发蒸腾渗滤床。各种改进式地下渗滤系统也仅处于小试阶段。

7.9 土地处理系统的运行、管理要求有哪些?

（1）试运行阶段

首先将系统的水力负荷调低到使处理田基本上无出水；调整进水中有机物的碳、氮和磷的比例到适合微生物生长的条件，并使田间牧草生长得茂密；生物膜生长到基本上覆盖住土壤表面后，开始提高系统的水力负荷，同时监测出水水质，在保证出水水质符合设计标准的条件下，逐步提高水力负荷到设计负荷。待厚密的牧草全部覆盖了处理田，土壤表面的微生物膜完全生好，处理出水水质达到最佳时，表明试运行阶段可以结束，并可开始系统的正式运行。

（2）正式运行阶段

在正式运行之后，系统的管理和监控直接影响到处理的效果。系统在一年中分三个阶段运行，即分常温、低温和冬季运行，在适当的水力负荷及其他措施条件下，土地漫流处理田的出水均可符合出水的设计标准，出水中的 BOD_5 和 SS 均低于 20mg/L。在北方地区污水土地漫流处理系统的季节运行技术参数如下:

常温：水力负荷率 6～14cm/d，运行 240d；

低温：水力负荷 3～6cm/d，运行 30d；

冬季：水力负荷 2～3cm/d，运行 90d。

在运行中，日常监测项目是水温、水量、pH 值、出水中 BOD_5 和 SS 的测定，并且根据分析测定结果随时调节系统的水力负荷、投配率和布水周期等运行参数来保证系统操作运转的正常。

7.10 土地处理工艺的典型参数与要求有哪些?

土地处理工艺的典型设计参数与要求汇总见表 7－1。

表 7－1 土地处理工艺的典型参数与要求汇总表

项　目	慢速渗滤	快速渗滤	地表漫流	地下渗滤
污水投配方式	喷灌、地面投配	地面投配	喷灌、地面投配	地下布水
水力负荷/（m/a）	0.5～6	6～125	3～20	0.4～3
周负荷率/（cm/周）	1.3～10	10～240	6～40	5～20
最低处理要求	需要沉淀	需要沉淀	需要沉淀	化粪池处理
要求土地灌水面积/（$10^4 m^2$/（1000$m^3 \cdot d$））	6.1～74	0.8～6.1	1.7～11.1	1.3～15
投配污水的去向	蒸发、渗漏	渗漏	蒸发、渗漏	蒸发、渗漏
是否需要种植植物	需要	需要	需要	需要
适用的土壤	渗水性适当	快速渗滤，砂质土、亚砂土	缓慢渗水，亚黏砂土	—
地下水位最小深度/m	～1.5	～4.5	—	2
对地下水的影响	有影响	有影响	影响可能不大	
BOD_5负荷率/（kg/（$10^4 m^2 \cdot a$））	2×10^3～2×10^4	3.6×10^4～4.72×10^4	1.5×10^4	
土壤渗漏率	中等	高	低	
场地坡度	种作物不超过20%；不种作物不超过40%	不受限制	2%～8%	
运行管理	种作物时应严格管理，系统寿命长	管理简单，磷可能限制系统的寿命	运行管理严格，寿命长	

7.11 人工湿地有哪些分类?

1. 根据植物

根据湿地中主要植物形式,人工湿地可分为:浮游植物系统、挺水植物系统、沉水植物系统。其中沉水植物系统还处于实验室研究阶段,其主要应用领域在于初级处理和二级处理后的深度处理。浮游植物主要用于有机物、N、P的去除。目前一般所指人工湿地系统都是指挺水植物系统。

2. 根据污水流经的方式

根据污水流经的方式,挺水植物人工湿地系统可分为表面流湿地(SFW)、潜流湿地(SSFW)、立式流湿地(VFW)。

(1) 自由表面流人工湿地

地表流人工湿地构造示意图见图7-7。

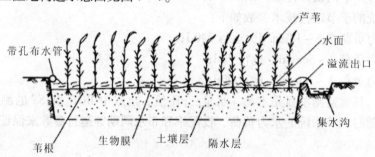

图7-7 地表流人工湿地构造示意图

自由表面流人工湿地又称地表流人工湿地,和自然湿地相类似,水面位于湿地基质层以上,其水深一般为0.3~0.5m,采用最多的水流形式为地表径流。这种类型的人工湿地中,污水从进口以一定深度缓慢流过湿地表面,部分污水蒸发或渗入湿地,出水经溢流堰流出。这种类型的人工湿地具有投资少、操作简单、运行费用低等优点。

(2) 潜流型人工湿地系统

潜流人工湿地构造示意图见图7-8。

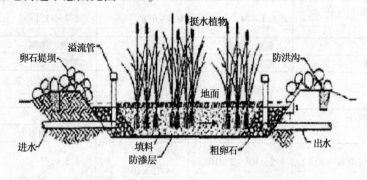

图7-8 潜流人工湿地构造示意图

污水在湿地床的表面下流动,利用填料表面生长的生物膜、植物根系及表层土和填料的截留作用净化污水。根据污水在湿地中流动的方向不同可将潜流型湿地系统分为水平潜流人工湿地、垂直潜流人工湿地和复合流人工湿地3种类型,不同类型的湿地对污染物的去除效果不尽相同,各有优势。

① 水平流潜流式湿地

其水流从进口起在根系层中沿水平方向缓慢流动，出口处设水位调节装置，以保持污水尽量和根系接触。

② 垂直流潜流式湿地

其水流方向和根系层呈垂直状态，其出水装置一般设在湿地底部。和水平流潜流式湿地相比，这种床体形式的主要作用在于提高氧向污水及基质中的转移效率。其表层为渗透性良好的砂层，间歇式进水，提高氧转移效率，以此来提高 BOD 去除和氨氮硝化的效果。

③ 复合流潜流式湿地

其中的水流既有水平流也有竖向流。在芦苇床基质层中污水同时以水平流和垂直流的流态流入底部的渗水管中后流出。也可以用两级复合流潜流式湿地进行串联的复合流潜流湿地系统，第一级湿地中污水以水平流和下向垂直流的组合流态进入第二级湿地；第二级湿地中，污水以水平流和上向垂直流的组合流态流出湿地。

7.12　人工湿地的基本构造有哪些？

人工湿地一般都由以下五种结构单元构成：底部的防渗层；由填料、土壤和植物根系组成的基质层；湿地植物的落叶及微生物尸体等组成的腐殖质层；水体层和湿地植物（主要是根生挺水植物）。人工湿地的基本构造示意图见图 7-9。

（1）水生植物

湿地中使用最多的为挺水植物，即植物的根、根茎生长在水的底泥之中，茎、叶挺出水面。常分布于 0～1.5m 的浅水处，其中有的种类生长于岸边。这类植物在空气中的部分，具有陆生植物的特征；生长在水中的部分（根或地下茎），具有水生植物的特征。在人工湿地中常采用的挺水植物有：芦苇、蒲草、荸荠、莲、水芹、水葱、茭白、香蒲、千屈菜、菖蒲、水麦冬、风车草、灯芯草等。

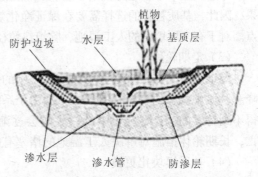

图 7-9　人工湿地的基本构造示意图

（2）基质层

基质层是人工湿地的核心。基质颗粒的粒径、矿质成分等直接影响着污水处理的效果。目前人工湿地系统可用的基质主要有土壤、碎石、砾石、煤块、细沙、粗砂、煤渣、多孔介质、硅灰石和工业废弃物中的一种或几种组合的混合物。基质一方面为植物和微生物生长提供介质，另一方面通过沉积、过滤和吸附等作用直接去除污染物。不同类型的基质以及基质粒径对污染物的去除效果有很大的影响。

（3）防渗层

防渗层是为了防止未经处理的污水通过渗透作用污染地下含水层而铺设的一层透水性差的物质。如果现场的土壤和黏土能够提供充足的防渗能力，如渗透率 $< 10^{-7}$ cm/s，那么压实这些土壤作湿地的衬里已经足够。一般说来，防渗采用天然的形式是不够的，普遍采用的形式为人工防渗和天然防渗相结合的形式。人工防渗材料多为化学合成材料，如人工合成土工膜等。

（4）腐殖质层

腐殖质层中主要物质就是湿地植物的落叶、枯枝、微生物及其他小动物的尸体。成熟的人工湿地可以形成致密的腐殖质层。

（5）水体层

水体在表面流动的过程就是污染物进行生物降解的过程，水体层的存在提供了鱼、虾、蟹等水生动物和水禽等的栖息场所。

7.13　防止人工湿地填料堵塞的措施有哪些？

除采用预处理措施外，定期轮休、基质模块化更换、湿地中投放蚯蚓等措施也能有效保证湿地的长期稳定运行。

（1）对进水进行预处理

不可生物降解的悬浮物在连续运行的人工湿地中长期积累，这是影响基质堵塞的重要因素之一。有报道建议人工湿地进水中悬浮物的含量最好不要超过 20mg/L，负荷相当于 $8g/(m^2 \cdot d)$。另有研究报道种植植物的人工湿地在处理地下水时，进水悬浮物浓度应该控制在 $10 \sim 20g/(m^2 \cdot d)$。因此，在湿地工艺的前端增加预处理措施是很有必要的，以尽量去除污水中的悬浮物和漂浮物以及其他一些不利于人工湿地处理过程的物质，从而减少其在湿地中的沉积，防止堵塞。

（2）选择合适的填料粒径及级配

基质粒径分布对空隙大小和水容量有决定性的影响。它是影响基质堵塞的主要因素。粒径较大的基质可以有效地防止堵塞的发生，但过大的粒径会缩短水力停留时间，进而影响净化效果，因此，基质粒径的选择需要在保证净化效果（小粒径）和防止堵塞（大粒径）之间寻求平衡点。对于有多层填料的人工湿地，除填料粒径，不同粒径填料之间配比的选择也十分重要。

（3）定期轮休

湿地通过轮休，一方面可以使大气中的氧进入湿地内部，激发好氧微生物的活性，加快降解基质中沉积的有机物；另一方面由于系统停止进水，微生物新陈代谢需要的各种营养物得不到持续的补充，基质中的微生物会逐渐进入内源呼吸期，消耗本身资源并逐渐老化死亡，长期轮休措施对解决人工湿地的堵塞有明显效果。

（4）基质模块化更换

由于堵塞物主要分布在布水管以下 20cm 高度的基质层内，因此该层基质可采用模块化基质，当基质发生堵塞现象时，可直接进行局部更换。

（5）湿地中投放蚯蚓

湿地中投放适水蚯蚓不仅使基质保持松动状态，而且还能有效去除基质间不可滤堵塞物（有无蚯蚓的对比实验发现蚯蚓可去除基质层约 39% 的堵塞物质），从而使湿地表层不会出现雍水现象。

（6）湿地日常运行管理

一般来说，人工湿地应每六个月综合检查一次。日常的维护主要包括拔除杂草、清除死的植物以及清洗管道等。

7.14　人工湿地运行与管理有哪些要求？

污水湿地处理的运行管理主要包括设备管理、设施管理、湿地（床）管理和水质监控四个方面。其中设备运转、设施维护与其他污水处理厂的运行管理基本相同。湿地（床）管理则主要是湿地植物的管理。以下着重说明芦苇的管理。

1. 芦苇管理

（1）种植和生长管理

选择适合当地生长的优良品种，保留两个完整根节为一段，间隔 2m 栽植。种植季节通常选择在清明前后(气温在10℃以上)。种植后浇水保持湿度，待发芽长高后不断提高水深，以不淹没芽顶为限。为促使根系发育和主根扎深，应周期性停水晒田。

（2）收割

芦苇每年收割一次，收割可将成熟的芦苇连同吸收的营养物和其他成分从湿地田中移出，促使芦苇生根和维持下年度生长和吸收、净化污水中污染物的作用。收割前应停止进水使地面干燥，还要及时清理落下的残枝败叶，并平整土地，铲除凸起部分，填平沟道。收割时应保持留下的芦苇茬在20~30cm，便于冬季运行时支持冰面，也有利于春季发芽生产。

（3）病虫害防治

天然湿地是近年来全球生态环境保护的热点，它们对于缓冲暴雨径流水量、调节气候和提供生物栖息地、降解多种污染物具有重要作用。但人工湿地规模小、生态平衡能力弱，易发生植物病虫害问题，特别是在湿地运行初期应注意采取相应防治措施。

2. 日常运行管理

北方地区春季干旱少雨，蒸发量大，芦苇处于发芽和幼苗期，应及时调控进水，防止水量过大淹没苇芽或水量过小形成盐分浓缩伤害苗期发育。

夏季气温高，湿地田前积累的污泥因分解快和供氧不足产生恶臭。如进水有机物浓度较高，可采取出水回流提高流速，冲刷前部积泥，增大前部水深，减轻恶臭问题。

夏、秋季发生暴雨时，注意调节进水量和保持湿地中水流流速在最大设计流速范围内，防止因过度冲刷破坏处理田土层。

北方冬季气温低，会影响处理效果。宜在初冻时加大水深，当表面结冰后，芦苇茬支撑冰面，污水在冰下流动。多数情况下，由于污水温度较高，湿地并不结冰或只有湿地后部结冰，应根据监测结果对运行加以调控。

第 8 章　污泥处理与处置

8.1　按污泥性质可分几类？如何处理与处置？

按污泥的性质，可将其分为泥渣和有机污泥两大类，以无机物为主要成分的污泥称为泥渣，以有机物为主要成分的污泥称为有机污泥，通常所说的污泥指的就是有机污泥。浮渣和有机污泥含水率高而且难以脱水，通常所称的要处理或处置的污泥主要是指这部分污泥。这类污泥流动性好，可以用管道输送。

污泥的处理工艺包括污泥的浓缩、消化、脱水、干化及焚烧等一次处理和填埋、堆肥利用等最终处理。

8.2　城市污水处理厂污泥处理工艺一般有哪些？

以国内情况为例，城市污水处理厂污泥处理工艺如表 8-1 所示。

表 8-1　国内已建城市污水处理厂污泥处理工艺

序号	污泥处理流程	应用比例/%
1	浓缩池→最终处置	21.63
2	双层沉淀池污泥→最终处置	1.35
3	双层沉淀池污泥→干化场→最终处置	2.70
4	浓缩池→消化池→湿污泥池→最终处置	6.76
5	浓缩池→消化池→机械脱水→最终处置	9.46
6	浓缩池→湿污泥池→最终处置	14.87
7	浓缩池→消化池→湿污泥池→最终处置	1.35
8	浓缩池→消化池→最终处置	2.70
9	浓缩池→消化池→机械脱水→最终处置	9.46
10	初沉池污泥→消化池→干化场→最终处置	1.35
11	初沉池污泥→消化池→机械脱水→最终处置	1.35
12	接触氧化池污泥→干化场→最终处置	1.35
13	浓缩池→消化池→干化场→最终处置	1.35
14	浓缩池→干化场→最终处置	4.05
15	初沉池污泥→浓缩池→消化池→机械脱水→最终处置	1.35
16	浓缩池→机械脱水→最终处置	14.87
17	初沉池污泥→好氧消化→浓缩池→机械脱水→最终处置	2.7
18	浓缩池→厌氧消化→浓缩池→机械脱水→最终处置	1.35

8.3　污水处理中产生的污泥种类有哪些？

按污水的处理方法或污泥从污水中分离的过程，可以将污泥分为四类：

①初沉污泥，污水一级处理产生的污泥；②剩余活性污泥，活性污泥法产生的剩余污泥；③腐殖污泥，生物膜法二沉池产生的沉淀污泥；④化学污泥，化学法强化一级处理或三级处理产生的污泥。

按污泥的不同产生阶段，可以将污泥分为五类：

①生污泥，从初沉池和二沉池排出的沉淀物和悬浮物的总称；②浓缩污泥，生污泥浓缩处理后得到的污泥；③消化污泥，生污泥厌氧分解后得到的污泥；④脱水污泥，经过脱水处理后得到的污泥；⑤干燥污泥，经过干燥处理后得到的污泥。

8.4 污泥稳定化处置的主要方式有哪些?

不论是好氧法还是厌氧法,只有25%~40%合成的生物量可以进一步生物降解,其余60%~75%的生物量只能采取焚烧或化学水解来进行彻底地解决。因此,为了减少污泥处理的麻烦,应当尽可能地采用剩余污泥量较少的污水处理工艺。

污泥处理的优先顺序是减容、利用、废弃,对污泥已采用的处置方式有填埋、造肥等,利用方式有农用和用于园林绿化、花卉苗圃等,部分工业污水水处理场采用焚烧方式处置污泥。

8.5 污泥处理与处置的目的有哪些?

(1) 减量化

减少污泥最终处置前的体积,以降低污泥处理及最终处置的费用。

(2) 稳定化

通过处理使容易腐化变臭的污泥稳定化,最终处置后不再产生污泥的进一步降解,从而避免产生二次污染。

(3) 无害化

使有毒、有害物质得到妥善处理或利用,达到污泥的无害化与卫生化,如去除重金属或灭菌等。

(4) 资源化

在处理污泥的同时达到变害为利、综合利用、保护环境的目的,如产生沼气等。

8.6 描述污泥特性的指标有哪些?

(1) 含水率与含固率。污泥的含固率和含水率之和是100%。

(2) 挥发性物质和灰分。污泥中的固体杂质含量可用挥发性物质和灰分来表示,前者代表污泥中所含有机杂质的数量,后者代表污泥中所含无机杂质的数量,两者都是以污泥干重中所占百分比表示。

(3) 微生物。

(4) 有毒物质。

(5) 植物营养成分。多数污泥中还含有数量不等的氮、磷等植物营养成分,其含量往往超过马粪等普通厩肥。

8.7 污泥中的水分有哪几种类型?

污泥中的水可分为间隙水、毛细结合水、表面吸附水和内部水等四类。间隙水、毛细结合水和表面吸附水均为外部水。

(1) 间隙水(称游离水)。存在于污泥颗粒间隙中的水,约占污泥水分的70%左右,一般可借助重力或离心力分离。

(2) 毛细水。存在污泥颗粒间的毛细管中,约占20%,需要更大的外力才能去除。

(3) 内部水。存在于污泥颗粒内部(包括细胞内的水)。

(4) 吸附水。黏附于颗粒或细胞表面的水。

污泥中的水分示意图见图8-1。

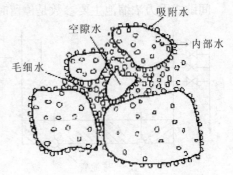

图8-1 污泥中的水分示意图

8.8 什么是污泥含水率？如何计算不同含水率污泥的体积变化？

污泥中所含水分的多少称为含水量，用含水率表示。污泥含水率是污泥中所含水分与污泥总质量之比的百分数。

通常含水率在85%以上时，污泥呈流态，含水率65%～85%时呈塑态，低于60%时则呈固态。污泥含水率从99.5%降到95%，体积缩减为原污泥的1/10。

确定湿污泥的相对密度和干污泥的相对密度，对浓缩池运行、污泥运输及后续处理，都有指导意义。当污泥的含水率相当大时（在65%以上），相对密度接近于1。由于污泥浓缩过程中固体含量是不变的，因此可以用式（8-1）来表示不同含水率的污泥体积（V）、质量（W）、固体含量（C）之间的关系。式中 V_1、W_1、C_1 分别表示含水率为 P_1 时污泥的体积、质量及固体含量；V_2、W_2、C_2 分别表示含水率为 P_2 时污泥的体积、质量及固体含量。

$$V_1/V_2 = W_1/W_2 = (1-P_2)/(1-P_1) = C_2/C_1 \qquad (8-1)$$

8.9 什么是污泥的挥发性固体和灰分？

挥发性固体（VSS）表示的是污泥中有机物的含量，称为灼烧减量，是将污泥中的固体物质在550～600℃高温下焚烧时以气体形式逸出的那部分固体量。VSS 常用 g/L 或质量百分比来表示。

灰分指的是污泥中无机物的含量，称为固定固体。可以通过（550～600℃）高温烘干、焚烧称重测得。

8.10 什么是污泥的重力浓缩法？重力浓缩池可分哪几种？

重力浓缩法是依靠污泥中的固体物质的重力作用进行沉降与压密，使污泥中的间隙水得以分离。在实际应用中，一般通过建成浓缩池进行重力浓缩。重力浓缩池形同辐流式沉淀池，可分为间歇式和连续式两种，前者主要用于小型污水处理场或工厂企业的污水处理场，后者主要用于大中型污水处理场。连续式重力式浓缩池可分为有刮泥机与污泥搅动装置浓缩池、无刮泥机斗式排泥浓缩池及带刮泥机的多层辐射式浓缩池3种。根据运行情况分为间歇式和连续式两种。

8.11 什么是间歇式重力浓缩池？

间歇式重力浓缩池是一种圆形或矩形水池，底部有污泥斗。工作时，先将污泥充满全池，经静置沉降，浓缩压密，池内将分为上清液、沉降区和污泥层，定期从侧面分层排出上清液，浓缩后的污泥从底部泥斗排出。间歇式浓缩池主要用于污泥量小的处理系统。浓缩池一般不少于两个，一个工作，另一个进入污泥，两池交替使用，适用于小型污水处理厂。间歇式浓缩池示意图见图8-2。

间歇式重力浓缩池主要参数是停留时间，最好由试验确定，在不具备试验条件时，可按不大于24h 设计，一般取12h 左右；另外浓缩池上清液应回流到初沉池前重新进行处理。

8.12 什么是连续式重力浓缩池？

连续式重力浓缩池分为竖流式和辐流式两种。剩余活性污泥经浓缩池中心管流入，上清液由溢流堰溢出称为出流，浓缩污泥从池底排出称为底流。浓缩池中存在着三个区域，即上部澄清区；中间阻滞区

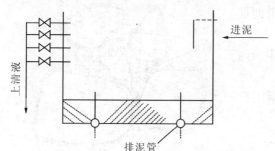

图 8-2 间歇式浓缩池示意图

（当污泥连续供给时，该区的固体浓度基本恒定，不起浓缩作用，但其高度将影响下部压缩区污泥的压缩程度）；下部为压缩区。

连续式重力浓缩池装有与刮泥机一起转动的垂直搅拌栅，能使浓缩效果提高20%以上。因为搅拌栅通过缓慢旋转（圆周速度2~20cm/s），可形成微小涡流，有助于颗粒间的凝聚，并可造成空穴，破坏污泥网状结构，促使污泥颗粒间的空隙水与气泡逸出。

连续式重力浓缩池一般适用于大、中型污水处理厂。连续式重力浓缩池参数与要求有：

（1）初沉池污泥含水率95%~97%，一般不经过重力浓缩，直接进入下一污泥处理工艺处理。

（2）固体通量：剩余活性污泥为30~60kg/($m^2 \cdot$ d)；初沉池污泥为80~120kg/($m^2 \cdot$ d)；混合污泥为25~80kg/($m^2 \cdot$ d)。

（3）浓缩后污泥含水率：剩余污泥为97%~98%。

（4）浓缩时间大于12h，小于16h。

（5）池有效水深一般取4m，但不小于3m。

8.13 常用污泥浓缩方法的特点有哪些？

污泥浓缩主要是降低污泥中的空隙水，通常采用的是物理处理方法，主要包括重力浓缩法、气浮浓缩法、离心浓缩法等，它们的处理性能如表8-2。

表8-2 常用污泥浓缩方法及比较

浓缩方法	优 点	缺 点	适用范围
重力浓缩法	贮泥能力强，动力消耗小；运行费用低，操作简便	占地面积较大；浓缩效果较差，浓缩后污泥含水率高；易发酵产生臭气	主要用于浓缩初沉污泥；初沉污泥和剩余活性污泥的混合污泥
气浮浓缩法	占地面积小；浓缩效果较好，浓缩后污泥含水率较低；能同时去除油脂，臭气较少	占地面积、运行费用小于重力浓缩法；污泥贮存能力小于重力浓缩法；动力消耗、操作要求高于重力浓缩法	主要用于浓缩初沉污泥；初沉污泥和剩余活性污泥的混合污泥。特别适用于浓缩过程中易发生污泥膨胀、易发酵的剩余活性污泥和生物膜法污泥
离心浓缩法	占地面积很小；处理能力大；浓缩后污泥含水率低，全封闭，无臭气发生	专用离心机价格高；电耗是气浮法的10倍；操作管理要求高	目前主要用于难以浓缩的剩余活性污泥和场地小、卫生要求高、浓缩后污泥含水率很低的场合

几种浓缩方法的比能耗和含固浓度见表8-3。

表8-3 几种浓缩方法的比能耗和含固浓度

浓缩方法	污泥类型	浓缩后含水率/%	比能耗	
			干固体/(kW·h/t)	脱除水/(kW·h/t)
重力浓缩	初沉污泥	90~95	1.75	0.20
重力浓缩	剩余活性污泥	97~98	8.81	0.09
气浮浓缩	剩余活性污泥	95~97	131	2.18
框式离心浓缩	剩余活性污泥	91~92	211	2.29
无孔转鼓离心浓缩	剩余活性污泥	92~95	117	1.23

8.14 重力浓缩池运行管理有哪些注意事项？

（1）如果入流污泥包含初沉池污泥与二沉池污泥，要混合均匀，防止因混合不匀导致池中出现异重流扰动污泥层，降低浓缩效果。

（2）当水温较高或生物处理系统发生污泥膨胀时，浓缩池污泥会上浮和膨胀，此时投加 Cl_2、$KMnO_4$ 等氧化剂抑制微生物的活动可以使污泥上浮现象减轻。

（3）必要时在浓缩池入流污泥中加入部分二沉池出水，可以防止污泥厌氧上浮，改善浓缩效果，同时还可以适当降低浓缩池周围的恶臭程度。

（4）浓缩池长时间没有排泥时，如果想开启污泥浓缩与刮泥设备，必须先将池子排空并清理沉泥，否则有可能因阻力太大而损坏运行设备。在北方地区的寒冷冬季，间歇进泥的浓缩池表面出现结冰现象后，如果想要开启污泥浓缩与刮泥设备，必须先破冰。

（5）定期检查上清液溢流堰的平整度，如果不平整或局部被泥块堵塞必须及时调整或清理，否则会使浓缩池内流态不均匀，产生短路现象，降低浓缩效果。

（6）定期(一般半年一次)将浓缩池排空检查，清理池底的积砂和沉泥，并对浓缩池水下部件的防腐情况进行检查和处理。

（7）定期分析测定浓缩池的进泥量、排泥量、溢流上清液的 SS 和进泥排泥的含固率，以保证浓缩池维持最佳的污泥负荷和排泥浓度。

（8）每天分析和记录进泥量、排泥量、进泥含水率、排泥含水率、进泥温度、池内温度及上清液的 SS、TP 等，定期计算污泥浓缩池的表面固体负荷和水力停留时间等运转参数，并和设计值进行对比。

8.15 重力浓缩池污泥上浮的原因有哪些？

（1）进泥量太少，造成污泥在池内停留时间过长，导致污泥大块上浮，浓缩池液面上有小气泡逸出，此时可投加氧化剂来控制；同时可增加进泥量，缩短污泥停留时间。

（2）集泥不及时，污泥不能及时集中到浓缩池的集泥斗，对策是适当提高浓缩机转速。

（3）排泥不及时或排泥量太小，对策是及时排泥、增大排泥量或延长排泥时间。

（4）由于初沉池排泥不及时，污泥在初沉池已经厌氧腐败，控制对策除了在浓缩池投加 Cl_2、H_2O_2 等杀菌剂抑制丝状菌外，还要加强初沉池的运行管理，改善排放污泥的性能。

8.16 重力浓缩池进泥或排泥不合理会带来哪些问题？

（1）进泥量太大会使浓缩池表面固体通量过大，超过浓缩池的浓缩能力后，将导致溢流上清液的 SS 升高即污泥流失；

（2）进泥量太小会使污泥在浓缩池内停留时间过长，导致污泥厌氧上浮；

（3）排泥量太大或一次性排泥太多时，排泥速率超过浓缩速率，导致排泥中含有未经过浓缩的污泥，即排泥含固率降低；

（4）排泥量太少或一次性排泥历时太短，会导致污泥厌氧上浮和溢流上清液的 SS 升高。

8.17 判断浓缩效果的指标有哪些？

浓缩效果通常使用浓缩比(排泥浓度/进泥浓度)、固体回收率(排泥中总固体含量/进泥中总固体含量)和分离率(上清液流量/进泥量)等三个指标进行综合评价。

浓缩初沉池污泥时，浓缩比应大于固体回收率，应大于90%；浓缩活性污泥与初沉污泥组成的混合污泥时，浓缩比应大于离率，应大于85%。如果某一项指标低于上述值，都说明浓缩效果下降，检查浓缩池的进泥量、固体通量、进泥温度等是否发生了变化，并予以适当调整。

8.18 什么是污泥的气浮浓缩法？气浮浓缩法特点以及运行参数有哪些？

气浮浓缩法是依靠大量微小气泡附着于悬浮污泥颗粒上，减小污泥颗粒的密度而上浮，实现污泥颗粒与水的分离的方法，与含油污水的气浮处理原理和运行参数基本相同。气浮浓缩法适用于污泥颗粒易于上浮的疏水性污泥，或污泥悬浮液很难沉降的情况。

与重力浓缩法相比，气浮浓缩法的浓缩效果显著，固体物质的回收率高达99%以上，分离液中的 SS 可以降到100mg/L 以下，浓缩后污泥中的固体物质可达5% ~7%；浓缩速度快，水力停留时间短，处理时间仅为重力浓缩法的1/3 左右，构筑物占地面积小；气浮使污泥中混入空气，能保持污泥中的溶解氧含量，不易腐败发臭。如果待浓缩污泥中含有大量表面活性剂，会使气泡与污泥颗粒之间的黏附性能下降，只产生大量泡沫而浓缩效果较差。

气浮浓缩池运行参数要求如下：

（1）一般水力停留时间 2h；

（2）不投加化学混凝剂时，表面负荷 q 取 1.8m³/($m^2 \cdot h$)，污泥固体负荷 5.0kg/($m^2 \cdot h$)，气浮后污泥含水率为 95% ~97%；

（3）气固比一般为 0.03 ~0.04(质量比)。

8.19 什么是污泥的离心浓缩法？衡量处理效果的指标是什么？

离心浓缩法是利用固液的密度差异，在离心浓缩机中形成不同的离心力进行浓缩，离心浓缩机主要有转盘式、转筒式、篮式、盘－喷嘴式等。离心浓缩法在机内的停留时间只有3min 左右，因而工作效率高、占地面积小，但运行费用和机械维修费用高，在同样浓缩效果的条件下，电耗约为气浮浓缩法的 10 倍，因此主要用于处理难以浓缩的剩余污泥。

衡量离心浓缩效果的主要指标是出泥含固率和固体回收率。固体回收率是浓缩后污泥中的固体总量与入流污泥中的固体总量之比，因此固体回收率越高，分离液中的 SS 浓度越低，即泥水分离效果和浓缩效果越好。在浓缩剩余活性污泥时，为取得较高的出泥含固率(>4%)和固体回收率(>90%)，一般需要投加聚合硫酸铁(PFS)或聚丙烯酰胺(PAM)等助凝剂。

8.20 什么是污泥消化？污泥消化可采用哪两种工艺？

污泥消化是利用微生物的代谢作用，使污泥中的有机物质稳定化。当污泥中的挥发性固体 VSS 含量降到 40% 以下时，即可认为已达到稳定化。

污泥消化可以采用好氧处理工艺，也可以采用厌氧处理工艺。

8.21 什么是污泥的好氧消化？污泥好氧法处理的方法和特点有哪些？

污泥的好氧消化是在不投加有机物的条件下，对污泥进行长时间的曝气，使污泥中的微生物处于内源呼吸阶段进行自身氧化。好氧消化可以使污泥中的可生物降解部分(约占污泥总量的 80%)被氧化去除，消化程度高、剩余污泥量少，处理后的污泥容易脱水。好氧消化比厌氧消化所需时间要少得多，在常温下水力停留时间为 10 ~12d，主要用于污泥产量较小的场合。一般鼓风量为 4.2 ~16.8m³/($m^2 \cdot h$)、污泥负荷为 0.04 ~0.05kgBOD$_5$/(kgMLSS · d)，BOD$_5$的去除率约50%。

好氧消化有普通好氧消化和高温好氧消化两种。普通好氧消化与活性污泥法相似，主要依靠延时曝气来减少污泥的数量。高温好氧消化利用微生物氧化有机物时所释放的热量对污泥进行加热，将污泥温度升高到 40 ~70℃，达到在高温条件下对污泥进行消化的目的。与普通好氧消化相比，高温好氧消化反应速度更快、停留时间更短，而且几乎可全部杀死病原体，不需要进一步的消毒处理。高温好氧消化可以在大多数自然气候条件下，利用自身活动产生的热量达到高温条件，不需要外加热源，只要对消化池加盖保温即可。

特点有：①好氧消化上清液化的 BOD、SS、COD 和氨氮等浓度较低，消化污泥量少、无臭味、容易脱水，处置简单。好氧消化池构造简单、容易管理，没有甲烷爆炸的危险。②不能回收利用沼气能源，运行费用高、能耗大，消化后的污泥进行重力浓缩时，因为好氧消化不采取加热措施，所以污泥有机物分解程度随温度波动大。

8.22 什么是污泥的厌氧消化？与高浓度污水的厌氧处理有何不同？

污泥的厌氧消化是利用厌氧微生物经过水解、酸化、产甲烷等过程，将污泥中的大部分固体有机物水解、液化后并最终分解掉的过程。产甲烷菌最终将污泥有机物中的碳转变成甲烷并从污泥中释放出来，实现污泥的稳定化。

污泥的厌氧消化与高浓度污水的厌氧处理有所不同。污水中的有机物主要以溶解状态存在，而污泥中的有机物则主要以固体状态存在。按操作温度不同，污泥厌氧消化分为中温消化（30~37℃）和高温消化（45~55℃）两种。由于高温消化的能耗较高，一般大型污水处理场不会采用，因此常见的污泥厌氧消化实际采用中温消化的较多。

8.23 污泥厌氧消化池的基本要求有哪些？

（1）采用两级消化时，一级消化池和二级消化池的停留时间之比可采用1:1或2:1或3:2，其中以采用2:1的最多。一级消化池的液位高度必须能满足污泥自流到二级消化池的需要。

（2）污泥厌氧消化池一般使用水密性、气密性和抗腐蚀性良好的钢筋混凝土结构，直径通常为6~35m，总高与直径之比为0.8~1，内径与圆柱高之比为2:1。池底坡度为8%，池顶距泥面的高度大于1.5m，顶部集气罩直径一般为2m、高度为1~2m，大型消化池集气罩的直径和高度最好分别大于4m和2m。

（3）污泥厌氧消化池一般设置进泥管、出泥管、上清液排出管、溢流管、循环搅拌管、沼气出管、排空管、取样管、人孔、测压管、测温管等。一般进泥管布置在池中泥位以上，其位置、数量和形式应有利于搅拌均匀、破碎浮渣。污泥管道的最小管径为150mm，管材应耐腐蚀或作防腐处理，同时配备管道清洗设备。

（4）上清液排出管可在不同的高度设置3~4个，最小直径为75mm，并有与大气隔断的措施；溢流管要比进泥管大一级，且直径不小于200mm，溢流高度要能保证池内处于正压状态；排空管可以和出泥管共用同一管道；取样管最小直径为100mm，至少在池中和池边各设一根，并伸入泥位以下0.5m；人孔要设两个，且位置合理。

（5）池四周壁和顶盖必须采取保温措施。

8.24 污泥厌氧消化池的影响因素有哪些？

（1）温度、pH值、碱度和有毒物质等是影响消化过程的主要因素，其影响机理和厌氧污水处理相同。

（2）污泥龄与投配率。为了获得稳定的处理效果，必须保持较长的泥龄。有机物降解程度是污泥龄的函数，而不是进泥中有机物的函数。

（3）污泥搅拌。通过搅拌可以使投加新鲜污泥与池内原有熟污泥迅速充分地混合均匀，从而达到温度、底物浓度、细菌浓度分布完全一致，加快消化过程，提高产气量。同时可防止污泥分层或泥渣层。

（4）碳氮比C/N。厌氧消化池要求底物的C/N达到（10~20）:1最佳。一般初沉池污泥的C/N约（9.4~10.4）:1，可以单独进行厌氧消化处理；二沉池排出的剩余活性污泥的C/N约为（4.6~5）:1，不宜单独进行消化，应当与初沉池混合提高碳氮比后再一起厌氧消化处理。

8.25 什么是污泥消化池的投配率？

投配率是消化池每天投加新鲜污泥体积占消化池有效容积的百分率，投配率与污泥龄互为倒数。在不计排出消化液的情况下，消化池的固体停留时间与水力停留时间相同，也就是污泥的消化时间。例如污泥投配率为 5% 时，生污泥在消化池中的停留时间即泥龄为 20d，污泥体积投配率为 $0.05m^3/(m^3 \cdot d)$。

投配率高，消化速度慢，可能造成消化池内脂肪酸的积累，使 pH 值下降，污泥消化不完全，产气量下降，污泥削减量减少。投配率低，污泥消化比较完全，产气率较高，但要求消化池容积足够大，这样会使消化池容积利用率降低、基建费用增高。另外，为保证消化池内微生物的数量与污泥有机物的比率即污泥负荷稳定，污泥的投配率与污泥的含水率也有关系，含水率低的污泥投配率应当适当减小，含水率高时污泥的投配率可以适当加大。

8.26 厌氧消化池沼气的收集应该注意哪些事项？

沼气是一种易燃气体。收集利用厌氧消化池产生的沼气时必须充分考虑安全可靠性。

（1）厌氧消化池产生的沼气从污泥的表面散逸出来后，积聚在消化池的顶部。因此，厌氧消化池顶部的集气罩容积必须足够大，对于大型的消化池，集气罩的直径和高度一般要分别大于 4m 和 2m。集气罩的顶部要设排气管、测压管及测压、测温等接口，必要时还要安装用于消泡的水冲洗系统。为防止泡沫进入管道而产生堵塞，排气管直径最小值要大于 100mm。有时还需要在集气罩的顶部设置安全释放管，以防止排气管堵塞或排泥与进水或进泥不平衡产生的大的压力波动对集气罩造成的破坏。厌氧消化池集气部分必须进行防腐处理，对于钢结构气室还要防止电化学产生的腐蚀。

（2）在固定盖式消化池中，排气管与贮气柜直接连通，在连通管上绝对不容许连接用于燃烧的支管。当采用沼气搅拌时，压缩机的吸气管可单独与集气罩连接，如果与排气管共用，则在确定排气管管径时，必须同时考虑沼气搅拌所需要的循环流量。

（3）沼气管道的气流速度最大为 8m/s，平均应为 5m/s 左右。沼气管道要具备 0.5% 以上的坡度，且坡向气流方向。在最低点设置凝结水罐，并及时排走凝结水，防止堵塞管道。为减少凝结水量，消化池外的沼气管道应当采取保温措施。沼气管的材质应当是铸铁管或镀锌钢管，既能防腐，又能防止沼气流动时产生静电。

（4）为确保安全，必须保持厌氧消化池气室的气密性，防止沼气的外逸和空气的渗入。在沼气管道的适当地点必须设置水封罐，以便调整稳定压力和防止明火沿沼气管道流窜引起爆炸，并在消化池、贮气柜、压缩机、锅炉房等构筑物之间起到隔绝作用，同时也可兼作排除冷凝水之用。水封罐的截面积一般为进气管截面积的四倍。贮气柜的进出气管也必须设置起阻火作用的水封罐，水封罐还能起到调整贮气柜压力的作用。

（5）消化池的气室和沼气管道均应在正压下工作，不允许出现负压，通常压力为 200~300mm 水柱。

（6）沼气的产量和用量都不可能是恒定的，通常需要建造贮气柜对产气和用气的不平衡进行调节。贮气柜的容积一般按日平均产气量的 25%~40% 即 6~10h 的平均产气量确定，压力和消化池的气室及沼气管道的压力相同，即 200~300mm 水柱。

8.27 污泥厌氧消化池产气量下降的原因和对策有哪些？

以城市污水处理厂污泥中温厌氧消化为例，生污泥含水率为 96% 左右、投配率为 6%~8% 时，每 m^3 生污泥的产气量为 10~12m^3。如果采用高温消化，同样的条件下，每 m^3 生污泥的产气量可达到 22~23m^3，投配率为 13%~15% 时每立方米生污泥的产气量为 13~

$15m^3$。污泥厌氧消化池产气量下降的原因主要有：

（1）有机物投配负荷太低

在其他条件正常时，沼气产量与投入的有机物成正比，投入的有机物越多，沼气产量越多。反之，投入的有机物越少，则沼气产量越少。出现产气量下降的原因，往往是由于浓缩池运行不佳，浓缩效果较差，大量有机固体随浓缩池上清液流失，导致进入消化池的污泥浓度降低，即相同体积进泥的情况下有机物数量减少。此时可通过加强对污泥浓缩工艺的控制，保证达到合格的浓缩效果。

（2）甲烷菌活性降低

由于某种原因导致甲烷菌活性降低，分解 VFA 速率降低，因而沼气产量也随之降低。水力负荷过大、有机物投配负荷过大、温度波动过大、搅拌效果不均匀、进水存在毒物等因素均可使甲烷菌活性降低，要分析具体原因，采取相应的对策。

（3）排泥量过大

使消化池内厌氧微生物的数量减少，破坏了微生物量与营养量的平衡，使产气量随之降低，这时应减少排泥量。

（4）消化池有效容积减少

由于池内液面浮渣的积累和池底泥沙的堆积使消化池有效容积减小，整体消化效果下降，产气量也随之降低。此时应排空消化池进行清理，同时检查浮渣消除设施的运行情况和预处理设施沉砂池的除砂效率，对存在的故障及时消除。

（5）沼气泄漏

消化池和输气系统的管道或设施出现漏气现象使计量到的产气量比实际产气量小，此时应立即查找漏点并予以修补，以防止出现沼气爆炸等更大的事故。

（6）消化池内温度下降

进泥量过大或加热设施出现故障使消化池内温度下降，产气量也随之降低。此时应把消化池内的污泥加热到规定的温度，同时减少进泥量和排泥量。

8.28　污泥厌氧消化池上清液含固量升高的原因和对策有哪些?

消化池排放的上清液含固量升高，会使出水水质下降，回流到污水处理系统增加污水处理的负荷，同时还会使排放的消化污泥浓度降低，其原因和控制对策可以归纳如下：

（1）上清液排放量过大导致其含固量升高。如果每次排放上清液时量太多，排放的上清液中会带有许多污泥，因而含固量升高，因此必须将上清液排放量控制在每次相应进泥量的 1/4 以下。

（2）排放上清液时速度过快，导致排放管道内流速太大，将消化池内大量的固体污泥颗粒一起携带排走，因而含固量升高，所以每次排放上清液时要缓慢进行，且排放量不宜过大。

（3）上清液排放口与进泥口距离太近，进入的污泥发生短路，污泥未经充分消化即被直接排出，因而含固量升高。对于这种情况必须进行改造，使上清液排放口远离进泥口。

（4）进泥量过大或进泥中固体负荷过大，使得消化不完全，有机物的分解率即消化率降低，使得上清液中含固量升高，此时的对策是减少进泥量。

（5）排泥量太少使消化池内消化污泥积聚太多、搅拌过度、浮渣混入等原因也都可以导致上清液含固量升高，可通过加大排泥量、减小搅拌力度、排上清液时暂停消除浮渣等措施予以解决。

214

8.29 污泥厌氧消化池温度下降的原因和对策有哪些?

消化液温度下降会导致消化效果降低,其原因和控制对策可以归纳如下:

(1)用于加热的蒸汽或热水供应不足或热交换器出现故障,解决的办法是加大蒸汽或热水的供应量或修理热交换器。

(2)投泥的频率较低,一次投泥量过大,导致加热系统的负荷不够,即加热量不足导致温度降低,此时应缩短投配周期,减少每次的投泥量。

(3)混合搅拌不均匀会导致消化池内局部过热,局部由于热量不足而温度降低,此时应加强搅拌混合作用,提高混合效果。

8.30 污泥厌氧消化池气相压力增大的原因和对策有哪些?

污泥厌氧消化池气相压力增大过多,会使沼气自压力安全阀逸入大气,不仅损失沼气量,而且可能因沼气的易燃易爆带来危险。其原因和控制对策可以归纳如下:

(1)产气量大于用气量,而剩余的沼气又没有畅通的去向时,会导致消化池气相压力的增大。此时应加强运行调度,增大用气量或提高沼气贮存柜容气量。

(2)由于水封罐液位太高或不及时排放冷凝水等原因导致沼气管道阻力增大,结果使消化池压力增大。此时首先要分析沼气管道阻力增大的原因,并及时予以排除。

(3)进泥量大于排泥量而溢流管又排放不畅,或进泥时速度过快,都会导致消化池液位升高,结果使消化池压力增大。此时要加强进泥和排泥的控制和管理,设法保证消化池工作液位的稳定。

8.31 污泥厌氧消化池气相出现负压的原因和对策有哪些?

污泥厌氧消化池气相出现负压,会使空气自真空安全阀进入消化池,破坏消化池内的厌氧状态。其原因和控制对策归纳如下:

(1)排泥量大于进泥量或排泥时速度过快,会使消化池液位降低,产生真空。此时要加强进泥和排泥的控制和管理,使进泥量和排泥量严格相同,设法保证消化池工作液位的稳定。

(2)投加氨水、熟石灰、氢氧化钠等药剂补充碱度调整 pH 值时,如果投加过量也会因消耗混合液中的 CO_2 使气相中的 CO_2 大量向混合液转移,从而导致消化池气相出现负压,因此必须严格控制碱源的投加量。

(3)用于沼气搅拌的压缩机的出气管道出现泄漏时,因排气量大于产气量会导致消化池气相出现负压,及时修复泄漏点即可解决。

(4)用风机或压缩机将沼气抽送到较远的使用点时,如果抽气量大于产气量,也可导致消化池气相出现负压,此时应加强抽气量与产气量的平衡调度。

(5)消化池内产甲烷菌的活性下降等原因导致产气量突然减少,而排气等设施未能及时反应也会导致消化池气相出现负压,此时要完善产气与抽气或用气之间的自控管理,实现自动运行。

8.32 污泥厌氧消化池的常规监测项目有哪些?

污泥厌氧系统应定时按规定监测和记录的项目有:

(1)进泥量、排泥量、上清液排放量、蒸汽用量;

(2)进泥、排泥、消化液和上清液的 VFA、ALK;

(3)进泥、消化液和上清液的 pH 值;

(4)消化液温度,而且要多点检测观察各点之间的温差大小;

（5）沼气产量。

通过以上数据的监测，应定时计算的指标有：VFA/ALK 值、消化时间（或水力停留时间）、水力负荷和有机物投配负荷、单位体积污泥或投入污泥中单位重量有机物的产气率、有机物分解率（即投入污泥中的有机成分进行气化和无机化的比例）。

8.33 污泥厌氧消化池的正常操作步骤是怎样的？

污泥厌氧消化池的正常运行过程中除了收集沼气外，有进泥、排泥、排上清液、加热和搅拌五个主要操作环节组成。

如何确保最佳运行效果，需要确定合理的操作顺序。一般采用溢流排泥、内蒸汽加热的单级污泥消化池，其合理的操作顺序为进泥、排泥、排上清液、加热、搅拌。而采用非溢流排泥、池外热交换器加热时，合理的操作顺序是排上清液、排泥、进泥、加热、搅拌。另外，五个操作环节的循环周期越短，越接近连续运行，消化效果越好。采用人工操作时，一个操作环节一般为 8h。

8.34 污泥厌氧消化池的正常操作注意事项有哪些？

（1）进泥量应根据池内消化温度、消化时间等因素由运行经验确定。中温消化每日的进泥中的固体量不能超过池内固体总量的 5%，进泥中的固体浓度应尽量高一些（一般为 4% 左右）。为避免泵和输泥管道的堵塞，一般都采用间歇进泥方式，即大流量、短时间内进泥。为使消化池进泥均匀，每日的进泥次数尽可能多，每次的进泥量要尽可能相同，并防止进泥时消化池液面上升过多引起气室压力的波动。

（2）排泥和上清液的排放直接关系到消化池运行效果的好与坏，排泥量和上清液排放量的大小以维持消化池内污泥浓度稳定和产气量最大为原则来确定。排泥和排放上清液一般都间歇进行，每天数次。最好是先排上清液，再排泥，以保证排泥浓度不小于 30g/L。

（3）加热是维持厌氧中温消化的关键手段，为保证消化液的温度基本不变（35 ±1℃），必须经常检查加热盘管或热交换器的进、出口热水的温度和流量，如果发现加热效果不理想，应立即进行调节。

（4）搅拌可以促进进泥与消化液的混合均匀，有利于沼气与污泥颗粒的分离，因此搅拌直接影响产气量的多少和消化效果。由于纤维杂物缠绕在搅拌桨叶上以及磨损、腐蚀等原因，会引起搅拌效果的下降，必须通过经常检查运行情况来保证搅拌效果。搅拌一般间歇进行，间歇时间为搅拌时间的 3~4 倍，通常在进泥和加热后或同时进行搅拌，而在排放消化液时应停止搅拌。

8.35 如何控制污泥厌氧消化池的排泥量和上清液排放量？

污泥的厌氧消化系统运行管理是否合适，主要取决于污泥和上清液的排出。如果消化污泥的排量大于投泥量，则池内上清液量增多，贮泥量减少，池内消化污泥浓度降低。而上清液排量过多又会增加池内贮泥量，结果使上清液中污泥浓度升高。同时，排泥量和上清液排放量的过多都会造成沼气产量的时多时少，影响消化池工作的稳定性。因此厌氧消化池消化污泥排量和上清液排量的比率，应当以既能维持消化池内的高污泥浓度，又能使产气量最多为目标。

一般上清液排放量不能超过进泥量，上清液排量过大会导致消化池内液面下降过多，沼气就有可能进入上清液管道，对于此点，运行控制上必须十分当心。

因为上清液还要回流到污水处理系统的前端，如果控制不当，会增大污水处理系统的负荷。因此，对于运行控制较好的消化池，排放的上清液中固体浓度约 2~4g/L，效果较差时，也应控制在 10g/L 以下。有消除浮渣设施的消化池，排放上清液之前，应暂时停止消除浮渣设施的运行。

消化污泥通常使用重力排放，排泥时排泥管道上的阀门应当快速全开，停止排泥时要阀门快速关闭，速开速闭可以避免管道被泥砂堵塞。

8.36 污泥厌氧消化池的运行管理注意事项有哪些?

（1）微生物的管理

一般都采用能反应微生物代谢影响的指标间接判断微生物活性。为了掌握消化池的运转状态，应当及时监测的指标有沼气产量、消化污泥中的有机物含量、挥发性脂肪酸浓度、碱度、pH 值等，这些指标也就是消化池的日常管理监测指标。反应消化运行情况最敏感和最直观的指标是沼气产生量，气体产生量减少往往是消化开始受到抑制的征兆，每天必须要对产气量进行测定。pH 值降低会引起有机酸的积累，因而是抑制气化的表征。在污泥消化正常进行过程中，pH 值应当在 7 左右，挥发性脂肪酸浓度为 300 ~ 700mg/L、碱度为 2000 ~ 2500mg/L 的范围内。

（2）重金属的影响

如果剩余污泥中的某种重金属含量过高，往往会对消化过程产生抑制作用。为了降低和消除重金属的毒性，可以采用向消化池内投加消石灰、液氨和硫化钠等药剂，提高 pH 值。

（3）负荷和温度的影响

超负荷和温度降低对厌氧消化的影响比对好氧处理的影响更为显著，恢复需要的时间更长。一旦出现消化被抑制的征兆，必须立即采取处理对策。当进泥量远小于消化池的设计进泥量时，由于负荷较低，为充分利用消化池的容积，可延长污泥在消化池内的水力停留时间即消化的天数，如果消化时间可以达到 60d 以上，可不对消化池进行加热，而只进行常温消化。

（4）挥发酸积累的影响

消化良好时，VFA 的浓度应当为 300 ~ 500mg/L，VFA 出现积累、含量超过 2000mg/L 后会引起 pH 值的降低，妨碍甲烷菌的正常生长使消化效果下降。消化池当挥发性脂肪酸浓度较高时，可投加碱源予以缓解。采用加氨调 pH 值必须要慎重，因为消化液中氨浓度达到 1500 ~ 3000mg/L 时就能对消化反应产生抑制。在正常运行的污泥消化池中，厌氧消化因 VFA 积累受到抑制的原因主要是超负荷或有害物质含量上升。

8.37 污泥厌氧消化池日常维护管理的内容有哪些?

（1）通过进泥、排泥和热交换器管道上设置的活动清洗口，经常利用高压水冲洗管道，以防止泥垢增厚。当结垢严重时，应当停止运行，用酸清洗除垢。

（2）定期检查并维护搅拌系统。沼气搅拌立管经常有被污泥及其他污物堵塞的现象，可以将其余立管关闭，使用大气量冲洗被堵塞的立管。机械搅拌桨被长条状杂物缠绕后，可使机械搅拌器反转甩掉缠绕杂物。必须定期检查搅拌轴穿过顶板处的气密性。

（3）定期检查并维护加热系统。

（4）污泥厌氧消化系统的许多管道和阀门为间歇运行，因而冬季必须注意防冻。在北方寒冷地区必须定期检查消化池和加热管道的保温效果，如果保温不佳，应更换保温材料或保温方法。

（5）消化池应定期进行清砂和清渣。池底积砂过多不仅会造成排泥困难，而且缩小有效池容，影响消化效果；池内液面积渣过多会阻碍沼气由液相向气室的转移。如果运行时间不长，污泥消化池就积累很多泥砂或浮渣，则应当检查沉砂池和格栅的效果，加强对预处理设施的管理。一般来说，污泥厌氧消化池运行5年应清砂一次。

（6）污泥消化池运行一段时间后，应停止运行并放空对消化池进行检查和维修：对池体结构进行检查，如果有裂缝必须进行专门的修补；检查池内所有金属管道、部件及池壁防腐层的腐蚀程度，并对金属管道、部件进行重新防腐处理，对池壁进行防渗、防腐处理；维修后重新投运前，必须进行满水试验和水密性试验。此项工作可以和清砂结合在一起进行。

（7）定期校验值班室或操作巡检位置设置的甲烷浓度检测和报警装置，保证仪表的完好和准确性。

8.38 什么是污泥脱水干化？常用污泥脱水的方法有哪几种？

为了便于污泥的运送、堆积、利用或作进一步的处理，将污泥浓缩后，利用物理方法进一步降低污泥含水率的方法称为污泥脱水。污泥脱水的方法有自然蒸发法和机械脱水法两种，习惯上将机械脱水法称为污泥脱水，而将自然干化法称为污泥干化。

在整个污泥处理系统中，脱水是最重要的减量化手段。表8-4列出了常用脱除污泥中水分的方法及其效果。

表8-4 常用污泥水分脱除的方法与效果

方法	设施或设备	脱水污泥含水率
浓缩法	重力浓缩池、气浮浓缩池	95%~97%
自然干化法	干化场	70%~80%
机械脱水	真空转筒、真空转盘	60%~80%
	板框压滤机	45%~70%
	带式压滤机、螺旋压滤机	78%~86%
离心法	离心分离机、离心沉降机	80%~85%
热干化法	气流干燥器、旋转干燥器、转鼓干燥器	10%~40%
焚烧法	回转炉、流化床焚烧炉	小于10%

8.39 污泥干化场的原理是什么？

干化场的原理是依靠渗透、蒸发、撇除3种方式脱除水分，是一种古老而简单的污泥脱水方法。干化场的运行效果与污泥的性质和当地气候条件有关，适用于气候比较干燥、土地使用不紧张、卫生条件允许的地区，也有一些企业采用干化场处理污泥的。

8.40 常用污泥机械脱水的方法有哪些？

污泥机械脱水是以多孔性物质为过滤介质，把过滤介质两侧两面的压力差作为推动力，污泥中的水分被强制通过过滤介质，以滤液的形式排出，固体颗粒被截留在过滤介质上，成为脱水后的滤饼（有时称泥饼），从而实现污泥脱水的目的。常用机械污泥脱水的方法有以下三种：

（1）采用加压或抽真空将污泥内水分用空气或蒸汽排除的通气脱水法，比较常见的是真空过滤法；

（2）依靠机械压缩作用的压榨过滤法，一般对高浓度污泥采用压滤法，常用方法是连续脱水的带式压滤法和间歇脱水的板框压滤法；

（3）利用离心力作为动力除去污泥中水分的离心脱水法，常用的是转筒离心法。

8.41　污泥脱水过程中常规监测和记录的项目有哪些?

污泥脱水岗位每班应监测和记录的项目有:进泥的流量及含固率或含水率、脱水剂的投加量、泥饼的产量及含固率或含水率、冲洗水的用量、冲洗次数和历时。

应每天检测和记录的项目有:电耗、滤液的产量及滤液的水质指标 SS、TN、TP、BOD_5 或 COD。

应当定期测试或计算的项目有:转速或转速差、滤带张力、固体回收率、干泥的回收率、折合干污泥的脱水剂投加量、进泥固体负荷或最大入流固体流量。

8.42　什么是污泥堆肥处理? 污泥堆肥的基本形式有哪些?

污泥堆肥处理是指在人为控制条件下,利用微生物的生物化学作用,将脱水污泥中的有机物分解、腐熟并转变成稳定腐殖土的微生物过程。堆肥处理强调人为控制,不同于有机物的自然腐烂或腐败。根据处理过程中为微生物供氧与否,污泥堆肥处理的基本形式可分为好氧堆肥和厌氧堆肥。

(1) 厌氧堆肥

厌氧堆肥是在缺氧的条件下,厌氧微生物代谢有机物的过程,其主要经历产酸和产气阶段。

(2) 好氧堆肥

好氧堆肥是利用好氧微生物在通气条件下,代谢污泥中可降解有机物得到腐殖质的过程。

8.43　什么是好氧高温污泥堆肥处理? 为什么高温阶段是好氧污泥堆肥的关键?

好氧污泥堆肥是在通气条件下通过好氧微生物的代谢活动,使污泥中有机物得到降解和稳定的过程。好氧堆肥过程完成速度快,堆体温度高,一般为 50~60℃,极端温度可超过 80℃,故称高温堆肥。

高温阶段是好氧污泥堆肥处理的关键,理由如下:

(1) 污泥快速腐熟离不开高温。只有在高温阶段,堆体内才能开始形成腐殖质的过程,并开始出现能溶于弱碱的黑色物质。

(2) 高温有利于杀死病原微生物。病原微生物的灭活取决于温度和接触时间,一般来说,堆体温度 50~60℃ 维持 6~7 天,可以达到较好的杀灭虫卵和病原菌的效果。

(3) 高温阶段堆体内的优势微生物随着温度变化。在 50℃ 左右,主要是嗜热真菌和放线菌;温度升高到 60℃ 时,真菌活动几乎完全停止,仅有嗜热放线菌继续活动;当温度升高到 70℃ 时,堆体内的绝大部分微生物大量死亡或进入休眠状态。因此,既要设法保持堆体的高温,又要预防温度升得太高。

8.44　好氧高温污泥堆肥处理的基本条件有哪些?

(1) 有机物含量 ≥20%;

(2) 含水率应维持在 40%~60% 之间;

(3) 温度要维持在 50~65℃ 之间,其中保持 55℃ 以上的时间要超过 3 天;

(4) 碳氮比(C/N)为(20~30):1;

(5) pH 值控制在 7~8.5 之间;

(6) 通风量为 3.0~3.6m³/(m³ 堆料·h)。

第9章 污水处理常用设备

9.1 阀门的作用有哪些？

阀门是管道的附件，用来控制流体流量、压力、流向。被控制的流体可以是液体、气体、气液混合体或固液混合体。

9.2 阀门的基本参数有哪些？

阀门的基本参数包括工作压力（PN）、工作温度（T）和公称通径（DN）。对于配备于管道上的各类阀门，常用公称压力和公称通径作为基本参数。公称压力是指某种材料的阀门在规定的温度下，所允许承受的最大工作压力。公称通径是指阀体与管道联接端部的名义内径，同一公称直径的阀门与管路以及管路附件均能相互连接，具有互换性。

（1）公称压力（PN）

依据《管道元件 PN（公称压力）的定义和选用》（GB/T 1048—2005），公称压力为与管道系统元件的力学性能和尺寸特性相关、用于参考的字母和数字组合的标识，由字母 PN 和后跟无因次的数字组成。PN 数值应从表 9-1 所提供的两个标准系列中选择。

表 9-1 公称压力（PN）数值

德国标准系列	美国国家标准系列	德国标准系列	美国国家标准系列
$PN2.5$	$PN20$	$PN25$	$PN150$
$PN6$	$PN50$	$PN40$	$PN260$
$PN10$	$PN100$	$PN63$	$PN420$
PN16	PN110		

（2）公称通径（DN）

根据标准《管道元件 DN（公称尺寸）的定义和选用》（GB/T 1047—2005），公称通径用于管道系统元件的字母和数字组合的尺寸标识，由字母 DN 和后跟无因次的整数数字组成，如 $DN100$ 表示阀门通径为 100mm。数字与端部连接件的孔径或外径（单位：mm）等特征尺寸直接相关。

9.3 阀门有哪些分类方法？

1. 按作用和用途

根据阀门的作用不同，可分为以下五种。

（1）截断阀

截断阀称闭路阀，其作用是接通或截断管路中的介质。截断阀包括闸阀、截止阀、旋塞阀、球阀、蝶阀和隔膜阀等。

（2）止回阀

止回阀称单向阀或逆止阀，其作用是防止管路中介质的倒流。如水泵吸水底阀属于止回阀类。

（3）安全阀

安全阀类的作用是防止管路或装置中介质压力超过规定数值，以保护后续设备的安全运行。

220

（4）调节阀

调节阀的作用是调节介质的压力、流量等参数，调节阀有不同的分类方法。调节阀按用途和作用可分为以下三种。

① 两位阀。两位阀主要用于关闭或接通介质。

② 调节阀。调节阀主要用于调节系统，选阀时，需要确定调节阀的流量特性。调节阀按结构可分为以下几种形式：单座调节阀、双座调节阀、套筒调节阀、角形调节阀、三通调节阀、隔膜阀、蝶阀、球阀、偏心旋转阀。

③ 切断阀。通常指泄漏率小于十万分之一的阀。

（5）分流阀

分流阀包括各种分配阀和疏水阀等，其作用是分配、分离或混合管路中的介质。

2. 按阀门驱动方式

按阀门驱动方式，可分为以下三种。

（1）自动阀

指不需要外力驱动，而是依靠介质自身的能量来使阀门动作的阀门，如安全阀、减压阀、疏水阀、止回阀、自动调节阀等。

（2）动力驱动阀

动力驱动阀可以利用各种动力源进行驱动。包括借助电力驱动的电动阀、借助压缩空气驱动的气动阀、借助油等液体压力驱动的液动阀，还有各种驱动方式的组合，如气－电动阀等。

（3）手动阀

手动阀借助手轮、手柄、杠杆、链轮，由人力来操纵阀门动作。当阀门启闭力矩较大时，可在手轮和阀杆之间设置齿轮或蜗轮减速器。必要时，也可以用万向接头及传动轴进行远距离操作。

3. 按连接方法

按连接方法，可分为以下六种。

（1）螺纹连接阀门：阀体带有内螺纹或外螺纹与管道螺纹连接。

（2）法兰连接阀门：阀体带有法兰与管道法兰连接。

（3）焊接连接阀门：阀体带有焊接坡口与管道焊接连接。

（4）卡箍连接阀门：阀体带有夹口与管道夹箍连接。

（5）卡套连接阀门：与管道采用卡套连接。

（6）对夹连接阀门：用螺栓直接将阀门及两头管道穿夹在一起的连接形式。

4. 按阀体材料

（1）金属材料阀门

阀体等零件由金属材料制成。如铸铁阀、碳钢阀、合金钢阀、铜合金阀、铝合金阀、铅合金阀、钛合金阀、蒙乃尔合金阀等。

（2）非金属材料阀门

阀体等零件由非金属材料制成。如塑料阀、陶阀、搪阀、玻璃钢阀等。

（3）金属阀体衬里阀门

阀体外形为金属，内部凡与介质接触的主要表面均为衬里，如衬胶阀、衬塑料阀、衬陶阀等。

9.4 闸阀的主要结构有哪些？有哪些分类？

闸阀主要由阀体、阀盖或支架、阀杆、阀杆螺母、闸板、阀座、填料函、密封填料、填料压盖及传动装置组成。对于大口径或高压闸阀，为了减少启闭力矩，可在阀门邻近的进出口管道上并联旁通阀（截止阀），使用时，先开启旁通阀，使闸板两侧的压力差减少，再开启闸阀。旁通阀公称直径不小于 DN32。

1. 按闸板的结构分类

闸阀按闸板的结构不同分为平行式和楔式两类。

（1）平行式闸板

为密封面与垂直中心线平行，即两个密封面互相平行的闸阀。在平行式闸阀中，以带推力楔块的结构最为常见，即在两闸板中间有双面推力楔块，也有在两闸板间带有弹簧的，弹簧能产生张紧力，有利于闸板密封。平行式闸板闸阀适合于低压、中小口径（ DN40 ~ DN300）管路，平行式闸板闸阀结构示意图见图 9 - 1。

（2）楔式闸板

密封面与垂直中心线成一定角度，即两个密封面成楔形的闸阀。密封面的倾斜角度一般有 2°52′，3°30′，5°，8°，10°等，角度的大小主要取决于介质温度高低。一般工作温度愈高，所取角度应愈大，以减小温度变化时产生楔住的可能性。楔式闸阀一般分为单闸板、双闸板和弹性闸板三种。

① 单闸板

单闸板楔式闸阀结构简单、使用可靠，但对密封面角度的精度要求较高，加工和维修较困难，易发生卡紧、擦伤现象。图 9 - 2 为单闸板明杆闸阀结构示意图。

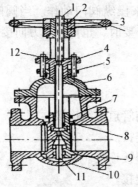

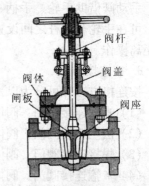

图 9 - 1　明杆平行式双闸板闸阀结构示意图
1—阀杆；2—轴套；3—手轮；4—填料压盖；5—填料；6—上盖；
7—卡环；8—密封圈；9—闸板；10—阀体；11—顶楔；12—螺栓螺母

图 9 - 2　单闸板明杆闸阀
结构示意图

② 双闸板

双闸板楔式闸阀在水和蒸气介质管路中使用较多，优点是对密封面角度的精度要求较低，温度变化不易引起楔住的现象，密封面磨损时，可以加垫片补偿。但这种结构零件较多，在黏性介质中易黏结，影响密封，而且上、下挡板长期使用易产生锈蚀，闸板容易脱落。图 9 - 3 为楔式双闸板示意图。

③ 弹性闸板

兼有单闸板和双闸板的优点，避免了它们的缺点。它的结构特点是在闸板的周边上有一道环形槽，使闸板具有适当的弹性，能产生微量的弹性变形弥补密封面角度加工过程中产生

222

的偏差，改善工艺性，现已被大量采用。图 9-4 为楔式弹性闸板示意图。

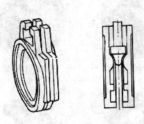

图 9-3　楔式双闸板示意图

图 9-4　楔式弹性闸板示意图

2. 按阀杆的构造分类

按阀杆构造，闸阀可分为明杆闸阀和暗杆闸阀。

（1）明杆闸阀

阀杆螺母在阀盖或支架上，开闭闸板时，用旋转阀杆螺母来实现阀杆的升降。这种结构对阀杆的润滑有利，开闭程度明显，因此被广泛采用。明杆闸阀见图 9-5。

（2）暗杆闸阀

阀杆螺母在阀体内，与介质直接接触。这种结构的优点是：闸阀的高度总保持不变，因此安装空间小，适用于大口径或对安装空间受限制的场合。缺点是：阀杆螺纹无法润滑，直接受介质的侵蚀，容易损坏。此种结构要装有开闭指示器，以指示开闭程度。暗杆闸阀见图 9-6。

图 9-5　明杆闸阀

图 9-6　暗杆闸阀

9.5　闸阀的安装与维护应注意哪些事项？

闸阀的安装与维护应注意以下事项：

（1）手轮、手柄及传动机构不允许作起吊用，并严禁碰撞；

（2）双闸板闸阀应垂直安装，即阀杆处于垂直位置，手轮在顶部；

（3）带有旁通阀的闸阀，在开启前应先打开旁通阀；

（4）带传动机构的闸阀，按产品使用说明书规定安装；

（5）如果阀门经常开关使用，润滑次数为每月至少一次。

9.6　球阀有哪些分类？

1. 按功能分类

按功能可分为：二通球、三通球、四通球、弯通球、浮动球、固定球、V 型球、偏心半球体、带柄球体、软密封球体、硬密封球体、实心球、空心球等。各种球体形式见图 9-7。

| 浮动三通球体 | 固定三通球体 | 直通固定球体 | 带柄固定球体 |

| 半瓣固定球体 | 浮动球体 | 六角固定球体 | V型球体 |

图 9-7　球阀球体的主要形式

2. 按结构形式分类

可分为浮动球球阀、固定球球阀、弹性球球阀三种。

（1）浮动球球阀

球阀的球体是浮动的，在介质压力作用下，球体能产生一定的位移并紧压在出口端的密

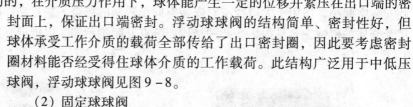

封面上，保证出口端密封。浮动球球阀的结构简单、密封性好，但球体承受工作介质的载荷全部传给了出口密封圈，因此要考虑密封圈材料能否经受得住球体介质的工作载荷。此结构广泛用于中低压球阀，浮动球球阀见图 9-8。

（2）固定球球阀

球阀的球体是固定的而阀座能移动，受压后球体不产生移动，阀座产生移动，使密封圈紧压在球体上，以保证密封。固定球球阀通常在球体的上、下轴上装有轴承，操作扭矩小，适用于高压和大

图 9-8　浮动球球阀

口径的场合。为了减少球阀的操作扭矩和增加密封的可靠程度，近年来出现了油封球阀，即在密封面间压注特制的润滑油，以形成一层油膜，既增强了密封性，又减少了操作扭矩，更适用于高压大口径场合。固定球球阀见图 9-9。

（3）弹性球球阀

球阀的球体是弹性的，弹性球体是在球体内壁的下端开一条弹性槽而获得弹性。弹性球球阀的球体和阀座密封圈都采用金属材料制造，密封比压很大，依靠介质本身的压力已达不到密封的要求，因此必须施加外力。这种阀门适用于高温高压介质。当关闭通道时，用阀杆的楔形头使球体张开与阀座压紧达到密封。弹性球球阀见图 9-10。

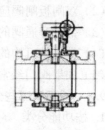

图 9-9　固定球球阀　　　　　　图 9-10　弹性球球阀

9.7 蝶阀有哪些分类方式？

（1）按阀板形式分类

按阀板形式蝶阀可分为中心对称板、偏置板、斜置板，见图9-11。

（2）按密封形式分类

可分为软密封型和硬密封型两种。软密封型一般采用橡胶环密封，硬密封型通常采用金属环密封。

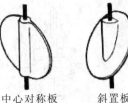

中心对称板　　　斜置板　　　偏置板

图9-11　蝶阀阀板形式

（3）按连接形式分类

有对夹式蝶阀、法兰式蝶阀、对焊式蝶阀三种。对夹式蝶阀是用双头螺栓将阀门连接在两管道法兰之间；法兰式蝶阀是阀门上带有法兰，用螺栓将阀门上两端法兰连接在管道法兰上；对焊式蝶阀的两端面与管道焊接连接。

9.8 如何选用蝶阀？

蝶阀的结构长度和总体高度较小，开启和关闭速度快，在完全开启时，具有较小的流体阻力，当开启到15°~70°之间时，又能进行灵敏的流量控制，如果要求蝶阀作为流量控制使用，应正确选择阀门的尺寸和类型。蝶阀不仅在石油、煤气、化工、水处理、热电站冷却水系统等一般工业上得到广泛应用，蝶阀的结构原理也适合于制造大口径阀门。在下列工况条件下，推荐选用以下蝶阀：

（1）要求节流、调节控制流量；

（2）泥浆介质及含固体颗粒介质；

（3）要求阀门结构长度短的场合；

（4）要求启闭速度快的场合；

（5）压差较小的场合。

9.9 蝶阀安装与维护有什么要求？

（1）在安装时，阀瓣要停在关闭的位置上；

（2）开启位置按蝶板旋转角度来确定；

（3）带有旁通阀的蝶阀，开启前应先打开旁通阀；

（4）应按制造厂的安装说明书进行安装，重量大的蝶阀，应设置牢固的基础。

9.10 截止阀有哪些分类？截止阀的安装与维护有哪些要求？

1. 分类

（1）按阀杆螺纹位置

截止阀的种类按阀杆螺纹的位置分有外螺纹式、内螺纹式。

（2）按介质流向

按介质流向，分直通式、直流式和直角式，如图9-12所示。

在直通式或直流式截止阀中，阀体流道与主流道成一斜线，这样的流动状态对阀体的破坏程度比常规截止阀要小。在角式截止阀中，流体只需改变一次方向，通过此阀门的压力降比常规结构的截止阀小。

（3）按密封形式

截止阀按密封形式分，有填料密封截止阀和波纹管密封截止阀。

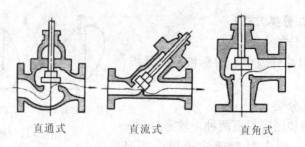

直通式   直流式   直角式

图 9-12 截止阀的三种介质流向形式

2. 截止阀的安装与维护

截止阀的安装与维护应注意以下事项：

（1）手轮、手柄操作的截止阀可安装在管道的任何位置上；

（2）手轮、手柄及传动机构不允许作起吊用；

（3）介质的流向应与阀体所示箭头方向一致。

9.11 截止阀使用范围与选用原则有哪些？

截止阀适用于导热油、有毒、易燃、渗透性强、污染环境、带放射性的流体介质管路上作切断阀。选用原则如下：

（1）高温、高压介质的管路或装置上宜选用截止阀。如火电厂，核电站，石油化工系统的高温、高压管路上；

（2）对流阻要求不严的管路，即对压力损失考虑不大的场合；

（3）有流量调节或压力调节，但对调节精度要求不高，而且管路直径比较小，如公称通径小于 DN50 的管路；

（4）可用于供水、供热工程。

9.12 止回阀有哪些分类？

止回阀根据其结构和安装方式可分为四种形式。

（1）旋启式止回阀

旋启式止回阀的阀瓣呈圆盘状，绕阀座通道的转轴作旋转运动，因阀内通道成流线型，流动阻力比升降式止回阀小，适用于低流速和流动不常变化的大口径场合，但不宜用于脉动流，其密封性能不及升降式。

旋启式止回阀分单瓣式、双瓣式和多瓣式三种。单瓣旋启式止回阀一般适用于中等口径的场合，大口径管路选用单瓣旋启式止回阀时，为减少水锤压力，最好采用能减小水锤压力的缓闭止回阀；双瓣旋启式止回阀适用于大中口径管路；多瓣旋启式止回阀适用于大口径管路。旋启式止回阀及其结构示意图见图 9-13。

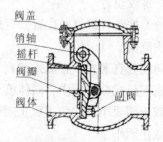

阀盖
销轴
摇杆
阀瓣
阀体
副阀

图 9-13 旋启式止回阀及其结构示意图

226

（2）升降式止回阀

为阀瓣沿着阀体垂直中心线滑动的止回阀。升降式止回阀的阀体形状与截止阀一样（可与截止阀通用），其结构与截止阀相似，阀体和阀瓣与截止阀相同。

升降式止回阀阀瓣上部和阀盖下部有导向套筒，阀瓣导向筒可在阀盖导向筒内自由升降，当介质顺流时，阀瓣靠介质推力开启；当介质停流时，介质作用在阀瓣的压力加上自身重力大于阀前的压力时，阀瓣降落在阀座上，起阻止介质逆流作用。直通式升降止回阀介质进出口通道方向与阀座通道方向垂直；对于立式升降式止回阀，其介质进出口通道方向与阀座通道方向相同，其流动阻力较直通式小。升降式止回阀及其结构示意图见图9-14。升降式止回阀只能安装在水平管道上。

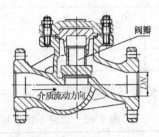

图9-14　升降式止回阀及其结构示意图

（3）碟式止回阀

为阀瓣围绕阀座内的销轴旋转的止回阀。碟式止回阀结构简单、流阻较小，水锤压力亦较小。但只能安装在水平管道上，密封性较差。碟式止回阀见图9-15。

（4）管道式止回阀

管道式止回阀为阀瓣沿阀体中心线滑动的阀门。管道式止回阀是新出现的一种阀门，具有体积小、重量较轻、加工工艺性好，是止回阀发展方向之一，但流体阻力系数比旋启式止回阀略大，管道式止回阀见图9-16。

图9-15　碟式止回阀　　　　　　图9-16　管道式止回阀

9.13　止回阀安装与维护有哪些注意的地方？

（1）在管线中不要使止回阀承受重量，大型的止回阀应独立支撑，使之不受管系统产生的压力的影响；

（2）安装时，注意介质流动的方向应与阀体所标箭头方向一致；

（3）升降式垂直瓣止回阀应安装在垂直管道上；

（4）水平阀瓣止回阀应安装在水平管道上。

9.14 什么是链传动式格栅机?

链传动式格栅机为齿耙插入静止的栅条,通过链的带动将污物与水分离的格栅的一种除污机。

9.15 链传动式格栅机基本参数有哪些?

链传动式格栅机的基本参数分别见表9-2、表9-3、表9-4。

表9-2 基本参数

项 目	数 据 系 列
设备宽/mm	800、1000、1200、1400、1600、1800、2000、2200、2400、2600、2800、3000、3200、3400、3600、3800、4000
栅条间距/mm	10、20、30、40、50、60、70、80、90、100
安装倾角/(°)	60~85
齿耙运行速度/(m/min)	2~5

齿耙上耙齿与两侧栅条的间距要求见表9-3。

表9-3 齿耙上耙齿与两侧栅条的间距要求

项 目	数 据 系 列							
设备宽/mm	≤1000		1000~2000		2000~3000		>3000	
栅条间距/mm	≤50	>50	≤50	>50	≤50	>50	≤50	>50
耙齿与栅条的间距/mm	≤4	≤5	≤5	≤6	≤6	≤7	≤7	≤8

齿耙顶端与托渣板之间的间距要求见表9-4。

表9-4 齿耙顶端与托渣板之间的间距要求

项 目	数 据 系 列			
设备宽/mm	≤1000	1000~2000	2000~3000	>3000
齿耙顶端与托渣板间距/mm	≤4	≤5	≤7	≤8

同时,对于载荷的要求如下:

(1)单个齿耙的额定载荷不小于1000N/m;

(2)除污机工作平面的额定载荷不小于400N/m²。

9.16 链传动式格栅机有哪些具体的设备?

污水处理中经常使用的链传动设备有反捞式格栅机、高链式格栅除污机等。

(1)反捞式格栅机

反捞式格栅机主要由架梯、牵引链、传动系统、齿耙组合、主栅、副栅、水下组合导轮等组成,齿耙固定于链条上,链条沿导轨运行,从底部运行至栅条前部,齿耙栅前上行为捞渣阶段,从下向上将被栅条拦住的漂浮物顺着挡板捞至卸渣口处。反捞式格栅一般作为中、粗格栅使用,主要用于电厂、雨水泵站、污水处理厂等设施进水口处,拦截、清除水中的杂物,也适合于泥沙沉积量较大的场合,反捞式格栅机见图9-17。

(2)高链式格栅除污机

由传动装置、框架、除污耙、撇渣机构、同步链条、栅条等组成,其结构示意图见图9-18。

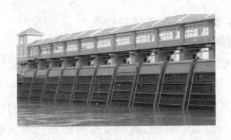

图 9-17 反捞式格栅机

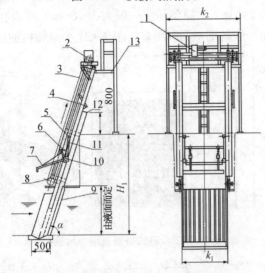

图 9-18 高链式格栅除污机结构示意图

1—三合一减速机；2—驱动链轮；3—主体链条；4—刮渣板；5—主滚轮；6—齿耙缓冲装置；

7—齿耙；8—从动链轮；9—格栅；10—导轮；11—导轮轨道；12—底板；13—平台

高链式格栅除污机主要用于泵站进水渠(井)，拦截并捞取水中的漂浮物，保证后续设备正常运行，一般作中、粗格栅用，适用水深不超过 2m 的场合。高链式格栅除污机与一般链条式格栅除污机相比，主要优点是：传动链及链轮等主要部件在水面上，不易腐蚀，易于观察，维护保养方便。

9.17　什么是回转式格栅机？

回转式格栅机没有静止的栅条，由密布的齿耙随着回转牵引链的运动将污水中悬浮物打捞出来的格栅机。

9.18　回转式格栅机基本组成及工作程序有哪些？

设备由传动装置、链轮、机架、齿耙等组成。齿耙材质为 ABS 工程塑料、尼龙或不锈钢制成，机架材质一般由碳钢或不锈钢制成。

工作时，齿耙按一定的顺序通过齿耙轴与链轮的组合，形成串联的封闭式齿耙链，由传动装置带动两边链轮在迎水面自下而上地按顺时针方向旋转。齿耙的间距相当于格栅的有效间距，由此形成过流和分离的空间。当齿耙携带杂物到达格栅上端后反向运行时，杂物依靠自重脱落，同时有板刷对经过的每排齿耙做清扫。回转式格栅机见图 9-19。

图 9-19　回转式格栅机

9.19 步进式格栅机由哪些部件组成？工作原理是什么？

格栅由驱动装置、传动机构、机架、动栅片、静栅片等部分组成。

工作原理是通过设置于格栅上部的驱动装置，带动两组分布于格栅机架两边的偏心轮和连杆机构，使一组阶梯形栅片相对于另一组固定阶梯形栅片作小圆周运动，将水中的漂浮渣物截留在栅面上，并将渣物从水中逐步上推至栅片顶端排出，实现拦污、清渣的目的。其结构示意图见图9-20。步进式格栅机改变了以往机械格栅的直形或弧形栅条拦渣、移动齿耙作单向直线或曲线运动除渣的模式，而是通过两组阶梯形薄栅片的相对运动来实现拦渣清污过程。一般动栅条和静栅条的厚度为2～3mm，栅条间距一般为3～6mm，所以在具有同样过水断面的情况下，阶梯式细格栅要比一般的细格栅窄得多。图9-21为格栅机的运行动作示意图。

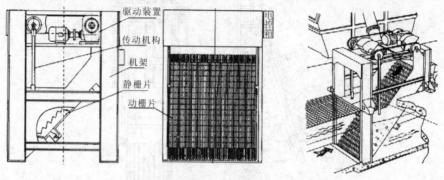

图9-20 步进式格栅机结构示意图

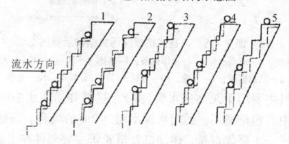

图9-21 格栅机的运行示意图（虚线为动栅条组，实线为静栅条组）

9.20 移动式格栅除污机有哪些分类？有哪些主要机型？

1. 分类

移动式格栅除污机按结构形式区分为移动悬挂抓斗式格栅除污机和地面轨道行走移动式格栅除污机两种形式。移动悬挂抓斗式格栅除污机结构简单，但由于移动过程中栅渣产生的污水易造成环境污染，一般常用在水厂的取水口。而地面轨道行走移动式格栅除污机由于截渣后栅渣直接卸至输送设备上，对周边环境影响较小，常用于雨水、污水泵站。

2. 主要机型

目前移动式格栅除污机的规格品种已有多种，移动式格栅除污机机型主要形式有：耙斗格栅除污机与抓斗格栅除污机。

（1）移动式钢丝绳牵引耙斗格栅除污机

由卷扬机构、钢丝绳、耙斗、钢丝绳滑轮、耙斗张合装置、机械过力矩保护、移动行车、地面固定式轨道及移动行车定位装置组成。整机定位、耙斗升降、耙斗张合、耙斗污物刮除等，与固定安装的钢丝绳牵引耙斗式格栅除污机相同，不同的是上机架与下机架分体，上机架全部设在移动行车上。

其工作原理为：除污时，通过行程开关控制，使机架移动到需清污的格栅位置，当上下机架对位准确后，耙斗顺利下放除污。对于宽幅格栅，除污机除污完毕后，移动一个齿耙有效宽度，继续除污，直至格栅栅面污物全部清除完毕。对于多沟渠分布格栅，除污机除污完一个沟渠的格栅后，移动至另一沟渠，继续除污，直至所有沟渠格栅栅面污物清除完毕。图9-22为工程中使用的移动式钢丝绳牵引耙斗粗格栅除污机。

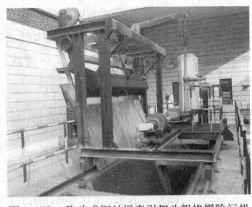

图9-22　移动式钢丝绳牵引耙斗粗格栅除污机

（2）移动式钢丝绳牵引抓斗格栅除污机

移动式钢丝绳牵引抓斗格栅除污机主要由抓斗、桁车、导轨、水下格栅组成，见图9-23。

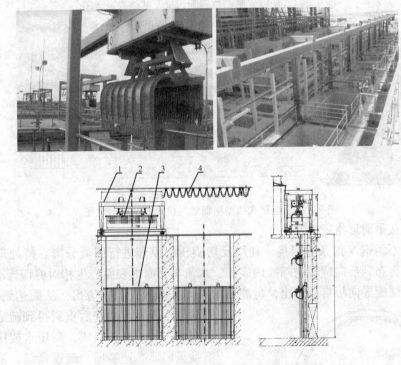

图9-23　移动抓斗清污机

1—龙门式桁车；2—抓斗装置；3—水下平板格栅；4—输电装置

9.21　什么是弧形格栅机？

弧形格栅除污机由弧形栅条、齿耙臂及其支座、机架、带过扭保护机构的驱动装置、具有缓冲作用的撇渣耙和导渣板以及控制柜等组成。

耙臂在驱动装置带动下绕弧形栅条中心回转，当齿耙进入栅条间距后，即开始除污动作，将被栅条拦截的渣沿栅条上移，当齿耙触及撇渣耙后，渣在齿耙和撇渣板相对运动的作用下，把渣撇出并经导渣板卸至输送器，完成一个除污动作，而齿耙在越过撇渣后，撇渣耙在缓冲器的作用下缓慢复位。这种格栅除污机适用于细格栅或较细的中格栅，其结构紧凑，

231

动作简单规范，但是对栅渣的提升高度有限，不适于在较深的格栅井中使用。

弧形格栅除污机主要用于较浅的沟渠，栅条间距5～40mm，分为旋臂式和摇臂式。由弧形栅条、刮渣臂、清渣板、驱动机构组成，结构简单、运行可靠、维护方便。旋臂式弧形格栅除污机结构示意图见图9-24，摇臂式格栅除污机及其结构示意图见图9-25。

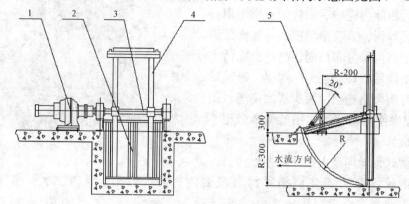

图9-24　旋臂式弧型格栅除污机及其结构示意图
1—驱动装置；2—弧形栅条；3—主轴；4—齿耙装置；5—卸料机构

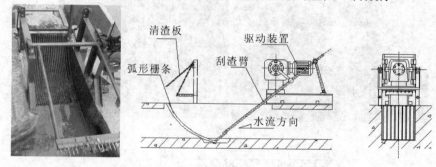

图9-25　摇臂式弧型格栅除污机及其结构示意图

9.22　什么是筒形格栅机？

筛筒采用不锈钢V形条缝焊接，利用反切旋转的原理进行固液分离。待处理的液体通过溢流堰均匀分布到反向旋转的筛筒内表面，水流与筛筒内表面产生相对剪切运动，固态物料被截留并由螺旋导向板自动排出，过滤后的液体从筛筒缝隙中流出，从而达到分离目的，筛筒经过压力水冲洗后重新得到疏通。反冲洗系统由内外喷淋管组成，高压水或压缩空气经喷嘴呈扇形高速喷射，疏通栅缝，清除栅网内壁附着的固态物。一般冲洗压力不小于0.3MPa，反冲洗定期操作（自控设定或人工手动）。从栅缝中流出的滤液在保护罩的导向作用下，汇集到栅网正下方，从出水槽中流走，筒形格栅机原理示意图如图9-26所示。

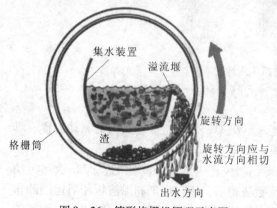

图9-26　筒形格栅机原理示意图

筒形格栅机一般由格栅框架、转鼓栅体、栅渣处理系统、驱动装置、冲洗装置组成。

筒形格栅机用于污水处理的预处理，如小

型市政污水处理厂或工业污水处理中,可拦截水中的各种形状的颗粒杂质及纤维物。可在造纸、制革、屠宰、食品、啤酒、养殖场等污水处理中去除大量的悬浮物、漂浮物及沉淀物。

9.23 什么是螺旋式格栅机?

螺旋式格栅机集传统机械格栅、输送和螺旋压榨机三者功能为一体。污水从转鼓的端头进入鼓中,通过转鼓侧面的栅缝流出,格栅将水中的悬浮物、飘浮物等留在转鼓中,转鼓以 4~6r/min 的速度旋转,鼓的上方有尼龙刷和冲洗水喷嘴,将栅渣清除,并通过螺旋输送机挤压、脱水后,送至上端料斗,经输送带运走。螺旋式转鼓格栅机一般作为细格栅机用,被较广泛地应用于城市生活污水的预处理,其设备见图 9-27。

安装时,一般与水平面成 35°安装在水渠中,其安装示意图见图 9-28。

图 9-27 螺旋式格栅机

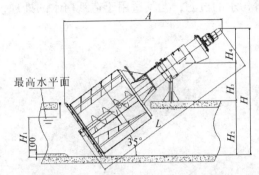

图 9-28 螺旋式格栅机安装示意图

9.24 筛网有哪些分类?

1. 振动筛网

由振动筛和固定筛组成。污水通过振动筛时,悬浮物等杂质被留在振动筛上,并通过振动卸到固定筛网上,以进一步脱水。

2. 水力筛网

水力筛网示意图见图 9-29,由锥筒回转筛和固定筛组成。水力筛网回转筛的小头端用不透水的材料制成,内壁装设固定的导水叶片。当进水射向导水叶片时,推动锥筒旋转,悬浮物被筛网截留,并沿斜面卸到固定筛上进一步脱水;水穿过筛孔,流入集水槽。水力筛网的动力来自进水水流的冲击力和重力作用。因此水力筛网的进水端要保持一定水压,且一般采用不透水的材料制成。水力筛网在工业污水中已有很多的应用实例,如污水中废纸纤维的回收。

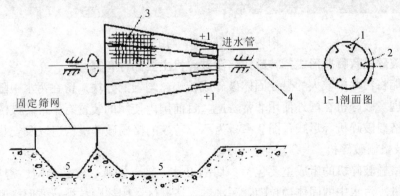

图 9-29 水力筛网示意图

1—进水方向;2—导水叶片;3—筛网;4—转动轴;5—水沟

3. 转鼓式筛网

转鼓式筛网由传动装置、溢流堰式布水器、冲洗水装置等主要部件组成，滤网一般采用不锈钢丝或者尼龙材料。工作时，污水从水管口进入溢流堰布水器，经短暂稳流后，溢出并均匀分布在反方向旋转的滤筒滤网上，水流与滤筒内壁产生相对剪切运动，固形物被截留分离，顺着筒内螺旋导向板翻滚，由滤筒另一端排出，污水在滤筒两侧的防护罩导流下，从正下方出水槽流走。转鼓式筛网设备有微滤机、转鼓滤网。

（1）微滤机

一般把采用 15 ~ 20μm 孔隙过滤工艺称为微滤。微滤是机械过滤方法的一种。微滤机占地面积小，操作管理方便，已成功地应用于给水及污水处理，如造纸、纺织印染、化工、食品等污水的过滤，尤其适用于造纸白水的处理，图 9 – 30 为有关企业生产的微滤机。

图 9 – 30　微滤机

（2）转鼓滤网

目前大多数的污水滤网直径在 3 ~ 7m 范围内，最大直径超过 20m，宽度达 5m，这种污水滤网广泛安装于英国和世界的许多城市，在污水的全面处理和入海口排放等方面持续高效地发挥作用。广东岭澳核电站二期冷却水进水口采用转鼓滤网，如图 9 – 31 所示。

图 9 – 31　转鼓滤网与工程应用

9.25　破碎机有哪些形式？转鼓式格栅破碎机主要部件有哪些？

破碎机能将污水中较大的悬浮固体破碎成较小、均匀的碎块，留在污水中随水流进入后续构筑物处理。破碎机在国外使用非常普遍。目前国内使用的装置有不带转鼓的格栅破碎机和带转鼓的格栅破碎机等形式，图 9 – 32 为不带转鼓的格栅破碎机构造以及安装示意图，图 9 – 33 为转鼓格栅破碎机。

转鼓式格栅破碎机的组成主要包括：切割刀片、轴、轴承、转鼓栅网、密封圈、机体、减速器和电机。污水中的固体颗粒随着污水进入格栅区，固体颗粒被转鼓形格栅截留并输送到切割处，被切割刀片粉碎成小颗粒，与污水一起直接通过转鼓区。

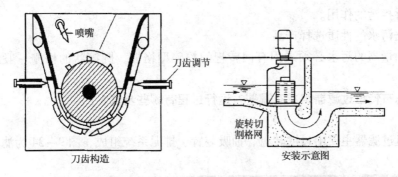

图 9-32　不带转鼓的格栅破碎机构造以及安装示意图

(a)双转鼓粉碎型格栅　　　　　　(b)单转鼓粉碎型格栅

图 9-33　转鼓破碎机构造图

9.26　转鼓式格栅破碎机使用中应注意哪些事项?

（1）根据潜污泵的流量合理选择设备栅条间距

作为污水提升用的水泵主要为无堵塞潜污泵，但其流道对可通过颗粒物的粒径有一定要求，小型潜污泵能通过的杂质粒径较小，大型潜污泵能通过的杂质粒径较大，因此对于格栅机栅条间距的选择很重要。对于不同的破碎机形式，栅距要求也不一样，对于过水格栅为转动式的破碎机，小型泵前可选择 6mm 的间距，中型泵前可选择 8~10mm 的间距，可以保证粉碎后的杂质能顺利提升。但对于过水格栅为固定式而在其内设有回转耙拨动固体物至绞刀处的破碎机而言，格栅间距可适当放大。

（2）采用潜水型电机

污水处理站一般水位变化较大，有可能水会漫过除污机的顶部，如果采用常规电机，电机会浸水导电甚至烧毁，所以宜采用潜水型电机。

（3）水头差不能过大

粉碎型格栅除污机的栅前、栅后水位较普通的格栅除污机大，由于杂质的处理需要一定时间，杂质会在栅前聚集，影响过水，栅前、栅后水位落差一般较大。但水头差不能过大，一般控制在 2~3kPa 左右，过大的水头差不仅会加大泵房深度，也会降低粉碎型格栅除污机抗冲击流量的能力。

（4）增加人工格栅

目前粉碎型格栅除污机的应用技术还不完全成熟，考虑到检修时需要吊装，增加人工格栅可起到临时拦污的作用。

（5）根据污水的性质选择产品

如对含油量高的污水必须采用有回转耙的粉碎型格栅，圆筒状的格栅一般没有防堵塞功能。

9.27　滤布转盘过滤器组成有哪些？运行过程有哪些步骤？

1. 结构

滤布转盘过滤器主要由过滤转盘、抽吸装置、排泥系统组成，图 9 - 34 为滤布转盘过滤器设备图。

图 9 - 34　滤布转盘过滤器

（1）过滤转盘

纤维转盘过滤系统由用于支撑滤布、垂直安装于中央集水管中的平行过滤转盘串联组成，一套装置的过滤转盘数量一般为 2 ~ 20 个，每个过滤转盘由 6 小块扇形组合而成，材料为防腐材料。

每片过滤转盘外包有纤维毛滤布。滤布以聚酯纤维作为绒毛支撑体，其孔径为 $10\mu m$，纤维毛滤布有 3 ~ 5mm 的有效过滤厚度，可使固体颗粒在有效过滤厚度中与过滤介质充分接触并实现截获。

（2）抽吸装置

由抽吸泵、吸盘及阀门组成。

（3）排泥系统

排泥装置由排泥管、排泥泵及阀门组成，排泥泵与抽吸泵为同一泵。

2. 运行过程

纤维转盘过滤系统运行周期包括过滤、反冲洗和排泥三个阶段。

（1）过滤

污水重力流进入滤池，滤池中设有挡板消能设施。污水通过滤布过滤，过滤液通过管道收集，以重力流形式通过溢流槽排出滤池，整个过程为连续过程。过滤期间，过滤转盘以 1r/min 的速度旋转，有利于污泥在池底沉积。

（2）清洗

过滤中部分污泥吸附于滤布外侧，逐渐形成污泥层。随着滤布上污泥的聚集，滤布过滤阻力增加，滤池水位逐渐升高，当池内液位到达清洗设定值（高水位）时，PLC 即可启动抽吸泵，开始抽吸清洗过程。清洗时通过自动切换抽吸泵管道上的电动阀，实现滤盘交替清洗。吸盘与滤布接触面积小，只有单盘面积的 1%，因而使得反洗效率高，清洗时也不影响其他滤布的过滤，进而实现整套装置的连续过滤。

（3）排泥

微滤布过滤机的过滤转盘下设有斗形池底，收集污泥。经过一设定的时间段，PLC 启动排泥泵，通过池底排泥管将污泥回流至污水预处理构筑物，排泥间隔时间及排泥历时可灵活调整。

9.28　滤布转盘过滤器有哪些用途？

纤维转盘过滤属于一种深度过滤技术，能够有效截留几个微米的颗粒物，滤布转盘过滤器主要用于冷却循环水处理、污水的深度处理，适合于城市污水处理厂工程提标改造和污水回用领域。

当处理冷却循环水时，一般当进水 $SS \leqslant 80mg/L$ 以下时，出水水质 $SS \leqslant 10mg/L$，过滤后可循环使用。

用于污水的深度处理时，可设置于常规活性污泥法、延时曝气法、SBR 系统、氧化沟系统、滴滤池系统、氧化塘系统之后，主要功能有：①去除总悬浮固体；②结合投加药剂除磷；③结合投加药剂去除重金属等。滤布转盘过滤器用于过滤活性污泥终沉池出水，当设计进水 SS 不大于 $30mg/L$（最高可承受 $80 \sim 100mg/L$），出水 SS 可小于 $5mg/L$，浊度 $\leqslant 2NTU$。

9.29　精细过滤器有哪些类型？

精细过滤器一般用于特定行业的液体过滤处理，也可以用于处理污水。目前市场上精细过滤器有很多类型，如线缠绕式精细过滤器、聚丙烯纤维毡折叠式精细过滤器、微孔塑料滤芯精细过滤器等。

（1）线缠绕式精细过滤器

其滤件是由纺织纤维纱精密缠绕在多孔骨架上，控制滤层缠绕密度及滤孔形状而制成不同过滤精度的滤芯，具有优良的深层过滤效果和良好的化学相容性，过滤精度为 $0.5 \sim 100\mu m$。

（2）聚丙烯纤维毡折叠式精细过滤器

其滤件是由聚丙烯超细纤维毡经折叠而制成的滤芯。具有处理量大、过滤效率高、阻力小、无纤维脱落等特点，过滤精度 $0.1 \sim 100\mu m$。

（3）微孔塑料滤芯精细过滤器

其滤件是由高分子量聚乙烯烧结成型，具有刚性好、重量轻、空隙率高、可反冲洗再生、无毒、耐腐蚀的优点。过滤精度 $0.5 \sim 100\mu m$。

9.30　什么是叠片螺旋式固液分离机？

1. 结构

叠片螺旋式固液分离机是一种既没有滤网装置、又不依靠高速离心力实现固液分离的新一代过滤设备，脱水机主体部分由螺旋推动轴、多重固定叠片和多重游动叠片组成，固定叠片与游动叠片间有调节垫片。设备由两个功能区域组成，在污水入口处段称浓缩腔，进入过滤机的污泥经浓缩后，产生的滤液由浓缩腔流出；在污泥出口处段称脱水腔，经浓缩后污泥进入脱水腔，受到螺旋推动轴进一步压缩而脱水成滤饼排出机外。图 9 – 35 为叠片螺旋式污泥脱水机图。

2. 脱水原理

叠片螺旋式污泥脱水机的核心部分是由螺旋推动轴、多重固定叠片和多重游动叠片构成的一组或几组过滤单元,其单体结构示意图如图9-36所示。

图9-35 叠片螺旋式污泥脱水机图   图9-36 叠片螺旋式污泥脱水机单体结构示意图

叠片螺旋式污泥脱水机的每一组过滤单元都分浓缩段和脱水段两部分,其示意图见图9-37。

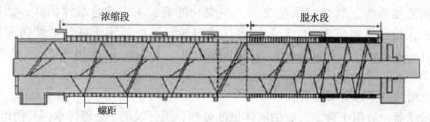

图9-37 叠片螺旋式污泥脱水机浓缩段和脱水段示意图

污泥的浓缩和压榨脱水工作在一筒内完成,从浓缩段的污水进口到脱水段的泥饼出口,螺旋轴的螺距逐渐变小(由0.5mm缩小至0.15mm),固定环与游动环之间的间隙也逐渐变小,污泥出口处设有背压板,以调节螺旋腔内的压力。

3. 工作流程

(1)浓缩

当螺旋推动轴转动时,设在推动轴外围的多重固定、活动的叠片相对移动,在重力作用下,水从相对移动的叠片中滤出,实现快速浓缩。

(2)脱水

经过浓缩的污泥随着螺旋轴的转动不断往前移动;沿泥饼出口方向,螺旋轴的螺距逐渐变小,环与环之间的间距也逐渐变小,螺旋腔的体积不断收缩;在出口处背压板的作用下,内压逐渐增强,在螺旋推动轴依次连续运转推动下,污泥中的水分受挤压排出,滤饼含固量不断升高,最终实现污泥的脱水。

(3)自清洗

螺旋轴的旋转推动游动环不断转动,设备依靠固定环和游动环之间的移动实现连续的自清洗过程,从而避免了传统脱水机存在的堵塞问题。

4. 设备特点

(1)污泥脱水效率高,滤饼含水率75%~85%,污泥回收率>90%;

(2)可处理污泥浓度范围广,不但适用于高浓度污泥的处理,还可适用于低浓度污泥的处理,如可直接从沉淀池进泥处理,可不用污泥匀质池和浓缩池,节约投资费用;

(3)结构简单,低速运行,磨损少,噪声小;

(4)维护简单,运行和维修成本低。

叠片螺旋式固液分离机主要用于污泥的处理。

9.31 转子流量计有哪些类型?

转子流量计被广泛用于污水流量、药剂投加的计量。有玻璃管转子流量计和金属管转子流量计等类型。

(1) 玻璃管转子流量计

锥形管浮子流量计如图 9 - 38 所示。锥形管用得最普遍,是由硼硅玻璃制成,习惯简称玻璃管转子流量计。流量分度直接刻在锥管外壁上,也有在锥管旁另装分度标尺。锥管内腔有圆锥体平滑面和带导向棱筋(或平面)两种。浮子在锥管内自由移动,或在锥管棱筋导向下移动,较大口平滑面内壁仪表采用导杆导向。

(2) 金属管转子流量计

金属管转子流量计与玻璃转子流量计具有相同的测量原理,不同的是其锥管由金属制成,这样不仅耐

图 9 - 38 玻璃转子流量计结构与
常用的玻璃转子流量计图

高温、高压,而且能选择适当的材质以适合各种腐蚀性介质的流量。流量计主要由两大基本部分组成:传感器(测量管及浮子);信号变送器(指示器)。浮子的位移量与流量的大小成比例,通过磁耦合系统,以不同接触方式,将浮子位移量传给指示器指示出流量的大小,并通过转换器,将流量值转换成标准的电远传信号,从而实现远距离显示、记录、积算和控制功能。金属管转子流量计在指示器的设计上可以为各种应用场合提供可靠适用的功能组合,如现场指针显示、LCD 显示瞬时和累计流量等。在指示器供电选择方面有电池供电、24VDC供电、220VAC 供电,方式根据现场情况选择。金属转子流量计图见图 9 - 39。

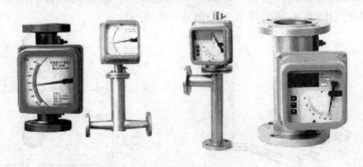

图 9 - 39 金属转子流量计图

9.32 电磁流量计有哪些主要组成结构?

电磁流量计一般由四部分组成:测量管、励磁系统、检测部分、变送部分。考虑到防腐蚀的要求,测量管内部一般都加衬里材料。电磁流量计的励磁方式主要有高频励磁、低频励磁、脉冲 DC 励磁。由于工业的不断发展,有的厂家已经采用了双频励磁方式。检测部分主要包括电极和干扰调整部分,由于电极要和被测介质直接接触,要具有较强的抗腐蚀性。变送器的主要作用是将传感器信号转换成与介质体积流量成正比的标准信号输出(0 ~ 20mA、4 ~ 20mA、0 ~ 10kHz)。并且要有较高的稳定性、精度和较强的抗干扰能力。

9.33 电磁流量计对安装场所有哪些要求?

为了使电磁流量计工作稳定可靠,在选择安装地点时应注意以下几方面的要求:

（1）尽量避开铁磁性物体及具有强电磁场的设备（大电机、大变压器等），以免磁场影响传感器的工作磁场和流量信号；

（2）应尽量安装在干燥通风之处，避免日晒雨淋，环境温度应在－20～60℃，相对湿度小于85%；

（3）流量计周围应有充裕的空间，便于安装和维护。

9.34　电磁流量计与管道的连接要求有哪些要注意的地方？

传感器安装方向水平、垂直或倾斜均可，不受限制，但应确保避免沉积物和气泡对测量电极的影响，电极轴向以保持水平为好。垂直安装时，流体应自下而上流动。传感器不能安装在管道的最高位置，否则容易聚集气泡。水平和垂直安装的方式与要求示意图见图9－40。

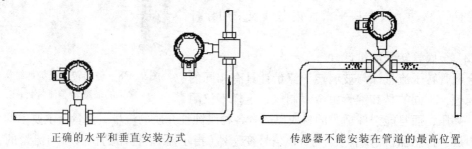

正确的水平和垂直安装方式　　　　　传感器不能安装在管道的最高位置

图9－40　水平和垂直安装的方式与要求示意图

应注意确保管道中充满被测介质，如管道存在非满管或是出口有放空状态，传感器应安装在一根虹吸管上，确保满管安装的方式见图9－41。

9.35　电磁流量计与弯管、阀门和泵连接有哪些要求？

为获得正常测量精确度，与弯管、阀门和泵连接时，应在传感器的前后设置直管段，其长度根据连接件的不同有不同的要求，如图9－42所示。

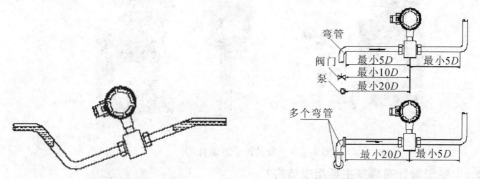

图9－41　确保满管安装的方式　　　图9－42　弯管、阀门和泵之间的长度安装要求

一般电磁流量计规定上游至少有5倍管径长度的直管段，流量计的下游至少有5倍管径长度的直管段。当然在条件允许的情况下，前面有调节阀时，在流量计前置直管道长度在10倍管径以上；当前面有泵时，根据经验最好在流量计前置直管道长度在20倍管径以上；也可以在直管内安装整流器或减小测量点的截面积，以达到稳定液流流态，提高计量准确度的目的。

有些型号仪表尽管精确度能达到（±0.2%～±0.3%）R，但却有严格的安装条件，对环境温度及前后直管段长度都有很高要求。因此在安装前要详细阅读制造厂样本或说明书并按规定来安装，否则就不能保证其测量精度。

9.36 什么是超声波明渠流量计？

超声波明渠流量计与量水堰槽配用，用来测量具有自由流条件的渠道内的污水流量。仪表工作时，传感器不与被测流体接触，避免了渠道内污水的沾污和腐蚀。用于测量污水流量时可以比其他形式的仪表具有更高的可靠性。图 9 - 43 为一种超声波明渠流量计的应用示意图。

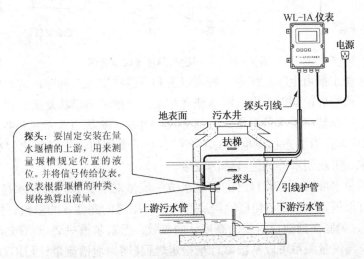

图 9 - 43　超声波明渠流量计用于测污水流量示意图

（1）原理

采用超声波回声测距法测液位，图 9 - 44 为超声波流量计用于测污水流量的原理图。

超声波明渠流量计探头需要固定安装在量水堰槽水位观测点上方，探头对准水面。探头向水面发射超声波，超声波经过一段时间后，走过 E_1 距离，碰到校正棒，一部分超声波能量被校正棒反射，并被探头接收，仪表记下这段时间的长度 t_1；超声波的另一部分能量绕过校正棒，经过一段时间到达水面，这部分能量被水面反射后，被探头接收，仪表记下这段时间的长度 t_2。而校正棒已经固定在探头上。校正棒的长度 E_1 不会变化，仪表根据 t_1 与 t_2 的比例，再乘以 E_1，就可以求出水面到探头的距离 D，$D = E_1 \times t_2/t_1$。

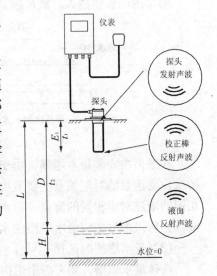

图 9 - 44　超声波流量计用于测污水流量的原理图

（2）应用条件

① 明渠内水流要有自由流条件；

② 使用堰板时，堰板下游的水位要低于上游；

③ 使用巴歇尔槽，水的流态要自由流；巴歇尔槽的淹没度要小于规定的临界淹没度；巴歇尔槽的中心线要与渠道的中心线重合，使水流进入巴歇尔槽不出现偏流；巴歇尔槽的上游应有大于 5 倍渠道宽的平直段，使水流能平稳进入巴歇尔槽，即没有左右偏流，也没有渠道坡降形成的冲力。

9.37 量水堰槽的种类有哪些？原理是什么？有哪些特点？

（1）量水堰槽种类

量水堰槽包括三角堰、矩形堰、巴歇尔槽，三种量水堰槽示意图见图9-45。

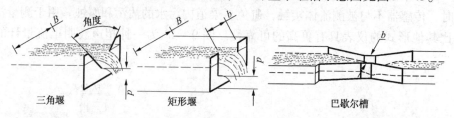

图9-45 常用的三种量水堰示意图

其中巴歇尔量水槽由上游收缩段、短直喉道和下游扩散段三部分组成。收缩段的槽底向下游倾斜，扩散段槽底的倾斜方向与喉道槽底相反。巴歇尔槽形状复杂，比三角堰、矩形堰的价格高，为了提高精度要求量水槽的各部分尺寸准确。其优点是：水位损失小（约为堰的四分之一），水中即使有固态物质也几乎不沉淀，对下流侧的水位影响比较小等，被广泛用来测量农业用水、工业用水等其他液体的流量。

不同类型的量水堰槽，都有自己的固定水位-流量对应关系。确定水位-流量关系时，三角堰要求要有渠道宽B、开口角度、渠底面到缺口下缘的高度p的参数；矩形堰要有渠道宽B、开口宽b、渠底面到缺口下缘的高度p的参数；巴歇尔槽只要求有喉道宽度的参数b。量水堰槽的水位与流量关系可以从国家计量检定规程《明渠堰槽流量计》JJG711—90中查到。

（2）测流量原理

明渠内的流量越大，液位越高；流量越小，液位越低，测流量原理见图9-46。

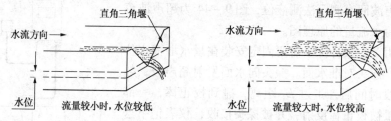

图9-46 量水堰槽把流量转成液位的示意图

在渠道内安装量水堰槽，由于堰的缺口或槽的缩口比渠道的横截面积小，因此，渠道上游水位与流量的对应关系主要取决于堰槽的几何尺寸。同样的量水堰槽放在不同的渠道上，相同的液位对应相同的流量，量水堰槽把流量转成了液位，通过测量流经量水堰槽内水流的液位，可以根据相应量水堰槽的水位-流量关系，求出流量。

（3）量水堰槽的选择

选择量水堰槽，要考虑渠道内流量的大小与渠道内水的流态是否能形成自由流。流量小于40L/s时，一般应使用直角三角堰；大于40L/s，一般应使用巴歇尔槽；流量大于40L/s，渠道内水位落差又较大，可以使用矩形堰。

9.38 常用吸刮泥机的适用范围与特点有哪些？

吸泥机是利用压力差收集底泥的专用排泥机械，刮泥机是利用机械传动收集底泥的专用排泥机械。吸刮泥机是主要用于污水处理过程初沉池、二沉池、浓缩池中排泥的专用机械。表9-5为常用排泥机械的适用范围与特点。

表 9-5　常用吸刮泥机的适用范围与特点

序号	吸、刮泥机种类	池形	池直径或池宽/m	适用范围	池底坡度要求/%	行走速度	优　点	缺　点
1	行车式虹吸、泵吸泥机	矩形	8～30	平流沉淀池 斜管沉淀池	平底	0.6～1m/min	边行进边吸泥，效果较好。根据污泥量多少灵活调节排泥次数，往返工作，排泥效率高	除采用液下泵外，吸泥前须先引水，操作不方便
2	行车式提板刮泥机	矩形	4～30	平流沉淀池	1～2	0.6m/min	排泥次数可由污泥量确定；传动部件可脱离水面，检修方便；回程收起刮板，不扰动沉淀	电器原件如设在户外易损坏
3	链板式刮泥机	矩形	≤6	沉砂池	1	3m/min	机构简单；排泥效率高；在循环的牵引链上，每隔2m左右装一块刮板，因此整个链上的刮板较多，使刮泥保持连续	池宽受到刮板的限制；链条易磨损，对材质要求较高
4	螺旋输送式刮泥机	矩形	≤5	沉砂池（最大安装倾角≤30°，最大输送水平距离为20m、倾斜时为10m）	长槽	10～40r/min	排泥彻底，污泥可直接输出池外，输送过程中起到浓缩的效果，连续排泥	螺旋槽精度要求较高，输送长度受限制
4		圆形	Φ≤4					
5	悬挂式中心传动刮泥机	圆形	Φ6～12	初沉池 二次沉淀池 污泥浓缩池	1～2	最外缘刮板端1～3r/min	结构简单运转连续	刮泥速度受刮板外缘的速度控制，管理不方便
6	垂架式中心传动吸泥机、刮泥机		Φ14～60					
7	周边传动吸泥、刮泥机		Φ14～100					

9.39　中心传动式刮泥机有哪些类型？

中心传动式刮泥机是把所有的传动机构设置于池心支墩上或工作桥中心，即电机、减速机及所有传动部件都作用于中心支墩上或工作桥中心，只需一套传动机构即可完成完整的传动动作。中心传动式刮泥机对电机没有同步的要求，无须设置电刷。因为没有轮子，所以也没有打滑的问题存在；不设轨道，对池边的土建施工的精度要求也不严格。中心传动式刮泥机包括悬挂式和垂架式两种形式。

1. 悬挂式

用于给水、污水处理工程中的沉淀池排泥，中心传动悬挂式整机载荷都作用于工作桥中心，不需中心支墩，简化了土建结构，一般用于直径不大于16m的池体。

中心传动悬挂式刮泥机整机主要由桥架、驱动装置、立轴、水下轴承、双刮臂和刮泥板组成。其工作流程为：沉淀池污水经工作桥下的进水管流入导流筒，在导流筒伞形罩的均匀分配下呈扩散状流向池周，污泥依靠自重沉降于池底，刮板在刮臂的带动下缓慢旋转，经分离后的上清液通过出水堰板排出池外，沉淀后的污泥由刮板沿池周刮向中心集泥坑，依靠液体静压作用经排泥管排至池外。中心传动刮泥机的型式有悬挂式和垂架式两种，其运转方式又分半桥和全桥方式。

对于中心传动浓缩刮泥机，其刮臂上带有浓缩栅条，一般用于污水处理厂中、小型辐流式浓缩池中，将进一步分离的浓缩污泥排出浓缩池。其设备图见图9-47，结构示意见图9-48。

图9-47 中心传动浓缩刮泥机
（全桥、悬挂式）

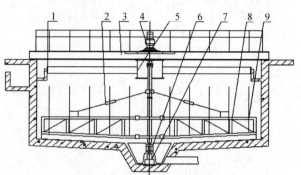

图9-48 中心传动浓缩刮泥机
（全桥、悬挂式）结构示意图
1—出水堰板；2—拉紧调整系数；3—工作桥；
4—驱动装置；5—稳流筒；6—小刮泥板；
7—水下轴承总成；8—刮集装置；9—浓缩栅条

2. 垂架式

垂架式中心传动刮泥机适用于有中心支墩的圆形沉淀池的排泥除渣。设备固定在旋转竖架上，刮臂在驱动装置带动下绕池中心轴线旋转，将沉积在池底的污泥由刮泥板刮集至池中心集泥池坑，同时液面上的浮渣向随导流筒旋转的撇渣板和池周边挡渣堰形成的浓缩区域内集中，当摆臂抵达集渣斗时，由摆臂上的刮渣板将渣至集泥斗排出池外。中心传动刮泥机（半桥、垂架式）结构示意见图9-49。

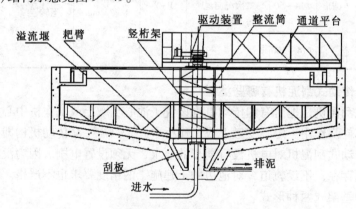

图9-49 垂架式中心传动刮泥机结构示意图

垂架式中心传动刮泥机主要特点有以下几点。

（1）采用中心传动、平台固定支墩式，比传统机构简单、重量减轻。

（2）节约运行费用，维护管理方便。

（3）可根据特定的要求配备过扭保护机构，当扭矩值到达设定值时自动报警停机，安全可靠。

同样，用于污泥浓缩与排泥的垂架式中心传动浓缩刮泥机的刮臂上带有浓缩栅条，其结

244

构示意见图 9 – 50。

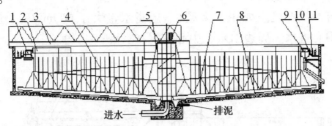

图 9 – 50　中心传动浓缩刮泥机(半桥、垂架式)结构示意图

1—浮渣耙板；2—浮渣刮板；3—工作桥；4—刮臂提拉杆；5—刮泥架；6—中心驱动装置；

7—浓缩栅条；8—刮臂；9—浮渣漏斗；10—浮渣挡板；11—溢流装置

9.40　周边传动刮泥(浓缩)机有哪些类型?

周边传动刮泥机包括全桥式周边传动刮泥机、半桥式周边传动刮泥机和周边传动浓缩机三种形式。

1. 全桥式周边传动刮泥机

（1）结构及适用范围

全桥式周边传动刮泥机主要由工作桥、中心支座，刮板桁架、驱动装置、稳流筒、撇渣板、浮渣斗、刮泥板、集电装置等部件组成。此设备适用于大型(一般指水量大于600m³/h，池径大于20m)污水厂的初沉及二沉池中，刮集池底沉泥，一般上部设浮渣(或浮沫)刮集系统，工艺一般为中心进水、周边出水、中心排泥。全桥式周边传动刮泥机与结构示意图如图9 – 51所示。

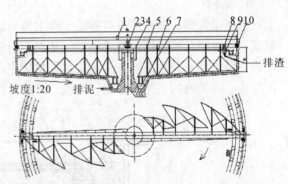

图 9 – 51　全桥式周边传动刮泥机与结构示意图

1—电控箱；2—中心支座；3—集电装置；4—稳流筒；5—支架；

6—刮臂与刮板；7—泥坑小刮板；8—撇渣板；9—渣斗；10—驱动机构

（2）工作原理

全桥式周边传动刮泥机在动力装置的驱动下，刮板桁架和刮泥板装置围绕中心支座缓慢旋转，将沉淀于池底的污泥向中心集泥坑刮集，通过池内的水位压力差将泥斗内的污泥排出池外，同时撇渣板将浮渣撇至浮渣斗内，经浮渣斗自动冲水或自流将浮渣排出池外。

2. 半桥式周边传动刮泥机

整机主要由桥架、驱动装置、立轴、水下轴承、双刮臂和刮泥板组成。沉淀池污水经工作桥下的进水管流入导流筒，在导流筒伞形罩的均匀分配下，呈扩散状流向池周，污泥依靠自重沉降于池底，刮板在刮臂的带动下缓慢旋转，经分离后的上清液通过出水堰板排出池外，沉淀后的污泥由刮板沿池周刮向中心集泥坑，依靠液体静压作用经排泥管排至池外。半

245

桥式周边传动刮泥机结构如图 9 - 52 所示。

半桥式周边传动刮泥机主要用于大型(一般指水量大于 $600m^3/h$,池径大于 $20m$)污水厂。工艺一般为中心进水,周边出水,中心排泥。

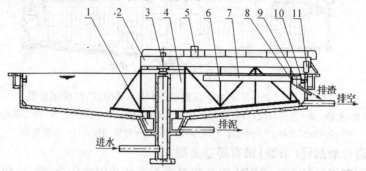

图 9 - 52　半桥式周边传动刮泥机结构示意图

1—小刮板；2—主梁；3—中心支座；4—稳流筒；5—电控柜；6—刮泥桁架；
7—浮渣刮板；8—浮渣漏斗；9—浮渣耙板；10—溢流装置；11—驱动装置

3. NG 型周边传动浓缩机

主要用于钢厂、采矿、煤炭等尾水分离,一般池径大于 $20m$、污泥密度大、沉降快且易板结的场合,刮泥负荷相对较大,传动机构一般需增加齿轮齿条,以保证足够的传递力矩。中心部位排泥一般需配套高压水使用,防止堵塞,一般不设浮渣刮集装置。

9.41　链板式刮泥机有哪些结构部件？特点和技术参数有哪些？

1. 结构

由驱动装置、传动链条与链轮、牵引链与链轮、刮板、导向轮、张紧装置、导轨支架等组成。通过驱动装置带动链条运动,从而牵引链条上刮板移动,将沉于底部的泥砂刮集到集泥槽,浮渣刮集到除渣管。链板式刮泥机工作示意图见图 9 - 53。链板式刮泥机适用于平流沉淀池、隔油池的集泥、排泥、除砂、除渣、除油之用,可安装在带顶盖的池内。

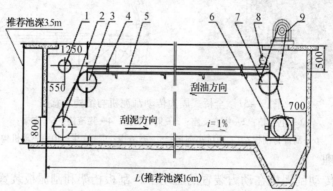

图 9 - 53　链板式刮泥机工作示意图

1—浮渣排放口；2—从动轮组；3—从动轮组；4—刮渣板组合；5—传动链；
6—张紧轴总成；7—主动轮；8—链条调紧器；9—驱动装置

2. 技术参数

(1) 适合的池宽 2 ~ 6m。

(2) 适合的池长 10 ~ 30m。

(3) 刮泥速度小于 16mm/s。

（4）池底要求。池底沿刮泥方向浇筑成1%的坡度，池内两端与两侧墙脚有大于泥砂安息的坡度，处理污水前须先经过格栅。

9.42　行车式吸泥机有哪些吸泥方式？

行车式吸泥机适用于给水工程中的平流式沉淀池、排水二次沉淀池等平底矩形池的吸泥和排泥。行车式吸泥机排泥的方式有虹吸、泵吸和空气提升等三种。在行车式吸泥机中，主要采用虹吸排泥与泵吸排泥两种形式。行车式吸泥机可边行走边吸泥，可依据泥量的多少来确定排泥次数。具有排泥效率高、操作方便的特点。

1. 虹吸吸泥机

1）主要结构及工作原理

吸泥机主要由电控系统、输配电装置、主梁、端梁、桁架、吸泥系统、传动装置、真空系统、撇渣装置（刮渣板、刮渣支架）等部件组成。

（1）主梁、端梁

采用钢板焊接成箱形梁结构，其钢材抗拉强度不低于410MPa。主梁在各方面载荷的作用下（包括活动载荷1500N/m），有足够的强度和刚度，安全系数为5，主梁两侧上部设置不锈钢栏杆。

端梁采用型钢焊接结构件，端梁与主梁采用螺栓连接，端梁下部装有主动轮、从动轮及驱动装置。工作桥应具有足够的强度和刚度，主梁、桁架等型材焊接件的设计、制造、拼装、焊接等应符合有关国家标准的要求。

桥架两侧面直线度、平面度和平行度均在制造时应得到控制，桥架预置上拱度，除能承受最大的刮吸泥扭矩外，还可承受悬挂的全部设备及每米长度的均布载荷，桥架挠度应控制值在1/750之内。

（2）驱动装置（电机、减速机）

采用的摆线针轮减速机应具有运行平稳、能源消耗少、检修方便简单等特点，能在各种工况下传递所需要功率和扭矩，在最不利的条件下能连续工作。

（3）真空系统

真空系统由潜水泵、水射器、电极点真空表、破坏虹吸电磁阀、水封箱等组成，设置在出泥端的工作桥端部，以便于操作和观察。

（4）吸泥系统

排泥管均匀排列在主梁下部，由螺栓固定在钢结构件上，一端伸入池底与扁嘴吸口相连，并设有型钢支撑；另一端伸向桥一端的排泥槽内的水封箱中。桥端吸泥管上部有管与虹吸系统相连，虹吸排泥机吸泥系统与组成见图9-54。

开启虹吸引水时，只要开启潜水泵，打开电磁阀即可向吸泥管注水，排除空气生成虹吸。潜水泵一般安装在沉淀池水面下1m处，真空表安装在管路系统顶端，由真空表发出电信号，通过PLC控制启动潜水泵、打开电磁阀自动引水，虹吸管在池外一般并成一根管径大的排泥管。

（5）刮泥板

刮泥板采用菱形刮板，与吸泥管轴线成30°~45°布置，各吸口之间的间距约1.0m。

2）运行方式

运转前，水位以上的排泥管内的空气可用真空泵或水射器抽吸或用压力水倒灌等方法排除，从而在大气压的作用下，使泥水充满管道，开启排泥阀后形成虹吸式连续排泥。

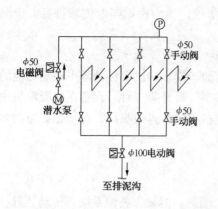

图 9-54　虹吸排泥机吸泥系统与组成

虹吸式排泥机一般停驻在沉淀池的进水端，首先向水封箱内注水，浸没住管口上方约100mm，同时启动潜水泵为水射器提供压力水，形成水射器中负压，水射器的抽气口与吸泥管道上部抽气管相连，抽取管内空气。管道内形成一定真空后泥水则会通过吸泥管源源不断地抽向池外排出。此时电极点压力表的触点信号关闭潜水泵，同时启动驱动电机使排泥机沿钢轨前进，吸泥管不断吸泥排泥，到达沉淀池另一端部，碰触返程行程开关时，驱动电机先停止然后反向运转，排泥机开始返程运行排泥，当运行到初始位置时，碰触行程开关，吸泥机停止，电磁阀自动打开，使空气进入虹吸系统，将真空破坏，停止排泥。以上为一个排泥循环，等待设定的时间后(0~24h)排泥机自动进行第二个排泥循环，每个循环之间的等待时间由工艺需要确定。

吸泥机的运行方式设定为先半个行程排泥，然后接一个全程排泥，再进入时间等待，以满足沉淀池进水端沉泥量多的需要。

2. 泵吸泥机

主要由泵和吸泥管组成。各根吸泥管在水下(或水上)相互联通后，再由总管接入水泵，吸入管内的污泥经水泵出水管输出池外，如图 9-55 所示。行车泵吸式吸泥机适用于给水平流沉淀池、污水处理二次沉淀池等。

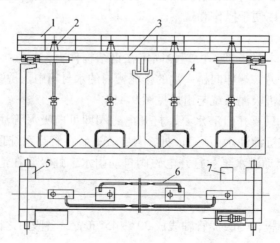

图 9-55　泵吸式吸泥结构示意图

1—栏杆；2—液下污水泵；3—主梁；4—吸泥管路；5—端梁；6—排泥管路；7—电缆卷筒

248

9.43 行车式提板刮泥机由哪些结构组成？其适用范围有哪些？

（1）结构

行车式提板刮泥机由传动机构、卷扬机构、撇渣机构、刮泥机构、电控装置及限位装置等部件组成。行车式提板刮泥机结构示意图与应用如图9－56所示。

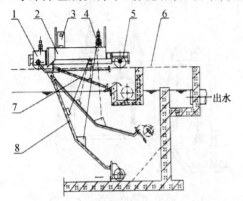

图9－56　行车式提板刮泥机结构示意图与应用

1—传动机构；2—平台机架；3—电控箱；4—卷扬机构；5—从动轮组；6—轨道；7—撇渣机构；8—刮泥机构

根据不同的要求，可将集泥槽、集渣槽设置在沉淀池的同一端或分两端设置，刮泥机的工作过程如下：

①刮泥机由池端(出水端)始点向泥、渣槽端行驶，将污泥输送直至终点(进水端)；

②刮泥耙上提；

③逆流刮泥、顺流排渣，刮泥机终端向始端换向行驶，抵达始端后进行另一循环。刮泥机构在回程时刮泥耙全部抬起。当回到刮泥的起始位置时，刮泥耙落下。

（2）适用范围

该机适用于逆向流平流式沉淀池及沉砂池中污泥、砂及浮渣的排除，多用于初次沉淀池。

9.44 螺旋输泥机有哪些分类？

常用的形式为有轴式螺旋输泥机和无轴式螺旋输泥机两类。

（1）有轴螺旋输泥机

通常由螺旋轴、首轴承座、尾轴承座、悬挂轴承、穿墙密封装置、导槽、驱动装置等部件组成。

（2）无轴螺旋输泥机

通常主要由电动机、减速机、机械密封、柔性无轴螺旋体、U形槽及保护衬套等组成，其他附件还有支腿、盖板、端盖及法兰等，结构见图9－57。

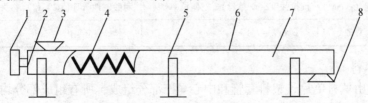

图9－57　无轴螺旋输泥机结构示意图

1—电动机及减速机；2—机械密封；3—进料口；4—无轴螺旋体；

5—支腿；6—盖板；7—U形槽及保护衬套；8—出料口

螺旋排泥机是一种无挠性牵引的排泥设备,在输送过程中可对泥沙起搅拌和浓缩作用。螺旋排泥机适用于中小型沉淀池、沉砂池(矩形和圆形)的排泥除砂,如各种斜管(板)沉淀池、沉砂池。螺旋排泥机可单独使用,也可与行车式刮泥机、链条刮泥机、钢丝绳水下牵引刮泥机配合使用。其示意图如图9-58和图9-59所示。

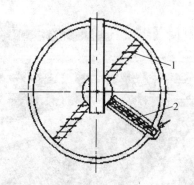 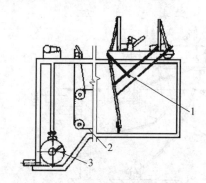

图9-58 圆形池用螺旋排泥机示意图　　　　图9-59 矩形池用螺旋排泥机示意图
1—刮泥机;2—螺旋排泥机　　　　1—行车式刮泥机;2—链条式刮泥机;3—螺旋排泥机

9.45 什么是悬挂式填料?悬挂式填料有哪些类型?

安装时,把两端分别拴扎在各种类型支架上使用的填料称为悬挂式填料,例如软性填料、半软性填料、组合填料、弹性立体填料、自由摆动填料等。

1. 软性填料

软性填料由中心绳和软性纤维组合而成,以软性纤维作为挂膜(微生物附着)主体,填料的材质采用高醛化度维纶丝。软性填料之间的空隙可以随着水和气的流动而变化,避免了堵塞现象;组成软性填料的纤维丝具有很大的比表面积,相对容易挂膜。

软性填料具有加工方便、造价低、空隙可变不易堵塞、适应性强、耐酸、耐碱、抗生物侵蚀、成膜快、重量轻、比表面积大、组装简易、管理方便等优点,广泛用于污水厌氧、兼氧、好氧各类生物处理。软性填料见图9-60。

软性填料在长时间使用之后易出现结团现象,降低了填料的实际使用面积,并且在结团区的中心易形成较大的厌氧区,影响处理效果。填料的使用寿命较短,一般为两年左右。其技术规格如表9-6所示。

图9-60 软性填料

表9-6 软性填料技术参数规格

材 质	密度/(g/cm³)	抗拉强度/(g/单丝)	伸长率/%	耐酸碱性(pH值2~12)	失重率(100℃)/%
合成纤维	1.02	6.8~7.1	4	无变化	≤1

2. 半软性填料

半软性填料由填料单片、塑料套管和中心绳三部分组成,所有组成部分均采用耐酸、耐碱、耐老化性能较好的低密度聚乙烯为原料,经熔融注塑成由中心孔向外放射的形状,针刺状的圆形单片是半软性填料的主体,由中心绳依次穿过各单片的中心孔,单片间嵌套塑料管以固定片距串连成所需长度。半软性填料见图9-61。

图 9 - 61　半软性填料

3. 组合填料

组合填料集中了软性及半软性填料的结构特点,填料单元中间是一个尺寸较小的半软性填料,周边连接软化纤维束。这类填料大多是在中心环的结构和纤维束的数量上有所不同,其结构是将塑料圆片压扣改成双圈大塑料环,将醛化纤维或涤纶丝压在环圈上,使纤维束均匀分布;内圈是雪花状塑料枝条,既能挂膜,又能有效切割气泡,提高氧的转移速率和利用率。组合填料分为组合式双环填料和组合式多孔环填料,组合填料见图 9 - 62。

图 9 - 62　组合填料

(1) 组合式双环填料

以塑料环作为骨架,中间是一个尺寸比较小的半软性填料,外围连接软化的纤维束,维纶丝紧绷在塑料环上。在污水中丝束分散均匀,易挂膜、脱膜,对污水浓度变化适应性好。

(2) 组合式多孔环填料

塑料环片四周均置 40 个方孔,方孔有 8 束维纶醛化丝均布在四周,呈放射状。纤维束丝串通 8 个方型孔,组合填料规格参数见表 9 - 7。

表 9 -7　组合填料规格参数

型　号	单位串数/(串/m³)	单位质量/(kg/m³)	成膜质量/(kg/m³)	比表面积/(m²/m³)
Φ120	77	3.6	84	380
Φ150	44	3.2	69	310
Φ150	44	3.4	65	296
Φ180	30.8	2.8	62	265
Φ180	30.8	3.1	57	250
Φ200	25	2.8	55	260

4. 弹性填料

弹性填料选用聚烯烃类和聚酰胺中的几种耐腐、耐温、耐老化的品种,混合以亲水、吸附、抗热氧等助剂，采用特殊的拉丝、丝条制毛工艺，将丝条穿插固着在耐腐、高强度的中心绳上。由于选材和工艺配方精良，刚柔适度，使丝条呈立体均匀排列辐射状态，制成了悬挂式立体弹性填料的单体，填料在有效区域内能立体全方位均匀舒展满布，使气、水、生物膜得到充分混渗接触交换，生物膜不仅能均匀地着床在每一根丝条上，保持良好的活性和空隙可变性，而且能在运行过程中获得大的比表面积。弹性填料及应用见图9-63。

图9-63 弹性填料及应用

立体弹性填料技术参数见表9-8。

表9-8 立体弹性填料技术参数

型 号	直径/mm	丝条直径/mm	丝条密度/（根/m）	成品质量/（kg/m³）	比表面积/（m²/m³）	容积负荷/（kgCOD/m³·d）
120	120	0.4~0.5	3200~3400	4.3~4.9	116.5~133.2	2~2.5
150	150	0.4~0.5	3200~3400	3.5~4.0	93.2~107.6	1.6~2.0
180	180	0.4~0.5	3200~3400	3.0~3.3	85.5~90.0	1.5~1.9
200	200	0.4~0.5	3200~3400	2.7~3.1	69.9~80.9	1.4~1.7

9.46 悬浮填料有哪些具体类型？

1. 多面空心球形悬浮填料

在球中部沿整个周长有一道加固环，环的上、下各有十二片球瓣，球瓣开孔成网片状或不开孔，沿中心轴呈放射状布置，见图9-64。

（1）性能

① 气速高、叶片多、阻力小、操作弹性大；

② 比表面积大，可以充分解决气液交换。

图9-64 多面空心球形填料

（2）用途

广泛用于除氯气、除氧气、除二氧化碳等环保设备中。

（3）技术参数

多面空心球填料技术参数见表9-9。

表9-9 多面空心球填料技术参数

直径/mm	比表面积/（m²/m³）	空隙率/%	堆积密度/（kg/m³）	个数/（个/m³）	耐温/℃
75	206	0.90	80	3000	
50	236	0.90	81	11500	
38	320m	0.88	114	28500	最高150
25	500	0.84	145	85000	

2. 内置式悬浮球填料

（1）组成

填料由网格球形壳体与内置载体两部分组成。壳体由高分子聚合物注塑而成，球面呈网格状。内置载体材料有醛化维纶丝及聚乙烯扁丝等，前者是在壳体内设一轴杆，轴杆上有两个塑料扣，每个扣上固定有 1 束醛化维纶丝，纤维丝在水体中能随水流自由摆动；后者是以聚乙烯为原料拉成薄扁丝后呈刨花状成团填入壳体，见图 9 - 65。网格孔大小适中，既有一定的机械强度，又不致被脱落生物膜堵塞。

图 9 - 65　内置式悬浮球填料

（2）适用范围

可广泛应用于接触氧化工艺处理化工、纺织、印染、制药、造纸、食品加工等行业的污水及生活污水。

（3）产品技术指标

内置式悬浮球填料技术参数见表 9 - 10。

表 9 - 10　内置式悬浮球填料技术参数

结构形式	规格/mm	耐酸碱性	连续耐热/℃	脆化温度/℃	比表面积/(m^2/m^3)	孔隙率/%	材料密度/(g/cm^3)	堆积密度/(个/m^3)
内置式悬浮球填料	Φ100	稳定	80 ~ 90	≥ - 10	680	98	0.91	1000
	Φ80	稳定	80 ~ 90	≥ - 10	680	98	0.91	2000

3. 短柱形悬浮填料

（1）Kaldnes 悬浮填料

Kaldnes 悬浮填料由挪威 KaldnesMijecptek-nogi 公司与 SINTEF 研究所联合开发，其中 KMT 型系列填料应用最多和最广。填料由聚乙烯材料制成，大小不超过 11mm，呈外棘轮状，内壁由十字筋连接，在水中能自由漂动。在悬浮填料长有生物膜的情况下，其密度接近于水。Kaldnes 悬浮填料目前主要用于流动床生物膜工艺（MBBR）作填料，悬浮填料反应器内最大填充率可达 67%，其有效生物膜面积可达 $350m^2/m^3$。Kaldnes 悬浮填料见图 9 - 66。

（2）Natrix 悬浮填料

Natrix 填料由锥型件和聚乙烯片组装而成，锥型件采用高密度聚乙烯和碳酸钙为原料通过灌注、压制而成，并将较小或较大的聚乙烯片（通常为 6 大 6 小）组装在一起，在每个端部用箍固定。其直径一般为 31mm 或者 35mm，长 31mm，其密度大于水，Natrix 悬浮填料见图 9 - 67。

图 9 - 66　Kaldnes 悬浮填料　　　　　　　　图 9 - 67　Natrix 悬浮填料

9.47　蜂窝填料有哪些类型？

（1）蜂窝斜管填料

斜管主要用于给排水工程中进水口处的除砂、工业和生活用水沉淀、污水沉淀、隔油及尾矿浓缩处理，主要特点有：湿周大，水力半径小，层流状态好，颗粒沉淀不受絮流干扰。图 9 - 68 为蜂窝斜管填料及其外形尺寸示意图。安装时倾角为 60°，长 1m 的斜管垂直高度为 866mm。

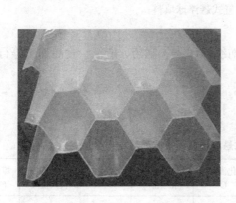
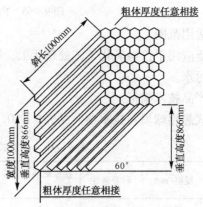

图 9 - 68　蜂窝斜管填料及其外形尺寸示意图

斜管填料规格见表 9 - 11。

表 9 - 11　斜管填料规格

材　料	规格/mm	原片厚度/mm	片数/（片/m³）	单位质量体积/（m³/t）	密度/（kg/m³）
聚氯乙烯	Φ25	0.45	80	17.2	58
	Φ30	0.45	68	20.8	48
	Φ35	0.50	56	22.2	45
	Φ40	0.50	50	25.0	40
	Φ50	0.60	40	25.0	40
	Φ80	0.80	25	28.6	35
聚丙烯 乙丙共聚	Φ25	0.50	80	22.2	45
	Φ30	0.50	68	27.8	36
	Φ35	0.50	56	31.3	32
	Φ40	0.50	50	37.0	27
	Φ50	0.60	40	35.7	28
	Φ80	0.80	25	40.0	25

一般污水处理工程中需要选用口径规格较大的斜管，如80mm，有利于设施的运行与维护。

（2）蜂窝直管填料

直管用于塔式生物滤池、高负荷生物滤池和接触氧化池以及生物转盘，作为微生物载体。

（3）立体网状填料

立体网状填料的结构为一种丝条多重交叉的螺旋结构，污水在填料中呈三维流动状态，因此立体网状填料是最适宜微生物附着繁衍的填料之一。根据有关实测数据，填料的挂膜量为：好氧生物膜 $190 \sim 316 kg/m^3$ ，厌氧生物膜 $80.4 \sim 133.1 kg/m^3$ 。

9.48 什么是纤维球滤料？

纤维球滤料是由纤维丝扎结而成的。它与传统的钢性颗粒滤料相比，具有弹性效果好、不上浮水面、孔隙大、水头损失小、耐酸碱、可再生等优点；在过滤过程中，滤层空隙沿水流方向逐渐变小，滤速快，截污能力大。适用于直接过滤的过滤设备，用于电力、油田、化工、冶金、电子等行业的高标准用水以及循环水、旁滤水、污水的回收与利用。其物理、化学性能数据见表 9 - 12，纤维球滤料见图 9 - 69。

图 9 - 69　纤维球滤料

表 9 - 12　纤维球滤料物理、化学性能数据

项　目	数　据	项　目	数　据
密度/(kg/m^3)	1.38	滤速/(m/h)	20 ~ 85
充填密度/(kg/m^3)	60 ~ 80	载污量/(kg/m^3)	6 ~ 10
比表面积/(m^2/m^3)	3000	球径/mm	15 ~ 25、25 ~ 30
孔隙率/%	96	球体外观	白色球状椭圆状
常用规格/mm		0.5 ~ 1.0、0.5 ~ 0.8、0.6 - 1.2、0.8 ~ 1.6 1.0 ~ 2.0、2.0 ~ 4.0	

9.49 什么是水处理用陶粒？有哪些具体的要求？

1. 定义

根据 CJ/T 299—2008《水处理用人工陶粒滤料》，水处理陶粒滤料是指用黏土、粉煤灰、页岩等材料为主要原料，经破碎、配方，成形后经高温烧成陶质的颗粒产品。陶粒表面坚硬、呈球形颗粒状，具有发达的微孔和大比表面积，孔隙率高，从而截污能力强、滤速高。根据用途的不同，水处理用陶粒可分为给水处理滤料和污水处理滤料两种。

2. 要求

（1）人工陶粒滤料不应使滤后水产生有毒、有害成分。

（2）人工陶粒滤料的粒径。

人工陶粒滤料的粒径范围一般为 0.5mm ~ 9.0mm，确定的陶粒滤料粒径范围中，小于最小粒径和大于最大粒径的量均不应大于 5%。

① 给水用陶粒粒径为 1 ~ 2.5 mm，其中大于 2.5mm 粒径的筛余量≤5%，小于 1.0mm 粒径的筛余量≤5%。

② 污水处理陶粒粒径为 2 ~ 4mm、3 ~ 6mm、5 ~ 8mm、6 ~ 9mm，同时应满足标准的有关要求。

（3）其他技术指标。

陶粒滤料破碎率与磨损率之和、含泥量、盐酸可溶率、空隙率与比表面积的指标，应符合表9-13的规定。

表9-13 人工陶粒滤料有关技术指标

项　目	指　标	项　目	指　标
破碎率与磨损率之和/%	≤6	空隙率/%	≥40
含泥量/%	≤1	比表面积/(cm^2/g)	≥0.5×10^4
盐酸可溶率/%	≤2		

9.50　水处理用陶粒滤料的种类有哪些？

（1）黏土陶粒

以黏土、亚黏土等为主要原料，经加工制粒、烧胀而成的。

（2）粉煤灰陶粒与粉煤灰陶砂

粉煤灰陶粒与粉煤灰陶砂是以工业废料粉煤为主要原料，加入一定量胶结料和水，加工成球形后烧结而成的。其粒径为5mm以上的轻粗骨料称为烧结粉煤灰陶粒；料径小于5mm的轻细骨料称为粉煤灰陶砂。

（3）页岩陶粒

页岩陶粒又称膨胀页岩，采用黏土质页岩、板岩等为原料，经破碎、筛分，或粉磨成球，烧胀而成。

（4）河底泥陶粒

大量的江河湖水经过多年的沉积形成了很多泥沙。利用河底泥替代黏土，经挖泥、自然干燥、生料成球、预热、焙烧、冷却制成陶粒。

（5）硅藻土陶粒

硅藻土是由较细的硅藻壳聚集、经生物化学沉积作用形成的沉积岩，硅藻土呈疏松状，吸水和吸附能力强，熔点高，具有多孔结构。

（6）煤矸石陶粒

以煤矸石为原料，采用破碎法或成球法制成滤料生料，经快升温或慢升温焙烧获得陶粒滤料。

（7）生物污泥陶粒

以生物污泥为主要原材料，经过烘干、磨碎、成球后，烧结成型。

（8）纳米改性陶粒

9.51　陶粒的具体应用有哪些？

（1）自来水的过滤。

因为陶粒无毒、无味，过滤效果好，可用来作为滤料生产自来水。

（2）作为生物填料用于给水预处理工艺。

（3）作为生物填料用于污水处理。

作为生物接触氧化、生物滤池、生物转盘、生物流化床等微生物载体处理污水，如可以作为填料用于曝气生物滤池，处理城市生活污水。

（4）污水深度处理。

因其有多孔、比表面积大，因此吸附性能好，加上对酸碱的化学和热稳定性好等优点，可以作为吸附材料用于污水的深度处理。有资料表明，陶粒滤料对铬、镍、锌和磷具有较强的去除作用，在一些场合可替代活性炭作廉价的吸附剂。

9.52　选择无烟煤滤料有什么要求?

无烟煤滤料采用优质无烟煤为原料，经精选、破碎、筛分等工艺加工而成。无烟煤滤料具有以下特点：化学性能稳定，不含有毒物质，耐磨损，在酸性、中性、碱性水中均不溶解；颗粒表面粗糙，有良好的吸附能力；孔隙率大(>50%)，有较高的纳污能力；质轻，所需反冲洗强度较低，可节省反冲洗用水及电能。

无烟煤滤料同石英砂滤料配合使用，是我国目前推广的双层快速滤池和三层滤池、滤罐过滤的最佳材料；是提高滤速、增加单位面积出水量、提高截污能力、降低工程造价和减少占地面积最有效的途径。已广泛用于化工、冶金、热电、制药、造纸、印染、食品等生产前后的水处理过程中。

无烟煤滤料在过滤过程中所起作用直接影响着过滤的水质，故必须达到以下几点要求：

(1) 机械强度高，破碎率和磨损率之和不应大于3%(按质量计)；

(2) 化学性能稳定，不含有毒物质，在一般酸性、中性、碱性水中均不溶解；

(3) 粒径级配合理，比表面积大；

(4) 粒径范围：小于指定的下限粒径不大于3%(按重量计)，大于指定的上限粒径不大于2%(按重量计)。

9.53　生产石英砂的原料有哪些? 石英砂常用的规格有哪些?

石英砂是一种坚硬、耐磨、化学性能稳定的硅酸盐矿物，其主要矿物成分是 SiO_2，可高达99%。石英砂的颜色为乳白色带红色或无色半透明状，莫氏硬度7，性脆无解理，贝壳状断口，油脂光泽，相对密度为2.65，其化学、热学和机械性能具有明显的异向性，不溶于酸，微溶于碱溶液，熔点1750℃。目前，生产石英砂的原料有两种：

(1) 利用天然的河砂、海砂，分筛而成。优点是就地取材、造价低。缺点是：因受水的侵蚀时间过长，强度降低，磨损率与破损率高，使用周期短，机械强度差。这些缺点是影响滤速的首要因素。

(2) 利用天然石英矿床，经破碎、分筛、精选而成，具有密度大、机械强度高、颜色纯正的优点，适用于生活饮用水过滤、循环水处理以及污水的回收利用。

石英砂常用的规格有：0.5~1.0mm、0.6~1.2mm、1~2mm、2~4mm、4~8mm、8~16mm、16~32mm。

9.54　沸石滤料有哪些类型?

1. 天然沸石

天然沸石大部分由火山凝灰岩和凝灰质沉积岩在海相或湖相环境中发生反应而形成，为铝硅酸盐类矿物，外观呈白色或砖红色，属弱酸性阳离子交换剂。

2. 活化沸石特性

活化沸石是天然沸石经过多种特殊工艺活化而成，其吸附性能强，离子交换性能好，有利于去除水中的各种污染物。

3. 合成沸石

(1) 分子筛

分子筛按骨架元素组成可分为硅铝类分子筛、磷铝类分子筛和骨架杂原子分子筛；按孔道大小划分，孔道尺寸小于2nm、2~50nm和大于50nm的分子筛，分别称为微孔、介孔和大孔分子筛。大孔分子筛由于具有较大的孔径，成为较大尺寸分子反应的良好载体。

（2）高硅沸石

高硅沸石主要为斜发沸石和丝光沸石，它们分散在白垩纪和第三纪的正常海相条件下形成的沉积岩中，如细粒砂、硅质黏土、蛋白土、碳酸盐类岩石和磷块岩等。这些岩石中通常富含生物化学成因的氧化硅，其硬度一般在 4 ~ 5，性脆质软且轻，易碎易磨。高硅沸石具有优异的疏水性、耐热性。

9.55 什么是果壳滤料？果壳滤料的有关技术参数有哪些？

果壳滤料采用植物果壳为原料，经破碎、抛光、蒸洗、药物处理和多次筛选加工而成。可采用的植物果壳有核桃壳、椰子壳等。果壳滤料具有耐磨、抗压、不在酸碱性水中溶解、不腐烂、不结块、易再生、较强的除油性能等优点，被广泛运用在各种污水处理（特别是含油污水）中。果壳滤料是取代石英砂滤料来提高水质、大幅度降低水处理成本的新一代滤料。果壳滤料的有关技术参数见表 9 - 14。

表 9 - 14　果壳滤料的有关技术参数

项　目	数　据	项　目	数　据
油去除率/%	90 ~ 95	反洗强度/（$m^3/m^2 \cdot h$）	25
悬浮物去除率/%	95 ~ 98	水冲洗压力/MPa	0.32
滤速/（m/h）	20 ~ 25	每年补充比例/%	5 ~ 10
密度/（g/cm^3）	1.5	堆密度/（g/cm^3）	0.8
常用规格/mm		10 ~ 1、0.8 ~ 1.2、1.2 ~ 1.6、1.6 ~ 2.0	

9.56 什么是活性炭？活性炭有哪些特性？

活性炭是一种非常优良的吸附剂，它是利用木炭、竹炭、各种果壳和优质煤等作为原料，通过物理和化学方法对原料进行破碎、过筛、催化剂活化、漂洗、烘干和筛选等一系列工序加工制造而成。活性炭具有物理吸附和化学吸附的双重特性，可以有选择地吸附气相、液相中的各种物质，以达到脱色精制、消毒除臭和去污提纯等目的。

吸附性质是活性炭的首要性质。活性炭有像石墨晶粒却无规则地排列的微晶，在活化过程中微晶间产生了形状不同、大小不一的孔隙。按 IUPAC 方法分：微孔小于 1.0nm、中孔 1 ~ 25nm、大孔大于 25nm。活性炭微孔的孔隙容积一般只有 0.25 ~ 0.9mL/g，孔隙数量约为 1020 个/g，全部微孔表面积约为 500 ~ 1500m^2/g，也有称高达 3500 ~ 5000m^2/g 的。这些孔隙特别是微孔提供了巨大的表面积。

活性炭几乎 95% 以上的表面积都在微孔中，因此微孔是决定活性炭吸附性能高低的重要因素。中孔的孔隙容积一般约为 0.02 ~ 1.0mL/g，表面积最高可达几百平米，能为吸附物提供进入微孔的通道，又能直接吸附较大的分子。大孔的孔隙容积一般约为 0.2 ~ 0.5mL/g，表面积约 0.5 ~ 2m^2/g，其作用一是使吸附质分子快速深入活性炭内部较小的孔隙中去；二是作为催化剂载体，作为催化剂载体时，催化剂只有少量沉淀在微孔内，大都沉淀在大孔和中孔之中。

9.57 影响活性炭吸附的主要因素有哪些？

由于活性炭水处理所涉及的吸附过程和作用原理较为复杂，因此影响因素也较多，主要有活性炭的性质、水中污染物的性质、活性炭处理的过程原理以及选择的运转参数与操作条件等。

（1）活性炭的性质

用于水处理的活性炭应有三项要求：吸附容量大、吸附速度快、机械强度好。活性炭的吸附容量除其他外界条件外，主要与活性炭比表面积有关，比表面积大，微孔数量多，可吸附在细孔壁上的吸附质就多。吸附速度主要与粒度及细孔分布有关，水处理用的活性炭，要求过渡孔（半径 2.0～100nm）较为发达，有利于吸附质向微细孔中扩散。活性炭的粒度越小吸附速度越快，但水头损失要增大，一般在 8～30 目范围较宜。活性炭的机械耐磨强度，直接影响活性炭的使用寿命。

（2）吸附质（溶质或污染物）性质

同一种活性炭对于不同污染物的吸附能力有很大差别。

① 溶解度

对同一族物质的溶解度随链的加长而降低，而吸附容量随同系物的系列上升或分子量的增大而增加。溶解度越小，越易吸附，如活性炭从水中吸附有机酸的次序是按甲酸→乙酸→丙酸→丁酸而增加。

② 分子大小与化学结构

吸附质分子的大小和化学结构对吸附也有较大的影响。因为吸附速度受内扩散速度的影响，吸附质（溶质）分子的大小与活性炭孔径大小成一定比例，最利于吸附。在同系物中，分子大的较分子小的易吸附。不饱和键的有机物较饱和的易吸附。芳香族的有机物较脂肪族的有机物易于吸附。

③ 极性

活性炭基本可以看成是一种非极性的吸附剂，对水中非极性物质的吸附能力大于极性物质。

④ 吸附质浓度

吸附质的浓度在一定范围时，随着浓度增高，吸附容量增大。因此吸附质（溶质）的浓度变化，活性炭对该种吸附质（溶质）的吸附容量也变化。

（3）溶液 pH

溶液 pH 值对吸附的影响，要与活性炭和吸附质（溶质）的影响综合考虑。溶液 pH 值控制了酸性或碱性化合物的离解度，当 pH 值达到某个范围时，这些化合物就要离解，影响对这些化合物的吸附。溶液的 pH 值还会影响吸附质（溶质）的溶解度，以及影响胶体物质吸附质（溶质）的带电情况。由于活性炭能吸附水中氢、氧离子，因此影响对其他离子的吸附。活性炭从水中吸附有机污染物质的效果，一般随溶液 pH 值的增加而降低，pH 值高于 9.0 时，不易吸附，pH 值越低时效果越好。在实际应用中，应通过试验确定最佳 pH 值范围。

（4）溶液温度

因为液相吸附时，吸附热较小，所以溶液温度的影响较小。吸附是放热反应，吸附热越大，温度对吸附的影响越大。另一方面，温度对物质的溶解度有影响，因此对吸附也有影响。用活性炭处理水时，温度对吸附的影响不显著。

（5）多组分吸附质共存

应用吸附法处理水时，通常水中不是单一的污染物质，而是多组分污染物的混合物。在吸附时，它们之间可以共吸附，互相促进或互相干扰。一般情况下，多组分吸附时吸附容量比单组分吸附时低。

（6）吸附操作条件

因为活性炭液相吸附时，外扩散（液膜扩散）速度对吸附有影响，所以吸附装置的型式、接触时间（通水速度）等对吸附效果都有影响。

9.58　污水处理用风机的主要类型与应用有哪些？

城市污水处理厂使用的鼓风机经历了往复式风机、罗茨风机、多级离心风机等过程，随着污水处理规模的日益扩大，近年又出现了单级离心风机、轴流压缩机、单级高速涡轮鼓风机的报道。目前污水厂应用得较多的是轴流压缩机、罗茨风机、多级离心风机和单级离心风机等。

9.59　轴流压缩机原理是什么？

轴流压缩机动叶列与后面的导流器组成级，压缩机通常由若干个级构成级组。轴流压缩机的进气管、收敛器、进口导流器、级组、出口导流器、扩压器和排气管等元件合称为通流部分。导流器固定在机壳内，组成定子；动叶均匀地安置在轮盘或转轴上组成转子。转子两端密封，整个转子支承在两端的径向轴承上，其中一端装推力轴承，以承受由于压缩气体作用在转子上的轴向推力。

气体由进气管均匀地引至收敛器和进口导流器，以一定的速度进入第一级。气体在级中受到叶片的动力作用，因获得能量而提高压力。气体沿各级依次压缩，逐步提高压力，经出口导流器、扩压器和排气管送出，轴流压缩机与轴流压缩机结构示意图见图9-70。

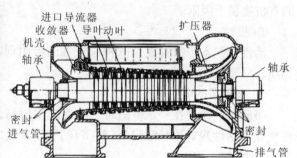

图9-70　轴流压缩机与轴流压缩机结构示意图

9.60　离心风机工作原理是什么？离心风机有哪些基本结构？

离心风机为依靠输入的机械能来提高气体压力并排送气体的机械，是一种从动的流体机械。由于风机的作用，气体从叶轮进口流向出口的过程中，其速度能（动能）和压力能都得到增加，被叶轮排出的气体经过压出室，大部分动能转换成静能，然后沿排出管路输送出去。而叶轮进口处因气体的排出而形成真空或低压，气体在大气压的作用下被压入叶轮的进口，被旋转着的叶轮连续不断地吸入进而排出气体。

离心风机一般由叶轮、机壳、集流器、电机和传动件（如主轴、带轮、轴承、三角带等）组成。叶轮由轮盘、叶片、轮盖、轴盘组成。机壳由蜗板、侧板和支腿组成。大型离心风机通过联轴器或皮带轮与电动机连接。

9.61　离心风机的性能参数有哪些？

主要有流量、压力、功率、效率和转速。另外，噪声和振动的大小也是离心风机的主要技术指标。流量也称风量，以单位时间内流经离心风机的气体体积表示；压力也称风压，是指气体在离心风机内压力升高值，有静压、动压和全压之分；功率指的是离心风机的输入功率，即轴功率；风机有效功率与轴功率之比称为效率，离心风机全压效率可达90%。

9.62　多级离心风机的原理是什么？

多级离心风机是气体通过多级串联的叶轮经过几级连续压缩，获得所需要的压力和风量。当气体通过进气室均匀地进入叶轮后，在旋转的叶片中受离心力作用以及在叶轮中的扩压作用，使气体获得压力能和速度能，由叶轮高速流出的气体经扩压器的扩压作用，使一部分速度能转变成压力能，气体经过如此几级连续压缩，获得所要求的压力而排出。多级离心风机及其结构示意图见图9-71。

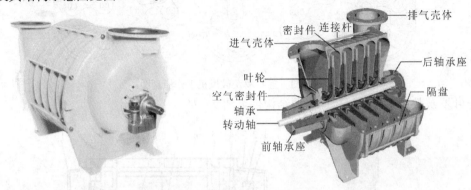

图9-71　多级离心风机以及结构示意图

9.63　单级高速离心风机的工作原理和技术特征有哪些？

原动机通过轴驱动叶轮高速旋转，气流由进口轴向进入高速旋转的叶轮后变成径向流动被加速，然后进入扩压腔，改变流动方向而减速，这种减速作用将高速旋转的气流中具有的动能转化为压能（势能），使风机出口保持稳定压力。单级高速离心风机见图9-72。

图9-72　单级高速离心风机图

技术特征有：

（1）鼓风机出口压力（表压）为：$0.03MPa \leqslant p \leqslant 0.15MPa$；或其压比 ε 为 $1.3 \leqslant \varepsilon \leqslant 2.5$。

（2）鼓风机的叶轮一般为半开式和闭式两种。叶轮应采用不锈钢材料，必须保证叶轮足够的强度。

（3）鼓风机的效率应不低于80%。

（4）鼓风机连续正常运转时间应不小于8400h。

9.64　单级高速离心式风机有哪些适用范围？

单级高速离心式风机需要油冷、水冷等辅助设施，当压力条件、气体相对密度变化时，对送风量及动力影响较大，设计时应考虑风压和空气温度变动带来的影响。单级高速离心式风机适用于水深相对稳定不变的生物反应池。

9.65　三叶罗茨风机工作原理是什么？由哪些结构组成？

在机体内通过同步齿轮的作用，使转子相对地呈反方向旋转，由于转子之间和转子与机壳之间都有适当的工作间隙，所以构成进气气腔，借助转子旋转，形成无内压缩地将机体内气体由进气腔输送到排气腔后排出机体，达到鼓风作用。三叶罗茨鼓风机为容积式风机，输送的风量与转数成比例，三叶罗茨鼓风机工作原理图见图9-73。

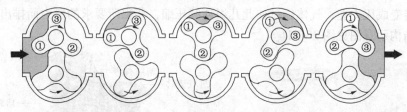

图9-73　三叶罗茨鼓风机工作原理图

三叶罗茨鼓风机以及风机的主要结构件见图9-74。

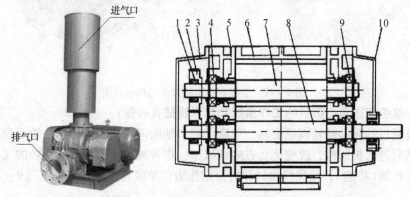

图9-74　三叶罗茨鼓风机以及风机主要结构件

1—胀套；2—齿轮；3—齿轮油箱；4—轴承；5—墙板；6—机壳；
7—从动转子部；8—主动转子部；9—轴承；10—副油箱

9.66　曝气设备性能指标有哪些？有哪些曝气类型？

曝气设备性能的主要指标有：一是氧转移率，单位为 $mgO_2/(L \cdot h)$ 或 $kgO_2/(m^3 \cdot h)$；二是充氧能力（或动力效率）即每消耗 $1kW \cdot h$ 动力能传递到水中的氧量（或氧传递速率），单位为 $kgO_2/kW \cdot h$；三是氧利用率，通过鼓风曝气系统转移到混合液中的氧量占总供氧的百分比，单位为%。机械曝气无法计量总供氧量，因而不能计算氧利用率。

曝气类型大体分为两类：一类是鼓风曝气，一类是机械曝气。鼓风曝气是采用曝气器在水中引入气泡的曝气方式。机械曝气是指利用叶轮等器械引入气泡的曝气方式。

9.67　鼓风曝气扩散器有哪些分类？

扩散器是整个鼓风曝气系统的关键部件，它的作用是将空气分散成气泡，增大空气和混合液之间的接触界面，把空气中的氧溶解于水中。根据分散气泡直径的大小，分为小气泡（气泡直径在2mm以下）、中气泡（气泡直径为2~6mm）、大气泡三种。不同大小的气泡则需要不同类型的扩散器来产生，相应地把空气扩散器也分为微小气泡扩散器、中气泡扩散器、大气泡扩散器。

9.68　微小气泡扩散器有哪些分类？

常用的微孔曝气器按膜的材料可分为：陶瓷（刚玉）、橡胶膜、聚乙烯；按照结构形式可分为：板式、钟罩式、膜片式、软管式。

（1）板式扩散器

平板型微孔扩散器多采用刚玉制作，平板型微孔扩散器及其结构示意图如图9－75所示。

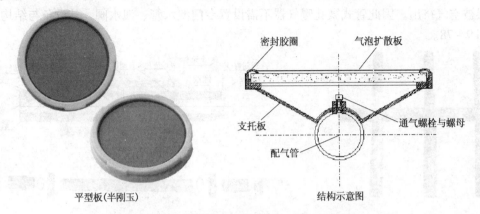

图9－75 平板型微孔扩散器及其结构示意图

（2）钟罩型扩散器

钟罩型微孔空气扩散器及其结构示意图如图9－76所示。

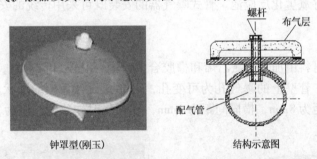

图9－76 钟罩型微孔空气扩散器及其结构示意图

平板型微孔扩散器和钟罩型扩散器一般采用刚玉、半刚玉布气层。刚玉是由氧化硅、氧化铝高温烧结制成，布气层较脆，表面较为粗糙，同时，布气层较厚，空气通道较长，且多为尖锐和粗糙的孔道，因此，其表面容易滋生微生物，内部容易被空气中杂质颗粒所堵塞，所以刚玉曝气器对空气洁净度的要求很高。一般需对进入鼓风机的空气进行专门的除尘处理。

（3）膜片式

膜片式微孔曝气器有盘式与管式之分，它们的技术性能差异大，主要是材料和结构形式的不同决定的。

盘式膜片微孔曝气器根据形状有平板和球冠等形式，见图9－77。其中球冠型曝气器是膜片式微孔曝气器的改进形式。其特征是将平面结构的圆盘式曝气膜片及膜片支承座改为球冠形结构。

管式微孔曝气器主要由微孔曝气管、

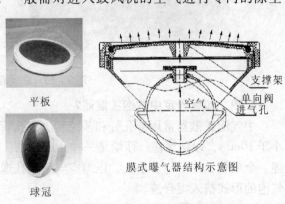

图9－77 膜片式微孔曝气器

支撑母管、布气层和连接附件组成。这种结构特点实现了将输气和布气合二为一的功能。支撑母管中间设定通气孔，输气由通气孔轻松进入曝气缓冲带布气，缓冲带布满气，微孔曝气器上部整体均匀曝气。支撑母管设定通气孔较小，中间有相隔布气缓冲带。风机停机时，微孔曝气管回流慢，不会出现回流倒灌现象。当风机重新启动时，曝气器内部的水可通过下面布气层被空气挤出。因此管式微孔曝气器不需设置专门泄水管、泄水阀。其设备与结构示意图见图 9 - 78。

图 9 - 78　管式微孔扩散器及其结构示意图

由于管式曝气器在材料、构造、技术性能等一系列方面的优越性能，所以其应用范围广泛，可应用于各种好氧生化反应池。管式曝气器的安装既可采用传统的安装方式，也可采用提升式安装方式。

（4）曝气软管

曝气软管的管材料由加强聚氯乙烯和橡胶合成，内衬化学纤维网线，具有较强的耐酸、耐碱、耐腐蚀性能。管壁上的曝气孔为可变孔，可变孔设计为狭缝形状。狭缝的布局为菱形，狭缝的纵向间距为 8mm，横向间距为 5mm，不曝气时，狭缝长度为 2mm。曝气软管及其应用见图 9 - 79。

图 9 - 79　曝气软管及其应用

9.69　如何界定中气泡扩散器？

中气泡扩散器常用穿孔管和莎纶管。穿孔管的孔眼直径为 2 ~ 3mm，孔口的气体流速不小于 10m/s，以防堵塞。莎纶是一种合成纤维。莎纶管以多孔金属管为骨架，管外缠绕莎纶绳。金属管上开了许多小孔，压缩空气从小孔逸出后，由于莎纶富有弹性，可以从绳缝中以气泡的形式挤入混合液。

9.70　如何界定大气泡扩散器？

大气泡扩散器的气泡大，氧的传递速率低。然而它的优点是堵塞的可能性小，空气的净

264

化要求也低，维护、管理比较方便。常用的大气泡扩散器有：水力冲击式空气扩散装置、水力剪切型扩散器，如散流式曝气器、固定螺旋空气扩散器。

1. 水力冲击式空气扩散装置

水力冲击式空气扩散装置为射流空气扩散，射流曝气系统的核心设备是射流器。射流器是利用射流紊动扩散作用来传递能量和质量的流体机械和混合反应设备，由喷嘴、吸气室、喉管及扩散管等部件构成。图9-80为射流器结构示意图。

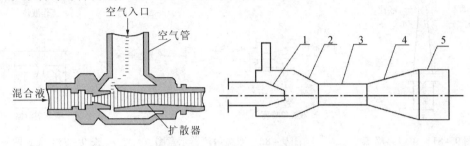

图9-80 射流扩散装置示意图
1—喷嘴；2—吸气室；3—喉管；4—扩散管；5—尾管

根据供气方式的不同，射流曝气可分为两大类：压力供气与自吸(负压)供气。

(1) 压力供气

即用鼓风机向射流器供给空气。其特点是：空气由鼓风机供给，空气量的控制比较方便；可以根据需要把射流器安装在曝气池的底部位置，射流器数最多，一般淹没在水中，维护不方便。

(2) 自吸(负压)供气

由射流器喷嘴喷出的高速射流使吸气室形成负压，将空气吸入并混合，这种射流器通常称为自吸式射流器，其特点是不需要鼓风设备。

根据工作压力分类，自吸供气可分为高压型与低压型两种。高压射流的工作压力为0.2MPa，低压为0.07MPa。高压型射流器喷嘴流速为20m/s左右，低压为12m/s左右。低压型射流器理论上的能量消耗为高压型的1/3，而实际上可能还要少一些。根据单级射流器结构分类，又分为单喷嘴和多喷嘴两种形式。

① 单级单喷嘴射流器

单级单喷嘴射流器包括：喷嘴、吸气室、混合管(称喉管)、扩散管等部分，自吸供气，动力效率为 $14 \sim 20 kgO_2/(kW \cdot h)$。

② 单级多喷嘴射流器

单级多喷嘴射流器为早年联邦德国的 Raver 化学公司采用的射流器，结构见图9-81所示。每单体有四个喷嘴，设在曝气池底部，一般池深4.8m，有效淹没深度4.2m。这种射流器属于压力供气，喷嘴直径为8mm，每立方曝气池体积设一个喷嘴。射流器的氧利用率为7.7%，充氧能力 $340 kgO_2/h$，耗能115kW·h，充氧动力效率 $2.95 kgO_2/(kW \cdot h)$。这种装置的缺点是构造比较复杂，制造、安装、检修比较困难。

(3) 双级射流器

双级射流器见图9-82。其特点是采用了两级喷射的形式，即利用第一级混合管作为第二级的喷嘴，使水射流的能量得到充分的利用。当工作压力为 $1 kg/cm^2$ 时，喷射系数约为

0.8~0.9，动力效率为 $20kgO_2/kW \cdot h$，二级与一级进气比约为1:(15~17)，随着工作压力的增加，比例逐渐增加。图9-83为美国1974年的一种射流器，从射流器形式来看，没有混合管与两级喷射。

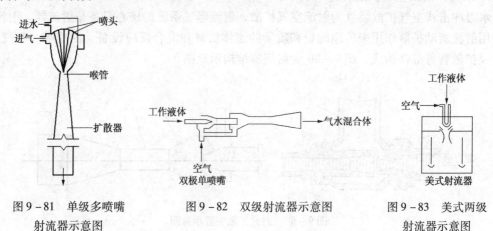

图9-81 单级多喷嘴　　图9-82 双级射流器示意图　　图9-83 美式两级
　　射流器示意图　　　　　　　　　　　　　　　　　　射流器示意图

2. 水力剪切型扩散器

1）散流式曝气器

散流式曝气器由齿形曝气头、齿形带孔散流罩、导流板、进气管及锁紧螺母等部件组成。曝气器采用玻璃钢或 ABS 整体成形，具有良好的耐腐蚀性。带有锯齿的散流罩为倒伞型，伞型中圆处有曝气孔，起到补气再度均匀整个散流罩的作用，可减少能耗，并将水气混合均匀分流，减少曝气器对安装水平度的要求。散流罩周边布有向下微倾的锯齿以求进一步切割气泡。空气由上部进入，经反复切割，氧的利用率得到提高。散流式曝气器及结构示意图见图9-84。

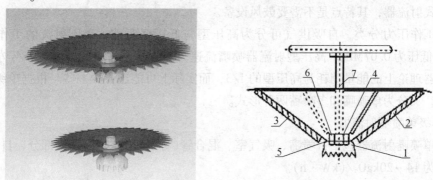

图9-84 散流式曝气器及结构示意图
1—锯齿形布气头；2—散流罩；3—导流隔板；4—外螺母；5—垫圈；6—内螺母；7—进气管

2）固定螺旋空气扩散器

固定螺旋空气扩散器分单螺旋、双螺旋和三螺旋。

固定螺旋空气扩散器由直径300mm 或 400mm、高1500mm 的圆筒组成。扩散器由 5~6 段组成，每段装着按180°扭曲的固定螺旋板，上下相邻段的螺旋方向相反。

双螺旋和三螺旋曝气器一般每台由三节组成。双螺旋曝气器每节有二个圆柱形通道(称二通道)，三螺旋曝气器则有一个圆柱形通道(称三通道)。每个通道内均有180°扭曲的固定螺旋叶片。在同一节螺旋中叶片的旋转方向相同，相邻二节中的螺旋叶片旋转方向相反。曝

266

气器节与节之间的圆柱形通道相错60°或90°，双螺旋和三螺旋均有椭圆形过渡室，用以收集、混合和分配流体。固定螺旋空气扩散器结构示意图见图9-85。

空气由底部进入曝气筒，形成气、水混合液在筒内反复与器壁碰撞，迂回上升。由于空气喷出口口径大，故不会堵塞；水气混合剧烈，氧的吸收率高；该型扩散器可均匀布置在池内，污水混合好，不会发生污泥沉积池底的现象。

其适用范围为：

① 城市污水和各种工业污水的活性污泥法曝气处理；

② 可用于污水调节池的预曝器，防止大颗粒泥沙沉积。

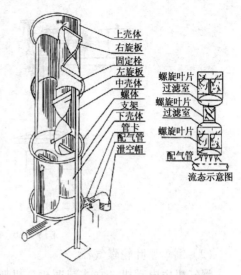

图9-85 固定螺旋空气扩散器结构示意图

9.71 机械曝气形式与设备有哪些？

机械曝气是用安装于曝气池表面的表面曝气机来实现的。常用的机械曝气形式与设备列于表9-15。

表9-15 机械曝气形式与设备

竖式曝气机	泵型叶轮曝气器	充氧量及动力效率较高，但加工复杂，易堵塞
	倒伞型叶轮曝气器	充氧动力效率高于平板型，但充氧能力稍低，制作较平板型复杂
卧式曝气机	转刷型表面曝气器	不锈钢丝或板条嵌置于横轴上，电动机驱动，转刷转动时将空气中的氧导入水中。转刷浸没深度10~15cm；转速40~100r/min；进氧量与转刷线速度的2.6次方成正比；平均动力效率1.5~2.0kgO₂/(kW·h)
	转碟型表面曝气器	转碟是转碟曝气机的核心部件，直接关系到曝气机的曝气效率。转碟型转盘表面有梯形的凸块，圆形凹坑，借此来增大带入混合液中的空气量，增强切割气泡，推动混合液的能力，转盘的安装密度可以调节，便于根据需氧量调整机组上转盘的安装数量，每个转盘可独立拆装，方便维护保养

9.72 什么是竖式曝气机？竖式曝气机有哪些类型？

竖式曝气机的转动轴与水面垂直，装有叶轮，当叶轮转动时，使曝气池表面产生水跃，把大量的混合液水滴和膜状水抛向空气中，然后挟带空气形成水气混合物回到曝气池中，由于气水接触界面大，从而使空气中的氧很快溶入水中。我国目前应用的这类表曝机有泵型、倒伞型、K型叶轮型。

（1）泵型叶轮曝气器

泵（E）型表面曝气机由电动机、传动装置和曝气叶轮三部分组成。泵型表面曝气机的工作原理和性能与水泵相似，通过叶轮旋转，使水急剧上下循环而形成强大回流，使液面不断更新与空气接触而充氧，具有动力效率较普通倒伞曝气机高、充氧量高、提升力强和结构简单等优点。

按叶轮浸没度可调与否分为可调式与不可调式。其中可调式为用调节手轮通过调节机构调节叶轮的浸没度或采用螺旋调节器调整整机的高度，从而调整叶轮浸没度。泵型叶轮曝气器示意图如图9-86所示。

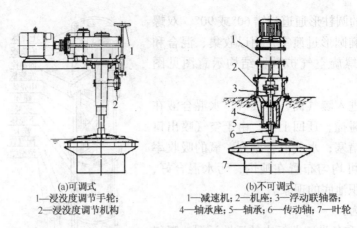

(a)可调式
1—浸没度调节手轮;
2—浸没度调节机构

(b)不可调式
1—减速机;2—机座;3—浮动联轴器;
4—轴承座;5—轴承;6—传动轴;7—叶轮

图9-86 泵型叶轮曝气器示意图

(2) 倒伞型叶轮曝气器

曝气机由电动机、立式减速机、机架、连轴器、主轴、倒伞型叶轮和控制柜等组成。倒伞型叶轮由圆锥形壳体及连接在外表面的叶片所组成,转速在30~60r/min,动力效率为2~2.5kgO$_2$/kW·h。倒伞型叶轮曝气器具有结构简单、运行平稳、无堵塞、维修方便等优点。倒伞型叶轮曝气器与结构图见图9-87。

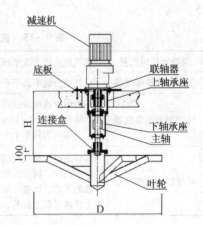

图9-87 倒伞型叶轮曝气器与结构示意图

(3) K型叶轮表面曝气机

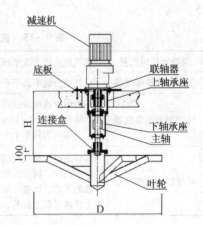

图9-88 K型曝气叶轮结构
1—法兰;2—盖板;3—叶片;4—后轮盘;
5—后流线;6—中流线;7—前流线

K型曝气叶轮结构如图9-88所示,主要由后轮盘、叶片、盖板和法兰组成。后轮盘近似于圆锥体,锥体上的母线呈流线型,与若干双曲率叶片相交成水流通道。通道从始端至末端旋转90°。后轮盘端部外缘与盖板相接,盖板大于后轮盘及叶片,其外伸部分与后轮盘出水端构成压水罩,无前轮盘。

K型叶轮叶片数随叶轮直径大小不同而不同,叶轮直径越大则叶片数越多。根据高效率离心式泵最佳叶片数目的理论公式,1000mm叶轮的较佳叶片数为20~30片。理论上叶片越多越好,考虑到叶轮的阻塞,推荐的叶轮直径与叶片数的关系如表9-16所示。

表 9 – 16　叶轮直径与叶片数的关系

叶轮直径/m	200 ~ 300	500	600 ~ 1000	1200
叶片数/片	12	14	16	18

9.73　什么是卧式曝气机？卧式曝气机有哪些类型？

卧式曝气机的转动轴与水面平行，在垂直于转动轴的方向装有不锈钢丝（转刷）或板条，用电机带动，转速在 40 ~ 100r/min，淹没深度为 1/4 ~ 1/3 转刷直径。转动时，钢丝或板条把大量液滴抛向空中，并使液面剧烈波动，促进氧的溶解；同时在运转时推动混合液在池内回流，促进溶解氧的扩散。卧式曝气机主要用于氧化沟，设备运转时，池中的流体速度应保持在 0.3m/s。

（1）转碟

建设部于 2008 年 8 月批准发布了《转碟曝气机》（CJ/T 294—2008）城镇建设行业标准，标准对于转碟曝气机在不同浸没深度下的充氧性能要求如表 9 – 17 所示。

表 9 – 17　不同浸没深度下的充氧性能要求

转碟直径/mm	浸没深度/mm	单盘标准氧转移速率/(kg/h)	标准充氧效率/(kgO₂/kW·h)
≥1400	400	>0.8	>1
	500	>1	>1.5

转碟主要由驱动装置、碟片以及配套设施组成，图 9 – 89 为转碟结构示意与设备图。

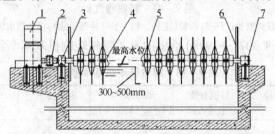

图 9 – 89　转碟结构与设备图

1—驱动装置；2—弹性联轴器；3—首部轴承座；4—转轴；5—碟片；6—防溅板；7—尾部轴承座

装有转碟曝气设备的氧化沟应有以下配套设施：

① 导流墙

为使水流在氧化沟弯路处保持平衡状态，流速分布均匀，能量损失减少，需在转弯处设置导流墙。

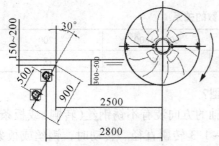

② 导流板

转碟曝气机下游距转轴中心 2.5～3m 安装导流板。导流板上缘距水面 150～200mm，与水平面夹角 45°～60°，多为 60°。板宽 900mm，长度与氧化沟宽度同。导流板可将经过曝气的混合液引向氧化沟底部，从而加大沟底液体流速，延长气泡在混合液中的停留时间，提高充氧效率，避免底部污泥沉积。导流板与转碟曝气机安装位置关系见图 9-90。

图 9-90　导流板与转碟曝气机安装位置关系

（2）转刷曝气机

曝气机主轴上均匀布置着刷片，转刷在驱动装置的传动下旋转，刷片与水接触，将水抛入空中，形成水跃，充分与空气接触，空气迅速溶入水中，完成充氧过程。同时刷片对水的推动作用确保池底有 0.15～0.3m/s 的流速，使活性污泥处于悬浮迁移状态，与进水混合良好，转刷设备见 9-91。

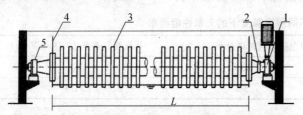

图 9-91　转刷曝气机

1—减速机；2—双载联轴器；3—转刷轴（主轴、轴头、叶片等组成）；4—挡水板；5—尾轴承支座

《曝气转刷机》（CJ/T 3071—1998）给出的有关曝气转刷机基本参数见表 9-18。

表 9-18　曝气转刷机基本参数

参数型号	转刷直径/mm	转刷有效长度/m	动力效率/[kgO$_2$/(kW·h)]	电机功率/kW	充氧能力/(kgO$_2$/h)	最大浸水深度/mm
ZB700/3000		3		7.5	12	
ZB700/4500	700	4.5	≥1.6	11	17	240
ZB700/6000		6		15	23	
ZB71000/3000		3		15	24	
ZB100/6000	1000	6	≥1.65	22	34	300
ZB1000/7500		7.5		30	48	
ZB1000/9000		9	≥1.7	37	60	

9.74　目前在用的鼓风曝气装置还有哪些其他的形式？

为了运行的方便，在原有曝气器的基础上，进行了曝气装置构造的改进，在工程中出现一些新的曝气装置。

1. 可提升管式微孔曝气器

（1）采用抗浮力技术、两头四点同时进气、悬挂可提升方法安装。

（2）曝气均匀、气泡细小、氧利用率高、动力效率高。

（3）有较好的流速、流态，阻力小、能耗低。

（4）曝气时曝气器会产生左右摆动，可减少池底污泥沉积，减少死区现象，增加了曝气面积，提高了充氧能力。

（5）安装方便，池内有水无水均可安装，池内无需其他配置，长时间曝气如需维修，可自由提升维修，无需放水、无需关停风机，不影响正常运行。

（6）产品规格

可提升管式微孔曝气器外径65mm，长度2000mm；2根/套，每套长为4000mm，通气量 $20 \sim 40m^3/(套 \cdot h)$，每套服务面积 $4 \sim 8m^2$。可提升管式微孔曝气器与结构见图9-92。

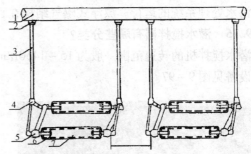

图9-92 可提升管式微孔曝气器与结构示意图

1—进气分管；2—三通；3—进气软支管；4—进气分枝件；5—固定垂直连接管；6—卡箍；7—管式曝气器

2. 下垂式曝气装置

可变微孔下垂式曝气装置是根据水中氧气的转移原理及目前各种充氧曝气装置的特点而开发出来的，曝气装置具有溶氧效率高、检修方便、操作可靠的优点。其空气支管装在池体水面以上，避免与污水接触，不易被腐蚀。曝气器再通过连接管与空气支管相连接。下垂式曝气装置见图9-93。

目前该曝气装置已有示范工程，使用情况见图9-94。

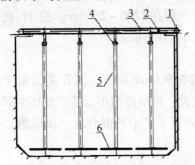

图9-93 下垂式曝气装置结构示意图

1—空气主管；2—阀门；3—水平曝气支管；
4—活接头；5—垂直曝气支管；6—微孔曝气器

图9-94 下垂式曝气装置在工程中的应用

3. 上浮式曝气装置

曝气单元是采用一条空气支管伸入池底，在池底部通过"丰"字型空气支管分别与管式曝气器相连组成。在"丰"字型平台的另一端设一条支管作为辅助支撑，支撑水管上端铰接于池顶面的池体上。空气支管、支撑管的底端在池底部有定位的结构，以保证每个单元的确定位置。上浮式曝气装置示意图见图9-95。

4. 柔性曝气装置

漂浮式曝气悬链技术是对引进的德国百乐克

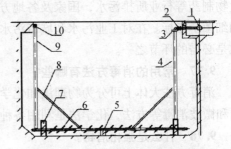

图9-95 上浮式曝气装置示意图

1—风机空气主管道；2—阀门；3—法兰；
4—曝气支管；5—曝气平台支撑；6—微孔曝气管；
7—定位支墩；8—加强筋；9—支撑管；10—连接销

悬链曝气技术加以改进而成。其装置主要有可变微孔曝气管、漂浮链。此类曝气系统没有水下固定部件，移动部件和易老化部件都很少。在选择设备和材料时，均采用耐用的材料。系统运行时既不需要任何易损的探测器，也不需要任何复杂的控制系统，运行管理方便。维修时只需将曝气链下的曝气器提起即可，不用排干池中的水。当曝气器必须维修时，也不影响整个污水处理系统的运行。漂浮式曝气结构在百乐卡工艺中的应用见图9-96。

9.75 潜水搅拌器有哪些分类？

潜水搅拌机的转速范围一般为15～1450r/min，可按转速分为低速型和高速型。潜水搅拌器设备见图9-97。

图9-96 漂浮式曝气器在百乐卡工艺中的应用

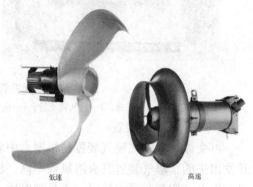

低速　　　　　高速

图9-97 潜水搅拌器设备

（1）低速型

其中低速型转速在15～120r/min，叶轮直径大，一般在1200～2500mm之间；直径大于1800mm的最为常用，其功能则突出地表现在推动水力循环方面。

（2）高速型

高速型转速300～1450r/min，叶轮小，直径通常在900mm以下，其作用偏重于混合搅拌。其特点是：流速高、紊流强烈、流场的流速梯度大、作用范围小，适于池体空间小或对GT值有一定要求、以混合为主的处理单元，如物化处理工艺中的混合池、反应池，生化处理系统中的选择池、厌氧池等。

9.76 消毒的目的是什么？

消毒的目的主要是利用物理方法或化学方法杀灭水中的细菌、病毒和病虫卵等致病微生物，以防止其对人类及畜禽的健康产生危害和对环境造成污染。对于医院污水、屠宰工业及生物制药等行业所排污水，国家及各地方环保部门制定的污水排放标准中都规定了必须达到的细菌学指标。在对工业污水和城市污水二级处理后排放前或深度处理后回用时，消毒处理也是必需的环节之一。

9.77 常用的消毒方法有哪些？

消毒方法大体上可分为物理法和化学法两大类。物理法主要有加热、冷冻、辐射、紫外线和微波消毒等方法，化学法是利用各种化学药剂进行消毒。

9.78 什么是强化消毒？

强化消毒一般指采用两种以上消毒剂来加速或提高消毒作用的方法。例如：在氯消毒过程中同时投入一定量的KI或KBr，不仅可以提高消毒效果，还可节省投氯量，整个消毒费用也可有所降低。

9.79　常用的消毒设备和装置有哪些？

①臭氧发生器；②次氯酸钠发生器；③二氧化氯发生器；④加氯机；⑤紫外光发生器。

9.80　制取臭氧有哪些方法？

（1）光化学法

光波中的紫外光会使氧分子分解并聚合为臭氧，大气上空的臭氧层即是由此产生的。人工生产臭氧即采用光电法，产生出波长 $\lambda = 185nm$ 的紫外光谱，这种光最容易被 O_2 吸收而达到产生臭氧的效果。光化学法产生臭氧的优点是纯度高，对湿度温度不敏感，具有很好的重复性。

（2）电化学法

利用直流电源电解含氧电解质产生臭氧气体的方法。80 年代以前，电解液多为水内添加酸盐类电解质，电解面积小，臭氧产量低。由于人们在电极材料、电解液与电解机理过程方面大量的研究，生产技术取得了很大进步，现在已经能够利用纯水电解得到高浓度臭氧。

电解法产生臭氧具有浓度高，成分纯净、水中溶解度高的优势，将会有较好的应用前景。

（3）电晕放电法

电晕放电法是模仿自然界雷电产生臭氧的方法，通过人为的交变高压电场在气体中产生电晕，电晕中的自由高能离子离解 O_2 分子，经碰撞聚合为 O_3 分子。

电晕放电型臭氧发生器是目前应用最广泛、相对能耗较低、单机臭氧产量最大、市场占有率最高的臭氧发生装置。世界上现在单机产量最高的达 300kg/h，就是使用电晕放电原理，这种方法的能耗一般为氧气源 $6 \sim 7kW \cdot h/kgO_3$、空气源 $14 \sim 16kW \cdot h/kgO_3$。

9.81　臭氧消毒特点有哪些？臭氧水处理的影响因素有哪些？

臭氧消毒特点有：主要靠·OH 基团的作用，其氧化作用极强（$E_0 = 3.06V$）。但作为消毒剂，由于臭氧在水中不稳定，易散失，因此在 O_3 消毒之后，往往需要投加少量的氯等以维持水中剩余消毒剂。臭氧消毒的副产物比氯消毒时少，但也有可能产生三卤甲烷、溴酸盐等副产物，此外臭氧消毒的生产设备复杂，投资较大，电耗也较高。

臭氧水处理的影响因素有：

（1）水质影响

主要是水中含 COD、悬浮固体、色度对臭氧消毒的影响。

（2）臭氧投加量和剩余臭氧量

剩余臭氧量像余氯一样在消毒中起着重要的作用，在饮用水消毒时要求剩余臭氧浓度为 0.4mg/L，此时饮用水中大肠菌可满足水质标准要求。在污水消毒时，剩余臭氧只能存在很短时间，如在二级出水臭氧消毒时臭氧存留时间只有 $3 \sim 5min$。所测得的剩余臭氧除少量的游离臭氧外，还包括臭氧化物、过氧化物和其他氧化剂，在水质好时游离的臭氧含量多，消毒效果最好。

（3）接触时间

臭氧消毒所需要的接触时间是很短的，但这一过程也受水质因素的影响，研究发现在臭氧接触以后的停留时间内，消毒作用仍在继续，在最初停留时间 10min 内臭氧有持续消毒作用，30min 以后就不再产生持续消毒作用。

（4）臭氧与污水的接触方式

臭氧与污水的接触方式对消毒效果也会产生影响，如采用鼓泡法，则气泡分散的愈小，臭氧的利用率愈高，消毒效果愈好。气泡大小取决于扩散孔径尺寸、水的压力和表面张力等因素，机械混合器、反向螺旋固定混合器和水射器均有很好的水气混合效果，可用于污水臭氧消毒。

9.82　什么是紫外消毒技术？

紫外(UV)消毒技术是利用特殊设计制造的高强度、高效率和长寿命的 C 波段 254nm 紫外光发生装置产生的强紫外光照射水流，使水中的各种病原体细胞组织中的 DNA 结构受到破坏而失去活性，从而达到消毒杀菌的目的。和氯法相比，UV 消毒操作简单、费用少。

9.83　影响紫外线消毒的因素有哪些？

（1）紫外透光率

紫外透光率是反映污水透过紫外光能力的参数，它是设计紫外消毒系统尺寸的重要依据。一般来说，随着消毒器深度的增加紫外透光率降低，另外，当溶液中存在着能够吸收或散射紫外光的化合物或粒子时，紫外透光率值也会降低，这就使得用于消毒的紫外光能量降低。由于紫外剂量是紫外辐射强度与接触时间的乘积(其单位为 $mW \cdot s/cm^2$)，因而此时可以通过延长接触时间或增加紫外消毒系统中的紫外灯数目的方式来加以补偿。

（2）悬浮固体

悬浮固体是由数目、大小、结构、细菌密度和化学成分各异的粒子组成的，这些粒子通过吸收和散射紫外光使污水中的紫外光强度降低。由于悬浮固体浓度的增加同时伴随着粒子数目的增加，另外，有某些细菌还可吸附在粒子上，这种细菌不易受到紫外光的照射和化学消毒剂的影响，因而难被灭活，所以，用于紫外消毒的污水出水的悬浮固体浓度要严格控制。基于 100mL 水中含有 100 ~ 200 个粪大肠菌群的消毒要求，有专家推荐 TSS 应不超过 20mg/L。表 9 - 19 为污水处理工艺对紫外线处理出水水质的影响。

表 9 - 19　污水处理工艺对紫外线处理出水水质的影响

工　艺	紫外线透光率/%	悬浮物含/(mg/L)
初沉	5 ~ 25	50 ~ 150
铝盐强化一级处理	40 ~ 50	15 ~ 40
铁盐强化一级处理	25 ~ 45	15 ~ 40
氧化塘	30 ~ 50	15 ~ 50
SBR	45 ~ 65	10 ~ 30
生物膜	30 ~ 55	10 ~ 30
二级处理 + 过滤	65 ~ 85	<50

（3）粒子尺寸分布

尺寸 <10μm 的粒子容易被紫外光穿透，因而杀菌所需紫外光的剂量较低。尺寸在 10 ~ 40μm 之间的粒子可以被紫外光穿透，紫外需求量增加。而尺寸 >40μm 的粒子则很难被紫外光穿透，紫外需求量比较高。在实际生产过程中为了提高紫外光的利用率，应对二级处理出水过滤，去除掉大粒子之后再进行消毒处理。

（4）无机化合物

在污水的处理过程中，为了提高处理效果，有时会在某些池子中投加金属盐，以降低污水中磷的含量并控制气味。比较常用的是铝盐或铁盐絮凝剂。一般来说溶解性铝盐不影响紫外透光率，而且含有铝的悬浮固体对于紫外杀菌也没有阻碍作用。而水中的铁可直接吸收紫外光使消毒套管结垢，另外，铁还可以吸附在悬浮体或细菌凝块上，形成保护膜，妨碍紫外

274

线的穿透，这都不利于紫外光对细菌的灭活。

9.84　紫外消毒系统类型有哪些?

按水流边界的不同，紫外线消毒系统有两种方式：敞开重力式和封闭压力式。

1. 敞开式紫外线消毒系统

在敞开式 UV 消毒器中被消毒的水在重力作用下流经 UV 消毒器并灭活水中的微生物。敞开式系统又可根据紫外线灯是否接触水分为两种：浸没式和水上式。

（1）浸没式

又称为水中照射法，如图将外加同心圆石英套管的紫外线灯平行或垂直于水流方向置入水中，水从石英套管的周围流过，当灯管（组）需要更换时，使用提升设备将其抬高至工作面进行操作。该方式构造比较复杂，但紫外辐射能的利用率高、灭菌效果好且易于维修。浸没式紫外线消毒系统在应用中，与水流的方向有平行与垂直两种排列方式，如图 9 - 98 所示。

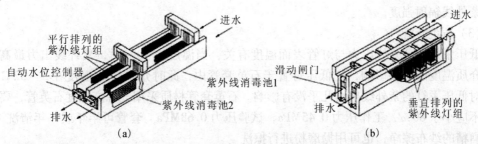

图 9 - 98　浸没式紫外线消毒系统

系统运行的关键在于维持恒定的水位，若水位太高则灯管顶部的部分进水得不到足够的辐射，可能造成出水中的微生物指标过高；若水位太低则上排灯管暴露于大气之中，会引起灯管过热并在石英套管上生成污垢膜而抑制紫外线的辐射。一般采用自动水位控制器（滑动闸门）来控制水位，在自动化程度要求不高的系统中，也可以采用固定的溢流堰来控制水位。

（2）水上式

又称为水面照射法，即将紫外灯置于水面之上，由平行电子管产生的平行紫外光对水体进行消毒。该方式较浸没式简单，但能量浪费较大、灭菌效果差，实际生产中很少应用。

2. 封闭式 UV 消毒器

属承压型，用金属筒体和带石英套管的紫外线灯把被消毒的水封闭起来，结构形式如图 9 - 99 所示。

目前，以封闭压力式使用居多。这种设计是由外筒、紫外线灯管、石英套管及电气设施等部分组成。筒体常用不锈钢或铝合金制造，内壁多作抛光处理以提高对紫外线的反射能力和增强辐射强度，还可根据处理水量的大小调整紫外灯的数量。在这

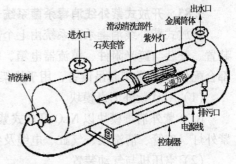

图 9 - 99　封闭式 UV 消毒器示意图

两种系统中，紫外线灯管都可以布置成同水流水平或垂直的方向上。这两种设计都适于装入现有典型的接触箱内。其中平行于水流的消毒系统的压头损失可能更小、水流形式更均匀，而垂直系统则可以使水流紊动，提高消毒效率。

（1）外筒

封闭式紫外线消毒器采用金属圆筒把消毒灯管和被消毒的水封闭起来。筒体一般用不锈钢或铝制造，其内壁多做抛光处理，以提高对紫外线的反射能力，增强筒体内的紫外线辐射强度，如内面进行特殊加工具有很高光洁度的316L不锈钢对紫外线的反射率可达85%。

（2）紫外线灯管

紫外线灯管是紫外线消毒器的核心部件，其作用是把电能转化为紫外线的光能。灯管内充有惰性气体和汞蒸气，低压紫外线灯管壳中的汞蒸气压力为0.8Pa。管壳用石英玻璃制造。管壳掺杂的石英玻璃对200nm以下紫外线有吸收能力，减少了紫外线灯管在使用过程中散发到空气中的臭氧量。臭氧对人有一定的危害，故建议紫外线消毒器使用低臭氧紫外线灯，低臭氧紫外线灯的臭氧产量很低，小于1mg/L，正常点燃1h后，距灯管正中线距离1m处采样的臭氧浓度，用碘化钾法测定低于0.3mg/m³。单灯管的消毒器内设一只灯管，灯管位于筒体断面的中央。多灯管的消毒器中灯管的布置原则，是使筒体断面内各点具有大体相同的紫外线辐射强度。

（3）石英套管

低压汞灯的紫外线出力与灯管表面温度有关，当温度为40℃时，紫外线出力最高。为避免介质温度的直接影响，把低压灯置于石英套管内，此时介质（水）温度在5~32℃内变化，对低压汞灯的紫外线出力几乎没有影响。石英套管材质采用气炼高强度石英管，要求透紫率不应小于80%，工作压力0.45MPa，试验压力0.68MPa。套管可半年或一年清洗一次，用浸酒精的纱布擦净，也可用抛磨粉进行擦洗。

（4）电气设施

一般包括电源、电压、灯管显示，事故报警、时间累积及开关等，以方便维护管理。低压紫外线灯的启动电流与普通日光灯相同，其选用的镇流器对灯管的工作状况影响很大，并消耗电能。产品标记均为40W、220V、50Hz，而内阻分别为40Ω和37Ω的两只镇流器，分别配用5只30W的紫外线灯，测定距灯管中心1m处的紫外线辐射强度，后面一组的高出前一组18%~30%。

封闭式也划分为敞开式和浸没式。敞开式消毒器适用于中、大水量处理，多用于污水处理厂。封闭式消毒器一般适用于中、小水量处理或有必要施加压力且消毒器不能在明渠中使用的情况。

9.85 开放式紫外线消毒杀菌系统一般由哪些部件构成？

开放式紫外线消毒杀菌系统由七个部分组成：微型吊车、紫外消毒模块、空压机与气动装置、安装与遮光附件、镇流器电箱、中央控制柜、水位控制装置。紫外消毒模块设备一般都会配备0.5t微型起吊设备，用于排架维修、维护时的吊装。

（1）NLQ紫外消毒模块

NLQ紫外消毒模块以NLQ开放式紫外C消毒排架为基本单位。排架主要由不锈钢框架、紫外灯、玻管、清洗架、气缸、电缆及各种密封件紧固件等。

（2）空压机与气动装置

设备配备有气动控制柜、空压机与水雾分离器。在气动控制柜内装有气源处理元件和气动控制元件，气动装置的气管与排架相连，在设定时间对玻管进行自动或手动清洗。

（3）安装与遮光附件

由安装梁与遮光板组成，为不锈钢304材料制成，可组装成安装框架，用于放置NLQ

紫外消毒模块。

（4）镇流器电箱

镇流器电箱主要安装有给灯管启动供电的镇流器，每个镇流器对应一个灯管。每台镇流器电箱还会配备一台空调作散热用。

（5）中央控制

中央控制柜主要由人机界面、PLC、回路控制元器件、数据采集通讯板、数据检测板等构成。整个系统控制以及数据采集显示均集成在人机界面上，并可提供扩展模块，实现远程智能控制。

（6）水位控制装置

水位控制装置主要的功能是确保水位漫过排架第一支灯管，且漫过的水位不得超过第一支灯管6cm，确保最佳的消毒效果。目前采用的水位控制装置主要包括固定式溢流堰、电动溢流堰门、拍门等。

9.86 紫外消毒灯有哪些种类？

紫外消毒灯有低压低强灯、低压高强灯和中压高强灯3种。目前，污水处理厂多采用低压高强灯和中压高强灯系统，使用时需根据实际情况进行技术经济比较。三种紫外消毒灯的比较见表9-20。

表9-20 三种紫外消毒灯的比较

灯型 比较内容	低压常规灯	低压高强灯	中压高强灯
特点	253.7nm >90% 灯管运行温度小于40℃；单根灯管紫外能输出：30～50W	253.7nm >90% 灯管运行温度小于100℃ 单根灯管紫外能输出：小于108W	200～300nm 消毒波段 灯管运行温度600～800℃ 单根灯管紫外能输出：420W以上
适用水质	SS ≤ 20mg/L、UVT（穿透率）≥50%	SS ≤ 20mg/L、UVT ≥50%	SS >20mg/L、UVT <50%
清洗方式	人工清洗/机械清洗	人工清洗/机械加化学清洗	机械加化学清洗
电功率消耗	较低	较低	较高
灯管更换费用比较	较高	较高	较低
水力负荷（m³/d. 根紫外灯）	100～200	250～500	1000～2000
应用	适用于小型污水处理厂	适用于中型污水处理厂	适用于大型或低质污水处理厂

9.87 紫外消毒装置的维护需要考虑的主要问题有哪些？

对于紫外消毒装置的维护而言，主要有两个问题需要考虑：紫外灯的寿命和石英套管结垢。

（1）寿命

在国外的消毒系统之中推荐使用的紫外灯替换时间大约是5000h，但在很多水厂中紫外灯的寿命超过了8000h，而我国国产的紫外灯的寿命比较短，一般为1000～3000h。在运行中当灯管的紫外线强度低于$2500\mu W/cm^2$时，就应该更换灯管，但由于测定紫外线强度较困难，实际上灯管的更换都以使用时间为标准。计数时除将连续使用时间累积之外，还需加上每次开关灯管对灯管的损耗，一般开关一次按使用3h计算。

（2）结垢

一般应每3个月对石英套管清洗一次，清洗时，先用纱布蘸酒精擦洗，然后用软布擦净。国外已经成功开发出石英套管自动清洗系统，可以采用化学和机械方法进行清洗，节省劳动力。

9.88　在污水处理方面，对紫外线消毒强度有哪些要求？

《城镇给水和污水紫外线消毒设备》（GB/T 19857—2005）规定：城镇生活饮用水不小于 $40mW \cdot s/cm^2$；城镇污水不小于 $20mW \cdot s/cm^2$（一级 A）；城镇污水不小于 $15mW \cdot s/cm^2$（一级 B）；城镇污水不小于 $15mW \cdot s/cm^2$（二级标准）。《室外排水设计规范》（GB 50014—2006）规定：二级处理的出水为 $15 \sim 22mW \cdot s/cm^2$；再生水为 $24 \sim 30mW \cdot s/cm^2$。医院污水消毒常用紫外剂量为 $25 \sim 30mW \cdot s/cm^2$。

图9 - 100　明渠水下照射式
紫外线消毒系统

9.89　明渠型紫外线消毒系统由哪些构件组成？

紫外线消毒系统可采用明渠型或封闭型。明渠型比封闭型更容易监测和维护，对水流阻力也小。明渠水下照射式紫外线消毒系统如图 9 - 100 所示。紫外灯平行放置于支架上并浸没在水中。各模块之间彼此独立。每个模块可配置2、4、6、8 或 16 支紫外灯管，紫外线消毒系统若采用自动清洗则还要安装有清洗设施。污水重力流经紫外灯，渠道下游设水位控制器。

9.90　二氧化氯在污水处理中有哪些应用？

（1）水的消毒剂

二氧化氯的杀菌活性在很宽的 pH 范围内部比较稳定。当 pH 为 6.5 时，0.25mg/L 的二氧化氯和氯对大肠杆菌一分钟的灭杀率相似。pH 为 8.5 时，二氧化氯保持相同的灭杀效率，而氯气则需要 5 倍的时间，故二氧化氯对于高 pH 值水无疑是合适的消毒剂；二氧化氯同样能有效地杀死其他的传染性细菌，如葡萄球菌和沙门氏菌。

（2）对 THMs 的控制

THMs（三卤甲烷）被怀疑是致癌物质，它是在用氯气进行饮用水消毒时，水中溶解有机物被氯化而形成的有机衍生物。二氧化氯不会产生氯化反应，二氧化氯对 THMs 控制是其在被氯取代前就被氧化，THMs 的前体被二氧化氯氧化分解成小的分子，可以防止 THMs 的形成，从而确保水中 THMs 处于最低浓度。二氧化氯加入原水主要是为了消毒和氧化，然后自由氯或化合氯或二氧化氯作为消毒剂在过滤后加入，经过这样的氯化过程组合，THMs 可减少 50% ~ 70%。

（3）对水中酚类化合物的破坏

用氯气消毒时，生成氯化酚，导致有异味产生。二氧化氯能经济而有效地破坏水中的酚类，而且不形成副产物。当 pH 小于 10 时，1 份重量的苯酚可被 1.5 份的二氧化氯氧化成对苯醌；当 pH >10 时，3.3 份重量的二氧化氯能将 1 份重量的苯酚氧化成小分子量的二元脂肪酸；二氧化氯能彻底破坏氯酚，完全作用是一份氯酚要求七份二氧化氯，当 pH 值为 7 时，所有的酚都反应完全。

（4）氧化饮用水中的铁离子和锰离子

在 pH 大于 7.0 条件下，二氧化氯能迅速氧化水中的铁离子和锰离子，形成不溶解的化合物。

（5）藻类的控制

二氧化氯对藻类的控制主要是因为它对苯环有一定的亲和性，能使苯环发生变化。叶绿素中的吡咯环与苯环类似，二氧化氯也同样能作用于吡咯环，这样，植物新陈代谢终止，使得蛋白质的合成中断，这个过程不可逆，最终导致藻类死亡。

（6）二氧化氯在其他领域的应用

二氧化氯的化学性质非常活泼，一般在酸性条件下具有很强的氧化性。可氧化水中多种无机和有机物。

① 二氧化氯是唯一可以在较弱的碱性 pH 条件下氧化氰化物的氧化剂。二氧化氯可用于含氰污水的破氰处理，将氰化物（游离的氰化物和不稳定的金属－氰化物的络合物）氧化成为二氧化碳和氮气。用氯气来氧化氰化物时，易于形成极毒的易挥发的氯化氰气体（CNCl）；而用二氧化氯对氰化物进行处理时，不会形成氯化氰气体。

② 二氧化氯可用于对硫化物、有机硫气味的控制。

9.91 二氧化氯的制取方法有哪些？

二氧化氯的发生方法主要有化学法和电解法。

1. 化学法

化学法以氯酸盐为原料化学合成法生产 ClO_2 有十几种方法，基本上都是通过在强酸介质存在下还原氯酸盐制得的。

（1）亚氯酸钠法制备二氧化氯

$NaClO_2$ 具有氧化性，它在弱碱性溶液中是非常稳定的，然而在强碱性中加热，它会分解成 ClO_3^- 和 Cl^-，酸性条件下，ClO_2^- 分解成 ClO_2、ClO_3^- 和 Cl^-。盐酸－亚氯酸钠反应原理如下：

$$5NaClO_2 + 4HCl =\!=\!=\!= 4ClO_2 + 5NaCl + 2H_2O$$

（2）氯酸钠法制备二氧化氯

其氯酸钠－盐酸反应原理如下：

$$2NaClO_3 + 4HCl =\!=\!=\!= 2ClO_2 + Cl_2 + 2NaCl + 2H_2O$$

（3）化学法二氧化氯发生器的组成

二氧化氯发生器由反应系统、吸收系统、温控系统、原料供给系统、安全系统及投加系统等组成。将氯酸钠溶液与盐酸按一定比例通过原料投加系统输送到发生系统中，在特定温度条件下，反应生成二氧化氯和氯气的混合气体，经收集系统收集后，通过抽取系统直接进入消毒系统，投加比例可根据水质的不同，调整投加量。

2. 电解法

将一定浓度或饱和盐液加入电解槽阳极室，同时将清水加入电解槽阴极室，接通 12V 直流电源开始电解，即可产生 ClO_2、Cl_2、O_3、H_2O_2 等混合消毒剂，气体经水射器负压管路吸入水中消毒。其反应原理如下：

$$4NaCl + 8H_2O =\!=\!=\!= 2ClO_2 + Cl_2 + 4NaOH + 6H_2$$

电解产生的上述混合气体，是一种氧化能力很强的气体。但这种气体中二氧化氯的含量很低，而氯气的含量仍很高，所以仍会导致很多问题，例如产生三卤甲烷，影响饮用水处理的质量。

电解设备由电解槽、直流电源、盐溶解槽及配套管道、阀门、仪表等组成。

9.92　不同的次氯酸钠消毒方法应用有哪些适用范围？

（1）次氯酸钠消毒不宜用于人口稠密区内及大规模医院的污水消毒。可用于远离人口聚居区、规模较小的医院污水处理系统。

（2）漂粉精、漂白粉适用于规模＜300床的经济欠发达地区医院污水处理消毒系统。

（3）电解法次氯酸钠发生器适用于管理水平较高的医院污水处理消毒系统。

9.93　次氯酸钠消毒的运行管理有哪些要求？

（1）次氯酸钠溶液贮槽应使用聚氯乙烯板或玻璃钢材料制作，防腐蚀。

（2）在使用次氯酸钠溶液消毒时，必须注意保存条件，经常分析化验其有效氯含量，以便掌握有效氯的衰减情况。

（3）确定每次的最佳送货量和送货周期，减少氯的损失。

（4）商品次氯酸钠应在21℃左右的环境中避光贮存。

（5）漂白粉应贮存于干燥、阴凉通风的仓库中，防止日晒雨淋；应远离火种和热源，不可与有机物、酸类及还原剂共同存放。

（6）使用漂粉精消毒时，应放入溶药槽，加水配制成有效氯含量为 1%～5% 的溶液，静置澄清后使用上清液投加。

9.94　氯消毒系统一般由哪些部件组成？各有什么要求？

液氯消毒系统主要是由贮氯钢瓶、加氯机、水射器、电磁阀、加氯管道及加氯间和液氯贮藏室等组成。

1. 氯瓶

（1）一般情况下采用小容量的氯瓶。氯瓶一次使用周期应不大于3个月。

（2）单位时间内每个氯瓶的氯气最大排出量应符合下述规定：40L 的氯瓶为 750g/h；500kg 的氯瓶为 3000g/h。

2. 加氯机

采用液氯消毒时，必须采用真空加氯机，并将投氯管出口淹没在污水中。

3. 水射器

水射器负责产生特定的真空，以使氯气从气源系统通过加氯机，将气体溶解入水射器供水系统中形成溶液，并使溶液加入到投加点。

4. 加氯管道

（1）输送氯气的管道应使用紫铜管，输送氯溶液的管道宜采用硬聚氯乙烯管，阀门采用塑料隔膜阀。

（2）加氯系统的管路应设耐腐蚀的压力表，水射器的给水管上应设压力表。

（3）加氯系统的管道应明装，埋地管道应设在管沟内，管道应有一定的支撑和坡度。

5. 加氯间和液氯贮藏室

使用液氯消毒时应设液氯贮藏室和加氯间。

（1）加氯间

加氯间主要放置除氯瓶以外的加氯设备。加氯间内应有必要的计量、安全及报警等装置。加氯间门向外开，使用防爆灯照明和其他防爆电机电器，设排风扇，换气次数按 12 次/h 设。排风扇设在加氯间低处，并考虑室外环境，要远离人员活动场所。加氯间室内电气、管道、地面等应考虑防止氯气腐蚀。

(2) 液氯贮藏室

① 液氯贮藏室应尽量靠近投加地点。液氯贮藏室必须有吊装设备(使用40kg小瓶可不安装吊装设备)和磅秤。

② 液氯贮藏室应设可容纳氯瓶的水池,水池应保持一定水位,一旦氯瓶泄漏,应迅速将氯瓶推到水池中。

③ 液氯贮藏室直接通向室外的门要向外开,应设排风设备,通风口设在房间离地400mm处。照明使用防爆灯具,设置安全和氯气报警装置。

9.95 为什么SBR工艺要求使用滗水器?常用滗水器有哪些类型?

由于SBR工艺是周期排水,且排水时池中水位是不断变化的,为了保证排水时不扰动池中各层清水,且排出的总是上层,同时为了防止水面上的浮渣溢出,排水堰口始终处于淹没流状态。因此,SBR工艺要求使用滗水器。

滗水器按其结构形式主要有机械旋转式、虹吸式、套筒式、浮筒式等。

(1) 旋转式

旋转式滗水器由滗水堰口、支管、干管、可进行360°旋转的回转支撑、滑动支撑、驱动装置、自动控制装置等组成。工作时在驱动装置的作用下,滗水堰口以滗水器底部回转支撑中心线为轴向下作变速圆周运动,在此过程中SBR反应池中的上清液将通过滗水堰口流入滗水支管,再经滗水干管排出。滗水工作完成后,滗水堰口以滗水器底部的回转支撑中心线为轴向上作匀速圆周运动,使滗水堰口停在待机位置,待进水、生化反应、沉淀等工序完成后再进行下一次滗水过程。旋转式滗水器结构示意图如图9-101所示。

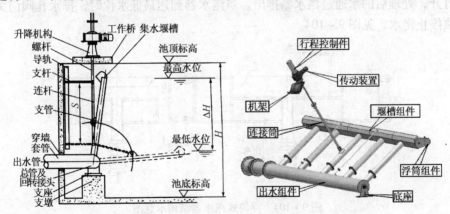

图9-101 螺杆传动旋转式滗水器结构示意图

(2) 虹吸式

虹吸式滗水器一般由电磁阀和虹吸管构成。在进水与曝气阶段,池内水位不断上升,短管内的水位也上升,但由于U型管中水封作用,管内空气被阻留而且受压。当池内水位到达最高设计水位时,短管内的水位也达到最高,但仍低于横管管底,U型管中上升管与下降管中的水位差达到最大,管内被阻留的空气的压力使短管内水位保持在横管管底以下。沉淀阶段过后,进入排水阶段,此时打开放气电磁阀门,管内空气被压出,池内上清液在水位差的压力作用下,从短管进入收集横管并通过U型管排出,直至到达最低水位。当排水开始后,关闭电磁阀,这样可保证池内水位低于横管时,仍能通过虹吸作用到达最低水位。虹吸式滗水器示意图见图9-102。

（3）套筒式

套筒式垂直升降滗水器一般由启闭机、滗水堰槽及伸缩导管等组成。运行时，启闭机带动可升降的堰槽运转，由可升降的堰槽引出管将水引至池外。见图9-103。

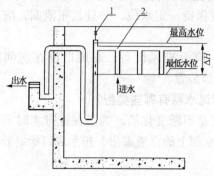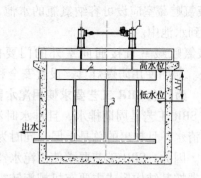

图9-102　虹吸式滗水器结构示意图　　　　　图9-103　套筒式滗水器结构示意图

1—驱动升降机构；2—滗水堰槽；3—套筒式排水管

（4）浮筒式

浮筒式滗水器主要由浮筒、伸缩软管、导轨、阀门等组成。其工作原理为：滗水器的浮筒高度随水面高度而变化，排水孔设置在水面下，可避免浮渣排出。当工作过程处于曝气阶段时，滗水器处在最高水位，排水孔在空气的压力下关闭以保证不排出混合液。排水时，空气阀打开，在滗水器的中间浮箱内外产生一个压力差，在这个压力差作用下，控制排水孔的弹簧阀打开，处理后的水通过滗水器排出。当滗水器到达最低水位时，排水孔阀门关闭，弹簧阀复位停止滗水，见图9-104。

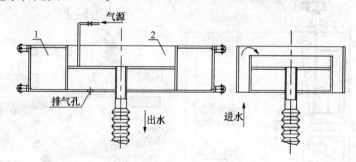

图9-104　浮筒式滗水器结构示意图

1—固定浮筒；2—中间浮箱

9.96　常用污泥脱水机的类型有哪些？各有什么特点？

常用污泥脱水机的类型有真空过滤脱水机、压滤脱水机、离心脱水机。

（1）真空过滤脱水机

真空过滤脱水机依靠抽真空，使滤布内外形成一定的压力差，即真空度，把液相吸走，固相过滤在滤布上。其优点是操作平稳、处理量大、整个过程可实现自动化，适用于各种污泥的脱水。缺点是脱水前必须进行预处理，附属设备多，工序复杂，运行费用也较高。真空过滤器分为转筒式、转盘式和水平式。

（2）压滤脱水机

利用空压机、液压泵或其他机械形成大于大气压的压差进行过滤的方式成为加压过滤，压滤的压差为 $0.3 \times 10^6 \sim 0.5 \times 10^6 Pa$，其基本原理与真空过滤类似，两者区别在于压滤使用正压，真空过滤使用负压。加压过滤经历了由间歇操作到连续操作的发展过程，以前使用较多的板框压滤机是人工间歇操作，与连续式真空过滤器相比，操作复杂，现在已有多种连续运行的压滤方法。

压滤脱水机有板框压滤机、厢式压滤机、隔膜式压滤机、带式压滤机等。与真空过滤机比，压滤机过滤能力强，可降低调理剂的消耗量和使用较便宜的、效率较差的药剂，甚至可以不经过预先调理而直接进行过滤脱水等优点。

（3）离心脱水机

污泥的离心脱水技术是利用离心力使污泥中的固体颗粒和水分离，离心机械产生的离心力场可以达到用于沉淀的重力场的1000倍以上，远远超过了重力沉淀池中的沉淀速度，因而可以在很短的时间内使污泥中很细小的颗粒与水分离，而且可以不加或少加化学调理剂。离心式脱水机对物化污泥、生化污泥、物化与生化混合污泥均能适应，特别适用于处理含油污泥和难于脱水的污泥，但不适于密度接近的固液分离。同时耗能高、高转速导致噪声大。

9.97 污泥脱水用离心机的类型有哪些？

在污泥脱水中应用较多的离心机有倾析型离心分离机、分离板式离心沉降机等。

倾析型离心分离机转筒转速为1200~8500r/min，一般离心系数小于2000，而且为适应处理不同量、不同污泥浓度和不同沉降速度的污泥的需要，都配有比转筒转速低5~100r/min的螺旋输送机。输送机和转筒转速的差值可以随时改变，使得难以分离的污泥也能得到较好的脱水效果。由于不使用滤网、滤布等滤料，因此不存在堵塞问题。从外形上分，倾析型离心分离机有圆筒型和圆锥型两类。

分离板式离心沉降机结构复杂，离心系数为700~12000，处理能力120~70000L/h。由于悬浮颗粒沉降距离较小，微小的颗粒也能被捕集，再通过转筒上的细孔连续排出，污泥可被浓缩5~20倍。因为转筒壁上的细孔直径为1.27~2.54mm，所以对污泥浓度和粒度有一定限制，通常需对原料污泥进行适当的筛分处理。

9.98 卧螺离心机工作原理是什么？有哪些基本结构？

卧螺离心机是利用固液两相的密度差，在离心力的作用下，加快固相颗粒的沉降速度来实现固液分离的。具体分离过程为污泥和絮凝剂药液经入口管道被送入转鼓内混合腔，在此进行混合絮凝（若为污泥泵前加药或泵后管道加药，则已提前絮凝反应），由于转子（螺旋和转鼓）的高速旋转和摩擦阻力，污泥在转子内部被加速并形成一个圆柱液环层（液环区），在离心力的作用下，密度较大固体颗粒沉降到转鼓内壁形成泥层（固环层），再利用螺旋和转鼓的相对速度差把固相推向转鼓锥端，推出液面之后（岸区或称干燥区）泥渣得以脱水干燥，推向排渣口排出，上清液从转鼓大端排出，实现固液分离。卧螺离心机工作原理见图9-105。

卧螺离心机主要由转鼓、螺旋、差速系统、液位挡板、驱动系统及控制系统等组成。离心脱水机最关键的部件是转鼓，转鼓的直径越大，脱水处理能力越大，但制造及运行成本都相当高，不经济。转鼓的长度越长，污泥的含固率就越高，但转鼓过长会使性能价格比下降。使用过程中，转鼓的转速是一个重要的控制参数，控制转鼓的转速，使其既能获得较高的含固率又能降低能耗，是离心脱水机运行好坏的关键。目前，多采用低速离心脱水机。在作离心式脱水机选型时，因转轮或螺旋的外缘极易磨损，对其材质要有特殊要求。新型离心脱水机螺旋外缘大多做成装配块，以便更换。

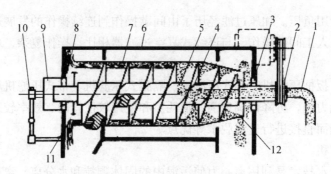

图 9 – 105　卧螺机工作原理图

1—进料管；2—三角皮带轮；3—右轴承；4—螺旋输送器；5—进料孔；6—机壳；

7—转鼓；8—左轴承；9—行星差速器；10—过载保护装置；11—溢流孔；12—排渣孔

9.99　板框式压滤机工作原理是什么？

待过滤的料液通过输料泵在一定的压力下，从压紧顶板端的进料孔进入到各个滤室，通过滤布，固体物被截留在滤室中，并逐步形成滤饼；液体则通过板框上的出水孔排出机外。随着过滤过程的进行，滤饼过滤开始，泥饼厚度逐渐增加，过滤阻力加大。当滤饼达到一定厚度或充满全框后，即停止过滤。打开板框，卸出滤饼，清洗滤布，重新装合，进行下一个循环。

9.100　板框压滤机的基本结构有哪些？设备选型时应考虑哪些因素？

板框压滤机一般由滤板、液压系统、压滤机框、滤板传输系统和电气系统等五大部分组成。板框压滤机基本结构见图 9 – 106。

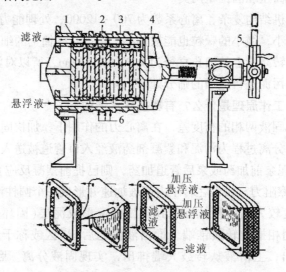

图 9 – 106　板框压滤机基本结构

1—止推板；2—滤框；3—滤板；4—压紧板；5—压紧轮；6—滤布

设备选型时，应考虑以下几个方面。

（1）对泥饼含固率的要求。一般板框式压滤机与其他类型脱水机相比，泥饼含固率最高，可达 35%，如果从减少污泥堆置占地因素考虑，板框式压滤机应该是首选方案。

（2）框架的材质。

（3）滤板及滤布的材质。要求耐腐蚀，滤布要具有一定的抗拉强度。

（4）滤板的移动方式。要求可以通过液压一气动装置全自动或半自动完成，以减轻操作人员劳动强度。

（5）滤布振荡装置，以使滤饼易于脱落。

与其他型式脱水机相比，板框式压滤机最大的缺点是占地面积较大；同时，由于板框式压滤机为间断式运行，效率低，操作间环境较差，有二次污染，国内大型污水处理厂已很少采用。近年大量开发研制工作，使其适应了现代化污水处理厂的要求，如通过 PLC 系统控制就可以实现系统全自运方式，其压滤、滤板的移动、滤布的振荡、压缩空气的提供、滤布冲洗、进料等操作全部可通过 PLC 远端控制来完成，大大减轻了工人劳动强度。

9.101　什么是厢式压滤机？

厢式压滤机与板框压滤机相比，工作原理相同，外表相似，但厢式压滤机的滤板和滤框的功能合二为一，一般为矩形，每块滤板的两个表面都呈凹形，依进料口的位置不同有多种结构形式，图 9 – 107 为其中滤板的一种。

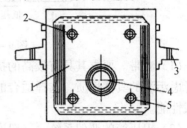

图 9 – 107　厢式压滤机滤板结构示意图
1—滤板；2—洗水入口；3—把手；
4—料浆入口；5—滤液出口

9.102　什么是隔膜式压滤机？隔膜式压滤机脱水过程有哪些？

隔膜式压滤机与目前普通厢式压滤机的主要不同之处就是在滤板与滤布之间加装了一层弹性膜。运行过程中，当入料结束时，可将高压流体介质注入滤板与隔膜之间，这时整张隔膜就会鼓起压迫滤饼，从而实现滤饼的进一步脱水。

脱水过程一般包括：进料脱水、反吹脱水、挤压脱水等过程。

（1）进料脱水

即一定数量的滤板在强机械力的作用下被紧密排成一列，滤板面和滤板面之间形成滤室，过滤物料在强大的正压下被送入滤室，进入滤室的过滤物料其固体部分被过滤介质（如滤布）截留形成滤饼，液体部分透过过滤介质而排出滤室。

（2）反吹脱水

进浆脱水完成后，压缩空气从压紧板端进入滤室滤饼的一侧透过滤饼，携带液体水分从滤饼的另一侧透过滤布排出滤室而脱水。

（3）挤压脱水

进浆脱水完成之后，压缩介质（如气、水）进入挤压膜的背面推动挤压膜使挤压滤饼进一步脱水。

9.103　带式压滤机的工作原理是什么？有哪些基本机构？选型时应注意哪些因素？

带式污泥脱水机又称带式压榨脱水机或带式压滤机，是一种连续运转的固液分离设备，分四个工作区：重力脱水区、加压脱水区、压榨脱水区、卸料区。污泥经过加脱水剂絮凝后进入压滤机的滤布上，依次进入重力脱水、低压脱水和高压脱水三个阶段，最后形成泥饼，泥饼随滤布运行到卸料辊时落下。

压滤机的工作原理是利用上下两条张紧的滤带夹带着污泥层，从一系列按规律排列的辊压筒中呈 S 形弯曲经过，依靠滤带本身的张力形成对污泥层的压榨力和剪切力，把污泥中的毛细水挤压出来，从而获得较高含固量的泥饼，实现污泥脱水。带式压滤机的工作原理如图 9 – 108 所示。

一般带式压滤脱水机由滤带、辊压筒、滤带张紧系统、滤带调偏系统、滤带冲洗系统和滤带驱动系统构成。选型时，应从以下几个方面考虑。

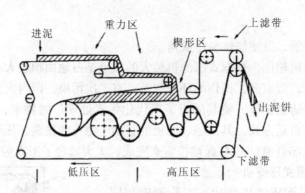

图 9 - 108　带式压滤机的工作原理

（1）滤带。要求其具有较高的抗拉强度、耐曲折、耐酸碱、耐温度变化等特点，同时还应考虑污泥的具体性质，选择适合的编织纹理，使滤带具有良好的透气性能及对污泥颗粒的拦截性能。

（2）辊压筒的调偏系统。一般通过气动装置完成。

（3）滤带的张紧系统。一般也由气动系统来控制。滤带张力一般控制在 0.3 ~ 0.7MPa，常用值为 0.5MPa。

（4）带速控制。不同性质的污泥对带速的要求各不相同，即对任何一种特定的污泥都存在一个最佳的带速控制范围，在该范围内，脱水系统既能保证一定的处理能力，又能得到高质量的泥饼。

带式压滤脱水机受污泥负荷波动的影响小，但出泥含水率较高。

9.104　转筒真空过滤脱水机的工作原理是什么？运行中有哪些影响因素？

图 9 - 109 为转筒真空过滤器的工作原理示意图。

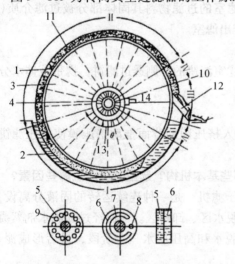

图 9 - 109　转筒真空过滤器的工作原理示意图
Ⅰ—滤饼形成区；Ⅱ—吸干区；Ⅲ—反吹区；Ⅳ—休止区；
1—空心转筒；2—污泥槽；3—扇形格；4—分配头；
5—转动部件；6—固定部件；7—与真空泵通的缝；
8—与空压机通的孔；9—与各扇形格相通的孔；
10—刮刀；11—泥饼；12—皮带输送器；
13—真空管路；14—压缩空气管路

转筒每旋转一周，依次经过滤饼形成区、吸干区、反吹区和休止区四个功能区，休止区主要起正压与负压转换时的缓冲作用。转筒式真空过滤机一般在 400 ~ 600mm 汞柱的真空下连续过滤，转筒一般以 0.3m/min 以下的线速度转动。真空过滤机的功率消耗约 1000W/m²，处理污泥的单耗约 5 ~ 8W/m³ 污泥。除了真空过滤主机以外，还需要配备调理剂投加系统、真空系统和空气压缩系统，有时还需要在污泥槽内设置搅拌设施。如果将转筒与污泥槽的间隙改为 40 ~ 50mm，可以取消搅拌设施。真空过滤机的脱水能力与污泥性质和污泥浓度有关，进泥浓度为 3% ~ 8% 时，处理生活污水污泥的脱水能力为 10 ~ 30kg 干固体/(m² · h)。转筒真空过滤机对消化污泥脱水时，泥饼的含水率约 60% ~ 80%；对单纯的活性污泥脱水时，真空过滤机的产率较低；如果与初沉池污泥或浮渣混合脱水，可提高过滤产率。

转筒真空过滤脱水机的影响因素有：

（1）污泥性质

污泥种类和调理情况对过滤性能影响很大，原污泥的浓度越大，过滤产率越高。但污泥含固量最好不超过 8%～10%，否则污泥的流动性较差，输送困难。另外污泥在真空过滤前的预处理及存放时间应该尽量短，贮存时间越长，脱水性能越差。

（2）真空度

真空度是真空过滤机的动力，真空度越高，泥饼的厚度越大、含水率越低。但滤饼厚度的增大又使过滤阻力增大，不利于脱水。一般来说，真空度增加到一定程度后，过滤速度的提高就会变得不明显，处理经过浓缩的污泥时更是如此。而且真空度的增加不仅加大动力消耗和运行费用，还容易使滤布堵塞和损坏。通常滤饼形成区的真空度约为 400～600mm 汞柱，吸干区的真空度约为 500～600mm 汞柱。

（3）转筒浸没深度

浸没深度大，滤饼形成区与吸干区的范围广，过滤产率高，但泥饼含水率也高。浸没深度浅，转筒与污泥的接触时间短，滤饼较薄、含水率也较低。

（4）转筒转速

转速高，过滤产率高，泥饼含水率也高，同时滤布的磨损也会加剧。转速低，滤饼含水率低，产率也低。因此，转筒的转速过高或过低都会影响脱水效果，一般转速范围为 0.7～1.5r/min，具体转速值需要根据污泥性质、脱水目标和真空过滤机转筒直径等因素综合考虑。

（5）滤布性能

滤布孔目大小决定于污泥颗粒的大小和性质。网眼太小，污泥固体回收率高、产率低，滤布容易堵塞，过滤阻力也大。网眼过大，过滤阻力小，但污泥固体回收率低，滤液浑浊。

9.105　污泥脱水机的日常管理注意事项有哪些?

（1）按照脱水机的要求，经常做好观测项目的观测和机器的检查维护。例如巡检离心脱水机时要注意观察其油箱油位、轴承的油流量、冷却水及冷却油的温度、设备的震动情况和电流表读数等，对带式压榨脱水机巡检时要注意其水压表、泥压表、油表等运行控制仪表的工作是否正常。

（2）定期检查脱水机的易磨损部件的磨损情况，必要时予以更换。带式压榨脱水机的易磨损部件有转辊、滤布等，离心脱水机的易磨损部件是螺旋输送器。

（3）发现进泥中的砂粒等硬颗粒对滤带、转筒或螺旋输送器造成伤害后，要立即进行修理，如果损坏严重，就必须予以更换。

（4）污泥脱水机的泥水分离效果受温度的影响较大，例如使用离心脱水机时冬季泥饼的含水率比夏季要高出 2%～3%，因此在冬季应加强污泥输送和脱水机房的保温，或增加药剂投加量、甚至有时需要更换效果更好的脱水剂。

（5）当脱水机停机前，必须保证有足够的水冲洗时间，以确保机器内部及外围的彻底清洁干净，降低产生恶臭的可能性。否则，如果出现积泥干化在机器上，粘结牢度很大，以后再冲洗非常困难，将直接影响下次脱水机的正常运行和脱水效果。

（6）脱水时经常观察和检测脱水机的脱水效果，如果发现泥饼含固量下降或滤液混浊，应及时采取措施予以解决。同时观察脱水机设备本身的运转是否正常,对异常情况要及时采取措施解决,避免脱水机出现大的问题。

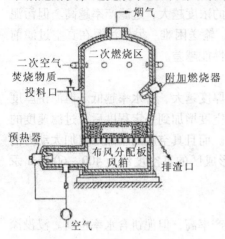

图9-110 流化床焚烧炉结构示意图

9.106 流化床焚烧炉的构造和特点有哪些?

流化床焚烧炉炉型结构简单,主体设备类似圆柱形塔体,下部设有空气分配板,塔内装填一定形状和数量的耐热粒状载体(通常使用粗石英砂等),可燃气体从下部通入,并以一定的速度通过分配板孔,进入炉内使载体"沸腾"呈流化状态。污泥从塔的上部投入,在流化床层内进行干燥、粉碎、气化后迅速燃烧,流化床内的温度为700~850℃。燃烧气从塔顶排出,尾气中夹带的载体颗粒和灰渣经过除尘器捕集后,载体颗粒可以再返回流化床内循环使用。流化床焚烧炉结构示意图见图9-110。

流化床内气、固相接触均匀,燃烧效率高,炉内床层温度均匀,容易操作控制。炉内热载体蓄热量大,当进泥量有波动时,仍可以保持稳定运行。流化床结构简单,机械传动部件少,维护检修工作量小。其缺点是进泥的颗粒粒度不能过大,否则需要进行粉碎处理;排出的粉尘量大,需要设置除尘设施。

9.107 卧式回转焚烧炉的构造和特点有哪些?

卧式回转焚烧炉为倾斜安装的旋转圆筒炉,特征是长度较长,直径与长度之比为1:(10~16),炉室的倾斜度为1/100~3/100,转速为0.5~3r/min,炉体内设有提升挡板,依靠挡板的作用,可将污泥在焚烧炉内破碎、搅拌,并在燃烧区的热气流的作用下进行干燥、着火、燃烧。按气流与污泥的行进方向的不同,回转式焚烧炉可分为并流式和逆流式两种,其中以逆流式最常见。焚烧时,将污泥从炉室前面的上方投入,在炉室的另一端烧火加热,使冷污泥与燃烧气逆流接触,利用燃烧气放出的湿热将污泥在炉室前部(约1/3长度)200~400℃的干燥区内干燥,然后进入燃烧区(后段约2/3长度)在700~900℃温度下进行燃烧,最后再进入1100~1300℃的高温熔融烧结区,实现完全燃烧。

卧式回转焚烧炉的优点是能适应污泥处理量、含水率及热值的变化,操作弹性较大,炉型结构简单,容易实现长周期连续运行。其缺点是热效率低(仅为40%左右),排放尾气中带有恶臭,需要设置脱臭炉对尾气进行二次焚烧脱臭。

9.108 多段立式焚烧炉的构造和特点有哪些?

多段立式焚烧炉又称耙式炉,是一个钢制圆筒炉,炉膛内衬耐火材料,一般由5~12个水平燃烧室组成。炉体分为三个操作区:上部两层为干燥区,其中温度为310~540℃;中部为焚烧区,其中温度为760~980℃;下部几层为温度260~350℃的灰渣冷却区(同时起对空气预热的作用)。炉中心有一个顺时针旋转的空心中心轴,此轴带动各段中心轴上的搅拌杆(即耙背)用以搅拌分散在各段上的固体物质,使这些固体物在1、3、5等奇数段从外向里落入下一段,而在2、4、6等偶数段从里向外落入下一段,从而实现将污泥搅拌、破碎、干燥、燃烧的目的。同时常温空气连续不断地进入中心轴的空心内,起到对中心轴冷却的作用以保持中心轴温度较低而能连续运行。

多段立式焚烧炉结构紧凑、操作弹性大,适用于各种污泥的焚烧处理。多段炉的污泥自上而下进行干燥和焚烧，焚烧后的气体在炉内上升，在顶部与处于干燥阶段的含水率为 65% ~75% 的泥饼逆向接触，对气体起到一定脱臭作用，因此排出的气体臭味较小，不必建造脱臭装置。其缺点是排出的气体中含有大量的飞灰，需要使用旋流分离器或文丘里水冲式洗涤器分离飞灰后再排放；而且机械设备较多，维护检修的工作量大，有时需要对产生的尾气进行二次燃烧处理。

第10章 污水处理常用药剂

10.1 废水处理中常用药剂的种类有哪些？

根据药剂用途的不同，可以分成以下几类：

（1）絮凝剂。也称混凝剂，用于初沉池、二沉池、气浮池及混凝深度处理等工艺环节，作为强化固液分离的手段。

（2）助凝剂。辅助絮凝剂强化混凝效果。

（3）破乳剂。有时也称脱稳剂，主要用于对含有乳化油的含油污水气浮前的预处理，其品种包括上述的部分絮凝剂和助凝剂。

（4）消泡剂。主要用于消除曝气或搅拌过程中出现的大量泡沫。

（5）pH调节剂。用于将酸性污水和碱性污水的pH值调整为中性。

（6）氧化、还原剂。用于含有氧化性物质或还原性物质、色度等工业污水的处理。

（7）消毒剂。用于在污水处理后排放或回用前的消毒处理。

10.2 絮凝剂的种类有哪些？

按照化学成分，絮凝剂可分为无机絮凝剂、有机絮凝剂以及微生物絮凝剂三大类。无机絮凝剂包括铝盐、铁盐及其聚合物。有机絮凝剂按照聚合单体带电集团的电荷性质，可分为阴离子型、阳离子型、非离子型、两性型等几种。

按来源可分为人工合成和天然高分子絮凝剂两大类。

在实际应用中，往往根据无机絮凝剂和有机絮凝剂性质的不同，把它们加以复合，制成无机有机复合型絮凝剂。

微生物絮凝剂则是现代生物学与水处理技术相结合的产物，是当前絮凝剂研究发展和应用的一个重要方向。

10.3 铝盐作为混凝剂的用途与使用条件有哪些？

铝盐作为混凝剂的物质主要有硫酸铝、明矾等，其用途与使用条件如表10-1所示。

表10-1 铝盐作为絮凝剂的用途与使用条件

混凝剂		水解产物	用途与适用条件
铝盐	硫酸铝 $Al_2(SO_4)_3 \cdot 18H_2O$	Al^{3+}、$[Al(OH)_2]^+$、$[Al_2(OH)_n]^{(6-n)+}$	（1）原理为压缩双电层、中和及降低胶体及乳化油、亲水性有机物表面电位； （2）混凝效果受pH影响较大： ① 破乳及去除水中有机物时，pH宜在4~7之间； ② 去除水中悬浮物时，pH值宜控制在6~8；
	明矾 $KAl(SO_4)_2 \cdot 12H_2O$	Al^{3+}、$[Al(OH)_2]^+$、$[Al_2(OH)_n]^{(6-n)+}$	③ 悬浮物高的水，pH值宜控制在6.5~8，适用水温20~40℃

10.4 铁盐作为混凝剂时的用途与使用条件有哪些？

铁盐作为混凝剂的物质主要有硫酸亚铁、三氯化铁等，其用途与使用条件如表10-2所示。

表 10-2   铁盐作为混凝剂的用途与使用条件

混凝剂	水解产物	用途与适用条件
三氯化铁 $FeCl_3 \cdot 6H_2O$	$Fe(H_2O)_6^{3+}$ $[Fe_2(OH)_n]^{(6-n)+}$	(1) 原理同铝盐。使用不受温度影响，絮体密实，沉淀效果好，用量比硫酸铝少； (2) 对金属、混凝土、塑料均有腐蚀性； (3) 亚铁离子须先经氧化成三价铁，当 pH 较低时须使用氯，pH 的适用范围宜在 7~8.5 之间；
硫酸亚铁 $FeSO_4 \cdot 7H_2O$	$Fe(H_2O)_6^{3+}$ $[Fe_2(OH)_n]^{(6-n)+}$	(4) Fe^{2+} 在 pH8.1~9.6 范围内效果稳定，絮体形成较快，较稳定，沉淀时间短

10.5   无机高分子混凝剂有哪些种类？其用途与适用条件有哪些注意的地方？

铝、铁和硅类等无机高分子混凝剂实际上是它们在水解、溶胶、沉淀过程生成的聚合体，即 Al(Ⅲ)、Fe(Ⅲ)、Si(Ⅳ) 的羟基和氧基聚合物。铝和铁是阳离子型荷正电，硅是阴离子型荷负电，它们在水溶态的单元分子量约为数百到数千，可以相互结合成为具有分形结构的集聚体。它们的凝聚－絮凝过程是对水中颗粒物的电中和与黏附架桥两种作用的综合体现。而水中悬浮颗粒的粒度在纳米到微米级，大多带负电荷，因此絮凝剂及其形态的电荷正负、电性强弱和分子量、聚集体的粒度大小是决定其絮凝效果的主要因素。

目前无机高分子絮凝剂的种类已有几十种，产量也达到絮凝剂总产量的 30%~60%，其中广泛使用的为聚合氯化铝。混凝剂用量应根据污水混凝沉淀试验结果或参照相似水质条件下的运行经验等，经综合比较确定。常用的混凝剂可按照表 10-3 采用。

表 10-3   常用高分子无机混凝剂及使用条件

	混凝剂	水解产物	适用条件
聚合盐类	碱式氯化铝 $[Al_2(OH)_nCl_n^{6-}]_m PAC$	$[Al_2(OH)_n]^{(6-n)+}$	(1) 无机高分子化合物，粘结架桥作用为主，受 pH 和温度影响较小，吸附效果稳定； (2) pH 适应范围为 5~9，一般不必投加碱剂；
	聚合硫酸铁 $[Fe_2(OH)_n(SO_4)_n^{6-}]_m PFS$	$[Fe_2(OH)_n]^{(6-n)+}$	(3) 混凝效果好，耗药量少，出水浊度低，色度小，原水高浊度时尤为显著

10.6   无机高分子絮凝剂有哪些特点？

目前开发的无机高分子絮凝剂有聚合铝、聚合铁、聚合硅酸和复合型无机高分子等种类。Al^{3+}、Fe^{3+}、Si^{4+} 的羟基和氧基聚合物都会进一步结合形成聚集体，在一定条件下，聚集体可保持在水溶液中，其粒度大致在纳米级范围，以此发挥凝聚、絮凝作用。若比较它们的反应聚合速度，Al < Fe < Si；同时由羟基桥联转为氧基桥联的趋势也按此顺序，因此，铝聚合物的反应较缓和，形态较稳定，铁的水解聚合物则反应迅速，容易失去稳定而发生沉淀，硅聚合物则更趋于生成溶胶及凝胶颗粒。

无机高分子絮凝剂的优点是它比传统絮凝剂如硫酸铝、氯化铁的效能更优异，而比有机高分子絮凝剂(OPF)价格低廉。现在它成功地应用在给水、工业污水以及城市污水的各种处理流程，包括预处理、深度处理中，逐渐成为主流絮凝剂。但是，在形态、聚合度及相应的凝聚、絮凝效果方面，无机高分子絮凝剂仍处于传统金属盐絮凝剂与有机高分子絮凝剂之间的位置，其分子量和粒度大小以及絮凝架桥能力比有机絮凝剂差，还存在进一步水解反应而造成不稳定性等问题。

10.7   什么是聚合氯化铝的盐基度？采取什么办法可以提高聚合氯化铝的盐基度？

聚合氯化铝(PAC)，又称碱式氯化铝，是一种多价电解质，聚合氯化铝 PAC 中某种形态的羟基化程度或碱化的程度就称为盐基度或碱化度。一般用羟铝摩尔比 $B = [OH]/[Al]$ 百分率表示。盐基度是聚合氯化铝 PAC 最重要的指标之一，与絮凝效果有十分密切的关系。原水浓度越高，盐度越高，则絮凝效果越好。归纳起来，在原水浊度 86～10000mg/L 范围内，聚合氯化铝 PAC 最佳盐基度在 40%～85%，且聚合氯化铝 PAC 的许多其他特性都与盐基度有关。聚合氯化铝（PAC）的有关指标见表 10-4。

表 10-4 聚合氯化铝（PAC）的有关指标

形　态	相对密度（20℃）	pH 值（1%水溶液）	Al_2O_3 含量/%	Fe_2O_3 含量/%	盐基度/%
液体	≥1.19	3.5～5.0	8.0～12.0	1.0～4.0	60～95
固体		3.5～5.0	27.0～32.0	2.0～6.0	60～95

盐基度越高，通常产品的絮凝作用越好。一般可在低盐基度产品中投加铝屑、铝酸钠、碳酸钙、碳酸铝、氢氧化钠凝胶、石灰等来提高盐基度。若考虑到不引入重金属和其他杂质，一般采用加铝屑和铝酸钠的方法，但成本要高于铝酸钙和铝灰，目前国内较多企业采用铝酸钙调整盐基度。

10.8 有机高分子絮凝剂的种类有哪些？常用的聚丙烯酰胺絮凝剂有哪些分类与应用？

有机高分子絮凝剂的种类有很多，多为含聚丙烯、聚乙烯等官能团物质，如聚丙烯酰胺、聚乙烯亚胺等。这些絮凝剂都是水溶性的线性高分子物质，每个大分子由许多包含带电基团的重复单元组成，因而也称为聚电解质。按照其所带电荷不同，可分为非离子型、阴离子型和阳离子型絮凝剂，包含带正电基团的为阳离子型聚电解质，包含带负电基团的为阴离子型聚电解质，既包含带正电基团又包含带负电基团，称之为非离子型聚电解质。

常用的聚丙烯酰胺有三种类型，即阳离子型 14～16、阴离子型 17～21 和非离子型 22～24。

目前使用较多的是阴离子型聚丙烯酰胺，对于悬浮物粒子带阳电荷、水的 pH 值为中性或碱性的污水，钢铁厂废水，电镀厂废水，冶金废水，洗煤废水等污水处理，效果最好，但往往不能单独使用，而是配合铝盐、铁盐使用。

阳离子型絮凝剂的功能主要是絮凝带负电荷的胶体物质，具有除浊、脱色功能。在酒精、味精、制糖、肉制品、饮料、印染等行业的废水处理中，用阳离子聚丙烯酰胺要比用阴离子聚丙烯酰胺、非离子聚丙烯酰胺效果好。

非离子型聚丙烯酰胺因分子内含阳离子基和阴离子基，它除了具备了一般阴离子、阳离子絮凝剂特点外，还有更优异的性能，可在大范围的 pH 值内与铁、铝盐合用来处理各类废水。

10.9 使用高分子有机絮凝剂有哪些注意事项？

有机高分子絮凝剂属于线团结构的长链大分子，在水中需经历一个溶胀过程，固体产品或高浓度液体产品在使用之前必须配制成水溶液再投加到待处理水中。配制水溶液的溶药池必须安装机械搅拌设备，溶药连续搅拌时间要控制在 30min 以上。水溶液的浓度一般为 0.1%左右，浓度太高，则溶液的黏度增大，投加困难；太低，需要的溶液池体积又会过大。溶药使用的水中应尽量避免含有大量的悬浮物，以避免有机高分子絮凝剂与这些悬浮物进行絮凝反应形成矾花，影响效果。

对固体有机高分子絮凝剂进行溶解时，固体颗粒的投加点一定要在水流紊动最强烈的地方，同时一定要以最小投加量向溶药池中缓慢投入，使固体颗粒分散进入水中，以防固体投加量太快在水中分散不及而相互粘结形成团块。

固体颗粒的投加点一定要远离机械搅拌器的搅拌轴，因为搅拌轴通常是溶药池中水流紊动性最差的地方，溶解不充分的有机高分子絮凝剂经常会附着在轴上，可以形成相当大的黏团，如果不及时认真地予以清理，黏团会越变越大，影响范围也就越来越大。

作为助凝剂时，一般要先在处理水中投加无机絮凝剂进行压缩双电层脱稳后，再投加有机高分子絮凝剂实现架桥作用。在无机絮凝剂投加充足的条件下，有机高分子絮凝剂的助凝效果不会因投加量的差异而有较大差别。因此，作为助凝剂时，有机高分子絮凝剂的投加量一般为 0.1mg/L。

固体有机高分子絮凝剂容易吸水潮解成块，必须使用防水包装，保存地点也必须干燥，避免露天存放。

10.10　什么是阴离子型聚丙烯酰胺的水解度？

阴离子型聚丙烯酰胺水解度是水解时 PAM 分子中酰胺基转化成羧基的百分比，但由于羧基数测定很困难，实际应用中常用水解比即水解时氢氧化钠用量与 PAM 用量的重量比来衡量。水解比过大，加碱费用较高；水解比过小，会使反应不足、阴离子型聚丙烯酰胺的混凝或助凝效果较差。一般将水解比控制在 20% 左右，水解时间控制在 2~4h。

10.11　影响絮凝剂效果的因素有哪些？

（1）水的 pH 值

水中的 H^+ 和 OH^- 参与絮凝剂的水解反应，pH 值影响絮凝剂的水解速度、水解产物的存在形态和性能。

（2）水温

水温影响絮凝剂的水解速度和矾花形成的速度及结构。混凝的水解多是吸热反应，水温较低时，水解速度慢且不完全，但低温对高分子絮凝剂的影响较小。使用有机高分子絮凝剂时，水温不能过高，高温容易使有机高分子絮凝剂老化甚至分解生成不溶性物质，降低混凝效果。

（3）水中杂质成分

水中杂质颗粒大小参差不齐对混凝有利，细小而均匀会导致混凝效果很差。杂质颗粒浓度过低往往对混凝不利，此时回流沉淀物或投加助凝剂可提高混凝效果。水中杂质颗粒含有大量有机物时，混凝效果会变差，需要增加投药量或投加氧化剂等起助凝作用的药剂。水中的钙镁离子、硫化物、磷化物一般对混凝有利，而某些阴离子、表面活性物质对混凝有不利影响。

（4）絮凝剂种类

絮凝剂的选择主要取决于水中胶体和悬浮物的性质及浓度。如果水中污染物主要呈胶体状态，则应首选无机絮凝剂使其脱稳凝聚，如果絮体细小，则需要投加高分子絮凝剂或配合使用活化硅胶等助凝剂。很多情况下，将无机絮凝剂与高分子絮凝剂联合使用，可明显提高混凝效果，扩大应用范围。对于高分子而言，链状分子上所带电荷量越大，电荷密度越高，链越能充分伸展，吸附架桥的作用范围也就越大，混凝效果会越好。

（5）絮凝剂投加量

使用混凝法处理污水，其最佳絮凝剂和最佳投药量通常要通过试验确定。一般普通铁盐、铝盐的投加范围是 10~100mg/L，聚合盐为普通盐投加量的 1/3~1/2，有机高分子絮凝剂的投加范围是 1~5mg/L。

（6）絮凝剂投加顺序

当使用多种絮凝剂时，需要通过试验确定最佳投加顺序。一般来说，当无机絮凝剂与有机絮凝剂并用时，应先投加无机絮凝剂，再投加有机絮凝剂。而处理杂质颗粒尺寸在 $50\mu m$ 以上时，常先投加有机絮凝剂吸附架桥，再投加无机絮凝剂压缩双电层使胶体脱稳。

（7）水力条件

在混合阶段，要求絮凝剂与水迅速均匀地混合，而到了反应阶段，既要创造足够的碰撞机会和良好的吸附条件让絮体有足够的成长机会，又要防止已生成的小絮体被打碎，因此搅拌强度要逐步减小，反应时间要足够长。

10.12　如何确定使用絮凝剂的种类和投加剂量？

絮凝剂的选择和用量应根据相似条件下的水厂运行经验或原水混凝沉淀试验结果，结合当地药剂供应情况，通过技术经济比较后确定。选用的原则是价格便宜、易得，净水效果好，使用方便，生成的絮凝体密实、沉淀快、容易与水分离等。

混凝的目的在于生成较大的絮凝体，由于影响因素较多，一般通过混凝烧杯搅拌试验来取得相应数据。混凝试验在烧杯中进行，包括快速搅拌、慢速搅拌和静止沉降三个步骤。投入的絮凝剂经过快速搅拌迅速分散并与水样中的胶粒相接触，胶粒开始凝聚并产生微絮体；通过慢速搅拌，微絮体进一步互相接触长成较大的颗粒；停止搅拌后，形成的胶粒聚集体依靠重力自然沉降至烧杯底部。通过对混凝效果的综合评价，如絮凝体沉降性、上清液浊度、色度、pH 值、耗氧量等，确定合适的絮凝剂品种及其最佳用量。

10.13　什么是助凝剂？其作用是什么？

在污水的混凝处理中，有时使用单一的絮凝剂不能取得良好的混凝效果，往往需要投加某些辅助药剂以提高混凝效果，这种辅助药剂称为助凝剂。常用助凝剂有氯、石灰、活化硅酸、骨胶和海藻酸钠、活性炭和各种黏土等。

有的助凝剂本身不起混凝作用，而是通过调节和改善混凝条件、起到辅助絮凝剂产生混凝效果的作用。有的助凝剂则参与絮体的生成，改善絮凝体的结构，可以使无机絮凝剂产生的细小松散的絮凝体变成粗大而紧密的矾花。

10.14　絮凝剂、助凝剂在污水处理中的应用有哪些？

污水处理中投加絮凝剂可加速污水中固体颗粒物的聚集和沉降，同时也能去除部分溶解性有机物。这种方法具有投资少、操作简单、灵活等优点，特别适合于处理水量小、悬浮杂质含量较大的污水。采用无机絮凝剂时，因为投药量大，产生的污泥量也大，所以实际应用中主要采用人工合成有机高分子絮凝剂，或采用无机絮凝剂与人工合成有机高分子絮凝剂相结合的方式。

（1）在污水的初级沉淀处理中，将有机高分子聚电解质与无机絮凝剂混合使用，要比它们各自单独使用效果更好。

（2）在用沉淀法去除水中带色有机胶体杂质时，可使用双电解质系统。先用带有高正电荷的阳离子型聚电解质使这些有机胶体脱稳，然后再用大分子量非离子型或阴离子型聚电解质使已脱稳的有机胶体絮凝成易沉淀的絮体。

（3）二次沉淀池中常使用阳离子型聚电解质作絮凝剂，如聚二甲基己二烯氯化铵或聚氨甲基二甲基己二烯氯化铵等，但其投加量要比在初次沉淀池中少一些。

（4）混凝处理还可以去除污水中的磷酸盐和重金属离子。同时，采用混凝处理后，可以使活性污泥阶段产生的污泥中无机物成分减少，提高活性污泥的生物降解功能。

（5）污水处理中使用的过滤、气浮等处理工艺中，通过使用无机絮凝剂和聚电解质助凝剂，可以提高出水水质。结合污水水质特点，絮凝剂可以单独使用，也可以多种絮凝剂复合使用或一主一辅复配使用（辅者作为助凝剂）。絮凝剂的选择可以通过烧杯静态试验初步筛选，再在生产装置上验证确定。

10.15　脱水剂与调理剂、絮凝剂、助凝剂的关系是什么？

（1）脱水剂是对污泥进行脱水之前投加的药剂，也就是污泥的调理剂，因此脱水剂和调理剂的意义是一样的。脱水剂或调理剂的投加量一般都以污泥干固体重量的百分比计。

（2）絮凝剂应用于去除污水中悬浮物，是水处理领域的重要药剂。絮凝剂的投加量一般以待处理水的单位体积内投加的数量来表示。

（3）助凝剂用在水处理领域作为絮凝剂的助剂时被称为助凝剂，同一种助凝剂在剩余污泥处理时一般不称助凝剂，而是统称为调理剂或脱水剂。

（4）脱水剂（调理剂）与絮凝剂、助凝剂的投加量都可以称为加药量。同一种药剂既可以在处理污水时应用为絮凝剂，又可以在剩余污泥处理过程中应用为调理剂或脱水剂。

10.16　污水处理中，消毒剂的选择应考虑哪些因素？

（1）杀菌能力强，杀菌谱广，作用快速；

（2）性能稳定，便于储存和运输；

（3）无毒无味，无刺激，无致畸、致癌、致突变作用；

（4）易溶于水，不着色，易去除，不污染环境；

（5）不易燃易爆，使用安全。

（6）受有机物、酸碱和环境因素影响小；

（7）作用浓度低，使用方便，价格低廉。

10.17　常用的消毒剂种类有哪些？各自的特点是怎样的？

常用的消毒剂有次氯酸类、二氧化氯、臭氧、紫外线辐射等。次氯酸类消毒剂有液氯、漂白粉、漂粉精、氯片、次氯酸钠等，主要是通过 $HOCl$ 起消毒作用。次氯酸类消毒剂的弱点是容易和水中的有机物生成氯代烃，而氯代烃已被确认为是对人体健康极为不利的，同时处理过的水会有一些令人不快的气味。存放环境要阴凉、通风和干燥，远离热源和火种，不能与有机物、酸类及还原剂共储混运，运输过程中要防止雨淋和日光曝晒，装卸时动作要轻，避免碰撞和滚动。

（1）次氯酸类消毒剂

消毒时往往发生的是取代反应，这也是使用次氯酸类消毒剂会产生氯代烃的根本原因，而臭氧和二氧化氯消毒时发生的是纯氧化反应，因而可以破坏有机物的结构，在杀菌的同时还可以提高污水的可生化性（BOD_5/COD），去除水中的部分 COD。

（2）二氧化氯消毒与臭氧或紫外线消毒相比，前者一次性投资低，运行费用高（大约 0.1 元/m^3）；后者一次性投资高，运行费用低（大约 0.02 元/m^3）。

（3）臭氧消毒和紫外线消毒可以在很短的时间内达到消毒的效果，经过臭氧消毒和紫外线消毒的二沉池出水或回用水细菌总数和总大肠菌群等微生物指标可以达到要求，但他们的缺点是瞬时反应，无法保持效果，抵抗管道内微生物的滋生和繁殖。因此在回用水系统使用这两种方法消毒时，往往需要在其出水中再投加 0.05~0.1mg/L 二氧化氯或 0.3~0.5mg/L 的氯，以保持管网末梢有足够的余氯量。

10.18　防止氯中毒的措施有哪些？

（1）操作人员的值班室要和加氯间分开设置，加氯间安装监测及警报装置，随时对其中的氯浓度进行监测。

（2）加氯间的底部必须安装强制排风设施，进气孔要设在高处。

（3）加氯间门外要备用检修工具、防毒面具和抢救器具等。照明和通风设备的开关也要设在室外，在进入加氯间之前，先进行通风。通向加氯间的压力水管必须保证不间断供水，并保持水压稳定，同时还要有应对突然停水的措施。加氯间内要设置碱液池，并定时检验，保证碱液随时有效。当发现氯瓶有严重泄漏时，戴好防毒面具，然后将氯瓶迅速投入碱液池中。

（4）当发现现场有人急性氯中毒后，要设法迅速将中毒者转移到具有新鲜空气的地方，对呼吸困难者，应当让其吸氧，严禁进行人工呼吸，可以用2%的碳酸氢钠溶液为其洗眼、鼻、口等部位，还可以让其吸入雾化的5%碳酸氢钠溶液。

10.19 使用液氯瓶时的注意事项有哪些?

（1）氯瓶内压力一般为 $0.6 \sim 0.8MPa$，不能在太阳下曝晒或靠近高温热源，以免气化时压力过高发生爆炸。液氯和干燥的氯气对铜、铁和钢等金属没有腐蚀性，但遇水或受潮时，化学活性增强，能腐蚀大多数金属，因此贮氯钢瓶必须保持 $0.05 \sim 0.1MPa$ 的余压，不能全部用空，以免进水。

（2）在气温较低时，氯瓶从空气中吸收的热量有限，液氯气化的数量受到限制时，需要对氯瓶进行加热。但切不可用明火、蒸汽直接加热氯瓶，也不宜使氯瓶温度升高太多或太快，一般可使用 $15 \sim 25℃$ 的温水连续淋洒氯瓶的方法对氯瓶加温。

（3）要经常用10%氨水检查加氯机与氯瓶的连接处是否泄漏，如果发现加氯机的氯气管出现堵塞现象，切不可用水冲洗，可以用钢丝疏通，再用打气筒或压缩空气将杂物吹掉。

（4）开启前要检查氯瓶的放置位置是否正确，一定要保证出口朝上，即放出来的是氯气而不是液氯。开氯瓶总阀时，要先缓慢开半圈，随即用10%氨水检查是否漏气，一切正常后再逐渐打开。如果阀门难以开启，不能用榔头敲击，也不能扳手硬扳，以防阀杆拧断。

10.20 使用次氯酸钠消毒时的注意事项有哪些?

（1）次氯酸钠在气温低于30℃时，每天损失有效氯 $0.1 \sim 0.15mg/L$；如果气温超过30℃，每天损失有效氯可达 $0.3 \sim 0.7mg/L$。由于次氯酸钠容易因阳光、温度的作用而分解，一般用次氯酸钠发生器就地制备后立即投加。

（2）次氯酸钠固体或溶液都不宜久存，而且必须在避光低温环境下存放。电解生产次氯酸钠溶液最好是使用多少，随时生产多少。如果为了具有一定储备量以备用，一般夏天储存时间不超过1d，冬天不超过7d。

10.21 二氧化氯的制备方法有哪些?

二氧化氯的制备方法有很多种，在水处理行业中，一般用氯、盐酸或稀硫酸与亚氯酸钠或氯酸钠反应的办法生产，还有使用次氯酸钠酸化后与亚氯酸钠合成二氧化氯。

使用氯和亚氯酸钠合成二氧化氯时，先调制 $pH < 2.5$ 的氯水溶液，再和一定量的10%亚氯酸钠溶液一起进入反应室，在反应室中充分混合和反应，生成二氧化氯。理论上，每10g 亚氯酸钠加3.9g 氯，可生成7.5g 二氧化氯。为了防止未起反应的亚氯酸钠被带入水中，通常要加入比理论值多的过量氯。

其他方法与上述方法的操作基本类似，为保证反应过程的安全性，酸和氯酸钠或次氯酸钠都配成水溶液，要加入过量的酸，以提高氯酸钠或次氯酸钠的转化率。生成的二氧化氯溶液可按照合适的投加量直接加到水中进行消毒。

10.22 使用二氧化氯时的注意事项有哪些?

(1) 在水处理中,二氧化氯的投加量一般为 $0.1 \sim 1.5mg/L$,具体投加量随原水性质和投加用途而定。当仅作为消毒剂时,投加范围是 $0.1 \sim 1.3mg/L$;当兼用作除臭剂时,投加范围是 $0.6 \sim 1.3mg/L$;当兼用作氧化剂去除铁、锰和有机物时,投加范围是 $1 \sim 1.5mg/L$。

(2) 二氧化氯是一种强氧化剂,其输送和存储都要使用防腐蚀、抗氧化的惰性材料,要避免与还原剂接触,以避免引起爆炸。

(3) 采用现场制备二氧化氯的方法时,要防止二氧化氯在空气中的积聚浓度过高而引起爆炸,一般要配备收集和中和二氧化氯制取过程中析出或泄漏气体的措施。

(4) 在工作区和成品储藏室内,要有通风装置和监测及警报装置,门外配备防护用品。

(5) 稳定二氧化氯溶液本身没有毒性,活化后才能释放出二氧化氯,因此活化时要控制好反应强度,以免产生的二氧化氯在空气中的积聚浓度过高而引起爆炸。

(6) 二氧化氯溶液要采用深色塑料桶密闭包装,储存于阴凉通风处,避免阳光直射和与空气接触,运输时要注意避开高温和强光环境,并尽量平稳。

10.23 臭氧在水处理中的应用有哪些?

臭氧和氯的氧化还原电位分别是 $2.07V$ 和 $1.36V$,因此,臭氧的氧化性仅次于羟基自由基·OH 和氟,是一种比氯性质更强烈的氧化剂和杀生剂,在水处理中可以作为氧化剂或消毒剂。

(1) 作为消毒剂消毒

其杀菌和除病毒效果较好,而且接触时间较短。臭氧消毒的最大特点是当水中含有有机物时,不会产生氯消毒时容易生成的有机氯化物一类有毒物质。而且由于臭氧的氧化力极强,不但可以杀菌,还可以除去水中的色味等有机物,即同时具有杀菌、除臭、去色、除酚等多种作用。由于其分解快而没有残留物质存在,因此特别适用于对微污染地表水为水源的饮用水消毒和污水深度处理出水的消毒。

(2) 作为氧化剂

利用臭氧的强氧化性,可以将污水中的等金属离子氧化到较高或最高氧化态,再加碱形成更难溶的氢氧化物沉淀从水中除去。当污水中含有氰化物、硫化物、亚硝酸盐等有毒还原性无机物时,可以使用臭氧氧化的方法,将其氧化为无毒或毒性较小的物质。

10.24 使用臭氧时的注意事项有哪些?

(1) 预防工作场所臭氧的超标情况发生。臭氧是一种有毒气体,对人体眼和呼吸器官有强烈的刺激作用,正常大气中的臭氧的体积比浓度,当空气中臭氧体积比浓度达到时,就会使人出现头痛、恶心等症状。《工业企业设计卫生标准》(GBZ1—2002)规定车间空气中 O_3 的最高允许浓度为 $0.3mg/m^3$。

(2) 臭氧极不稳定,在常温常压下容易自行分解成为氧气并放出热量。在空气中,臭氧的分解速度与温度和其浓度有关,温度越高,分解越快,浓度越高,分解越快。臭氧在水中的分解速度比在空气中的分解速度要快得多,水中的羟离子对其分解有强烈的催化作用,所以 pH 值越高,臭氧分解越快。因此不能贮存和运输,必须在使用现场制备。

(3) 臭氧具有强烈的腐蚀性,除铂、金、铱、氟以外,臭氧几乎可与元素周期表中的所有元素反应。因此凡与其接触的容器、管道、扩散器均要采用不锈钢、陶瓷、聚氯乙烯塑料等耐腐蚀材料或作防腐处理。

(4) 臭氧在水中的溶解度只有 $10mg/L$,因此通入污水中的臭氧往往不能被全部利用。

为了提高臭氧的利用率，接触反应池最好水深达到 5~6m，或使用封闭的多格串联式接触池，并设置管式或板式微孔扩散器散布臭氧。

10.25 污水处理对氧化剂和还原剂有哪些要求？常用的氧化剂和还原剂有哪些类型？

在污水处理实践中能够使用的氧化剂或还原剂必须满足以下要求：①对污水中希望去除的污染物质有良好的氧化或还原作用；②反应后生成的物质应当无害以避免二次污染；③价格便宜、来源可靠；④能在常温下快速反应、不需要加热；⑤反应时所需的 pH 值最好在中性，不能太高或太低。

在污水处理中常用的氧化剂类型有：①在接受电子后还原变成带负电荷离子的中性原子；②带正电荷的原子，接受电子后还原成带负电荷的离子，比如在碱性条件下，漂白粉、次氯酸钠等药剂中的次氯酸根二氧化氯接受电子还原；③带高价正电荷的原子在接受电子后还原成带低价正电荷的原子。

在污水处理中常用的还原剂类型有：①在给出电子后被氧化成带正电荷的中性原子，例如铁屑、锌粉等；②带负电荷的原子在给出电子后被氧化成带正电荷的原子，例如硼氢化钠中的硼元素为负5价，在碱性条件下可以将汞离子还原成金属汞，同时自身被氧化成正3价；③金属或非金属的带正电荷的原子，在给出电子后被氧化成带有更高正电荷的原子。

第11章 污水处理厂
有关设施的运行管理与操作

11.1 城市污水处理工程建设规模类别是如何划分的?

根据建设部、国家发改委建标[2001]77号文规定,建设规模类别以污水处理量计分为Ⅰ类、Ⅱ类、Ⅲ类、Ⅳ类、Ⅴ类污水处理厂,具体情况如下:Ⅰ类50~100万 m^3/d ;Ⅱ类20~50万 m^3/d ;Ⅲ类10~20万 m^3/d ;Ⅳ类5~10万 m^3/d ;Ⅴ类1~5万 m^3/d 。规模分类含下限值,不含上限值。

11.2 城市污水处理工程各系统主要建设内容有哪些?

(1)污水管渠系统:主要包括收集污水的管渠及其附属设施。

(2)泵站:主要包括泵房及设备、变配电、控制系统、通信及必要的生产管理与生活设施。

(3)污水厂:包括污水处理和污泥处理的生产设施、辅助生产配套设施、生产管理与生活设施。

(4)出水排放系统:包括排放管渠及附属设施、排放口和水质自动监测设施。

11.3 污水厂一般包括哪些生产设施?

(1)一级处理污水厂。污水一级处理一般包括除渣、污水提升、沉砂、沉淀、消毒及出水排放设施。强化一级处理时可增加投药等设施。污泥处理一般可包括污泥储存和提升、污泥浓缩、污泥厌氧消化系统、污泥脱水和污泥处置等设施。

(2)二级处理污水厂。包括污水二级处理和污泥处理设施。污水二级处理根据工艺的特点,可全部或部分包括污水一级处理所列项目及生物处理系统设施。污泥处理可与一级污水厂的内容相同,污泥的稳定可采用厌氧消化、好氧消化和堆肥等方法进行处理。

(3)污水深度处理厂。可由以下单元优化组合而成:絮凝、沉淀(澄清)、过滤、活性炭吸附、离子交换、反渗透、电渗析、吹脱、臭氧氧化、消毒等。

(4)其他。水质和(或)水量变化大的小型污水厂,可设置调节水质(或)水量的设施。污水厂可设置进厂水水质自动监测设施。一、二级处理的污水厂有条件时,应设置污水、污泥资源化工程设施。污水资源化应根据使用目的,采用适当的深度处理;污泥资源化主要是污泥消化产生的污泥气的利用,以及符合卫生标准的污泥的综合利用,资源化工程设施的内容应根据目标合理确定。

11.4 污水处理厂运行管理的一般要求有哪些?

(1)操作人员应熟悉相关的处理工艺和设施、设备的运行要求与技术指标。

(2)操作人员必须了解本厂处理工艺,熟悉本岗位设施、设备的运行要求和技术指标。

(3)各岗位应有工艺流程示意图、安全操作规程等,并应示于明显部位。

(4)操作人员应按要求巡视检查构筑物、设备、电器和仪表的运行情况,如进出水流是否通畅、曝气是否均匀、活性污泥颜色、二次沉淀池是否有污泥上浮或翻泥现象,各种机电设备的运转部位有无异常的噪声、温升、振动、漏电和胶轮脱胶等;同时还应观察各种仪表是否工作正常、稳定。

（5）根据规定要求对水质和污泥进行日常管理。

（6）应对各项生产指标、能源和材料消耗等进行准确计量。

（7）各岗位的操作人员应按时做好运行记录，数据应准确无误。如操作人员应及时准确地填写运行记录，要求记录字迹清晰、内容完整，不得随意涂改、遗漏或编造。技术人员应定期检查原始记录的准确性与真实性，做好收集、整理、汇总和分析工作。

（8）操作人员发现运行不正常时应及时处理或上报有关部门。

（9）各种机械设备应保持清洁，无漏水、漏气等情况发生。

（10）水处理构筑物堰口、池壁应保持清洁、完好。

（11）根据不同机电设备要求，应定时检查、添加、更换润滑油或润滑脂。

（12）应保持各种闸门井内无积水。

11.5 污水处理厂安全操作有哪些要求？

（1）各岗位操作人员和维修人员必须经过技术培训和生产实践，并考试合格后方可上岗。

（2）应在做好启动准备工作后进行设备的启动。

① 检查盘动联轴器是否灵活，间隙是否均匀，有无受阻和异常响声。

② 检查设备所需油质、油量是否符合要求。

③ 检查各种显示仪表是否正常。

④ 检查供配电设备、电机是否完好，电气设备绝缘性能是否合格，周围环境是否正常。

⑤ 检查其他各项条件是否具备。如果不具备，需待处理正常后，方可开机运行。

（3）当电源电压大于或小于额定电压5%时，不宜启动电机。电机的电源电压大于或小于额定电压的5%时，启动电机会使电机过热，电压越低，力矩越小。

（4）操作人员在启闭电器开关时，应按电工操作规程进行。

（5）空气中的沼气含量占5%～15%遇明火即发生爆炸，因此污泥处理区域、沼气鼓风机房、沼气锅炉房等地严禁烟火，并严禁违章明火作业。必要的维修或改造工程需动火的，厂里应具有明确的规章制度和严格的技术措施。

（6）各种设备维修时必须断电，并应在开关处悬挂维修标牌后，方可操作。

（7）雨天或冰雪天气，操作人员在构筑物上巡视或操作时，应注意防滑。

（8）凡在对具有有害气体或可燃性气体的构筑物或容器进行放空清理和维修时，应将甲烷含量控制在5%以下，H_2S含量、HCN和CO含量应分别控制在4.3%、5.6%和12.5%以下，同时，含氧量不得低于18%。

（9）清理机电设备及周围环境卫生时，严禁擦拭设备运转部位，冲洗水不得溅到电缆头和电机带电部位及润滑部位。

（10）各岗位操作人员应穿戴相关劳保用品。

（11）起重设备应由专人负责操作，吊物下方严禁站人。

（12）应在构筑物的明显位置配备防护救生设施及用品。应在处理构筑物护栏的明显部位安放救生圈或救生衣等，为落水人员提供救护用品。

（13）严禁非岗位人员启闭不属于自己岗位的机电设备。

（14）具有有害气体、易燃气体、异味、粉尘和环境潮湿的车间，必须通风。加氯间、污泥控制室、污泥脱水机房、泵房等车间，必须做好通风。

（15）有电气设备的车间和易燃易爆的场所应设置消防器材。

11.6 污水处理厂设备的维护保养有哪些要求?

(1) 运行管理人员和维修人员应熟悉机电设备的维修规定;

(2) 应对构筑物的结构及各种阀门、护栏、爬梯、管道、支架和盖板等定期进行检查、维修及防腐处理,并及时更换损坏的设备;

(3) 应经常检查和紧固各种设备连接件,定期更换联轴器的易损件;

(4) 各种管道阀门应定期做启闭试验,需要润滑处理的部件应经常加注润滑油脂;

(5) 应定期检查、清扫电器控制柜,并测试其各种技术性能;

(6) 应定期检查电动阀门的限位开关、手动与电动的联锁装置;

(7) 在每次停泵后,应检查填料或油封的密封情况,根据需要填加或更换填料、润滑油、润滑脂,不得将维修设备更换出的润滑油、润滑脂及其他杂物丢入污水处理设施内;

(8) 凡设有钢丝绳的装置,绳的磨损量大于原直径 10% 或其中的一股已经断裂时,必须更换;

(9) 各种机械设备除应做好日常维护保养外,还应按设计要求或制造厂的要求进行大、中、小修;

(10) 构筑物之间的连接管道、明渠等应每年清理一次;

(11) 检修各类机械设备时,应根据设备的要求,必须保证其同轴度、静平衡等技术要求;

(12) 可燃性气体报警器应每年检修一次;

(13) 各种工艺管线应按要求定期涂饰相关颜色的油漆或涂料;

(14) 维修机械设备时,不得随意搭接临时动力线;

(15) 建筑物、构筑物等的避雷、防爆装置的测试、维修及其周期应符合电力和消防部门的规定;

(16) 应定期检查和更换救生衣、救生圈、消防设施等防护用品。

11.7 干式进水提升泵房运行管理要求有哪些?

(1) 根据进水量的变化和生产工艺运行情况调节水量,保证处理效果;

(2) 水泵在运行中,必须严格执行巡回检查制度,并符合下列规定:

① 应注意观察各种仪表显示是否正常、稳定;

② 轴承温升不得超过环境温度 35℃ 或设定的温度;

③ 应检查水泵填料压盖处是否发热,滴水是否正常,不正常时应及时更换填料;

④ 水泵机组不得有异常的噪声或振动;

⑤ 集水池水位应保持正常;

(3) 泵房的机电设备应保持良好状态;

(4) 操作人员应保持泵站的清洁卫生,确保泵房通风良好,各种器具应摆放整齐;

(5) 应及时清除叶轮、阀门、管道的堵塞物;

(6) 泵房的集水池应每年至少清洗一次,有空气搅拌装置的应定期进行检修。

11.8 干式进水提升泵安全操作有哪些规定?

(1) 泵在启动和运行时,操作人员不得接触转动部位;

(2) 多台水泵由同一台变压器供电时,不能同时启动,应按功率由大到小逐台间隔启动;

(3) 当泵房突然断电或设备发生重大事故时,应打开排放口阀门,将进水口处阀门全部关闭，并及时向有关部门报告，不应擅自接通电源或修理设备；

（4）清洗泵房集水池时，应根据实际情况，事先制定操作程序；

（5）操作人员在水泵开启至运行稳定后方可离开；

（6）严禁频繁启动水泵；

（7）水泵运行中发现下列情况时，必须立即停机：

① 水泵发生断轴故障；

② 突然发生异常声响或震动；

③ 轴承温度过高；

④ 电压表、电流表的显示值过低或过高；

⑤ 机房管线、阀门发生大量漏水；

⑥ 电机发生严重故障。

11.9 潜水泵运行管理与维护有哪些要求？

（1）泵启动前，检查叶轮是否转动灵活、油室内是否有油、通电后旋转方向是否正确。

（2）检查电缆有破损、折断，接线盒电缆线的入口密封是否完好，发现有可能漏电及泄漏的地方及时妥善处理。

（3）严禁将泵的电缆当作吊线使用，以免发生危险。

（4）定期检查电动机相间和相对地间绝缘电阻，不得低于允许值，否则应拆机抢修，同时检查电泵接地是否牢固可靠。

（5）备用泵应每月至少进行一次试运转。当气温很低时，需防止泵壳内冻结，壳内有存水的必须放掉。

（6）叶轮和泵体之间的密封不应受到磨损，间隙不得超过允许值，否则应更换密封环。

（7）运行半年后应经常检查泵的油室密封状况，如油室中油呈乳化状态或有水沉淀出来，应及时更换机油和机械密封件。

（8）不要随便拆卸电泵零件，需拆卸时不要猛敲、猛打，以免损坏密封件。正常条件下工件一年后应进行一次大修，更换已磨损的易磨损件并检查紧固件的状态。

（9）应注意观察监控仪表显示的数据是否正常、稳定。

（10）严禁频繁启动水泵。

（11）应保持集水井水位正常，集水井要求设置有液位控制器，控制器应与泵联动。

（12）泵房的集水井应每年至少清洗一次。

（13）水泵运行中发现异常及下列情况时，应立即停机，并切断电源：

① 运行时突然发生异常声响和振动；

② 各种仪表显示数据异常。

11.10 计量泵的日常管理维护有哪些要求？

（1）应保持油箱内有一定油位，并定时补充；

（2）填料密封处的泄漏量，每分钟不超过 8~15 滴，若泄漏量超过时，应及时处理；

（3）注意观察各主要部位的温度情况，电机温度不超过 70℃，传动机箱内润滑油温度不超过 65℃，填料函温度不超过 70℃，若泵长期停用，应将泵缸内的介质排放干净，并把表面清洗干净并涂防锈油；

（4）泵的常见故障及处理方法见表 11-1。

表 11 -1   泵的常见故障及处理方法

故　障	原　因	消 除 方 法
完全不排液	吸入高度太高	降低安装高度
	吸入管道阻塞	清洗疏通吸入管道
	吸入管道漏气	压紧或更换法兰垫片
排液量不够	吸入管道局部阻塞	疏通吸入管道
	吸入或排出阀内有杂物卡阻	清洗吸排阀
	充油腔内有气体	人工补油使安全阀跳开排气
	充油腔内油量不足或过多	经补偿阀作人工补油或排油
	补偿阀或安全阀漏油	对阀进行研磨
	泵进出口止回阀磨损关闭不严	修理或更换阀件
	转速不足	检查电机或电压
计量泵精度不够	充油腔内有残余气体	人工补油使安全阀跳开排气
	安全阀或补偿动作失灵	按安全补油阀组的调试方法进行调整
	柱塞密封填料漏液	调整或更换密封圈
	隔膜片发生变形	更换隔膜片
	吸入或排出阀磨损	更换新件
	电机转速不够	稳定电源频率和电压
运转中有冲击声	传动零件松动或严重磨损	拧紧有关螺丝或更换新件
	吸入高度过高	降低安装高度
	吸入管道漏气	压紧吸入法兰
	隔膜腔内油量过多	轻压补偿阀作人工瞬时排油
	介质中有空气	排出介质中空气
	吸入管径太小	增大吸入管径
输送介质油污染	隔膜片破裂	更换新件

11.11　沉砂池运行管理要求有哪些?

（1）操作人员根据池组的设置与水量变化调节沉砂进水阀门，保持沉砂池污水设计流速。

（2）各种类型的沉砂池均应定时排砂或连续排砂。

（3）机械除砂应符合下列规定。

① 除砂机械每日至少运行一次。操作人员应现场监视，发现故障应采取处理措施。

② 除砂设备完成工作后，应将其恢复到待工作状态。

③ 沉砂池排出的沉砂应及时外运，不宜长期存放。

④ 清捞出的浮渣应集中堆放在指定地点，并及时清除。

（4）沉砂池上的电气设备应做好防潮湿，抗腐蚀处理。

（5）沉砂量应有记录，应定期对沉砂进行有机物含量的监测。

（6）沉沙池应定期进行清洗并检修除砂设备。

（7）平流式沉沙池

平流式沉沙池运行参数有：最大流速应为 0.3m/s，最小流速应为 0.15m/s；最高时流量的停留时间不应小于 30s；沉砂池内积砂量不应小于每日沉砂量的两倍；砂粒中的有机物含量宜小于 35%。

（8）曝气沉砂池

当气水比不大于 0.2 时，大部分砂粒恰好呈悬浮状态，因此曝气沉砂池的空气量应根据水量的变化进行调节。当沉砂池进水量加大时应增加空气量；反之，应减少空气量。对于多泵排泥砂的曝气池，根据来水情况调节泵的启动台数。

（9）钟式沉砂池

① 钟式沉砂池新投入使用或长期停运后重新启用，须对机械部分、电气部分、自控部分进行全部检查，确保符合使用要求才能投入正常使用；

② 应经常检查从沉砂池中排出的砂粒情况，合理设置搅拌器叶片的转速；

③ 应每日检查一次排砂量，发现排砂量发生明显变化应采取处理措施；

④ 应每日一次检查设备运转情况，发现异常情况及时处理；

⑤ 应保持搅拌器连续运转状态。

11.12　沉砂池的安全操作有哪些规定？

（1）清捞浮渣应在工作台上进行。

（2）曝气沉砂池在运行中不得随意停止供气，避免空气管路被沉砂堵塞。运行开始时，要先供气，然后再进水。如需检修鼓风机或空气管路，应放水后再停气。

（3）吊抓式除砂设备工作时，下面严禁站人。工作结束时，应将抓斗放在指定位置。

（4）除砂机工作完毕，必须切断现场电源，以避免他人误操作，防止设备漏电伤人。

11.13　沉砂池的维护保养有哪些规定？

（1）除砂机的限位装置应定期检修。沉砂池刮砂机的限位开关装置，必须保证灵敏可靠；否则，发生故障时将损坏设备和设施。

（2）由于沉砂密度大、流动性差，运行中排砂管容易堵塞，所以，应经常清通排砂管，保持排砂管畅通。

（3）应保持沉砂池及贮砂场的良好环境卫生。

11.14　初沉池的运行管理一般有哪些要求？

（1）根据池组设置、进水量的变化，调节好各池进水量，使各池均匀配水。

（2）根据初沉池的形式及刮泥机的形式，确定刮泥方式、刮泥周期的长短，避免沉积污泥停留时间过长造成浮泥，或刮泥过于频繁或刮泥太快扰动已沉下的污泥。

（3）初沉池一般采用间歇排泥，因此最好实现自动控制。无法实现自控时，要注意总结经验并根据经验人工掌握好排泥次数和排泥时间。当初沉池采用连续排泥时，应注意观察排泥的流量和排放污泥的颜色，使排泥浓度符合工艺要求。采用泵排泥工艺时，污泥泵的运行台数与排泥时间应根据具体的工矿确定，泵的运行应按照泵的操作规程完成。

（4）巡检时注意观察各池的出水量是否均匀，还要观察出水堰出流是否均匀，堰口是否被浮渣封堵，并及时调整或修复。

（5）巡检时注意观察浮渣斗中的浮渣是否能顺利排出，并及时清除浮渣，清捞出的浮渣应妥善处理；浮渣刮板与浮渣斗挡板配合是否适当，并及时调整或修复。

（6）巡检时注意辨听刮泥、刮渣、排泥设备是否有异常声音，同时检查其是否有部件松动等，并及时调整或修复。

（7）应定期检查刮泥机的行走装置、电刷、浮渣刮板、刮泥板等易损部件，发现破损，应定期更换；刮泥机待修或长期停机时，应将池内污泥放空。

（8）排泥管道至少每月冲洗一次，防止泥沙、油脂等在管道内尤其是阀门处造成淤塞，冬季还应当增加冲洗次数。定期(一般每年一次)将初沉池排空，进行彻底清理检查。

（9）对于斜管沉淀池，应根据运行情况定期对斜管和池体进行冲刷。

（10）按规定对初沉池的常规监测项目进行及时分析化验，尤其是 *SS* 等重要项目要及时比较，确定 *SS* 去除率是否正常，如果下降就应采取必要的整改措施。

（11）初沉池的常规监测项目：进出水的水温、pH 值、*COD*、*BOD*$_5$、*TS*、*SS* 及排泥的含固率和挥发性固体含量等。

（12）共用配水井（槽、渠）和集泥井的初沉池，如果采用静压排泥的，应平均分配水量，并按相应的排泥时间和频率进行排泥。

（13）初沉池宜每年排空一次。

11.15　曝气池的运行管理一般有哪些要求？

（1）按曝气池池组设置情况及运行方式，调节各池进水量，使各池均匀配水。推流式和完全混合式曝气池可通过调节进水闸阀使并联运行的曝气池进水量均匀、负荷相等。阶段曝气法则要求沿曝气池池长分段多点均匀进水。

（2）曝气池无论采用何种运行方式，应通过调整污泥负荷、污泥泥龄或污泥浓度等方式进行工艺控制。调整污泥负荷率必须结合污泥的凝聚沉淀性能。

（3）曝气池出口处的溶解氧宜为 2mg/L。一般认为，0.5mg/L 的溶解氧已能维持微生物新陈代谢的活动了。但溶解氧低于 2mg/L，易引起丝状菌生长，活性污泥絮体变小，沉降性能差，综合考虑，曝气池出水处溶解氧宜为 2mg/L。

（4）二次沉淀池污泥排放量可根据污泥沉降比、混合液污泥浓度及二次沉淀池泥面高度确定。污泥沉降比和曝气池混合液污泥浓度能反映曝气池正常运行的污泥量，沉降比一般控制在 20%～30%，污泥浓度则按运行方式不同也有一定的范围，当低于这些限度时少排泥，高于这个限度时多排泥。

（5）应经常观察活性污泥生物相、上清液透明度、污泥颜色、状态、气味等，并定时测试和计算反映污泥特性的有关项目。曝气池正常运行，活性污泥成絮状结构，棕黄色，无异臭，吸附沉降性能良好，沉降时有明显的泥水界面，镜检可见菌胶团生长好，指示生物有固着型纤毛虫类，如钟虫、循纤虫、盖枝虫等居多，并有少量丝状菌和其他生物。测试和计算反映污泥特性的项目有 *SV*、*SVI*、*MLSS*、*DO* 等。正常运行时，*SV* 比为 30% 左右，污泥指数为 80～120mL/g，溶解氧为 0.5～2.0mg/L。

（6）因水温、水质或曝气池运行方式的变化而在二次沉淀池引起的污泥膨胀、污泥上浮等不正常现象，应分析原因，并针对具体情况，调整系统运行工况，采取适当措施恢复正常。如春季与夏季过渡期，水温为 15～30℃ 时，有人认为浮游球衣菌（丝状菌的一种）增殖最快，如池内溶解氧低，曝气池内丝状菌将大量繁殖，导致污泥膨胀，此时应加大曝气量，或降低进水量，以减轻负荷；或适当降低污泥浓度，使需氧量减少；另外，夏季二次沉淀池内死角的积泥也易产生厌氧发酵，也应注意及时彻底地排泥，避免污泥上浮，随水出流，影响水水质。秋季和冬季还可能产生污泥脱氮或污泥解体现象，操作人员应针对产生的原因，采取具体、有效的防治措施。

（7）活性污泥法处理污水，水温在 20～30℃ 时，净化效果最好。当曝气池水温低时，应采取适当延长曝气时间、提高污泥浓度、增加泥龄或其他方法，保证污水的处理效果。

（8）硝化液的回流量可根据设计参数并通过平时的运行数据加以确定。

（9）操作人员应经常排放曝气器空气管路中的存水，待放完后，应立即关闭放水阀门。

（10）曝气池产生泡沫和浮渣时，应根据泡沫颜色分析原因，采取相应措施恢复正常。如曝气池在培养活性泥初期或回流污泥浓度低回流量少，池面出现大量白色气泡时，说明池内混合液污泥浓度太低，可能出现上述情况，此时，应设法增加污泥浓度，使其达到 2~3g/L。当曝气池液面出现大量棕黄色气泡或其他颜色气泡时，可能是进水中含有机物浓度较低，丝状菌占优势，也有可能是进水中含有大量的表面活性剂等原因。

11.16　鼓风机房的运行管理一般有哪些要求？

（1）根据曝气池氧的需要调节鼓风机的风量。为满足曝气池中一定的溶解氧，可根据风机类型及性能调节风量，如通过改变转速、调节进气导向叶片的旋转角度及调整出风管阀门的开启度等方式达到目的。

（2）风机及水、油冷却系统发生突然断电等不正常现象时，应立即采取措施确保风机不发生故障。如鼓风机运行中，遇到鼓风机过电流、低电压、工艺联锁保护掉闸或突然断电时，应关闭进出气阀门。

（3）长期不使用的风机，应关闭进、出气阀门和水冷却系统，将系统内存水放空，放空水是为了减少腐蚀、防冻，延长冷却器的使用寿命。停用的风机将进出气口阀门关闭，防止由于管道的风压，造成风机在没有润滑油的状态下叶轮反向转动，损坏设备。

（4）鼓风机的通风廊道内应保持清洁，严禁有任何物品。鼓风机通风廊道内的负压很大，放置或掉入的物品会堵塞滤布或滤袋，使进风量降低。

（5）离心风机工作时应有防止风机产生喘振的措施。离心风机工作时，由于风机本身的特性曲线和管道系统特性曲线是一定的，使用时其工况点必须避开产生喘振的位置，使风机安全平稳地工作。常用的方法是阀门节流及自动放空等。

（6）风机在运行时，操作人员应注意观察风机及电机的油温、油压、风量、电流电压等，并每小时记录一次。遇到异常情况不能排除时，应立即停机。

11.17　鼓风机房的安全操作有哪些要求？

（1）必须在供给润滑油的情况下盘动联轴器。鼓风机除了在运行和启动过程中要保持良好的润滑，在试车前盘动联轴器时也必须保持风机及电机轴承的良好润滑，以免造成磨损导致烧瓦事故。

（2）清扫通风廊道、调换空气过滤器的滤网和滤袋必须在停机的情况下进行，并采取相应的防尘措施。

（3）鼓风机轴的转速很快，一旦发生联轴器连接件的损坏，将沿着联轴器旋转的切线方向抛出，操作人员在机器间巡视或工作时，应偏离联轴器。

（4）对使用沼气作为动力的鼓风机，应每班检查一次沼气管道和阀门是否漏气。沼气鼓风机沼气管路及阀门必须严密，不得有漏气现象。操作人员应经常检查、巡视，发现问题及时处理。

（5）应经常检查冷却、润滑系统是否通畅，温度、压力、流量是否满足要求。鼓风机冷却系统的正常运行对风机的正常工作起着很重要的作用，必须畅通无阻；同时水温、水压、水量应满足使用要求。夏季水温较高时，应做好循环水的冷却。

（6）停电后，应关闭进、出气阀门。关闭进出气阀可防止叶轮倒转损坏设备，再启动风机可减轻风机的启动负荷。

11.18　曝气系统的维护保养有哪些要求？

（1）通风廊道应每月检修一次。通风廊道的结构应坚固无损。由于过滤装置堵塞造成的廊道坍塌、墙体破损要及时组织维修、加固，保证气体在廊道内流动畅通。

（2）帘式过滤器的滤布应定期清洗、检修。由于空气中尘埃量较多，加重了空气过滤装置的负荷，因此，操作人员要及时清洗，更换过滤装置，否则，过滤装置严重堵塞，减少风量并形成负压。

（3）备用的转子或风机轴应每周旋转120°或180°。由于转子的自重较大，特别是大容量的风机，长期静止放置，将造成主轴弯曲，投入运行时，不能正常使用，所以应注意变换转子放置的角度。

（4）冷却、润滑系统的机械设备及设施应定期检修与清洗。除对循环水泵、润滑油泵定期进行维护、检修外，还应根据水质情况对换热器定期进行内部检查与清洗，通过水压实验，检查水管是否有泄漏现象，防止水油混合。清洗换热器、机油滤清器、管道和闸阀的污物，防止堵塞。此外，还应定期放空清洗冷却水的贮水池，使水质合格。

11.19　二次沉淀池运行管理有哪些要求？

（1）经常检查并调整二沉池的配水设备，确保进入各二沉池的混合液流量均匀。

（2）检查浮渣斗的积渣情况并及时排出，还要经常用水冲洗浮渣斗。同时注意浮渣刮板与浮渣斗挡板配合是否适当，并及时调整或修复。

（3）经常检查并调整出水堰板的平整度，防止出水不均和短流现象的发生，及时清除挂在堰板上的浮渣和挂在出水槽上的生物膜。

（4）巡检时仔细观察出水的感官指标，如污泥界面的高低变化、悬浮污泥量的多少、是否有污泥上浮现象等，发现异常后及时采取针对措施解决，以免影响水质。

（5）巡检时注意辨听刮泥、刮渣、排泥设备是否有异常声音，同时检查其是否有部件松动等，并及时调整或修复。

（6）定期(一般每年一次)将二沉池放空检修，重点检查水下设备、管道、池底与设备的配合等是否出现异常，并根据具体情况进行修复。

（7）由于二沉池一般埋深较大，因此，当地下水位较高而需要将二沉池放空时，为防止出现漂池现象，一定要事先确认地下水位的具体情况，必要时可以先降水位再放空。

（8）按规定对二沉池常规监测项目进行及时的分析化验。

11.20　回流污泥泵房运行管理有哪些要求？

（1）根据曝气池的运行方式和工况相应调整回流比；

（2）回流泵房集泥池中的杂物应及时清捞；

（3）各类回流泵均严禁频繁启动；

（4）当螺旋泵停机后再启动时，必须待螺旋泵泵体中的活性污泥泄空后方可开机；

（5）长期停用的螺旋泵，应每周将泵体的位置旋转180°，每月至少试车一次；

（6）回流泵的效率应大于额定值的75%。

11.21　液氯消毒运行管理有哪些要求？

（1）污水处理采用加氯消毒时，加氯量应视出水的水质和水量等具体情况确定。可采用加氯机以根据处理排放量自动加氯的运行方式更为有效、保证。

（2）加氯操作必须符合现行的《氯气安全规程》的规定。设备启动前应检查加氯设备，做好准备工作，加氯应严格执行操作程序，停泵前应关闭出氯总阀。

（3）从事加氯作业的人员必须遵守加氯间各项规章制度，保证加氯安全，并具备有关的液氯、电气、起重等安全知识，熟悉加氯设备性能、操作要领及排除故障方法，并定期接受技术培训和安全教育。

（4）制定氯气泄漏应急预案，以便发生泄漏事故时及时正确的处理，以避免事故进一步发展。

（5）加氯间长期不用时，氯瓶应退回厂家，做好设备防腐处理；需重新起用时，应做好各项安全检查，待具备正常运转条件后方可投入试运转。

11.22　加氯间运行管理有哪些要求？

（1）加氯量应根据实际情况按需确定。

（2）当二次沉淀池出水水质中 pH 值、水温、水量等变化时，应及时调整加氯量。

（3）加氯间室内温度宜保持在 15～25℃。室外使用氯气瓶时，必须有遮阳措施。

（4）加氯操作必须符合现行的《氯气安全规程》的规定。开泵前应检查加氯设备，做好各项准备工作；加氯应按各种加氯设备的操作程序进行；停泵前 2～3min 应关闭出氯总阀。

（5）长期不使用的加氯间，应将氯瓶妥善处置。需重新启用时，应按加氯间投产运行前的检查和验收方案重新做好准备工作。

11.23　加氯间的安全操作有哪些规定？

（1）应按时用 10% 的氨水检查可能漏氯的部位。出现漏氯必须立即采取措施及时修复，确保安全。

（2）瓶使用应符合下列规定。

① 使用中的氯瓶应挂上"正常使用"的标记；用完的氯瓶应挂上"空瓶"的标记；未使用的氯瓶应挂上"满瓶"的标记。

② 使用超重机吊卸氯瓶时，必须遵守超重安全操作的有关规定。

③ 开、关阀门时，应使用专用扳手。开启时用力要均匀，严禁用力过猛或用锤击。

④ 使用中，输氯管结霜应用自来水喷淋氯瓶的外壳，并注意防止出氯总阀淋水受腐蚀等。不得用热水或其他烘烤方式加温。

⑤ 氯瓶中液氯不得用尽，应留有 0.05～0.10MPa 压力的氯量。

（3）加氯间应配有合格的隔离式防毒面具、抢修材料、工具箱、检漏氨水等。所有工具应放置在氯库以外的固定地点。

（4）加氯间内部设置有排风地沟的，在工作前应通风 5～10min。

（5）发现氯瓶漏气严重或报警装置报警，应立即将氯瓶推入事故池中。

（6）加氯间保养和维护时，严禁违章明火和撞击火花，以防爆炸。

11.24　加氯机的维护和保养有哪些要求？

（1）加氯机的维护保养应由专人负责；

（2）氯瓶入库贮存前应对其仔细检查，发现有漏氯的可疑部位应妥善处理后，方可入库；

（3）入库的氯瓶应放置整齐，留有通道，并做到先入库先使用；

（4）氯瓶应每两年进行技术鉴定一次；

（5）使用完毕的隔离式防毒面具应清洗、消毒、晾干，放回原处，并对使用情况详细记录；

（6）加氯间的所有金属部件都应定期做防腐处理；

（7）对加氯间的各种管道闸阀，应有专人维护，发现漏气应及时更换；

（8）余氯检测仪除应做好防腐、防晒和干燥处理外，日常维护中还应对稳压电源进行检查。

11.25　臭氧设备的安全操作有哪些要求？

（1）应保证空气压缩机运行中吸入纯净的空气，严禁易燃易爆气体或有毒气体进入空气压缩机；

（2）机组运行时，箱体应关闭，只有在检查时可短时间打开，但应注意运动件和高温件对人体的伤害；

（3）冬季或臭氧发生器长时间不工作，应把发生器、后冷却器、预冷机内的水排放掉；

（4）臭氧发生间臭氧浓度探测报警装置报警或发生臭氧泄漏事故，应立即打开门窗口，启动排气扇。

11.26　臭氧设备运行管理有哪些要求？

1. 基本要求

先检查各仪表是否有损坏，检查空气源接头、水源接头是否牢靠；开机时升压要平稳，如先升至800V后观察各仪表状况是否在正常范围，一般2min后继续升压至12000V，通过视镜观察辉光放电状况，逐步升压至15000V左右，观察各仪表运转情况至稳定状态。关机时必须先关闭冷却水，在正常使用过程中，要注意一般情况下每2h排污一次。

2. 使用中注意事项

（1）氧气型臭氧发生器应特别注意使用时附近不能有明火，以防止氧气爆炸；

（2）臭氧放电管一般情况下每年应更换一次；

（3）臭氧干燥系统内的干燥剂每半年必须更换一次；

（4）臭氧发生器应置于通风干燥处工作，一旦机器周围环境潮湿就会漏电，机器不能正常操作；

（5）若冷却水进入臭氧发生器应立即关机，将放电系统全部拆开，更换放电管、干燥剂；

（6）臭氧发生器在运输过程中不可倒置，运行前一定要检查各仪表是否完好；

（7）调压器在调压过程中要逐步升压，切不可直接升至15000V。

3. 日常的维护保养

（1）臭氧发生器应始终置于干燥和通风良好的洁净环境内，并使外壳可靠接地。环境温度为4~35℃；相对湿度为50%~85%（无冷凝状态）。

（2）臭氧发生器的维护、保养必须在无电、无压力的情况下进行。

（3）定期检查各电气部分是否受潮，绝缘是否良好（尤其是高压部分），接地是否良好。

（4）如发现或怀疑臭氧发生器受潮，应对机器进行绝缘测试，采取干燥措施。必须在保证绝缘良好的状况下才能启动电源按钮。

（5）定期检查通风口是否通畅，有无覆盖现象。

（6）臭氧发生器每次连续使用一段时间后，一般需保养4h以上。

（7）臭氧发生器使用一段时间后，应打开护罩，用酒精棉小心清除其中的灰尘。

（8）长期停机请切断电源。

（9）易燃易爆场所慎用。

4. 故障排除

（1）调压器不能正常调压：检查调压器保险丝是否完好，调压器接头是否牢靠。

（2）变压器不支持升压：检查变压器高压接头是否牢靠。

（3）电流表电流过大：检查流量计流量是否正常，气源是否正常。

（4）干燥系统出现潮湿现象：说明干燥剂过期。

（5）高压瓷瓶漏电：更换高压瓷瓶。

（6）放电管产生辉光不足：说明放电管超期，必须更换。

（7）电磁阀不正常切换：更换电磁阀。

（8）臭氧放电管的高压接线桩头损坏：更换损坏的桩头。

11.27 二氧化氯消毒器原料使用、存放、配制有哪些要求？

1. 原材料使用及存放应标准化

（1）盐酸

设备使用的盐酸必须选用符合国家标准（GB 320—2006）中规定的总酸度≥31%的要求，严禁使用废盐酸，氢氟酸，含有机物、油脂的其他废酸等，以避免因盐酸酸度不足，造成设备报废；盐酸桶装要密封好。

（2）氯酸钠

设备使用的氯酸钠必须选用应符合国家标准《工业氯酸钠》（GB/T 1618—2008）规定的氯酸钠含量≥99%的一级品的要求。氯酸钠应存放在干燥、通风、避光处，结块氯酸钠严禁撞碎使用。

2. 原料配制应标准化

（1）盐酸应用水射器抽汲至盐酸罐中；

（2）将氯酸钠与水按1:2的质量比混合，在叶片式机械搅拌器内搅拌至氯酸钠完全溶解配置成33%左右的氯酸钠溶液后，用泵送至氯酸钠料罐中。

11.28 二氧化氯消毒安全操作有哪些要求？

（1）检查设备各部件是否正常，有无泄漏。

（2）检查各阀门开关位置是否准确。

（3）检查安全阀，将安全塞塞紧。

（4）检查计量泵的频率与行程是否符合要求。

（5）打开控制器开关，观察计量泵和温度显示是否正常。

（6）设备所用原料氯酸钠和盐酸应分开单独存放。

（7）加氯间应配有合格的防毒面具、抢修工具、抢修材料、检漏氨水等。

（8）所有工具应放置在加氯间以外的附近固定场所。

（9）加药间内部设置有排风地沟的，在工作前应通风5~10min，加药间应设置有漏氯报警装置和自动吸收装置。

（10）操作人员应定时对加药系统工作情况进行一次检查，及时排除各种故障。当发生泄漏事故，漏氯报警装置将自动报警并启动漏氯吸收装置，迅速吸收泄漏气体；当发生泄漏而报警系统未做出反应时，操作人员可手动启动漏氯吸收装置，手动启动漏氯吸收装置时要带好防毒面具，站在上风口排除故障。

（11）加药间保养维护时，严禁违章明火和撞击火花以防爆炸。

11.29 二氧化氯消毒剂发生器在运行的过程中易发生故障的地方有哪些？

二氧化氯消毒剂发生器在运行的过程中易发生故障的点有：

（1）计量泵由于原料水溶液中有杂质，造成计量泵出入口单向阀阻塞或背压阀阻塞，从而使二种原料进料不均匀，反应不充分，二氧化氯收率低，消毒成本高；

（2）由于加药管线匹配不合理或渗漏造成反应器内不曝气；

（3）由于动力水源压力不足，造成安全阀跳动频繁；

（4）由于动力水中有杂质，造成水射器阻塞，反应器内曝气不充分，二氧化氯不能及时抽出，安全阀频繁跳动；

（5）供电系统电压波动范围较宽，造成计量泵被烧毁；

（6）计量泵再启动时，没有排出泵体内空气，造成泵头汽蚀或损坏隔膜，使泵头损坏；

（7）氯酸钠在加水溶解时不按1∶2比例调配，以致原料在反应器中不能充分反应，收率下降，加药成本升高；

（8）由于电子器材质量低下，造成反应器液位、水套加热器液位以及原料储罐液位下限不报警等故障。

11.30　次氯酸钠消毒运行管理有哪些要求？

（1）污水处理后采用投加次氯酸钠消毒时，其投加量应根据实际确定。

（2）当二次沉淀池出水水质中 pH、氨氮、水温、水量等变化时，应及时调整投加量。

（3）次氯酸钠的有效氯含量一般应保证在 10%～12%；投加次氯酸钠的位置一般应选择在接近加氯池的底部。

（4）出水余氯量一般应控制在 0.5～1.5mg/L，接触时间大于 30min。

（5）次氯酸钠一般应储存于阴凉、通风的库房，室内温度不宜超过 30℃；室外存放时必须有遮阳措施；储区应备有泄漏应急处理设备。

（6）投加次氯酸钠操作应符合《次氯酸钠溶液化学品安全技术说明书》的要求。投加次氯酸钠期间应注意投加设备的巡视和清洁保养工作，并注意观察次氯酸钠池、箱内液位。

11.31　次氯酸钠消毒安全操作有哪些要求？

（1）次氯酸钠属腐蚀品，操作人员在高浓度环境中应佩戴正确的劳动防护用品。

（2）如操作过程中遇皮肤接触、眼睛接触、吸入、食入等，应立即采取相应的急救措施。

（3）可采用雾状水、二氧化碳、砂土等方法灭火。

（4）遇泄漏应迅速撤离泄漏污染区人员至安全区，并采取相应的应急处理措施。

（5）次氯酸钠的包装方式和运输，应符合《化学危险物品安全管理条例》、《化学危险物品安全管理条例实施细则》和《工作场所安全使用化学品规定》等法规。

（6）直接式防毒面具、半面罩应配备到次氯酸钠消毒工作的所有操作人员，并应保证直接式防毒面具、半面罩的各基本部件性能符合《过滤式防毒面具通用技术条件》（GB 2890—82）中有关要求。直接式防毒面具、半面罩与其他应急处理设备、工具等应放置在安全的和明显固定的位置上。

（7）操作人员在佩戴直接式防毒面具、半面罩操作时，应注意观察周围气体成分的变化和自身感觉的变化。如发现异常情况，立即离开污染区域或更换口罩。

11.32　紫外线消毒杀菌系统在污水厂运行管理中的维护和保养有哪些要求？

1. 紫外线消毒杀菌使用条件

水温 5～50℃；使用环境温度 -5～50℃；周围相对湿度不大于 93%（温度 25℃时）；进入消毒设备的污水要求透射率（T254）大于 40%；其他要求满足国家《城镇污水处理厂污染物排放标准》（GB 18918—2002）中的二级标准以上。

2. 系统维护和保养

（1）玻璃套管表面清洗

必须定期（根据现场实际情况间隔 1～3 个星期时间）对排架的玻璃套管进行人工清洗。

具体步骤如下：

　① 拔下排架重载插头并用干净的袋子包好，排架用吊车吊起后放置于维修车上；

　② 将挂在排架上面的杂物清理干净；

　③ 用清洗剂(弱酸等)喷洒在玻璃套管表面上后，清洗人员应戴上橡胶手套用抹布擦洗玻璃套管表面，玻璃套管表面的污垢清洗掉后需再用清水冲洗玻璃套管表面；

　④ 清洗完毕后用吊车将排架装入安装框架，并接好重载接插件。

（2）气动清洗操作

系统清洗控制方式有手动和自动两种模式，均可在触摸屏上操作设定。

　① 自动清洗。

清洗时间可根据污水水质情况调整。当设定为自动清洗时，排架的气缸会逐一依次伸缩，并不断循环运动；清洗频率为每隔4h一次。

　② 手动清洗。

当设定为手动清洗时，排架气缸会逐一依次伸缩1次。

　③ 气缸运行压力的调节。

气缸最低运行压力为0.4MPa，系统管路压力应调在0.5MPa左右。调压方法为：通过推压式调节旋钮进行调压。调压时，往上拉推压式调节旋钮并旋转旋钮进行调压，压力调好后压下旋钮，此时过滤减压阀可锁定所需的压力供系统使用。

　④ 气缸运行速度调速方法。

气缸调速是调节安装在气动控制柜内的单向节流阀，采用排气节流调速。调速方法为：顺时针旋转单向节流阀旋钮时，气缸前进或后退速度减慢；逆时针旋转单向节流阀旋钮时，气缸前进或后退速度变快。一般气缸运行速度调在60~150mm/s，太快会引起冲击，太慢会引起爬行现象。

（3）清洗系统保养

　① 水雾分离器为手动排水型(常闭)。当滤杯水位达到1/3高度时，必须旋转其杯体底部旋钮进行手工排水，以提高水雾分离能力；

　② 必须定期检察过滤减压阀压力是否符合规定，观察过滤杯内的积水情况，当滤杯积水达到一定量时，过滤减压阀会自动排水，以保障系统正常运行。

（4）镇流器箱与中央控制柜保养和维护

　① 每天必须检查镇流器箱的空调运行情况，保证空调制冷效果；

　② 定期清除电控柜表面的灰尘；

　③ 每天检查镇流器运行情况，确保每个镇流器正常工作；

　④ 每天检查记录中央控制柜人机界面各个检测数据(包含电流、电压、灯管工作状态、柜内温度、紫外光强、自动清洗状态等)是否正常；

　⑤ 定期检查柜内各个连接线是否出现老化或脱落情况等。

（5）水位控制装置维护和保养

　① 固定式溢流堰在安装好后要定期进行清洁；

　② 拍门式溢流堰在使用过程中要依据水量变化调节水位，确保水漫过第一支灯管并控制水淹没深度在6cm内；定期检查拍门式溢流堰各个固定螺丝是否出现松动情况；

　③ 电动式溢流堰门可根据水量的变化自动调节水位；对于电动式溢流堰门的保养，应定期对电机和轴承进行加油，并检查电机的接线是否有松动等情况；应定期清除电机灰尘，

做好防潮、防雨工作。

11.33 过滤池运行管理有哪些要求?

(1)冲洗滤池前,必须开启洗水管道上的放气阀,待残留气体放完后方能进行滤池冲洗。

(2)冲洗滤池时,排水槽、排水管道应畅通,不应有壅水现象。

(3)气水冲洗的气压应视其冲洗效果而定,严禁超压造成跑砂;压力调准后,必须恒压运行;风机应必须有备用。

(4)滤池进水浊度宜控制在 5 NUT 以下,滤后水浊度不宜大于 2NUT,并应设置在线仪表进行实时监测。

(5)滤池水头损失达 1.5 ~ 2.5m 或滤后水浊度大于 2 NUT 时,即应进行反冲洗。

(6)滤池新装滤料后,应在含氯量 0.3mg/L 以上的溶液中浸泡 24h,经验滤后水合格后,冲洗两次以上方能投入使用。

(7)应每年做一次 20% 总面积的滤池滤层抽样检查,确保含泥量小于 3%,全年滤料跑失率不应过大。

(8)滤池长期停用时,应使池中水位保持在排水槽之上,防止滤料干化。

(9)滤池冲洗强度应为 8 ~ 17L/(m² · s)。

(10)冲洗的清水压力应为 0.3 ~ 0.5MPa。

(11)滤池冲洗时的滤料膨胀率应为 40% ~ 50%。

11.34 重力浓缩池运行管理有哪些注意事项?

(1)初沉池污泥与二沉池污泥要混合均匀,防止因混合不匀导致池中出现异重流扰动污泥层,降低浓缩效果。

(2)当水温较高或生物处理系统发生污泥膨胀时,浓缩池污泥会上浮和膨胀,此时可投加 Cl_2、$KMnO_4$ 等氧化剂抑制微生物的活动可以使污泥上浮现象减轻;也可以在浓缩池入流污泥中加入部分二沉池出水,防止污泥厌氧上浮,改善浓缩效果,同时还可以降低浓缩池周围的恶臭程度。

(3)浓缩池长时间没有排泥时,如果想开启污泥浓缩机,必须先将池子排空并清理沉泥,否则有可能因阻力太大而损坏浓缩机。

(4)定期检查上清液溢流堰的平整度,如果不平整或局部被泥块堵塞必须及时调整或清理,否则会使浓缩池内流态不均匀,产生短路现象,降低浓缩效果。

(5)定期(一般半年一次)将浓缩池排空检查,清理池底的积砂和沉泥,并对浓缩机水下部件的防腐情况进行检查和处理。

(6)定期分析测定浓缩池的进泥量、排泥量、进泥、排泥的含固率、溢流上清液中的 SS,以保证浓缩池维持最佳的污泥负荷和排泥浓度。

(7)每天分析和记录进泥量、排泥量、进泥含水率、排泥含水率、进泥温度、池内温度及上清液的 SS、TP 等,定期计算污泥浓缩池的表面固体负荷和水力停留时间等运转参数,并和设计值进行对比。

(8)重力浓缩池采用间歇排泥时,其间歇时间可为 6 ~ 8h。

(9)浓缩池刮泥机不得长时间停机和超负荷运行。

(10)应及时清捞浓缩池的浮渣,清除刮吸泥机走道上的杂物。

(11)重力浓缩池正常运行的参数应符合表 11 - 2 的规定。

表 11 - 2　重力浓缩池正常运行参数

污泥类型	污泥固体负荷/ $[kg/(m^2 \cdot d)]$	污泥含水率/%		停留时间/h
		浓缩前	浓缩后	
初沉污泥	80 ~ 120	96 ~ 98	95 ~ 97	6 ~ 8
剩余活性污泥	20 ~ 30	99.2 ~ 99.6	97.5 ~ 98	6 ~ 8
初沉污泥与剩余活性污泥的混合污泥	50 ~ 75	96.5	95 ~ 98	10 ~ 12

11.35　污泥厌氧消化池运行管理有什么要求?

(1) 消化池内,应按一定投配率投加新鲜污泥,并定时排放消化污泥。

(2) 池外加温且为循环搅拌的消化池,投泥和循环搅拌应同时进行。

(3) 新鲜污泥投到消化池后应充分搅拌,池内消化温度应保持恒定。

(4) 用沼气搅拌污泥宜采用单池进行。在产气量不足或在启动期间搅拌无法充分进行时,应采用辅助措施搅拌。

(5) 消化池污泥必须在 2 ~ 5h 之内充分混合一次。

(6) 消化池中的搅拌不得与排泥同时进行。

(7) 应监测产气量、pH 值、脂肪酸、总碱度和沼气成分等数据,并根据监测数据调整消化池运行工况。

(8) 热交换器长期停止使用时,必须关闭通往消化池的进泥闸阀,并将热交换器中的污泥放空。

(9) 二级消化池的上清液应按设计要求定时排放。

(10) 消化池前格栅上的杂物必须及时清捞并外运。

(11) 消化池溢流管必须通畅,并保持其所要求的水封高度。环境温度低于 0℃ 时,应防止水封结冰。

(12) 消化池启动初期,搅拌时间和次数可适当减少。运行数年的消化池的搅拌次数和时间可适当增多和延长。

11.36　污泥厌氧消化池安全操作有哪些规定?

(1) 在投配污泥、搅拌、加热及排放等项操作前,应首先检查各种工艺管路阀门启闭是否正确,严禁跑泥、漏气、漏水;

(2) 每次蒸气加热前,应排放蒸气管道内的冷凝水;

(3) 沼气管道内的冷凝水应定期排放;

(4) 消化池排泥时,应将沼气管道与贮气柜联通;

(5) 消化池内压力超过设计值时,应停止搅拌;

(6) 消化池放空清理应采取防护措施,池内有害气体和可燃气体含量应符合有关安全生产的规定;

(7) 操作人员检修和维护池内加热、搅拌等设施时,应采取安全防护措施;

(8) 应每班检查一次消化池和沼气管道阀门是否漏气。

11.37　污泥厌氧消化池维护保养有哪些要求?

(1) 消化池的各种加热设施均应定期除垢、检修、更换;

(2) 消化池池体、沼气管道、蒸气管道和热水管道、热交换器及闸阀等设施、设备应每年进行保温检查和维修;

(3) 寒冷季节应做好设备和管道的保温防冻工作;

（4）热交换器管路和阀门处的密封材料应及时更换；

（5）正常运行的消化池，宜5年彻底清理、检修一次；

（6）污泥厌氧中温消化正常运行参数应符合表11-3的要求。

表11-3 污泥厌氧中温消化正常运行参数

序 号	项 目		运 行 参 数
1	温度/℃		34 ± 1
2	投配率/%		4 ~ 8
3	污泥含水率/%	进泥	95 ~ 98
		出泥	95 左右
4	pH 值		7 ~ 8
5	有机物分解率/%		大于 30
6	污泥沼气搅拌供气量	$m^3/(m^3 \cdot h)$	0.8
		$m^3/(m$ 圆周长 $\cdot h)$	10
7	沼气搅拌方法	次/d	4 ~ 5
		min/次	30
8	沼气中主要气体成分/%		$CH_4 > 55$
			$CO_2 < 38$
			$H_2 < 2$
			$H_2S < 0.01$
			$N_2 < 6$
9	产气率/（m^3气/m^3泥）		> 5

11.38 污泥脱水机房运行管理有哪些要求？

（1）应选用合适的污泥处理药剂；

（2）污泥处理药剂的投加量应考虑污泥的性质、消化程度、固体浓度等因素，并通过试验确定；

（3）按照污泥处理药剂的种类、有效期、贮存条件来确定贮备量和贮存方式，污泥调理剂先存的应先用；

（4）药剂的配制应符合脱水工艺的要求；

（5）污泥脱水完毕，应将设备和滤布冲洗干净。

11.39 污泥脱水机房安全操作有哪些要求？

（1）污泥脱水机械带负荷运行前，应空车运转数分钟；

（2）污泥脱水机在运中，随污泥变化应及时调整控制装置；

（3）在溶药池边工作时，应注意防滑；

（4）操作人员应做好机房内的通风工作；

（5）严禁重载车进入干化场。

11.40 污泥脱水机设备的维护保养有哪些要求？

（1）投泥泵、投药泵和溶药池停用后，必须用清水冲洗；

（2）冲洗滤布的喷嘴和集水槽应经常清洗或疏通；

（3）皮带输送机应定期检查和维修；

（4）干化场的围墙与围堤应定期进行加固维修，并清通排水管道，检查、维修输泥管道和闸阀；

(5) 压缩机和液压系统应定期检修；

（6）用于消化法泥脱水的各种类型脱水机的能力和运转参数应符合表11-4的规定。

表 11-4　各种类型脱水机运转参数

脱水机类型	进泥含水率/%	泥饼含水率小于/%	投加化学调节剂占污泥干重/%	生产能力/(kg 干泥/$m^2 \cdot h$)	回收率/%
带式压滤机	95~97	80	有机高分子絮凝剂 0.2~04	120~350	70~80
真空过滤机	95~97	80	三氯化铁 10~15 碱式氯化铝加石灰 8~10	8~15	70
离心脱水机	95~97	75	有机高分子絮凝剂 0.04~0.10	120~350	80~90
板框压滤机	95~97	65	三氯化铁 4~7 氧化钙 11.0~22.5	2~10	80

11.41　干化场污泥脱水运行参数有哪些？

干化场污泥脱水运行参数如表11-5所示。

表 11-5　干化场污泥脱水运行参数

干化周期/d	开始时污泥厚/cm	开始时污泥含水率/%	最终污泥含水率/%
10~40	30~50	97	65~70

11.42　沼气柜运行管理有哪些要求？

（1）低压浮盖式沼气柜的水封应保持水封高度，寒冷地区应有防冻措施；

（2）沼气应充分利用，需排放的沼气应用火炬燃烧；

（3）应按时对沼气柜的贮气量和压力做检查记录；

（4）与沼气柜相连的蒸气管道、沼气管道内的冷凝水应定期排放；

（5）脱硫装置中的脱硫剂应定期再生或更换；

（6）沼气柜水封槽内水的 pH 值应定期测定，当 pH 值小于 6 时，应换水；

（7）沼气柜压力宜为 2500~4000Pa。

11.43　沼气柜安全操作有哪些要求？

（1）操作人员上下气柜巡视或操作时，必须穿防静电的工作服和工作鞋；

（2）维修沼气柜必须采取安全措施，制定维修方案；

（3）气柜处于低位时，严禁排水；

（4）操作人员上气柜或检修或操作时，严禁在柜顶板上走动。

11.44　沼气柜维护保养有哪些要求？

（1）沼气柜的柜顶和外侧应涂饰反射性色彩的涂料；

（2）沼气柜运行 5~10 年应进行一次维修；

（3）气柜升降的螺旋钢轨滚动轴和润滑部位应定时加油润滑；

（4）在寒冷地区，沼气柜水封的加热与保温设施应在冬季前进行检修。

11.45　沼气发电机运行管理有哪些要求？

（1）操作人员应每小时巡视、检查一次发电机组的运行情况，并做运行记录分析运行状态，发现问题应及时进行调整或上报；

（2）发动机在运行中，操作人员应随时掌握负载的变化情况，并应对发动机的最大负荷进行限制；

（3）沼气过滤装置应定期清洗；

（4）操作人员必须经常检查沼气发电机进气管路，防止漏气及冷凝水过多而影响供气；

（5）沼气发电机的沼气进气压力不得小于1800Pa；

（6）1m³沼气的发电量宜大于1.5kW·h。

11.46 沼气发电机房安全操作有哪些要求？

（1）发电机系统运行中，遇有紧急情况可采用紧急停车保护。

（2）在发电、供电等各项操作中，必须执行有关电器设备操作制度。

（3）发电机组备用或待修时，应将循环水的进、出闸阀关闭，放空主机及附属设备内的存水。

（4）发电机系统的冷却用水必须使用合格的软化水或循环水中加入阻垢剂。必要时，应对循环水进行更换。

（5）调速装置与发动机断开时，不得启动发动机。

11.47 沼气发电机维护保养有哪些要求？

（1）发电机房内的电气设备应每年进行调整和检测一次；

（2）沼气发电机系统必须每周检查一次；

（3）发动机及调速器必须使用规定型号的润滑油；

（4）沼气发动机系统可采用日保养、周保养，运转额定小时保养等方式的一种，每次保养必须填写保养记录；

（5）发电机余热利用系统的管道、换热器和保温设施应定期进行检修；

（6）沼气进气管路上的电磁阀应定期检修；

（7）油温、水温等降到常温时，方可维修发电机；

（8）沼气稳压罐、启动气瓶应定期进行检测；

（9）主机和附属设备内的水垢应及时消除；

（10）发电机的启动系统应定期进行检修。

11.48 监控仪表室运行管理有什么要求？

（1）仪表监控室宜采用微机系统进行运行管理；

（2）现场仪表的检测点应按工艺要求布设，不得随意变动；

（3）各类检测仪表的一次传感器均应按要求清污除垢；

（4）室外的检测仪表应设有防水、防晒的装置；

（5）操作人员应定时对显示记录仪表进行现场巡视和记录，发现异常情况应及时处理；

（6）严禁在中心计算机上运行非厂内运行的软件。

11.49 监控仪表室安全操作有哪些规定？

（1）操作管理人员应熟悉各种仪表的检测点和检测项目；

（2）检测仪表出现故障，不得随意拆卸变送器和转换器；

（3）检修现场的检测仪表，应采取防护措施；

（4）长期不用或因使用不当被水淹泡的各种仪表，启用前应进行干燥处理；

（5）在阴雨天气到现场巡视检查仪表时，操作人员应注意防触电；

11.50 监控仪表维护保养有哪些规定？

（1）各部件应完整、清洗、无锈蚀，表盘标尺刻度清晰，铭牌、标记、铅封完好，中央控制室应整洁，微机系统工作应正常，仪表井应清洁、无积水；

（2）长期不用的传感器、变送器应妥善管理和保存；

（3）应定期检修仪表中各种元器件、探头、转换器、计算器，传导电视和二次仪表等；

（4）仪器仪表的维修工作应由专业技术人员负责，引进的精密仪器出现故障无把握排除的，不得自行拆卸；

（5）列入国家强检范围的仪器仪表，应按周期送技术监督部门检定，非强制检定的仪器仪表，应根据使用情况，进行周期检定；

（6）仪表经检定超过允许误差时应修理，现场检定发现问题后应换用合格仪表。

11.51　变配电室运行管理有哪些规定？

（1）变、配电装置的工作电压、工作负荷和控制温度应在额定值的允许变化范围内运行；

（2）应对变配电室内的主要电气设备每班巡视检查两次，并做好运行记录；

（3）变、配电装置在运行中，发生因气体继电器动作或继电器保护动作跳闸、电容器或电力电缆的断路器跳闸时，在未查明原因前不得重新合闸运行；

（4）变、配电设备及其周围环境应保持整洁、卫生；

（5）应按时记录电气设备的运行参数，并记录有关的命令指示、调度安排，严禁漏记、编造和涂改。

11.52　变配电室安全操作有哪些规定？

（1）在电气设备上进行倒闸操作时，应遵守"倒闸操作票"制度及有关安全规定，并应严格按程序操作。

（2）变压器、电容器等变配电装置在运行中发生异常情况不能排除时，应立即停止运行。

（3）电容器在重新合闸前，必须使断路器断开，将电容器放电。

（4）隔离开关接触部分过热，应断开断路器，切断电源。不允许断电时，则应降低负荷并加强监视。

（5）在变压器台上停电检修时，应使用工作票。

（6）所有的高压电器设备应根据具体情况和要求，选用含义相符的标牌，并悬挂在适当的位置上。

11.53　变配电室维护保养有哪些规定？

（1）变压器吸潮剂失效、防爆管隔膜有裂纹，应及时更换。渗漏油应及时处理。

（2）有载调压变压器的切换开关动作次数达到规定时，应进行检修。

（3）电气设备的绝缘电阻、各种接地装置的接地电阻，应按电业部门的有关规定，定期测定并应对安全用具、变压器油及其他保护电器进行检查或做耐压实验。

（4）变压器的保养、检修，应按规定的周期进行。

（5）高、低压变、配电装置应在每年春、秋两季各进行一次停电、清扫、检修工作。

（6）高压架空线路，5～7年大修一次。

11.54　电器综合保护装置的运行管理有哪些要求？

（1）电器综合保护装置的工作电压、工作负荷和控制温度应在额定值的允许变化范围内运行。

（2）操作人员应对电器综合保护系统中的主要电器设备每班巡视检查两次，并做好运行日志。

（3）电器综合保护系统在运行中，发生气体继电器动作或继电保护动作跳闸，传输数据错误，在未查明原因前不得重新投入运行。

（4）电器综合保护装置及其周围环境应保持整洁、卫生。

（5）操作人员应按时记录电器综合保护系统的运行参数，并记录有关的命令指示、调度安排。严禁漏记、编造和涂改。

11.55 电器综合保护装置的安全操作有哪些规定？

（1）在电气设备上进行倒合闸操作时，应遵守"倒闸操作票"制度及有关的安全规定，并应严格按程序操作；

（2）所有电器综合保护装置应根据具体情况和要求，选用含义相符的标示牌，并悬挂在适当的位置上。

11.56 自动控制系统运行管理有哪些要求？

（1）根据污水处理厂工艺流程及构筑物的布置情况，宜采用集中管理分散控制的模式、集成计算机技术、PLC 控制技术、网络与通信技术，组建自动化控制系统，以实现对整个工艺过程和全部生产设备的自动监测和控制；

（2）自控系统是污水处理厂实时监测和控制的重要设备，从管理制度上应严禁将自控系统直接连接 Internet，以避免病毒和黑客从 Internet 上侵入和破坏自控系统的安全运行；

（3）由于自控系统的重要地位，在其与厂内其他系统相连接时，必须设置网关或路由器，拒绝未经授权的登录；

（4）当自控系统需要与外界网络相连时，只允许存在一条途径和外界相连，并采取必要的硬件和软件保护措施，如防火墙、安全虚拟专用网（VPN）、入侵检测系统（IDS）；

（5）运行人员应定期对自控设备进行巡视检查，并做好记录；

（6）PLC 等主要自控设备应准备必要的零配件。

11.57 仪表及计量运行管理有哪些要求？

（1）根据污水处理厂工艺需求、现场实际情况布设各类测量仪表，监测点、设定的参数不得随意改动；

（2）建立健全仪表资料及管理档案；

（3）严格执行仪表运行、维护、检修操作规程，实行仪表专人管理；

（4）操作人员应定时进行现场巡视和记录，发现异常情况及时处理；

（5）仪表应根据维护周期定期进行维护保养；

（6）为保证测量精度仪表应定期进行校验与标定；

（7）应配备专业仪表维护、维修人员，并定期进行培训；

（8）为保证仪表工作性能良好，仪表工作环境应干燥、通风，避免日晒、雨淋。

11.58 管道运行管理与维护的措施有哪些？

污水厂常见的管道有污水管、污泥管、药液管、空气管、给水管、沼气管等。一般可以按其输送介质的不同分为液体输送管道和气体输送管道。液体输送管道又可分为有压液体输送管道和无压液体输送管道，而气体输送管道多为低压管道，以空气管道为主。

（1）有压液体输送管道的维护

在污水（压力）管道、污泥管道、给水管道等系统管多采用钢管，运行中可能出现的异常问题及解决办法如下。

① 管道渗漏。一般由于管道的接头不严或松动，或管道腐蚀等均有可能引起产生漏水

319

现象，管道腐蚀有可能发生在混凝土、钢筋混凝土或土壤暗埋部分。管沟中管道或支设管道，当支撑强度不够或发生破坏时，管道的接头部容易松动。遇到以上现象引起的管道破漏或渗漏，除及时更换管道、做好管道补漏以外，应加强支撑、防腐等维护工作。

② 管道中有噪声。管道为非埋地敷设时，能听到异常噪声，主要原因是：管道中流速过大；水泵与管道的连接或基础施工有误；管道内截面变形（如弯管道、泄压装置）或减小（局部阻塞）；阀门密封件等松动而发生震动等。以上异常问题可采取相应措施解决，如更换管道或阀门配件，改变管道内截面或疏通管道，做好提升泵的防震和隔震。

③ 管道产生裂缝或破损（泡眼）。如由于管线埋设过浅，来往载重车多，以致压坏；阀门关闭过紧而引起水锤而破坏；水压过高而损坏。发生裂缝或破坏时应及时更换管道。

④ 管道冻裂。动管道敷设在土壤冰冻深度以上时，污水（泥）管道容易受冰冻而胀裂。解决办法有重新敷设管道，重新给污水管道保温（如把管道周围土壤换成矿渣、木屑或焦炭，并在以上材料内垫 20～30cm 砂层），或适当提高输送介质的温度。

（2）无压液体输送

污水处理厂（站）无压输送管道，多为污水管、污泥管、溢流管等，一般为铸铁管、砼管（或陶土管）承插连续，也有采用钢管焊接连接或法兰连接的。无压管道系统常见的故障是漏水或管道堵塞，日常维护工作在于排除漏水点，疏通堵塞管道。

① 管道漏水。引起管道漏水的原因大多数是管道接口不严，或者管件有砂眼及裂纹。接口不严引起的漏水，应对接口重新处理，若仍不见效，须用手锤及弯形凿将接口剔开，重新连接。如果是管段或管件有砂眼、裂纹或折断引起漏水，应及时将损坏管件或管段换掉，并加套管接头与原有管道接通，如有其他的原因，如震动造成连接部位不严，应采取相应措施，防止管道再次损坏。

② 管道堵塞。造成管道堵塞的原因除使用者不注意将硬块、破布、棉纱等掉入管内引起外，主要是因为管道坡度太小或倒坡而引起管内流速太慢，水中杂质在管内沉积而使管道堵塞。若管道敷设坡度有问题，应按有关要求对管道坡度进行调整。堵塞时，可采取人工或机械方式予以疏通。维护人员应经常检查管道是否漏水或堵塞，应做好检查井的封闭，防止杂物落下。

（3）压缩空气管道的常见故障及排除方法

压缩空气管道的常见故障有以下两种。

① 管道系统漏气。产生漏气的原因往往是因为选用材料及附件质量或安装质量不好，管路中支架下沉引起管道严重变形开裂，管道内积水严重冻结将管子或管件胀裂等。

② 管道堵塞。管道堵塞表现为送气压力、风量不足，压降太大。引起的原因一般是管道内的杂质或填料脱落，阀门损坏，管内有水冻结。排除这类故障的方法是清除管内杂质，检修或更换损坏的阀门，及时排除管道中的积水。

11.59 阀门运行管理与维护的措施有哪些？

（1）闸门与阀门的使用及保养

① 闸门与阀门的润滑部位以螺杆、减速机构的齿轮及蜗轮蜗杆为主，这些部位应每三个月加注一次润滑脂，以保证转动灵活和防止生锈。有些闸或阀的螺杆是裸露的，应每年至少一次将裸露的螺杆清洗干净涂以新的润滑脂。有些内螺旋式的闸门，其螺杆长期与污水接触，应经常将附着的污物清理干净后涂以耐水冲刷的润滑脂。

② 在使用电动闸或阀时，应注意手轮是否脱开，板杆是否在电动的位置上。如果不注

意脱开，在启动电机时一旦保护装置失效，手柄可能高速转动伤害操作者。

③ 在手动开闭闸或阀时应注意，一般用力不要超过150N，如果感到很费劲就说明阀杆有锈死、卡死或者闸杆弯曲等故障，此时如加大臂力就可能损坏阀杆，应在排除故障后再转动；当闸门闭合后应将闸门手柄反转一二转，这有利于闸门再次启动。

④ 电动闸与阀的转矩限制机构，不仅起过扭矩保护作用，当行程控制机构在操作过程中失灵时，还起备用停车的保护作用。其动作扭矩是可调的，应将其随时调整到说明书给定的扭矩范围之内。有少数闸阀是靠转矩限制机构来控制闸板或阀板压力的，如一些活瓣式闸门、锥形泥阀等，如调节转矩太小，则关闭不严；反之则会损坏连杆，应格外注意转矩的调节。

⑤ 应将闸和阀的开度指示器指针调整到正确的位置，调整时首先关闭闸门或阀门，将指针调零后再逐渐打开；当闸门或阀门完全打开时，指针应刚好指到全开的位置。正确的指示有利于操作者掌握情况，也有助于发现故障，例如当指针未指到全开位置而马达停转，就应判断这个阀门可能卡死。

⑥ 长期闭合的污水阀门，有时在阀门附近形成一个死区，其内会有泥沙沉积，这些泥沙会对阀门的开合形成阻力。如果开阀的时候发现阻力增大，不要硬开，应反复做开合动作，以促使水将沉积物冲走，在阻力减小后再打开阀门。同时如发现阀门附近有经常积砂的情况，应时常将阀门开启几分钟，以利于排除积砂；同样对于长期不启闭的闸门与阀门，也应定期运转一两次，以防止锈死或者淤死。

(2) 闸门、阀门的常见故障及解决办法

① 阀门的关闭件损坏及解决办法

损坏的原因有：关闭件材料选择不当；将闭路阀门经常当作调节阀用，高速流动的介质使密封面迅速磨损。解决办法是查明损坏原因改用适当材料或闭路阀门不当作调节阀用。

② 密封圈不严密

密封圈与关闭件(阀体与阀座)配合不严密时，应修理密封圈。阀座与阀体的螺纹加工不良，因而阀座倾斜，无法补救时应予更换。拧紧阀座时用力不当，密封部件受损坏，操作时应当适当用力以免损坏阀门。阀门安装前没有遵守安装规程，如没有很好清理阀体内腔的污垢与尘土，表面留有焊渣、铁锈、尘土或其他机械杂质，引起密封面上有划痕、凹痕等缺陷引起阀门故障。应当严格遵守安装规程，确保安装质量。

③ 填料室泄漏填料室内装入整根填料，应选用正确方法填装填料。

第12章 污水水质监测

12.1 污水分析有哪些基本方法？

污水分析分为定性分析和定量分析。

（1）定性分析

可以分为无机定性分析和有机定性分析，其目的是鉴定化合物或混合物是由哪些组分（元素、离子、基团或化合物）所组成。在水质分析工作中，由于天然水、工业用水和生活污水所含成分一般都已知道，工业污水性质虽然复杂，但其成分也可以从该工厂所使用的原料和生产工艺过程等概略地推测，故除特殊情况外，水的定性分析很少应用。

（2）定量分析

定量分析也可以分为无机定量分析和有机定量分析两部分，主要是应用化学反应中物质不灭定律和当量定律来测定试样中各组分的含量，任务是测定物质各组分的含量。定量分析按其分析时采用的方法，主要可分为：

① 重量分析；

② 容量分析；

③ 光学分析（如比色分析、比浊分析、光谱分析等）；

④ 电化学分析（如极谱分析、电位分析等）；

⑤ 色谱分析（如气相色谱、液相色谱）。

12.2 水质分析常用的仪器有哪些？

污水处理厂水质分析需要以下仪器设备。

（1）精密仪器

电子天平、分光光度计、生物显微镜、pH 计、DO 分析仪、气相色谱仪、浊度计、余氯测定仪、BOD_5 测定仪、COD 测定仪、原子吸收分光光度计等。

（2）电气设备

BOD_5 培养箱、冰箱、恒温箱、可调高温炉、六联电炉、恒温水浴箱、电烘箱、离心机、蒸馏水器、高压蒸汽灭菌锅、磁力搅拌器等。

（3）玻璃仪器

烧杯、量杯、量桶、酸式测定管、碱式测定管、移液管、刻度吸管、DO 瓶、试管、比色管、冷凝管、橡皮奶头吸管、蒸馏水瓶、碘量瓶、洗气瓶、具塞锥形瓶、广口瓶、试剂瓶、称量瓶、容量瓶、分液漏斗、圆底烧瓶、平底烧瓶、锥形瓶、凯式烧瓶、玻璃蒸发皿、平皿、漏斗、玻璃棒、玻璃管、玻璃珠、干燥器、酒精灯等。

（4）其他设备

扭力天平、测定管架、冷凝管架、漏斗架、分液漏斗架、比色管架、烧杯夹、酒精喷灯、定量滤纸、定性滤纸、定时钟表、操作台、医用手套、温度计、湿度计、采样瓶、搪瓷盘、防护眼镜、洗瓶刷、滴定管刷、牛角匙、白瓷板、标签纸、灭火器、洗眼器、急救药箱等。

12.3 污水监测怎么布采样点?

第一类污染物采样点一律设在车间或车间处理设施的排放口或专门处理此类污染物设施的排放口。

第二类污染物采样点位一律设在排污单位的外排口。

12.4 污水的采样方法有哪些?

(1) 污水的监测项目按照行业类型有不同要求

在分时间单元采集样品时,测定 pH、COD、BOD_5、DO、硫化物、油类、有机物、余氯、粪大肠菌群、悬浮物、放射性等项目的样品,不得混合,只能单独采样。

(2) 自动采样用自动采样器进行,有时间等比例采样和流量等比例采样。当污水排放量较稳定时可采用时间等比例采样,否则必须采用流量等比例采样。

(3) 实际采样位置的设置

实际的采样位置应在采样断面的中心。当水深大于 1m 时,应在表层下 1/4 浓度处采样;水深小于或等于 1m 时,在水深的 1/2 处采样。

采样注意事项:①用样品容器直接采样时,必须用水样冲洗三次再行采样。但当水面有浮油时,采油的容器不能冲洗。②采样时应注意除去水面的杂物、垃圾等漂浮物。③用于测定悬浮物、BOD_5、硫化物、油类、余氯的水样,必须单独定容采样,全部用于测定。④在选用特殊的专用采样器(如油类采样器)时,应按照该采样器的使用方法采样。⑤凡需现场监测的项目,应进行现场监测。

12.5 水样的保存方法有哪些?

水样采集后,应尽快送到实验室分析。样品久放,受生物、物理、化学等因素的影响,某些组分的浓度可能会发生变化。

水样的保存主要有 2 种方法,即冷藏或冷冻和加入化学保存剂。

冷藏或冷冻:样品在 4℃冷藏或将水样迅速冷冻,贮存于暗处,可以抑制生物活动,减缓物理挥发作用和化学反应速度。

化学保存剂可分为以下几类:

①控制溶液 pH 值;②加入抑制剂;③加入氧化剂;④加入还原剂。

12.6 水样保存期限是如何确定的?

水样保存期限的长短,除了采取上述保存方法进行处理外,必须考虑以下因素:

(1) 待测成分的物理化学性质

对于污水中稳定性好的成分,比如 F^-、Cl^-、SO_4^{2-}、Na^+、K^+、Ca^{2+}、Mg^{2+} 等,保存期就长。对于污水中不稳定的成分,保存期就短,甚至不能保存,需要取样后立即化验分析或在现场测定,如氧化还原电位、pH 值、DO(电极法)、色度等必须在现场测定。BOD_5、COD、氨氮、硝酸盐、挥发酚和氰化物等应该尽快分析。

(2) 待测成分的浓度

一般待测成分的浓度越大,水样的保存时间就可以越长;相反,待测成分的浓度越低时,水样不宜久存,因为大多数成分极低的溶液通常是不稳定的。

(3) 水样的化学组成

成分相对简单的某些工业污水水样,待测成分受其他干扰的可能性也较小,保存时间可以长些。水质成分复杂的城市污水和一些工业污水,各种成分之间互相干扰或随时在发生反应,其水样的保存时间就短,要尽快分析。

表 12 -1 列出了一些常见测定项目水样盛水材料、保存方法、最大存放时间，可供参考。

表 12 -1　一些常见测定项目的水样保存方法

测定项目	盛水器材料	保存方法	最长存放时间
温度	塑料或玻璃	4℃冷藏	立即测定
色度	塑料或玻璃	4℃冷藏	48h
悬浮固体	塑料或玻璃	4℃冷藏	1 ~7d
pH	塑料或玻璃	4℃冷藏	最好现场测定
酸度	塑料或玻璃	4℃冷藏	24h
碱度	塑料或玻璃	4℃冷藏	24h
硫化物	玻璃	1L 水样加 NaOH 至 pH 值为 9，加入 5% 抗坏血酸 5mL，饱和 EDTA3mL，滴加饱和 $Zn(Ac)_2$，至胶体产生，常温避光	24h
氰化物	塑料	加 NaOH 至 pH = 10 ~11，然后 4℃冷藏	24h
氟化物	塑料	4℃冷藏	7d
溶解氧	玻璃		尽快测定，现场固定
生化需氧量	玻璃	4℃冷藏	4 ~24h
化学需氧量	玻璃	加 H_2SO_4 至 pH <2，然后 4℃冷藏	1 ~7d
氨氮	塑料或玻璃	加 H_2SO_4 至 pH <2，然后 4℃冷藏	24h
有机氮	玻璃	4℃冷藏	24h
汞	塑料	加 HCl，如水样为中性，1L 水样中加浓 HCl10mL	14d
总铬	塑料	加 HNO_3 至 pH <2，然后 4℃冷藏	12h
六价铬	塑料	加 NaOH 至 pH = 8.5，然后 4℃冷藏	12h
镉	塑料	加 HNO_3 至 pH <2，然后 4℃冷藏	7d
	塑料或玻璃	加 H_2SO_4 至 pH <2，然后 4℃冷藏	7d
总磷	塑料或玻璃	4℃冷藏	1 ~7d

12.7　实验室中使用的玻璃器皿如何洗涤？

玻璃器皿的洗涤，一般可先用肥皂液或洗涤剂洗刷，再用热水和冷水洗涤数次。如果瓶内还有不能洗去的有机污染物附着在器壁上，则应用铬酸洗涤剂洗涤，然后再用清水冲洗干净。铬酸洗液是一种具有强烈氧化能力的棕色液体，其配制方法是在 375mL 水中溶解 100g 工业用重铬酸钾，然后用工业用浓硫酸慢慢加入至 1L。在加入浓硫酸时应不断搅拌。铬酸洗液可以反复使用多次，但应尽可能避免冲稀。当使用过久或受强烈的还原性物质污染以致整个液体的颜色变为绿色时，表明高价铬已被还原成低价铬，应予重配。

一些不溶解的无机盐残渣和内壁吸附的金属离子，可用盐酸或硝酸洗涤。油脂等可用 2%氢氧化钠溶液洗涤，也可用丙酮清洗。聚乙烯塑料制品可用盐酸来清洗，不能用浓硝酸，因为这有可能在塑料中产生带有离子交换功能的化学基团。如果是橡皮、橡胶制品，则应用

324

1% 碳酸钠溶液煮沸，然后用 1% 盐酸及清水分别清洗。

还要注意应避免使用含有被测物的洗涤溶液。如测磷时不要用含磷洗涤剂，测铬的器皿不要在铬酸洗液中浸泡。

12.8 监测分析对采集量有什么要求？

采样量应足够满足分析的需要。普通情况下，如供单项分析，可取 500～1000mL 水样量；如供一般理化全项目分析用，则不得少于 3L。但如果被测物的浓度很小，需要预先浓缩时，采样量就应增加。对水样体积的特殊要求，通常会在分析方法中给出。但需要注意以下几点。

（1）当水样应避免与空气接触时（如测定溶解气体、低缓冲能力水样的 pH 值或电导率），采样器和盛水器都应完全充满，不留气泡。

（2）当水样在分析前需要用力摇荡时（如测定油类、不溶解物质），则不应完全充满。

（3）当被测物的浓度小而且是以不连续的物质形态存在时（如不溶解物质、细菌、藻类等），应从统计学的角度考虑一定体积里可能的质点数目而确定最小采样体积，例如，每升水中所含的某种质点为 10 个，但每 100mL 水样里所含的却不一定都是 1 个，有可能含有 2 个、3 个，也有的一个也没有。采样量越大，所含质点数目的变化率就越小。同样，在为测定底栖生物而考虑底质的采样面积时也应注意这一点。

（4）如果有必要将采集的水样总体积分装于几个盛水器内时，应考虑到各盛水器内水样之间的均匀性和稳定性。

（5）工业污水成分复杂，干扰物质较多，有时需要改变分析方法或做重复测定，故应考虑适当多取水样，留有余地。

12.9 为什么要对水样进行消解预处理？消解预处理有哪些方法？

由于污水的成分十分复杂，水中的有机物质会与金属离子络合，因此在测定前常需对水样进行消解处理。这种消解处理可消除有机物质的干扰，此外，还可消除 CN^-、NO_2^-、S^{2-}、SO_3^{2-}、$S_2O_3^{2-}$、SCN^- 等离子的干扰。这些离子在消解时，会由于氧化和挥发作用而被消除。

常用的消解法是酸性湿式消解法。消解药剂用的是硫酸－硝酸，对于难消解的也可用硝酸－高氯酸。消解时先在水样中加入混合酸，蒸发至较少体积后再加入混合酸消解，直到溶液无色透明，驱尽残余的氮氧化物气体。消解完毕后用蒸馏水稀释。如用硫酸－硝酸，在 100mL 消解液中，最终酸度应相当于 3mol/L 硫酸；如果用硝酸－高氯酸，则在 100mL 消解液中，最终酸度相当于 0.8mol/L 高氯酸。最后用此消解液进行分析测定。用于消解的消解药剂要求较高，其总铁及重金属杂质的含量不应超过 0.0001%，否则会增加空白值，降低方法的准确度和灵敏度。

除上述酸性湿式消解法外，还有干式消解法（灼烧法）。该法是先将水样蒸干，然后在 600℃ 左右灼烧到残渣再不变色，使有机物完全分解除去，但不能完全除去有机物的干扰。

12.10 污水处理厂常用在线监控装置有哪些？安装在哪里？

在污水处理过程中，需要测量的运行控制参数是多样的，比如污水处理场的进出水温度、液位、流量、浊度，进入曝气池的空气流量、压力，曝气池混合液的 DO、pH、污泥浓度，二沉池的污泥界面，出水余氯等。污水处理场常用在线仪表和安装位置见表 12－2。

表12-2 污水处理场常用在线仪表和安装位置

工艺参数	测量介质	测量部位	常用仪表
液位	污水	格栅前后	超声波液位计、沉入式液位计
		进水泵房集水池	
		调节池、均质池	
	污泥	回流污泥泵站集水池	超声波液位计
		氧化沟曝气池	
		浓缩池	
		消化池	
温度	污水	曝气池进水	热电阻温度计
		厌氧池、曝气池	
	污泥	消化池	
压力	污水	污水泵站进口管道	压力变送器
	污泥	污泥泵站进口管道	
	空气	鼓风机出口管道	
	沼气	消化池	压力变送器(微压)
		沼气柜	
流量	污水	进、出水管道	电磁流量计、超声波流量计、涡街流量计
		明渠	超声波流量计
	污泥	回流污泥管道	电磁流量计
		剩余污泥管道	
		消化污泥管道	
	沼气	消化池沼气管道	孔板流量计、喷嘴流量计、质量流量计
	空气	压缩空气管道	
pH	污水	曝气池进水	pH 计
		曝气池、厌氧池内	
DO	污水	曝气池内	复膜电极 DO 测定仪
污泥浓度	污泥	曝气池内	污泥浓度计
		回流污泥管道	
		剩余污泥管道	
COD、BOD_5 浓度	污水	进、出水管道	COD 在线测定仪

12.11 实验室质量控制常规方法有哪些?

实验室质量控制有 9 种常规方法。

(1) 空白实验

每次测量样品时,必须同时测量 2 个空白样品。2 个空白样品测量值的相对偏差小于 50%。

(2) 平行双样实验

同时取 2 个以上测量样品,用同一方法在完全相同条件下进行测量。

(3) 加标回收实验

向待测样品中加入一定浓度的待测物,然后将其与该样品同时测定,进行对照实验,观察加入待测物的质量能否定量收回。用此方法了解测定中是否有干扰因素,从而可用加标回收的方法判断所选用的方法能否用于该样品的测定。

（4）标准物质测定

在日常工作中，可将实际样品与有证标准物质在同样条件下进行测量，标准物质测定的值应落入标准证书中给定的标准范围内。

（5）考核检验

主要是用已知浓度的标准物质进行考核，考核结果落在标准物质的不确定度范围内，则认为此方法可行或此数据符合要求。

（6）抽样复检

对已出具数据的样品进行重新检测，比较两次检测结果的偏离程度。

（7）校核

（8）进行方法比较实验

采用标准方法或等效方法是提高准确度方法之一，但并不是所有标准方法都能满足实验室的监测要求。由于仪器、环境、人员等具有差异性，就要对同一监测参数的不同检测方法进行比较和选择。

（9）对所选方法进行偏性分析实验，从而确定所选方法的精密度和准确度。

12.12　水样监测、化验管理有哪些要求？

（1）化验监测人员应经培训合格后，持证上岗并应定期进行考核和抽验。

（2）有从取样到样品保管、分发、数据监测、报告处理等完整的业务流程。

（3）用样品编号、平行样、加标回收率考核等方法控制数据的监测值。

（4）应有完整、完善的原始记录、表格、报表管理体系，当日的样品要在当日内完成测试（BOD_5除外），认真填写检测原始数据并由审核人员进行校核。

（5）收集、建立和完善化验监测的技术资料和档案资料。化验监测报表必须由化验监测质量保证人员负责填报，并由审核人进行审核。按日、月、年逐一整理、报送和存档。所检测的化验数据宜采用微机处理和管理。

（6）化验监测的各种仪器、设备、标准药品及监测样品应按产品的特性及使用要求固定、摆放整齐，应有明显的标志。

（7）化验监测所用的量具应按规定由国家法定计量部门进行校正。必须使用带"CMC"标志的计量器具。用分光光谱仪进行的化验分析（含紫外、可见光分光光度计），其仪器也要定时由国家法定计量部门进行校正。

12.13　确定污水厂监测项目的原则有哪些？指标监测标准选取的原则有哪些？

（1）进水、出水的监测项目确定原则上按《城镇污水处理厂污染物排放标准》（GB 18918—2002）的要求确定；也可以参照《污水排入城市下水道排放标准》（CJ 3082—1999）或者《污水综合排放标准》（GB 8978—1996）的相关内容。

（2）污泥监测项目的确定可参照中华人民共和国建设部标准《城镇污水处理厂污泥排放标准》（在编）。

（3）作业场所的有毒有害气体按照《城镇污水处理厂污染物排放标准》（GB 18918—2002）的要求确定。

（4）若国家和行业都没有规定的项目，而这些项目又是污水厂工艺中必需的，可自行制定。

污水厂化验室在实施检测过程中，应选用排放标准中所允许或者推荐的检测方法标准，不得随意选用其他的方法标准。

12.14 污水厂对监测项目和周期有哪些要求？

（1）水质性指标

进水和出水的取样应用带有样品保存装置的自动取样机，取样频率为至少每2h一次，取24h混合样，以日均值计。水质性指标监测的项目和周期应符合表12-3的要求。

表12-3 水质性指标监测的项目和周期

监测项目	监测周期要求	监测项目	监测周期要求
pH	每周四次	SS	每周四次
水温	每周四次	COD	每周四次
氨氮	每周四次	BOD_5	每周三次
总磷	每周四次	总氮	每周四次

（2）工艺性指标

工艺性指标监测的项目和周期应符合表12-4的要求。

表12-4 工艺性指标监测的项目和周期

监测项目	监测周期要求
MLSS	
MLVSS	
SV	
DO	根据各自工艺构成，制定监测方式、取样点和监测频
镜检	次，以满足不同工艺的生产需要
污泥含水率	
硝态氮	
凯氏氮	

（3）其他指标

对氯化物、有机碳、细菌总数、其他与项目有关的特征因子等，污水处理厂根据具体工作需要，可对外委托有资质的监测单位对水样、泥样等进行化验分析，来获取所需的检测数据。

12.15 实验室仪器设备如何管理？

（1）制定仪器设备管理制度。加强对仪器设备管理工作，务必做到"坚持制度，责任到人"。实验室必须有专人负责设备档案，各种凭证要妥善保存。

（2）必须做到账、卡、物相符。每年不定期进行检查并记录。

（3）实验室的仪器设备借入与借出，要指定专人负责办理并设专册登记。

（4）仪器设备借出及收回时，须双方当面进行检查。

（5）仪器设备维修须由使用人或保管人填写维修申请单，经领导同意后进行处理。

（6）加强对设备铭牌的管理。对某些较大的仪器设备，安装时铭牌位置应留出足够空间，以便检定人员检查，从而获取足够的铭牌信息。仪器设备验收检查、建立仪器设备档案时，最好将铭牌上的信息量一字不漏地装入档案，以便随后补救。仪器设备的使用者要随时检查，发现铭牌脱落应及时将铭牌重新安装牢固。

12.16 如何使用电子天平？

尽管电子天平种类繁多，但其使用方法大同小异，使用的一般步骤如下。

（1）水平调节

观察水平仪，如水平仪水泡偏移，需调整水平调节脚，使水泡位于水平仪中心。

（2）预热

接通电源，预热至规定时间后，开启显示器进行操作。

（3）开启显示器。轻按 ON 键，显示器全亮，约 2s 后，显示天平的型号，然后是称量模式 0.0000 g。读数时应关上天平门。

（4）天平基本模式的选定

天平通常为"通常情况"模式，并具有断电记忆功能。使用时若改为其他模式，使用后按 OFF 键，天平即恢复通常情况模式。称量单位的设置等可按说明书进行操作。

（5）校准

天平安装后，第一次使用前，应对天平进行校准。因存放时间较长、位置移动、环境变化或未获得精确测量，天平在使用前一般都应进行校准操作。本天平采用外校准（有的电子天平具有内校准功能），由 TAR 键清零及 CAL 减、100g 校准砝码完成。

（6）称量

按 TAR 键，显示为零后，放置待量物于秤盘上，待数字稳定即显示器左下角的"0"标志消失后，即可读出待量物的质量值。

（7）去皮称量

按 TAR 键清零，置容器于秤盘上，天平显示容器质量，再按 TAR 键，显示零，即去除皮重。再放置待量物于容器中，或将待量物（粉末状物或液体）逐步加入容器中直至达到所需质量，待显示器左下角"0"消失，这时显示的是待量物的净质量。将秤盘上的所有物品拿开后，天平显示负值，按 TAR 键，天平显示 0.0000 g。若称量过程中秤盘上的总质量超过最大载荷（FA1604 型电子天平为 160 g）时，天平仅显示上部线段，此时应立即减小载荷。

（8）称量结束后，若较短时间内还使用天平（或其他人还使用天平）一般不用按 OFF 键关闭显示器。实验全部结束后，关闭显示器，切断电源。若短时间内（例如 2 h 内）还使用天平，可不必切断电源，再用时可省去预热时间。

若当天不再使用天平，应拔下电源插头。

12.17　测定污水 pH 前应注意的问题有哪些？有哪些基本的测定方法？

pH 受水温影响而变化，测定时应在规定的温度下进行，或者校正温度。

通常采用玻璃电极法和比色法测定 pH 值。比色法简便，但受色度、浊度、胶体物质、氧化剂、还原剂及盐度的干扰。玻璃电极法基本上不受以上因素的干扰。但 pH 在 10 以上时，产生"钠差"，读数偏低，需选用特制的"低钠差"玻璃电极，或使用与水样的 pH 值相近的标准缓冲溶液对仪器进行校正。

12.18　重铬酸钾法测定污水中 COD 的适用范围是什么？有哪些方面需要注意？

（1）方法的适用范围

用 0.25mol/L 浓度的重铬酸钾溶液可测定大于 50mg/L 的 COD 值，未经稀释水样的测定上限是 700mg/L。用 0.025mol/L 浓度的重铬酸钾溶液可测定 5~50mg/L 的 COD 值，但低于 10mg/L 时测量准确度较差。

（2）注意事项

① 使用 0.4g 硫酸汞络合氯离子的最高量可达 40mg，如取用 20.00mL 水样，即最高可络合 2000mg/L 氯离子浓度的水样。若氯离子浓度较低，亦可少加硫酸汞，保持硫酸汞：氯

离子 = 10:1。若出现产量氯化汞沉淀，并不影响测定。

② 对于 COD 小于 50mg/L 的水样，应改用 0.0250mol/L 重铬酸钾标准溶液。回滴时用 0.01mol/L 硫酸亚铁铵标准溶液。

③ 水样加热回流后，溶液中重铬酸钾剩余量应是加入量的 1/5～4/5 为宜。

④ COD 的测定结果应保留 3 位有效数字。

⑤ 每次实验时，应对硫酸亚铁铵标准滴定溶液进行标定，室温较高时尤其应注意其浓度的变化。

⑥ 回流冷凝管不能用软质乳胶管，否则容易老化、变形、冷却水不通畅。

⑦ 用手摸冷却水时不能有温感，否则测定结果偏低。

⑧ 滴定时不能激烈摇动锥形瓶，瓶内试液不能溅出水花，否则影响测定结果。

12.19　测定污水中的 TN 有什么方法？需要注意哪些问题？

（1）方法

TN 测定方法通常采用过硫酸钾氧化，使有机氮和无机氮化合物转变为硝酸盐后，再以紫外法进行测定。

在 60℃ 以上的水溶液中，过硫酸钾按如下反应式分解，生成氢离子和氧。加入氢氧化钠用以中和氢离子，使过硫酸钾分解完全。在 120～124℃ 的碱性条件下，用过硫酸钾作氧化剂，不仅可将水样中的氨氮和亚硝酸盐氮氧化为硝酸盐，同时将水样中大部分有机氮化合物氧化为硝酸盐。而后，用紫外分光光度法分别于波长 220nm 与 275nm 处测定其吸光度，计算硝酸盐氮的吸光度值，从而计算 TN 的含量。

（2）方法的适用范围

方法检测下限为 0.05mg/L，测定上限为 4mg/L。

（3）注意事项

① 玻璃具塞比色管的密合性应良好。使用压力蒸汽消毒器时，冷却后放气要缓慢；使用民用压力锅时，要充分冷却方可揭开锅盖，以免比色管塞蹦出。

② 玻璃器皿可用 10% 盐酸浸洗，用蒸馏水冲洗后再用无氨水冲洗。

③ 使用高压蒸汽消毒器时，应定期校核压力表；使用民用压力锅时，应检查橡胶密封圈，使不致漏气而减压。

④ 测定悬浮物较多的水样时，在过硫酸钾氧化后可能出现沉淀。遇此情况，可吸取氧化后的上清液进行紫外分光光度法测定。

12.20　蒸馏-酸滴定法测定污水中的氨氮时，预处理要注意哪些方面？

污水中氨氮含量较高，通常采用蒸馏-酸滴定法。对污水中氨氮测定前需要进行蒸馏预处理，以消除干扰。调节水样的 pH 使在 6.0～7.4 的范围，加入适量氧化镁使呈微碱性，蒸馏释放出的氨被吸收于硫酸或硼酸溶液中。

蒸馏时应避免发生暴沸，否则可造成馏出液温度升高，氨吸收不完全。防止在蒸馏时产生泡沫，必要时可加入少许石蜡碎片于凯氏烧瓶中。水样如含余氯，则应加入适量 0.35% 硫代硫酸钠溶液。

12.21　如何使用联合滴定法监测厌氧池中碳酸氢盐碱度和 VFA？

挥发性脂肪酸（VFA）主要指乙酸、丙酸、丁酸等短链脂肪酸，是厌氧消化过程中的重要中间产物。通过对 VFA 的监测可以很好地了解有机物质的降解进程，因此灵敏、快速的 VFA 分析方法对于控制厌氧反应器的运行显得非常必要。测定 VFA 的方法很多，有比色法、

330

柱色谱法、纸色谱法、滴定法及目前的气相色谱法等。气相色谱法相对于上述方法测试时间短，精确度很高，已成功用于 VFA 的分析。也有采用联合滴定法监测厌氧池中碳酸氢盐碱度和 VFA 的报道，具体如下。

（1）原理

厌氧处理中会产生大量的 CO_2，在反应器条件下（pH6～8 之间），这些 CO_2 主要以 HCO_3^- 形式存在。这是厌氧处理中最重要的 pH 缓冲物，由 HCO_3^- 或主要由 HCO_3^- 引起的碱度称为碳酸氢盐碱度。HCO_3^- 产生最大缓冲能力的范围在 pH6～7。HCO_3^- 可以通过滴定测定，但测定过程受到其他一些阴离子的干扰，其中发酵液中常含有的 VFA 的阴离子是影响碳酸氢盐碱度的主要因素。其原理叙述如下。

水样先以 0.1000mol/L 的 HCl 标准溶液滴定至 pH=3，在这一 pH 值下，所有 HCO_3^- 被完全转化为 H_2CO_3，VFA 也几乎完全地转化为其非离子形式。已被滴定至 pH=3 的水样在带有回流冷凝器的烧杯中煮沸，所有转化为 H_2CO_3 的 HCO_3^- 将分解为 CO_2 和 H_2O，其中 CO_2 完全由其中逸出，而 VFA 则因为有回流冷凝器而保留在水样中。然后水样以 0.1000mol/L NaOH 标准溶液滴定至 pH=6.5，在这一 pH 值下，所有的 VFA 和其他弱酸将被转化为其离子形式。由使用的 HCl 和 NaOH 标准溶液的量，即可计算出碳酸氢盐碱度和 VFA 的浓度。

（2）药品和仪器

① 0.1000mol/L 的 HCL 标准溶液。

② 0.1000mol/L 的 NaOH 标准溶液。

③ 250ml 烧瓶（带磨口）；250ml 烧杯、移液管等。

④ 回流冷凝装置。

⑤ 自动电位滴定计（电子酸度计）。

（3）操作步骤

① 安装与调准 pH 计。

② 将水样离心（或过滤），准确取上清液 V（mL）（其中 VFA 含量不超过 3mmoL）加入 250mL 烧杯。

③ 如果此样品水样的 pH 值高于 6.5，则准确调至 6.5。

④ 在 pH 计上滴定水样至 pH=3.0，消耗的 0.1000mol/L 的 HCL 标准溶液量计作 a（mL）。

⑤ 将此水样转移至磨口烧瓶，加入沸石或玻璃珠少许，并安装回流冷凝器。开冷却水，加热沸腾并维持 3min 以上。撤离酒精灯并等待 2min，将溶液转移回 250mL 烧杯。

⑥ 以 0.1000mol/L NaOH 滴定至 pH=6.5。消耗的溶液记作 bmL。

（4）计算

VFA、碱度的计算可按照式（12-1）、式（12-2）计算。

$$VFA = (b \times 0.1/V) \times 1000 \qquad (12-1)$$
$$碱度 = (a-b) \times 1000/V \qquad (12-2)$$

12.22　对分析仪器的维护与鉴定有哪些要求？

（1）仪器设备应有台账、明细账和动态账。建立设备仪器技术档案，包括设备仪器运转、保修、技改记录等资料。

（2）仪器设备应定机定人。

（3）对进口仪器设备要组织专业人员进行验收、调试和建立操作规程。

（4）凡使用仪器设备者必须首先仔细阅读说明书，掌握仪器结构、性能和操作程序，严格按规程操作，仪器运行中，操作者不准擅自离开工作岗位。仪器使用后应填写仪器使用记录，内容包括测试项目、测试样品前的自检情况、测试样品后的自检情况。

（5）封存的仪器设备必须贴上专用"封存"标签，并注明封存年、月、日封存入库。凡已经封存的仪器设备必须在仪器设备档案使用栏有所记录，注明封存日期。凡封存之仪器设备必须存入库房或计量员执管，不得再在现场使用，一经发现将作黑器具处理。由于确实工作需要某些已封存的仪器设备要重新使用，在使用前必须进行器具检定。待检定合格后方能使用，并将有关"封存"标签记录重新更正。

（6）仪器从入库发放、使用直至报废止，都应按"在用计量器具检定周期管理办法"执行系统的检定。严禁使用未经检定或检定过期的器具，包括未编号的计量器具（低值易耗计量器具除外）。对3000元以上的计量器具要专人保管，名单报在线和设施管理室备案，对量少且不需用的计量器具实行库存库借制度。

（7）计量器具必须送法定计量单位检定。根据检定结果，分别在计量器具上贴上监管部门的"合格"、"准用"和"停用"标签。标签不得污损遗失。送检不合格或发生故障的计量器具送外单位检修，修复后再送检，如无法修复应收回申请报废。

（8）计量仪器设备全套技术资料、检定证书均应备齐归档保存。

12.23　编写监测报表有哪些要求？

（1）监测报表的内容

样品名称、样品的特性和状况；需要时，注明采样方法、样品的性质或监测性质、样品监测日期、所监测污染因子的名称、所用监测方法标准；监测结果（含计量单位、必须使用法定计量单位）、编制和审核人员签名。

（2）监测报表格式的制定和更改

监测报表的格式由污水处理厂生产管理部门负责编制和修改。监测报表的格式是质量记录，其制定和更改执行污水处理厂相关程序文件。

（3）监测报表形成和流转

① 化验室应指定专业人员根据检测原始记录，按照统一格式编制化验报表。

② 化验室应指定负责人审核化验报表，在化验报表首页上签字以示负责。

③ 监测报表的形成日期应符合监测记录规定的节点要求或满足工艺流程控制或者处理质量监控的需要。

（4）监测报表的管理

① 有关部门均应按照《质量记录控制工作程序》要求执行。监测报表的停留时间应严格执行相关要求的时间节点。任何超过节点且无正当理由均应视作化验过程中的差错。

② 在将监测报表送达生产部门之后，负责送达的人员应及时向污水处理厂所属的档案室移交化验报表（副本）做好归档保存工作。

③ 污水处理厂指定部门负责监测报表（副本）的归档保存工作。档案管理人员应和移送副本的相关人员清点监测部门及其相应的质量记录数量。核实无误后分门别类存放。监测报表副本必须和其相应的检测记录共同存放以便查询。

④ 监测报表副本保管期原则为五年。

主 要 参 考 文 献

1 赵庆祥, 徐亚同. 污水处理工[M]. 北京: 中国劳动社会保障出版社, 2005.

2 曹宇, 王恩让. 污水处理厂运行管理培训教程[M]. 北京: 化学工业出版社, 2005.

3 住建部. CJJ 60—2011 城市污水处理厂运行、维护及其安全技术规程[S]. 北京: 中国建筑工业出版社, 2011.

4 唐受印, 戴友芝. 水处理工程师手册[M]. 北京: 化学工业出版社, 2001.

5 张胜华. 水处理微生物学[M]. 北京: 化学工业出版社, 2005.

6 李探微, 彭永臻, 朱晓. 活性污泥中原生动物的特征以及作用[J]. 给水排水, 2001(4): 24 – 27.

7 王宝贞, 王琳. 水污染治理新技术——新工艺、新概念、新理论[M]. 北京: 科学出版社, 2004.

8 王绍文, 秦华. 城市污泥资源利用与污水土地处理技术[M]. 北京: 中国建筑工业出版社, 2007.

9 国家环保局编. 水污染防治及城市污水资源化技术[M]. 北京: 科学技术出版社, 2003.

10 张自杰主编. 环境工程手册: 水污染防治卷[M]. 北京: 高等教育出版社, 1996.

11 张自杰主编. 污水处理理论与设计[M]. 北京: 中国建筑工业出版社, 2003.

12 蒋克彬等. 水处理常用设备与技术[M]. 北京: 中国石化出版社, 2010.

13 蒋克彬等. 膜生物反应器的应用[M]. 北京: 中国石化出版社, 2011.

14 马溪平等. 厌氧微生物学与污水处理[M]. 北京: 化学工业出版社, 2005.

15 纪轩. 污水处理工必读[M]. 北京: 中国石化出版社, 2011.

16 纪轩. 废水处理技术问答[M]. 北京: 中国石化出版社, 2011.

17 高拯民, 李宪法等. 城市污水土地处理利用设计手册[M]. 北京: 中国标准出版社, 1991.

18 张希衡. 水污染控制工程[M]. 第二版. 北京. 中国冶金工业出版社, 2004.

19 黄铭洪, 等著. 环境污染与生态恢复[M]. 北京: 科学出版社, 2003.

20 孙铁珩, 周启星, 李培军. 污染生态学[M]. 北京: 科学出版社, 2002, 348 – 350.

21 蒋克彬等. 农村生活污水分散式处理技术及应用[M]. 北京. 中国建筑工业出版社, 2009.

22 阀门网. 蝶阀. [EB/OL]. http://www.gatevalve.cn/ButterflyValve/ButterflyValve.html. 2009 – 02.

23 中华人民共和国国家质量监督检验检疫总局, 中国国家标准化管理委员会. 管道元件 DN(公称尺寸)的定义和选用(GB/T 1047—2005)[S]. 北京: 中国标准出版社, 2005.

24 阀门网. 截止阀. [EB/OL]. http://www.gatevalve.cn/GlobeValve/globe – valve – class.html. 2009 – 02.

25 阀门网. 止回阀. [EB/OL]. http://www.gatevalve.cn/CheckValve/CheckValve.html. 2009 – 02.

26 中国止回阀网. 止回阀定义、作用及分类. [EB/OL]. http://zhihuifa.org/zhihuifadingyizuoyongjifenlei.html. 2009 – 02.

27 杜朝丹. 细格栅除污机在城市污水处理厂的应用实例[J]. 福建建筑, 2008(11): 103 – 104.

28 陈英杰. 链条式刮泥机的特点及施工要点[J]. 市政技术, 2003, 21(4): 255 – 256.

29 汪铁英, 李东培. 粗细分级合体格栅除污机[J]. 中国环保产业, 2004(12): 23.

30 蒋培志, 边惠葵. 上悬移动式自动格栅除污机[J]. 中国给水排水, 2005, 21(8): 104 – 106.

31 中国流量计网. 流量计[EB/OL]. http://www.chinaflow.com.cn/basic/fuzil – 2.htm. 2009 – 02.

32 任溢. 电磁流量计的应用[J]. 化学工程与装备, 2009(6): 78 – 79.

33 王婕, 王丽. 电磁流量计选型安装中常见问题及处理[J]. 仪表技术, 2009(10): 53 – 55.

34 董德明, 彭新荣. 超声波流量计的原理及应用[J]. 机电产品开发与创新, 2009, 22(5): 161 – 162.

35 艾恒雨, 汪群慧, 谢维等. 接触氧化工艺中生物填料的发展及应用[J]. 给水排水, 2005, 31(2): 88 – 92.

36 冯敏, 刘永德, 赵继红. 污水处理用生物陶粒滤料的研究进展[J]. 河北化工, 2009, 32(1): 64 – 66.

37 中国建筑科学研究院. GB 2838—81 粉煤灰陶粒和陶砂[S].

38 湛蓝, 栾兆坤, 芦钢等. 盘式曝气器的结构优化设计[J]. 环境污染防治与设备, 2006, 7(2):

142 – 144.

39 张鑫珩，钱卫霞. 国内外的潜水搅拌机与倒伞曝气机能效比较[J]. 中国环保产业，2006（12）：28 – 30.

40 冯霞，黄年龙，廖凤京. 给水厂深度处理工艺中的臭氧系统设计[J]. 中国给水排水，2003，19（9）：76 – 78.

41 马效民. 水处理中臭氧氧化技术的探讨[J]. 水利技术监督，2009（4）：12 – 14.

42 陈亚鹏，霍鹏，黄永茂等. 二氧化氯发生器在二次供水消毒系统中的应用[J]. 工业水处理，2009（1）：84 – 85.

43 祁鲁梁等. 水处理药剂及材料实用手册 [M]. 第二版. 北京：中国石化出版社，2006.

44 国家环境保护总局水和废水监测分析方法编委会. 水和废水监测分析方法[M]. 第四版. 北京：中国环境科学出版社，2002.

45 杨奕，周理君. 利用气相色谱法测定剩余污泥厌氧消化产生的混合 VFA. 污染防治技术. 2011（5）：36 – 37.